센서계측 및 제어시스템 구축을 위한

XGK PLC 및 CIMON HMI를 이용한 자동제어 기술

김재영 · 최장군 · 이용미 공저

- XGK PLC 디지털 입출력 제어 프로그래밍
- XGK PLC 아날로그 입출력 제어 프로그래밍
- 3상 유도전동기 인버터 제어 기술 및 프로그래밍
- XGK PLC 및 CIMON HMI 실습
- XGB PLC 및 CIMON HMI를 이용한 TMTC 프로젝트 작품 제작
- 평가문제를 통한 학습자의 자기 주도적 학습

도서출판 태영문화사

머 리 말

현재 우리가 살고 있는 태양계와 은하계는 언제 어디서 왔을까? 그리고 우리 인류의 역사는 어떠한 변천을 이루어 오늘과 미래를 지배할 인공지능(AI: Artificial Intelligence) 시대에 이르렀는가? 오래전의 농경사회에서 산업혁명 시대를 거쳐 정보화 혁명 시대로의 진입 그리고 제 4의 산업혁명 시대에서 중심에 있는 근본 기술이 무엇일까?

이러한 역사의 변천과 기술의 개발을 이해하기 위하여 문명사의 발달과정에 대하여 살펴보자.

138억년 전 우주 어디에서 무한대의 에너지가 무(無)의 부피에서 대폭발하여 쿼크와 전자가 우주로 날아다니며 양성자, 중성자들이 생성되었고, 이들이 다양하게 결합되어 여러 가지 원소들이 생겼다고 하며, 우리는 이 탄생을 빅뱅(Big Bang)이라고 한다. 계속적인 팽창과 새로운 질서 속에 태양계와 지구가 탄생하였고, 생명체의 출현과 진화가 이루어지고 있으며, 현재와 앞으로도 지속될 것이다.

우리가 살고 있는 지구상에 원시 인류가 처음 나타난 것은 300만~500만년 전으로 오스트랄로피테쿠스로 알려져 있고, 두 발로 서서 걸었으며 자갈과 나무 등을 이용하여 간단한 도구를 만들어 사용하였다고 한다. 20만년 전에는 우리와 보다 비슷한 호모 사피엔스 네안데르탈인이 나타났으며, 약 4만년 전에 오늘날의 우리의 조상으로 알려지는 현생 인류인 매우 슬기로운 사람이라는 뜻을 가진 호모 사피엔스 사피엔스 크로마뇽인이 출현하였다고 한다. 기원전 1만년 무렵에 빙하기가 끝나고 기온이 상승하여 지금과 비슷한 자연환경이 되었고, 농경과 목축을 시작하여 식량을 생산하였으며, 그림 문자를 사용하였다고 한다. 우리 인류는 약 400만년에 이르는 거의 대부분을 사냥과 고기잡이, 채집 생활에서 정착생활인 농경사회로의 변화가 이루어지기 시작하였다고 한다.

우리 인류의 역사에서 획기적이고 혁명적인 문명사의 변천에 대하여 살펴보자.

기원전 7,000년 인류는 수렵, 채집 경제의 떠돌이 생활에서 곡류의 재배, 가축의 사육 등 농경사회로 정착하였고, 이는 인류 변천사에서 매우 획기적인 사건으로서 신석기 혁명 또는 제 1의 농업혁명이라고 한다. 이를 통하여 인류는 공동체가 형성되기 시작하였으며, 장차 국가가 생기는 기반이 마련되었다고 한다.

아주 오랜 기간의 농경사회인 농업화 시대를 거쳐 18세기 영국에서는 제임스 와트가 사람의 손을 대신한 증기기관을 발명하였고, 이를 이용한 다양한 기계 장치들이 개발되었다. 드

4 머리말

디어 인류는 농업사회에서 증기에너지가 주축인 대량 생산의 공업화 사회로의 변화가 이루어졌으며, 이를 제 2의 산업혁명이라고 한다.

19세기 중후반에서 20세기 초, 영국, 독일 그리고 미국 등에서는 백열등과 형광등의 개발, 건전지와 납축전지의 개발 그리고 교류 송전시대가 열렸고, 전기에너지를 이용한 대량생산의 시스템을 구축하였다.

1880년대 후반 미국에서는 전력시스템의 표준으로서 발명왕 토마스 에디슨의 직류전기 송전방식과 천재 공학자 니콜라 테슬라의 교류전기 송전 방식이 경쟁을 하였던 전류전쟁(War of Currents)이 일어났고, 오늘날의 교류 송전선로 방식의 기초가 되었다고 할 수 있다. 니콜라 테슬라는 인류 역사상 최고의 발명가로 평가받고 있으며, 우주에서 길을 잃어 지구에서 잘못 태어난 천재 외계인이라고 까지 평가를 받고 있고, 산업 현장에서 널리 사용하고 있는 교류발전기, 교류 유도전동기 등 교류와 관련된 전기기기들을 개발하였다.

20세기는 다양한 상품을 요구하는 다품종 소량생산의 시대이었으며, 특히 컴퓨터와 정보통신기술의 발달로 제 3의 정보화 혁명을 이룬 시대라고 할 수 있다. 이 시대에는 우리 주변에 인터넷이라는 통신망을 이용하여 월드 와이드 웹(WWW: World Wide Web) 서비스, 이메일 서비스 등의 멀티미디어 시대를 열었으며, 거대한 정보의 바다를 제공하였다. 마침내 아날로그적인 사회에서 디지털 정보가 주류를 이루는 정보화 사회로의 진입이 이루어졌다. 특히, 이 시대에서 유비쿼터스(Ubiquitous)라는 새로운 용어가 나타났고, 이를 이용한 새로운 기술개발과 개념 도입들이 활발히 일어났다. 유비쿼터스 기술은 언제, 어디서 누구나 통신망을 이용하여 컴퓨터나 네트워크를 의식하지 않고 용이하게 정보를 획득하거나 서비스를 받을 수 있는 융합 기술 환경을 말하며, 마치 공기와 물과 같은 언제 어디서나 존재한다는 개념이라고 한다.

21세기에는 드디어 사물인터넷(IOT: Internet of Things)의 출현, 인공지능(AI: Artificial Intelligence)과 가상현실(VR: Virtual Reality) 기술의 발달 그리고 개인용 컴퓨터에 인터넷 통신, 카메라 기능 그리고 전화기 기능 등을 지원하는 지능형 휴대전화기인 스마트폰(Smart Phone)의 확대 보급으로 우리 인류의 생활방식이 획기적으로 변화하고 있다. 이를 제 4의 산업혁명이라고 하고, 전 세계의 질서를 새롭게 만들고 있다.

그리고 최근에는 이동수단으로서 가솔린, 디젤 자동차에서 축전지와 전동기를 이용하는 전기자동차의 출현과 자율 주행 자동차 기술의 연구가 활발히 이루어지고 있으며, 도심지 이동용 항공장치(UAM: Urban Air Mobility)의 핵심 요소인 개인용 항공기(PAV: Personal Air Vehicle)에 대한 기술 개발과 연구도 활발해지고 있다. 도심지 이동용 항공장치는 항공전자 및 통신 기술, 항법과 자율 비행 기술 등이 주요 요소로서 이에 대한 연구 개발이 활발히 진행되어지고 있으며, 인류의 삶에 획기적인 변화를 가져다 줄 것이다.

오래전의 농경사회에서 산업혁명 시대를 거쳐 정보화 혁명 시대로의 진입 그리고 제 4의 산업혁명 시대에서 중심에 있는 근본 기술이 무엇일까?

아무리 복잡하고 첨단 기술이라고 하여도 그 근본 개념은 센서장치, 통신장치 그리고 제어장치인 하드웨어 장치와 이를 구동하기 위한 프로그램인 소프트웨어라고 할 수 있고, 이를 센서 계측 및 제어시스템이라고 한다.

따라서 우리 인간의 오감에 해당하는 센서장치의 종류와 원리, 사용법들의 이해가 요구되고, 제어장치로서 특수 목적용 제어장치로 많이 사용되어지고 있는 마이크로콘트롤러의 구조와 사용법, 구동용 프로그래밍 기술들을 알아야 한다. 그리고 산업 현장에서 범용 제어장치로 널리 사용되어지고 있는 PLC(Programmable Logic Controller)의 구조와 결선 방법, 구동용 프로그래밍 기술들에 대한 완벽한 이해가 요구되고 있다. 그리고 인간과 기계장치와의 연결 요소인 HMI(Human Machine Interface) 프로그래밍 기술도 요구가 된다.

본 저자는 수년간 컴퓨터 및 통신 네트워크를 이용한 전력설비의 자동제어 시스템 설계와 운용, 대학에서 수업을 진행하면서 얻은 경험을 바탕으로 하여 마이크로콘트롤러와 관련된 분야의 기초이론, 입・출력 장치들의 하드웨어 설계기술 등을 위주로 하여 교재를 출간하였다. 수년전에는 8051 마이크로콘트롤러의 응용 기술을 쉽게 이해할 수 있는 「8051 응용 및 컴퓨터 인터페이스, 2003, 양서각」, 「8051 C 언어 및 시스템제어, 2005, 양서각」 교재를 출간하였고, 이후에는 「ATmega128 및 Atmega1281/2561의 이해와 응용, 2011, 동일출판사」 교재를 출간하였다. 그리고 「ATmega128A 제어 및 C# HMI 프로그래밍, 2017, 동일출판사」 교재를 출간하였다.

이번에는 산업 현장에서 대규모 범용 제어장치로 널리 사용되어지고 있는 XGK-XGT PLC와 소규모 제어장치로서 사용되어지고 있는 XBC-XGB PLC, 삼상 유도전동기의 인버터 제어 장치인 iG5A 그리고 CIMON 프로그램을 이용한 HMI 수업을 진행하면서 구축하였던 수업자료를 바탕으로 하여 하드웨어 구조와 결선 방법, 이를 구동하기 위한 프로그래밍 기술 등을 위주로 하여 교재를 출간하게 되었다. 기초문제를 통하여 원리와 기술 습득을 할 수 있도록 구성하였고, 학습자 스스로 문제를 해결할 수 있도록 평가문제를 제시하였다.

본 교재의 내용은 다음과 같이 총 9장으로 구성되어 있고, 각 실습편의 XGK PLC 및 CIMON HMI 실습과제 파일은 저자의 블로그에 첨부되었으며, Q&A는 이메일을 통하여 가능하다.

· 제 1 장 센서계측 및 제어시스템의 이해
· 제 2 장 PLC 이해와 구조

· 제 3 장 XGK-XGT PLC의 모듈과 명령어 이해
· 제 4 장 XGK-XGT PLC 명령어의 상세 설명
· 제 5 장 PLC 실습장비의 입출력 결선 및 XG5000 프로그램 운용
· 제 6 장 XGK PLC 디지털 입출력제어 실습
· 제 7 장 XGK PLC 아날로그 입출력제어 실습
· 제 8 장 3상 유도전동기의 인버터 속도제어 실습
· 제 9 장 CIMON HMI 실습

본 교재는 산업현장의 자동제어 시스템 전문가가 되기 위한 기본 지침서로서 활용이 될 것으로 생각하며, 또한 대학에서 수업용 교재로 활용할 수 있을 것으로 판단된다.

본 PLC 교재의 출간을 위하여 다양한 실습과제를 개발하여 주고 관련 이론도 제시하여 주신 공저자께도 깊은 감사를 드리며, 늘 힘이 되어주고 격려해주신 무인항공기 제어 분야의 전문가이신 김수현 박사님께 고마운 마음을 전하고 싶다. 그리고 이 책이 출판되기까지 도움을 주신 태영문화사 사장님과 편집부 직원 그리고 김갑수 부장님에게 감사를 드리며, 본 교재가 PLC 및 자동제어 분야를 공부하는 학생들이나 산업체 시스템 개발자들에게 도움이 되기를 바란다.

공저자 대표 김 재 영

E-mail 및 Q&A : powerkim59@gmail.com
Naver Blog : blog.naver.com/powerkim59/자동제어기술/PLC 기술자료

차 례

제1장 센서계측 및 제어시스템의 이해

제2장 PLC 이해와 구조

제3장 XGK-XGT PLC의 모듈과 명령어 이해

제 4 장 XGK-XGT PLC 명령어의 상세 설명

제 5 장 PLC 실습장비의 입출력 결선 및 XG5000 프로그램 운용

제 6 장 XGK PLC 디지털 입출력제어 실습

제 7 장 XGK PLC 아날로그 입출력제어 실습

제 8 장 3상 유도전동기의 인버터 속도제어 실습

제 9 장 CIMON HMI 실습

실습실 전기안전수칙

(전기안전에 관한 사항)

· 실습장치의 작업 및 조작은 지정된 순서를 정확히 따를 것.
· 실습장치에 전기스위치를 넣기 전에 안전을 확인할 것.
· 실습장치 사용 종료시에 반드시 전원 차단을 확인할 것.
· 젖은 손이나 맨발로 전기기기 및 전기배선에 접촉하지 말 것.
· 실습장치의 퓨즈에 도선이나 철선을 사용하지 말 것.
· 모든 실습장치의 접지를 철저히 할 것.
· 실습장치의 수리 및 이동은 전원을 끊고 실시할 것.
· 실습장치 및 실습실의 누전차단기의 테스트버튼을 정기적으로 점검할 것.
· 전기설비 실습 후 작업장 정리 정돈을 철저히 할 것.
· 실습장치에 전기적으로 이상이 있으면, 즉시 전기담당자에게 연락할 것.

(기계장치 안전에 관한 사항)

· 기계의 가동시에는 접근하지 말 것.
· 기계의 가동시에는 자리를 비우지 말 것.
· 기계의 가동중에는 정비, 청소를 하지 말 것.
· 기계의 조정이나 정지시 막대기를 사용하지 말 것.
· 내용을 모르는 임의 작업을 하지 말 것.
· 작업장 내에서는 뛰어다니지 말 것,
· 기계장치 실습 후 작업장 정리 정돈을 철저히 할 것.

제 1 장

센서계측 및 제어시스템의 이해

1.1 센서계측 및 제어시스템의 개요

반도체 산업 현장의 생산 및 품질관리 설비, 제철 및 제강 산업의 원료 수송, 압연 및 하역 운반 제어설비들은 대부분 수동운전이 아닌 자동화시스템으로 이루어져 있다. 그리고 석유/화학/시멘트 플랜트 공장, 수처리 및 정수처리장, 저수지, 수로 및 수문 등의 농업기반설비의 수자원관리시스템도 정밀화된 자동제어장치로 이루어져 있다.

이러한 자동화시스템은 제어 대상이나 제어기능이 차이가 있어도 시스템을 구성하고 있는 기본적인 개념은 매우 비슷하며, 이를 "센서계측 및 제어시스템"이라고 할 수 있다. 이 시스템은 필요한 정보를 입력하는 장치, 정보를 처리하는 제어장치, 처리된 결과를 출력하는 출력장치 그리고 외부와 통신하기 위한 통신장치와 인간과 기계장치와의 정보 전달 및 연결 요소인 HMI(Human Machine Interface) 프로그램으로 구성이 되고, 그림 1.1과 같다.

센서계측 및 제어시스템은 외부에서 on/off 정보를 입력받는 디지털 입력장치, 온도 또는 조도 그리고 전기량 신호 등과 같은 물리량 정보를 아날로그 전기신호로 변환하는 각종 센서 소자와 아날로그 전기신호를 2진수의 디지털 정보로 변환하는 ADC(Analog to Digital Converter) 회로로 이루어지는 아날로그 입력장치로 구성된다. ADC 소자는 제어장치 외부에 부착을 하거나 내부에 내장이 되어 있다.

입력된 디지털 정보를 처리 및 분석을 하는 제어장치, 외부로 정보를 제공하는 출력장치, 제어대상의 액추에이터를 제어하는 구동장치가 있다. 또한 원격지에서 정보의 입력 및 자료의 출력 등을 하기 위한 유선, 무선 통신장치와 인터넷을 이용한 TCP/IP 통신장치 등으로 이루어진다.

그리고 HMI(Human Machine Interface) 프로그램은 인간과 기계장치와의 정보 전달 및 연결 요소로서 원격계측 및 제어시스템의 중요한 기능을 수행한다.

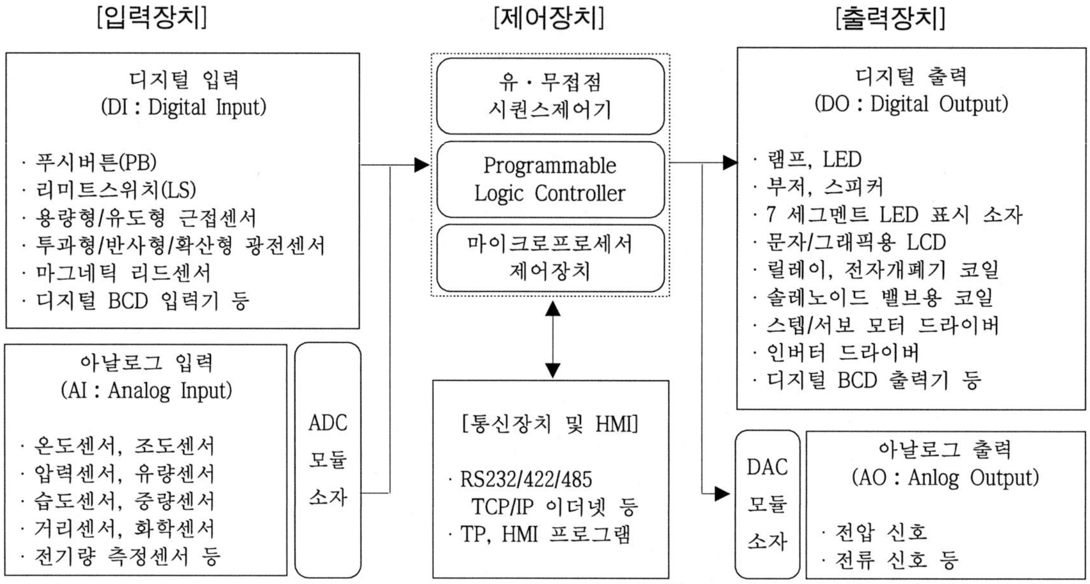

그림 1.1 센서계측 및 제어시스템의 개념도

1.2 센서계측 및 제어시스템의 제어장치

센서계측 및 제어시스템의 제어장치는 시스템의 핵심부분으로서 회로를 구현하는 측면에서 크게 2가지로 분류가 되며, 표 1.1과 같다.

표 1.1 제어장치의 구현 방법 및 특징

구 분	제어장치의 구현 방법	특 징
하드-와이어드 제어장치 (Hard-wired Logic Control)	· 유접점 시퀀스 제어장치 릴레이, 타이머, 제어용 전선, 판넬 등을 이용하여 논리회로 구성	· 제작 비용이 저렴 · 회로 구성이 용이함 · 제어장치의 규모가 크고, 기능의 변경시 회로 재구성 등으로 융통성 부족
	· 무접점 디지털 제어장치 디지털 논리 소자 및 전자부품, 전선, PCB 기판 등을 이용하여 논리회로 구성	· 제작 비용이 저렴 · 회로 구성이 용이함 · 제어장치의 규모가 작으나, 기능의 변경시 회로 재구성 등으로 융통성 부족

구 분	제어장치의 구현 방법	특 징
소프트-와이어드 제어장치 (Soft-wired Logic Control)	· PLC 제어장치 PLC 입출력 장치와 구동용 프로그램을 이용하여 논리회로 구성	· 제어기능의 변경시 프로그램의 수정으로 융통성 증가 · 제작 비용의 증가 · 범용 대규모의 제어장치
	· 마이크로프로세서 제어장치 마이크로콘트롤러, 메모리, 입출력 장치와 어셈블리어, C/C++ 등의 프로그램 언어를 이용하여 논리회로 구성	· 제어기능의 변경시 프로그램의 수정으로 융통성 증가 · 제작 비용이 저렴 · 전용 중소규모의 제어장치

제어장치는 오래전부터 사용되어지고 있는 유접점 시퀀스제어기와 무접점 디지털 논리소자를 이용한 제어장치가 있다. 근래에는 프로그램 언어에 의하여 제어로직을 구현하는 마이크로프로세서(Microprocessor) 및 PLC(Programmable Logic Controller)를 이용한 제어장치가 있으며, 장점이 매우 많다.

마이크로프로세서 제어장치로서 마이크로콘트롤러(Microcontroller)는 중앙처리장치(CPU), 프로그램 및 데이터 메모리인 ROM과 RAM, 입출력 장치와 통신장치들을 1개의 칩 내부에 내장하고 있다. 어셈블리어, C/C++ 등의 프로그램 언어를 이용하여 다양한 제어기능을 수행하며, 융통성 증가 및 제작 비용이 저렴하다. 전용의 제어장치로 많이 사용되는 마이크로콘트롤러는 8051 및 80196, PIC16F84, Atmega128/1281/2561 그리고 CORTEX M3와 M4 등이 있다.

산업현장의 범용 제어장치인 PLC(Programmable Logic Controller)는 해외 및 국내에서 매우 다양한 규격 및 성능을 가지는 기종들이 생산되고 있으나 기본적인 하드웨어 구조나 입출력 연결 방법, 동작 원리와 구동 프로그램을 작성하는 방법은 매우 유사하다. 국내 LS Electric사에서는 대형 시스템 제어용으로서 XGK와 XGI 모델의 XGT(neXt Generation Technology) 기종과, 소형 시스템 제어용으로서 XBC 및 XEC 모델인 XGB 기종을 생산하고 있다.

본 교재에서는 국내 산업 현장에서 범용 제어장치로 널리 사용되어지고 있는 XGK 및 프로젝트 작품 제작을 소형 시스템 기종인 XBC PLC를 위주로 하여 설명하였다.

1.3 센서장치의 종류 및 기능

센서계측 및 제어시스템의 아날로그 입력장치로서 센서(Sensor) 소자는 온도, 습도, 조도, 속도 및 가속도, 변위(길이), 중량, 압력, 토크 등 물리적인 아날로그 신호를 전기적인 아날로그 신호로 변환하는 장치이고, 이들에서 나오는 전기적인 신호는 저항, 전압 또는 전류, 주파수 가변의 펄스 형태 등으로 출력이 된다. 이러한 아날로그 전기신호를 2진수의 디지털 정보로 변환하기 위하여 ADC(Analog to Digital Converter) 회로를 이용하고, 디지털 제어 장치에 연결이 된다. ADC 소자는 제어장치 외부에 부착을 하거나 내부에 내장이 되어 있다.

일반적으로 센서를 측정량의 종류를 기준하여 분류하면 표 1.2와 같고, 특히, 전압, 전류, 전력, 역률, 주파수 등 전기적 신호를 측정하는 센서를 트랜듀서(Transducer)라고 한다.

표 1.2 측정량을 기준으로 한 센서의 분류

구 분	감지 대상	센서의 종류
역학센서	변위, 길이	접촉형, 비접촉형 전위차계 LVDT(Linear Variable Differential Transformer)
	속도, 가속도	속도계, 가속도계
	회전수, 속도	타코 발전기(유도형 교류, 영구자석형 교류, 직류형), 리졸버, 광학식 엔코더(펄스 발전기형, 증가형, 절대형)
	압력	다이어프램, 수정 압력계, 반도체 압력센서
	중량	저울, 로드 셀(스트레인 게이지)
	물체 근접	접촉식 근접센서(리미트 스위치, 마이크로 스위치) 비접촉식 근접센서(용량형/유도형 근접센서) 비접촉식 광전센서(투과형/확산형/반사형 광전센서) 마그네틱 리드센서(NO형, NC형)

구 분	감지 대상	센서의 종류
물리센서	온도	써모커플러(크로멜, 알루멜, 콘스탄탄, 백금 등의 열전대) 써미스터(NTC형, PTC형, CTC형) 백금 측온 저항체, 트랜지스터 온도센서, IC 온도센서(AD590, LM35) 파이로 온도센서, 온도계
	빛 (자외선, 가시광, 적외선)	광도전형 센서(Cds) 광기전력형 센서(Photo Diode, Photo Transistor, Photo SCR, CCD 이미지센서) 광전자 방출형 센서(광전 증배관, 광전관) 복합형 센서(Photo Coupler-Photo Interrupter, Isolator)
	자기	홀 센서, 자기저항체(MR) 소자, 조셉슨 소자
	초음파 (20KHz～)	공중용, 수중용, 고체용 초음파센서, 전자 유도 진동자형, 자왜 진동자형, 압전 진동자형, 투수과형, 회귀 반사형, 동축 반사형
	전기량	PT, CT 등의 전력용 트랜듀서(전압, 전류, 전력, 주파수, 역률 등)
화학센서	습도	세라믹 습도센서, 고분자 습도센서, 전해질 습도센서 초음파 습도센서, 열전도 습도센서
	가스	반도체식 가스센서(전기 저항식, 비전기 저항식) 전기화학식 가스센서(정전위 전해식, 갈바니 전지식) 고체 전해질식 가스센서(ZrO_2 센서), 접촉 연소식 가스센서
	이온	PH 전극센서, 이온 선택 전극센서

센서계측 시스템을 설계 시에는 센서의 검출범위 및 정밀성, 응답 속도, 내환경성, 유지보수성 그리고 ADC 성능 등을 충분히 고려하여야 한다.

- ADC 분해능(Resolution) 및 변환 속도(Conversion Speed)
- 외부 신호원과의 절연(Isolation) 기술
- 고주파 통과 필터, 저주파 통과 필터 적용으로 노이즈 제거
- 절연케이블(Shield Cable), 꼬임케이블(Twisted-pair Cable)의 사용

표 1.2에서 나타난 여러 가지 센서 중에서 산업 현장의 공장자동화 생산 설비, 플랜트 공장설비, 수처리 및 정수처리장 그리고 수자원관리시스템에서 물체 근접을 감시하기 위해 널리 사용되고 있는 비접촉식 근접센서와 광센서에 대하여 설명하면 다음과 같다.

(1) 근접 센서(PROXIMITY SENSOR)

근접 센서란 기존의 마이크로 스위치나 리미트 스위치처럼 기계적인 접촉에 의한 검출 방식이 아닌 검출체가 근접했을 때 검출 대상 물체의 유/무를 판별하는 무접촉 방식의 센서이다. 금속체를 검출하는 고주파 발진 유도형과 비금속체까지 검출하는 정전 용량형 근접센서가 있다.

근접 센서는 DC 2/3선식 및 AC 2선식이 있다. 일반적으로 많이 사용하는 DC 3선식 모델의 출력 형식에는 그림 1.2와 같이 NPN 출력형과 PNP 출력형 2가지가 있으며, 직접 파워 릴레이, 솔레노이드, 전자 카운터, PLC 등의 DC 구동 부하를 개폐할 수 있다. 릴레이, 모터, 마그네트 등의 유도성 부하를 사용할 경우에는 부하와 병렬로 서지 흡수용 다이오드를 접속할 필요가 있다.

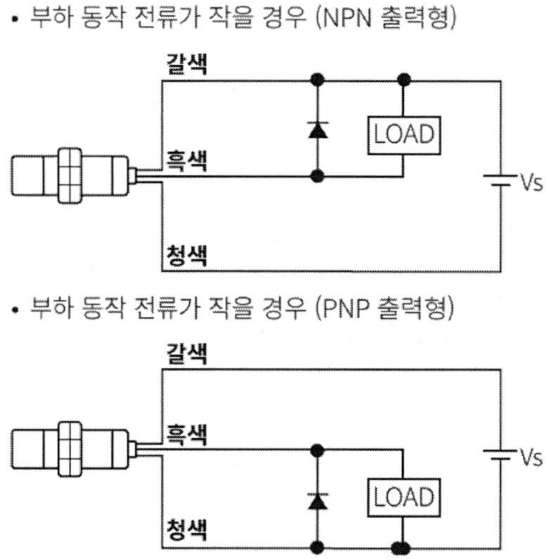

그림 1.2 NPN 출력형과 PNP 출력형 근접 센서의 부하 연결(오토닉스사 제품)

- NPN 출력형 센서는 갈(+), 청(-), 흑(Out) 결선을 하며, 센서가 물체를 검출 시 흑색이 (-)로 동작을 한다. PLC 입력 결선 시 소스(PLC COM + 극성)로 결선을 한다.
- PNP 출력형 센서는 갈(+), 청(-), 흑(Out) 결선을 하며, 센서가 물체를 검출 시 흑색이 (+)로 동작을 한다. PLC 입력 결선 시 싱크(PLC COM - 극성)로 결선을 한다.

그림 1.3에는 근접 센서와 PLC 입력측 결선도가 나타나 있고, PLC 입력에서 소스와 싱크 결선 방법은 "2.3.1 디지털 신호 입력부" 편에 설명이 되어 있다.

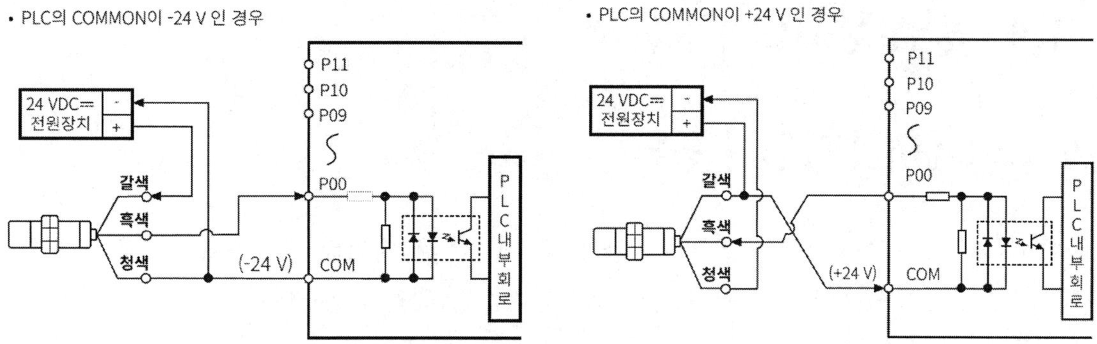

그림 1.3 근접 센서와 PLC 입력측 결선도(오토닉스사 제품)

(2) 포토 센서(PHOTOELECTRIC SENSOR)

포토 센서는 빛을 매개로하여 물체를 검출하는 비접촉식 광전센서로서 센서의 투광부에서 나온 빛과 수광부에서 감지한 빛의 변화량으로서 센서가 동작을 한다. 포토 센서는 투과형/미러 반사형/확산 반사형 등의 광전센서가 있다.

표 1.3 포토 센서의 종류

포토 센서 종류	검출 특징	부하 연결 및 PLC 입력측 결선 방법
투과형	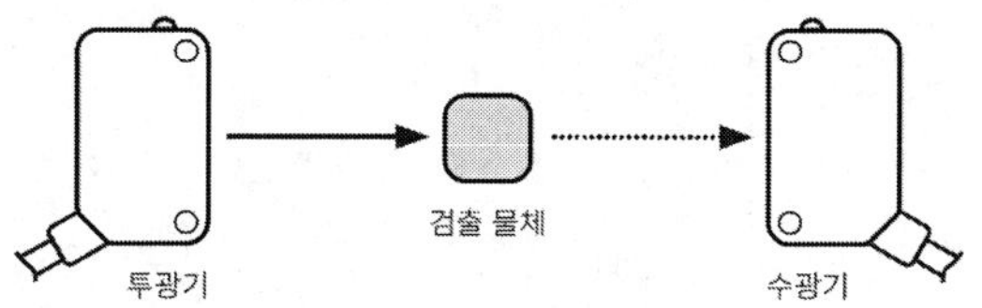	근접센서와 동일하게 결선(그림 1.2, 그림 1.3 참조)
미러 반사형	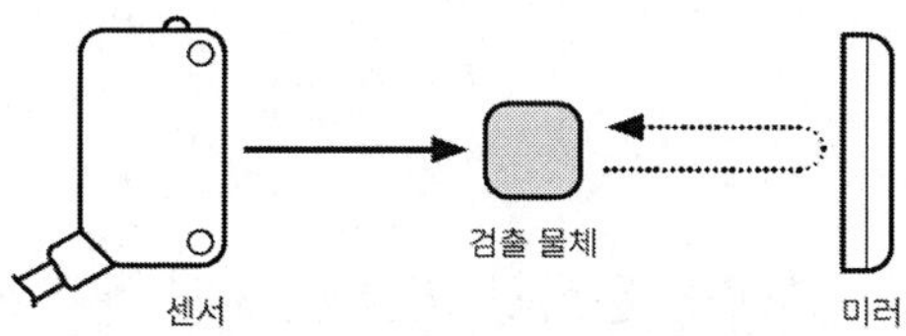	
확산 반사형	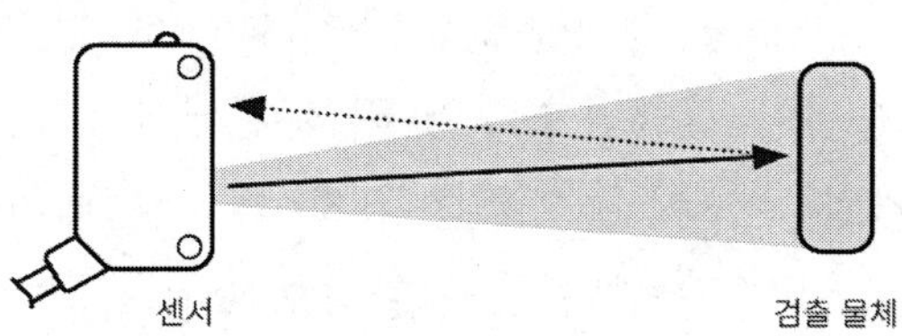	

1.4 통신장치의 이해

1.4.1 데이터 통신의 종류

센서계측 및 제어시스템의 통신장치와 외부 기기와의 데이터 통신을 설계 및 구동용 프로그램을 작성하기 위해서는 통신장치의 종류와 구조, 원리에 대하여 깊이 있게 이해를 하여야 한다.

데이터 통신은 전송선을 통하여 0과 1의 디지털 형태로 표시된 정보를 송신 및 수신을 하는 전송기술로서, 기존의 아날로그 통신과 대조적인 기술이다. 이러한 디지털 정보를 전송하는 데는 직렬 데이터 통신(Serial Data Transmission)과 병렬 데이터 통신(Parallel Data Transmission)의 두 가지 방법이 있다.

직렬 데이터 통신은 하나의 문자를 구성하는 각 비트들이 하나의 전송선을 통하여 순서적으로 전송되며, 병렬 데이터 통신에서는 각 비트들이 여러 개의 전송선을 통하여 동시에 전송된다. 직렬 데이터 통신과 병렬 데이터 통신에 관한 개념이 그림 1.4에 나타나 있다.

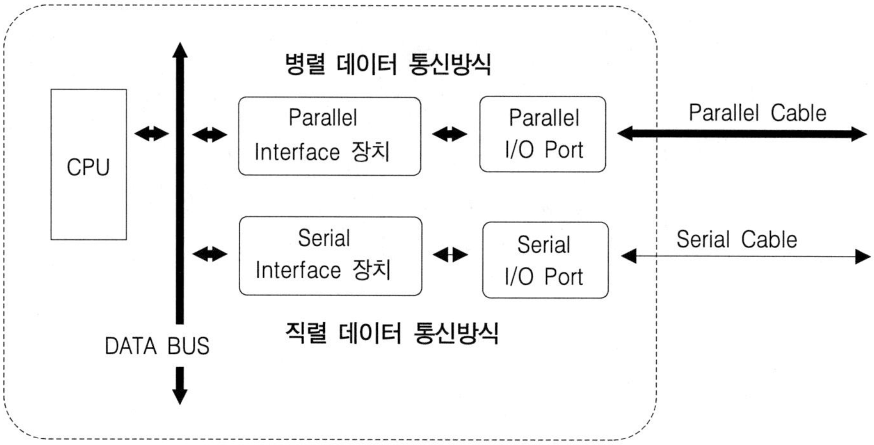

그림 1.4 직렬 데이터 통신과 병렬 데이터 통신의 개념

병렬 데이터 통신방식은 전송 속도 측면에서는 유리하나 송·수신 거리가 멀리 떨어진 경우 병렬로 된 여러 개의 전송선이 필요하므로 비용 측면에서 고려를 하여야 한다. 이러한 경우에는 병렬 데이터를 디지털 반도체 소자를 이용하여 직렬 데이터로 변환한 후에 송·수신을 하는 직렬 데이터 통신방식이 유리하다. 일반적으로 컴퓨터와 프린터 등의 주변기기 사이의 거리는 가까운 상태이므로 데이터 전송은 병렬 데이터 통신방식을 많이 사용하고 있

으며, 장거리의 데이터 전송은 대부분 직렬 데이터 통신방식을 많이 사용하고 있다.

통신용 기기 간에 데이터 통신을 할 경우 전송 방향에 따라 표 1.4와 같이 3가지로 분류가 된다.

표 1.4 통신 방향에 따른 전송방식의 분류

전송방식	내 용
단 방향 전송방식 (Simplex Communication)	· 한 쪽 방향으로만 데이터를 전송하는 방식
반 이중 전송방식 (Half Duplex Communication)	· 1개의 신호선을 이용하여 번갈아 가면서 데이터를 전송하는 방식 · 동시에 데이터를 보내고 받을 수는 없음
전 이중 전송방식 (Full Duplex Communication)	· 보내는 신호선과 받는 신호선을 별도로 분리하여 데이터를 전송하는 방식 · 동시에 데이터를 주고 받을 수 있음

직렬 데이터 통신에서 데이터를 보내는 측과 받는 측은 일정한 규약을 하여서 데이터를 전달하고, 받아야 정확한 통신이 이루어진다. 이것을 데이터 동기화라고 하며, 비동기식 통신방식(Asynchronous Transmission)과 동기식 통신방식(Synchronous Transmission)의 2가지가 있다. 일반적으로 이를 USART(Universal Synchronous and Asynchronous serial Receiver and Transmitter) 통신이라고 한다.

(1) 비동기식 통신방식

비동기식 통신방식은 한 문자 단위(비트 블록)의 앞과 뒤에 각각 스타트 비트(Start Bit)와 스톱 비트(Stop Bit)를 삽입하여 비트 블록을 전송하고, 이 기간 중에만 동기화를 취해주는 방식으로서 스타트－스톱전송이라고도 한다.

일반적으로 이 방식은 단순하고 저렴하나 각 문자 당 스타트 비트와 스톱 비트를 삽입하여야 하므로 전송효율이 매우 떨어지고, 또한 송신단과 수신단에 동기화 신호를 사용하지 않으므로 높은 전송 속도에는 오차를 유발할 수 있어 비교적 낮은 전송 속도에서 이용된다.

비동기식 통신방식의 데이터 포맷은 그림 1.5 및 표 1.5와 같다.

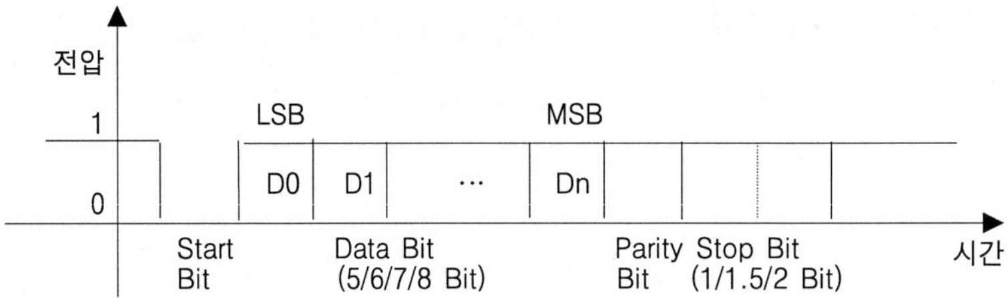

그림 1.5 비동기식 통신방식의 데이터 포맷 구조

표 1.5 비동기식 통신방식의 데이터 포맷

Bit 명	기 능
Start 비트	1 비트 크기로서 Low(0) 상태이고, 데이터의 시작을 알림.
Data 비트	5/6/7/8 비트 크기로 설정이 가능하며, LSB가 먼저 전송됨.
Parity 비트	데이터 전송 중에 에러발생 여부를 검사하기 위한 정보 비트로서 No Parity/ Even(짝수 값) Parity/Odd(홀수 값) Parity 방식이 있음.
Stop 비트	1/1.5/2 비트 크기로 설정이 가능하고, 데이터의 끝을 나타냄.

직렬 데이터 송・수신시 많이 사용하고 있는 포맷은 "No Parity, 8 Bit Data Bit, Stop Bit 1" 데이터 포맷을 많이 사용하고 있으며, 이를 "N, 8, 1" 비동기식 직렬통신이라고 한다.

(2) 동기식 통신방식

동기식 통신방식은 동기화를 위한 문자를 전송하고, 여러 문자로 구성된 데이터 블록 단위(128, 256 문자 등)로 전송하는 방식이다. 마지막에 송·수신 에러를 검출하기 위한 문자(CRC : Cyclic Redundancy Code)가 전송된다. 또한 외부에 별도의 동기화 신호 선을 이용하여 클록을 사용하기도 한다. 일반적으로 동기식 통신방식은 삽입되는 비트가 적어 전송효율이 높고, 송신단과 수신단에 동기화 신호를 사용하므로 높은 전송 속도에서도 에러가 적어 고속의 데이터 통신에 이용된다.

1.4.2 직렬 데이터 통신을 위한 전송선로 구성과 전송속도

직렬 송・수신 데이터(RX, TX 핀의 신호)는 TTL 전압 레벨(0~5 V)이므로 이 전압을 이용하여 원거리 통신을 할 경우 전송로의 전압강하나 외부 노이즈 유입으로 인해 데이터 통신이 매우 어렵다. 따라서 송신단 측에는 TTL 전압레벨을 상승시키는 인터페이스 소자가 필요하고, 수신단 측에도 이러한 상승된 전압을 TTL 전압레벨로 변환시키는 인터페이스 소자가 필요하다.

그림 1.6에는 직렬 데이터 통신시 전압레벨의 변화에 관한 개념이 나타나 있다.

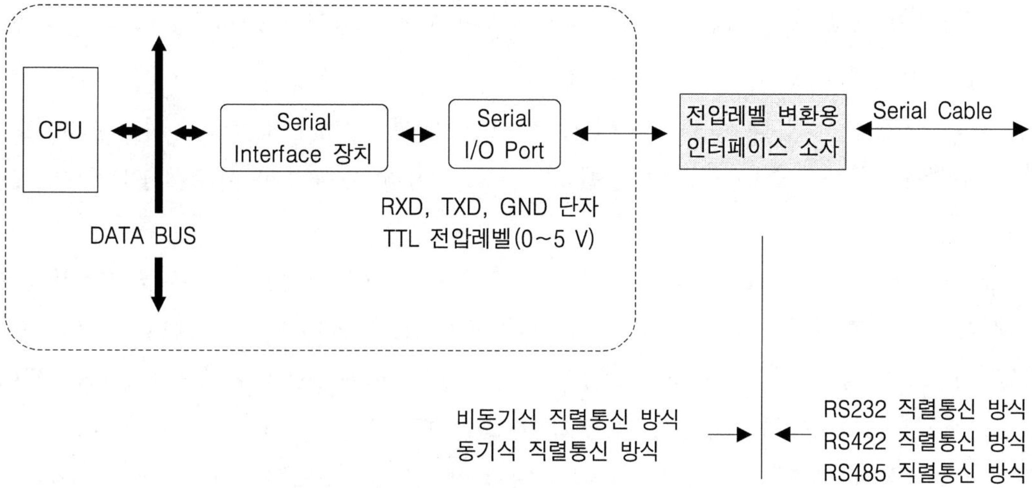

그림 1.6 직렬 데이터 통신의 전압레벨 변화

직렬 데이터 통신을 위한 전송선로의 전압레벨은 미국 전자산업협회(EIA: Electronic Industries Alliance) 국제규격으로 정하여져 있고, 다양한 종류의 인터페이스 소자가 개발되고 있다. 표 1.6에는 직렬 통신방식의 특징 및 많이 사용되어지고 있는 인터페이스 소자가 요약되어 있다.

표 1.6 직렬 통신방식별 특징 및 인터페이스 소자

특징 \ 통신방식			RS232	RS422	RS485
신호 레벨 (부논리 출력)	송신측 (드라이버 출력)	"1" (Mark)	−5 ~ −15V	−2 ~ −6V	−1.5 ~ −6V
		"0" (Space)	+5 ~ +15V	+2 ~ +6V	+1.5 ~ +6V
	수신측 (리시버 입력)	"1" (Mark)	−3 ~ −15V	−200mV ~ −6V	−200mV ~ −6V
		"0" (Space)	+3 ~ +15V	+200mV ~ +6V	+200mV ~ +6V
	잡음 여유		2V	1.8V	1.3V
최대 전송 거리			15m	1200m	1200m
최대 전송 속도			20Kbps	12m : 10Mbps 120m : 1Mbps 1200m:100Kbps	12m : 10Mbps 120m : 1Mbps 1200m:100Kbps
Driver/Receiver IC			MAX232	MAX485	MAX485
콘넥터			DB9(9핀용) DB25(25핀용)	미 규정	미 규정

RS422/485 통신방식은 RXD 용과 TXD 용으로서 각각 2개의 전송선을 꼬아서 사용하고, 차동 전압 방식으로 동작한다. 따라서 RS232와 같은 전압 전송 방식보다 노이즈에 강한 이유는 노이즈가 2개의 전송선에 동시에 가해진 경우 차동 전압 신호에는 전혀 영향이 없기 때문이다. 따라서 RS232 통신방식이 TTL보다는 먼 거리의 전송이 가능하고, 15m 이내의 거리까지 사용이 권장되고 있다. RS422/485 통신방식은 RS232 통신방식보다 노이즈에 강하고 장거리의 직렬 데이터 전송에 유리하다.

직렬 데이터 통신시 전송 속도의 단위로서 보오 레이트(Baud Rate)를 사용한다. 보오 레이트는 1초 동안에 변조되는 신호의 수를 의미하고, 이와 유사한 용어로서 BPS(Bit/Second)가 있다.

BPS는 1초 동안에 전송할 수 있는 비트의 수로서 정보의 전달 속도를 의미하며, 디지털 분야에서는 2가지를 혼용하여 사용하는 편이다. 만일, 1 Bit가 한 단위 신호일 경우는 보오 레이트와 BPS는 동일하고, 4 Bit가 한 단위신호의 경우에 직렬 전송시는 보오 레이트와 BPS는 같고, 병렬 전송시는 BPS는 보오 레이트의 4배로서 다르다.

일반적으로 직렬 데이터 통신시 많이 사용하는 전송 속도는 1200, 2400, 4800, 9600, 14400, 19200, 28800, 57600, 115200 등의 보오 레이트가 있다. 최근에는 컴퓨터와 주변 장치와의 데이터 통신시 고속의 통신 방법(USB, IEEE1394 등)이 사용되고 있지만, 비동기식 직렬 데이터 전송방식인 COM 포트를 이용한 데이터 통신도 지속적으로 사용될 전망이다.

1.4.3 RS232용 인터페이스 반도체 소자 및 직렬 통신

RS232 직렬 송·수신용 인터페이스 소자로서는 MAX232가 많이 사용되고 있다. MAX232의 특징은 5V 전원으로 구동되며, 외부에 4개의 콘덴서를 설치하여 0, 5V의 입력 신호를 RS232 신호 레벨로 변환을 하여 준다. 그림 1.7에는 MAX232의 외부 핀 배열과 연결 회로가 나타나 있다.

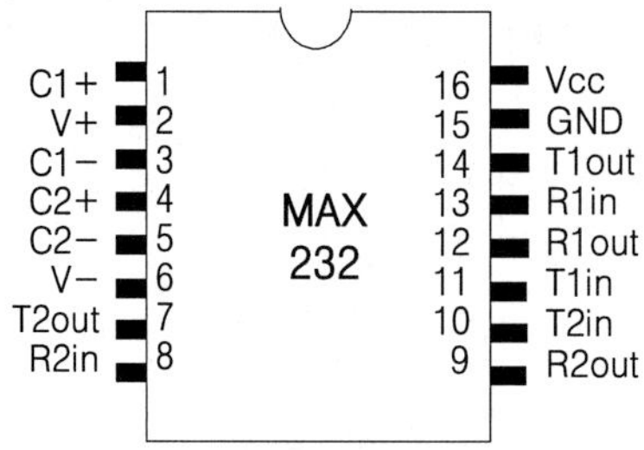

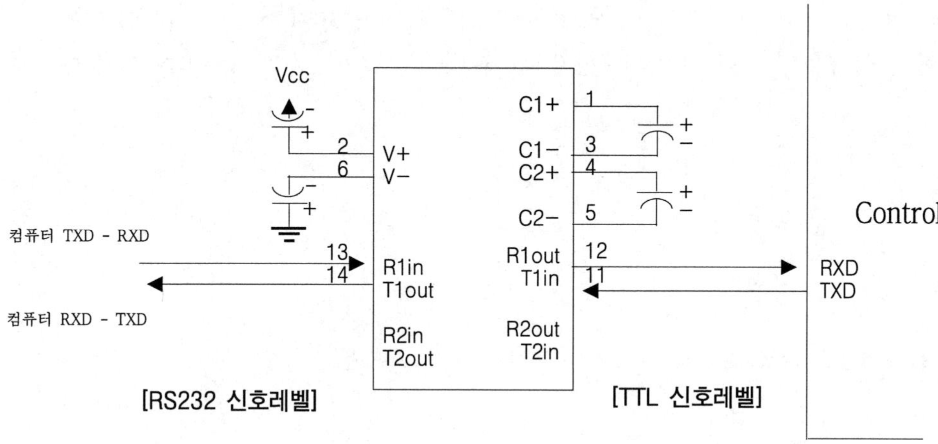

그림 1.7 MAX232의 외부 핀 배열과 연결 회로도

컴퓨터에 설치된 직렬 데이터 통신용 포트서 COM 포트는 9핀(DB9), 25핀(DB25) 등을 사용하고 있으며, 9핀이 주류를 이루고 있다. 표 1.7에는 9핀 콘넥터의 사양이 나타나 있고, 제어장치와 컴퓨터간 직렬 통신시 2번 핀(RD), 3번 핀(TD)과 5번 핀(GND)을 주로 사용을 한다.

표 1.7 직렬 통신용 9핀 콘넥터의 사양

핀 번호	기 능	비 고
1	CD : Carrier Detect	Male, Female 콘넥터의 단면에 핀 번호가 표시되어 있음.
2	RD : Receive Data	
3	TD : Transmit Data	
4	DTR : Data Terminal Ready	
5	GND : Signal Ground	
6	DSR : Data Set Ready	
7	RTS : Request To Send	
8	CTS : Clear To Send	
9	RI : Ring Indicator	

9핀 콘넥터의 형태는 Male(凸)형과 Female(凹)형 2가지이고, 일반적으로 컴퓨터나 제어장치 측(DTE : Data Terminal Equipment)에는 Male형 콘넥터를 사용하며, 직렬통신 케이블용 콘넥터는 양측 모두 Female 콘넥터를 사용한다. 여기서 특히 주의할 점은 직렬통신용 케이블을 제작시 Female형 콘넥터의 2번(RXD), 3번(TXD) 핀은 상대측 Female형 콘넥터의 3번,

2번 핀과 교차하여 연결하여야 하고, 이를 교차케이블(Twisted Serial Cable)이라고 한다.

그림 1.8에는 컴퓨터, 직렬 통신 케이블과 제어장치 측의 콘넥터 연결 관계가 나타나 있다.

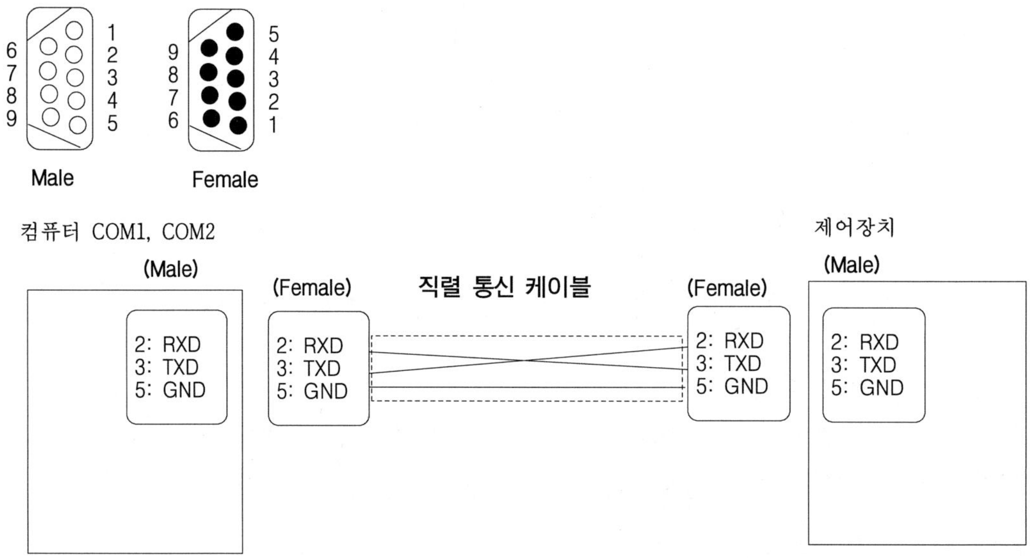

그림 1.8 컴퓨터와 제어장치와의 연결도

요즈음 생산하는 컴퓨터나 노트북은 RS232용 COM 포트가 없고, USB 포트를 많이 사용하고 있다. 이 경우에는 USB to serial UART를 사용한 신호변환 컨버터를 이용하면 가상의 COM 포트를 사용할 수 있고, 반드시 구동용 프로그램을 설치하여야 한다. 그리고 USB to serial UART 신호변환 컨버터의 9핀 콘넥터는 일반적으로 컴퓨터측과 같이 Male(凸)형으로서, 2번핀은 RXD, 3번핀은 TXD 핀이므로 케이블 연결시에 주의하도록 한다.

1.5 센서계측 및 제어시스템의 HMI

센서계측 및 제어시스템은 그림 1.1과 같이 필요한 정보를 입력하는 장치, 디지털 정보를 처리 및 분석을 하는 제어장치, 처리된 결과를 출력하는 출력장치가 있다. 그리고 원격지에서 정보의 입력 및 자료의 출력 등을 위한 유무선 직렬통신장치, 인터넷을 이용한 TCP/IP 통신장치가 있고, 인간과 기계장치와의 정보 전달을 위한 HMI(Human Machine Interface) 프로그램 또는 장치로 구성이 된다.

중앙제어실에서는 HMI를 이용하여 원거리에 있는 각종 기계 장치 및 센서들의 동작 상태를 중앙 컴퓨터 화면을 이용하여 알 수 있고, 운전자는 현장을 가지 않더라도 전체 공정을 한 눈에 파악하고 운전할 수 있으며, 각종 데이터를 분석 관리할 수 있다.

수자원을 관리하거나 수처리 분야 등에서 활용하는 경우 이를 TMTC(Tele Metering & Tele Control) 시스템이라고 하고, 이를 전력설비 제어나 대규모 플랜트의 공정을 감시/제어하는 경우에는 SCADA(Supervisory Control and Data Acquisition) 시스템이라고 하며, 기본적인 시스템의 구성이나 운용 개념은 매우 유사하다. 수자원을 관리하거나 수처리 분야 등에서 활용하는 TMTC 시스템의 HMI 주요 기능이 “9.1 HMI 개요 및 CIMON 프로그램의 설치” 편에 설명이 되어 있다.

HMI 프로그램은 원격계측 및 제어시스템의 중요한 기능을 수행하고, Autobase, InfoU, CIMON 등 다양한 제품들이 있으며, 본 교재에서는 CIMON을 중심으로 설명하였다.

제 2 장

PLC 이해와 구조

2.1 PLC 발전과정 및 적용분야

센서계측 및 제어시스템은 그림 1.1과 같이 필요한 정보를 입력하는 장치, 디지털 정보를 처리 및 분석을 하는 제어장치, 처리된 결과를 출력하는 출력장치가 있다. 그리고 원격지에서 정보의 입력 및 자료의 출력 등을 위한 통신장치와 인간과 기계장치와의 정보 전달을 위한 HMI(Human Machine Interface) 프로그램 또는 장치로 구성이 된다.

제어장치는 오래전부터 사용되어지고 있는 유접점 시퀀스제어기와 무접점 디지털 논리소자를 이용한 제어장치가 있고, 근래에 많이 사용되는 프로그램 언어에 의하여 제어로직을 구현하는 마이크로프로세서(Microprocessor) 및 PLC(Programmable Logic Controller)를 이용한 장치가 있다.

산업현장에서 많이 사용되어지고 있는 범용 제어장치인 PLC(Programmable Logic Controller)의 등장 배경과 발달사를 살펴보면 다음과 같다.

(1) PLC의 개념 태동 및 프로그램이 가능한 제어장치의 개발

미국의 자동차 생산회사인 GM(General Motors)사의 생산라인은 릴레이, 타이머, 제어용 전선 등을 이용하여 논리회로 구성하는 유접점 시퀀스 제어장치로서 규모가 크고, 기능의 변경시 회로 재구성 등으로 융통성이 부족하였다.

그래서 1968년 GM에서 릴레이 제어반의 기능을 획기적으로 개선할 10가지의 신개념 제어장치 개발 조건을 발표하였고, 릴레이 제어반의 주요 기능 개선점을 요약하면 다음과 같다.

- 제어용 프로그래밍과 그 변경이 용이할 것
- 점검 및 보수가 용이할 것
- 릴레이 제어반보다 신뢰성이 높고, 소형이며, 경제적인 가격일 것

- 직류 및 교류 입력이 가능하고, 교류 출력에서 최저 2(A) 이상의 부하 용량을 가질 것
- 기능의 확장성이 용이하고, 확장 가능한 프로그램 메모리 방식일 것
- 컴퓨터 등과의 데이터 통신이 가능할 것 등

1969년 드디어 Digital Equipments사의 PDP-14 컴퓨터를 이용한 프로그램이 가능한 제어장치(PC : Programmable Controller)가 개발되었다.

(2) PLC 명명 및 기능의 정의

1978년 미국의 전기 공업회 규격(NEMA : National Electrical Manufacturers Association)에서 초기의 개발 장치인 프로그램이 가능한 제어장치(PC: Programmable Controller)를 PLC(Programmable Logic Controller)라고 명명하고, 다음과 같이 기능을 정의하였다.

- PLC란 디지털 또는 아날로그 입출력 모듈을 이용하여 미리 정해진 순서 또는 조건에 따라 제어의 단계를 순차적으로 행하는 제어장치
- 제어용 릴레이, 타이머, 시프트레지스터, 보조 릴레이, 카운터 등을 반도체 소자로 대체하여 무접점화를 이룬 전자장치

PLC는 해외 및 국내에서 매우 다양한 규격 및 성능을 가지는 기종들이 생산되고 있으나 기본적인 하드웨어 구조나 입출력 연결 방법, 동작 원리와 구동 프로그램을 작성하는 방법은 매우 유사하다.

해외 제품으로서 독일 지멘스(Siemens)사의 S7 시리즈, 미국 로크웰 오토메이션(Rockwell automation)사의 엘렌-브레들리(Allen-Bradley) PLC, 일본 미쓰비시(Mitsubishi Electric)사의 MELSEC Q, R PLC가 높은 점유율을 나타낸다. 그리고 국내에서는 LS Electric사에서 MASTER-K, GLOFA, XGK 및 XGI 시리즈인 대형 XGT(neXt Generation Technology) 기종과 소형 XBC 및 XEC 시리즈인 XGB PLC 제품을 생산하고 있다.

본 교재에서는 산업 현장에서 범용 제어장치로 널리 사용되어지고 있는 국내에서 생산되는 대형 규모의 제어장치인 XGK-XGT PLC와 프로젝트 작품 제작을 위한 소형 규모의 제어장치인 XBC-XGB PLC를 위주로 하여 설명하였다.

(3) PLC의 적용분야

종래의 릴레이, 타이머, 카운터 등을 사용하는 릴레이 제어반의 단점을 보완하기 위하여 개발된 PLC는 중앙처리장치, 롬과 램의 메모리, 입출력장치, 통신회로 등의 하드웨어와 프로그램 언어를 이용하여 다양한 기능을 수행하도록 한 범용의 시퀀스 제어장치로서 다음과 같은 장점을 가지고 있다.

- 제어회로의 작성, 수정 및 관리가 용이하여 융통성이 높음
- 산술연산, 논리연산 및 비교연산 등 수치연산과 고속 연산 처리가 가능함.
- 자기진단 기능으로 고신뢰도 유지와 시스템 유지 보수가 용이함.
- 입출력 접점수의 확장 용이함.
- PLC 제어 프로그램의 저장, 유지 보수, 보안 관리가 용이함.
- 제어장치의 소형화와 경제성이 향상됨.

위와 같은 장점을 가지고 있는 PLC도 현재는 다음과 같은 문제점을 가지고 있다.

- PLC 제조사별 입출력과 통신 등이 표준화가 되어 있지 않아 호환성이 없음.
- PLC 제조사별 구동 프로그램이 상이함.
- 기존의 유접점 시퀀스제어기와 무접점 디지털 논리소자를 이용한 제어장치보다 고가임.

PLC는 산업현장에서 공장 자동화(FA : Factory Automation)와 유연 제조 시스템(FMS : Flexible Manufacturing System)의 핵심으로 자리 잡고 있는 추세이고, 표 2.1과 같이 적용이 확대되어 가고 있다.

표 2.1 PLC의 적용분야

적용 분야	제어 대상
식료, 식품 산업	컨베이어 총괄 제어, 생산라인 자동 제어
제철, 제강 산업	작업장 하역 제어, 원료 수송 제어, 압연 라인 제어, 하역 운반 제어
섬유, 화학공업	원료 수입 출하 제어, 컨베이어 제어, 직조 염색 라인 제어
자동차 산업	전송 라인 제어, 자동 조립 라인 제어, 도장 라인 제어, 용접기 제어
기계 산업	산업용 로봇 제어, 공작 기계 제어, 송배수 펌프 제어
상하수도	정수장 제어, 하수 처리 제어, 송배수 펌프 제어
물류 산업	자동 창고 제어, 하역 설비 제어, 반송 라인 제어
공장 설비	압축기 제어, 자동화 생산 라인 제어
공해 방지사업	쓰레기 소각로 자동 제어, 공해 방지기 제어

2.2 PLC의 구조 및 주요 기능

산업현장에서 많이 사용되어지고 있는 센서계측 및 제어시스템의 범용 제어장치인 PLC는 릴레이, 타이머, 카운터 등을 사용하는 종래의 릴레이 제어반의 단점을 보완하기 위하여 개

발되었고, 그림 2.1과 같이 마이크로프로세서를 이용한 중앙처리장치, 롬과 램의 메모리, 입출력장치, 통신회로 등의 하드웨어로 이루어졌다. 그리고 프로그램 언어를 이용하여 기본적인 시퀀스 제어 기능에 산술, 논리 및 비교 연산 등의 기능을 수행한다.

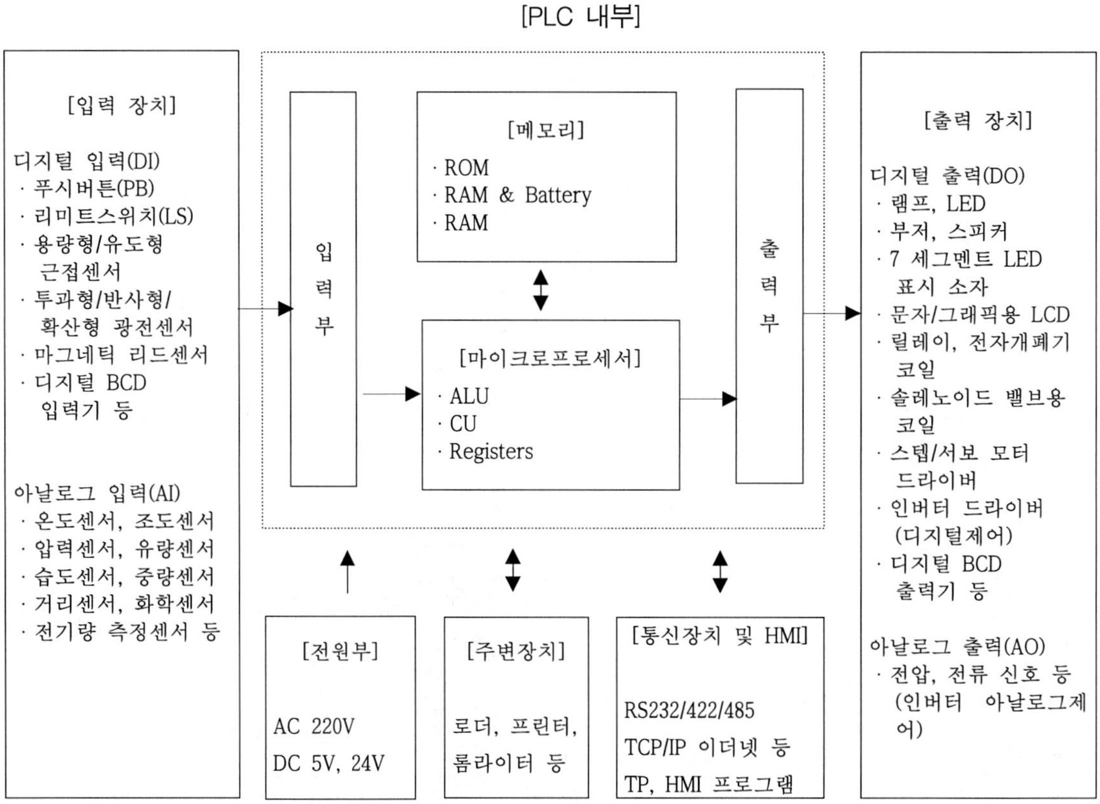

그림 2.1 PLC의 전체 구성도

(1) PLC 전원부

PLC 내부 회로의 동작전원, 입출력 회로용 전원은 다음과 같다.

- PLC용 전원: AC 220V
- PLC 내부 회로 동작용 전원: DC 5V
- 입출력 회로용 전원: DC 24V 또는 AC 220V,

(2) PLC 마이크로프로세서부

수치 연산 및 주변 장치들을 제어하는 중앙처리장치(CPU : Central Processing Unit)인 마이크로프로세서의 외관은 그림 2.2와 같고, 주요 기능은 표 2.2와 같다.

그림 2.2 LS Electric사의 XGT PLC 제어장치 모듈

표 2.2 마이크로프로세서의 내부 장치 및 주요 기능

내부 장치	기 능
산술 및 논리 연산장치 (ALU: Arithmetic and Logic Unit)	· 산술연산: 덧셈, 뺄셈, 곱셈, 나눗셈 · 논리연산: 논리합, 논리곱 등 · 비교연산: 크기 비교
제어장치 (CU: Control Unit)	· 프로그램의 기계적인 명령어를 해석 · 마이크로프로세서의 내부 제어, 메모리 제어 등 각 장치 제어
레지스터 (Registers)	· 마이크로프로세서가 동작하는 데 있어서 필요한 정보들을 임시로 저장함. · 프로그램카운터(PC: Program Counter): 현재 수행되고 있는 프로그램의 주소를 관리 · 명령 레지스터(IR: Instruction Register): 현재 실행되어질 명령어를 저장 · 범용 레지스터(General Purpose Register): 사용자가 주로 데이터를 저장

(3) PLC 메모리부

PLC에서 사용되는 메모리는 시스템 프로그램 메모리, 사용자 프로그램 메모리 그리고 데이터 메모리로 이루어지며, 표 2.3과 같다. PLC를 구동하기 위한 PLC 운영체제와 명령어 해석기 등은 시스템 프로그램 메모리로서 롬(ROM : Read Only Memory)에 저장이 되고, 디지털 및 아날로그의 입력자료를 처리하여 출력하는 프로그램은 사용자 프로그램 메모리인

램(RAM : Random Access Memory)에 저장이 되며, 배터리에 의해서 백업이 된다.

표 2.3 PLC의 메모리 종류 및 기능

구 분	기 능	메모리 형태
시스템 프로그램 메모리 (System Program Memory)	· PLC 운영체제 내장 · PLC 명령어 해석기 내장	ROM(Read Only Memory)
사용자 프로그램 메모리 (User Program Memory)	· 사용자가 작성한 PLC 프로그램을 내장	외부 EP-ROM 또는 RAM & Battery Back Up
데이터 메모리 (Data Memory)	· 주소별 비트, 바이트, 워드 단위로 고유의 변수명 부여 및 읽기/쓰기 기능 - 입력/출력 점점의 할당(P 영역) - 보조 점접 및 릴레이 할당(M 영역) - 타이머의 할당(T 영역) - 카운터의 할당(C 영역) - 데이터 레지스터(D 영역) 등	RAM(Random Access Memory)

2.3 PLC 디지털 및 아날로그 신호 입출력부 구조와 기능

그림 2.1에 나타난 PLC의 전체 구성도에서 입력 모듈은 외부에서 on/off 정보를 입력받는 디지털 입력장치, 온도 또는 조도 그리고 전기량 신호 등과 같은 물리량 정보를 아날로그 전기신호로 변환하는 각종 센서 소자와 아날로그 전기신호를 2진수의 디지털 정보로 변환하는 ADC(Analog to Digital Converter) 회로로 이루어지는 아날로그 신호 입력장치가 있고, 현장의 외부 기기에 직접 연결된다.

그리고 제어장치에서는 입력된 디지털/아날로그 정보를 처리 및 분석을 하고, 디지털 출력장치와 아날로그 신호 출력장치 및 DAC(Digital to Analog Converter)를 통하여 외부로 정보를 제공한다.

2.3.1 디지털 신호 입력부

외부 입력기기로서 푸시버튼(PB), 리미트스위치(LS), 용량형/유도형 근접센서, 투과형/반사형/확산형 광전센서 그리고 마그네틱 리드센서가 있고, 숫자를 입력하여 처리하는 디지털 BCD 입력기가 있다.

입력신호로서 DC 24(V) 직류형과 AC 110/220(V) 교류형 회로가 있고, 직류형 입력신호가 많이 사용되어 지고 있다. 외부 입력 신호는 DC 24(V)로서 마이크로프로세서가 사용하는 전압신호인 DC 5(V)로 변환하는 회로를 내장하고 있으며, 특히 포토 카플러(Photo Coupler)를 사용하여 전기적으로 절연하므로서 외부에서 PLC 내부로 서지가 유입되는 것을 막는 보호회로가 있다. 입력부에는 동작 상태를 감시할 수 있도록 LED가 부착되어 있다.

DC 24(V) 직류형 회로에는 소스(Source)형과 싱크(Sink)형이 있다. 소스형 입력회로는 그림 2.3과 같이 DC 24(V)의 (+)를 PLC COM 단자에 연결하고, (-)를 스위치의 COM 단자에 연결을 한다. 스위치나 센서가 on되면 PLC 입력단자에서 스위치나 센서로 전류가 공급(Source)되는 방식이다.

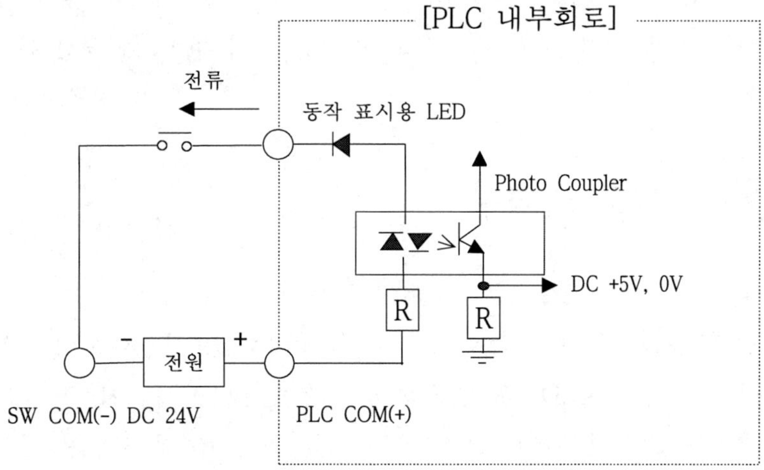

그림 2.3 PLC 소스형 입력회로

이와 반대로 싱크형 입력회로는 그림 2.4와 같이 DC 24(V)의 (-)를 PLC COM 단자에 연결하고, (+)를 스위치의 COM 단자에 연결을 한다. 스위치나 센서가 on되면 스위치나 센서 측에서 PLC 입력단자로 전류가 유입(Sink)되는 방식이다.

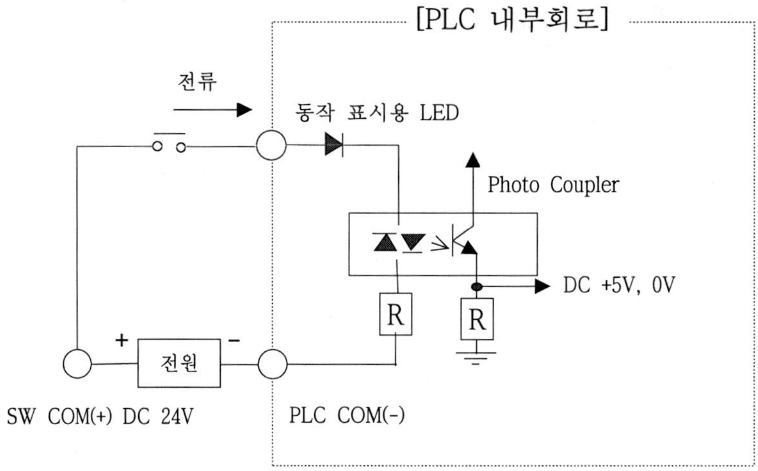

그림 2.4 PLC 싱크형 입력회로

일반적인 스위치는 극성이 없으므로 소스형이나 싱크형 입력회로 결선이 간단하지만, 트랜지스터 출력형의 용량형/유도형 근접센서나 투과형/반사형/확산형 광전센서는 극성이 있으므로 신중히 결선을 하여야 한다.

NPN TR 출력형 센서(Collector 단자, Emitter 접지)는 그림 2.3과 같이 PLC 소스형 입력회로로 결선을 하고, PNP TR 출력형 센서(Collector 단자, Emitter +전원)는 그림 2.4와 같이 싱크형 입력회로로 결선을 한다.

2.3.2 디지털 신호 출력부

디지털 및 아날로그 입력정보를 제어장치에서 처리 및 분석을 하고, 디지털 출력장치와 아날로그 신호 출력장치를 통하여 외부로 정보를 제공한다. 산업현장에서 널리 사용되어지는 디지털 출력장치는 램프, LED, 부저, 스피커, 디지털 BCD 출력기, 7 세그멘트 LED 표시소자와 문자/그래픽용 LCD가 있다. 그리고 릴레이, 전자개폐기 코일을 제어하여 전동기나 히터 등을 구동하고, 솔레노이드 밸브용 코일을 제어하여 공압용 실린더 등을 구동한다.

디지털 신호 출력부의 부하 구동용 전원은 교류 전원과 직류 전원을 사용할 수 있고, 직류 전원은 소스(Source)형과 싱크(Sink)형 결선이 있다.

직류 전원의 싱크형 출력회로는 그림 2.5와 같이 DC 24(V)의 (-)를 PLC COM 단자에 연결하고, (+)를 직류부하의 COM 단자에 연결을 한다. 출력부의 접점이 on되면 직류부하에서 PLC 입력단자로 전류가 유입(Sink)되는 방식이다.

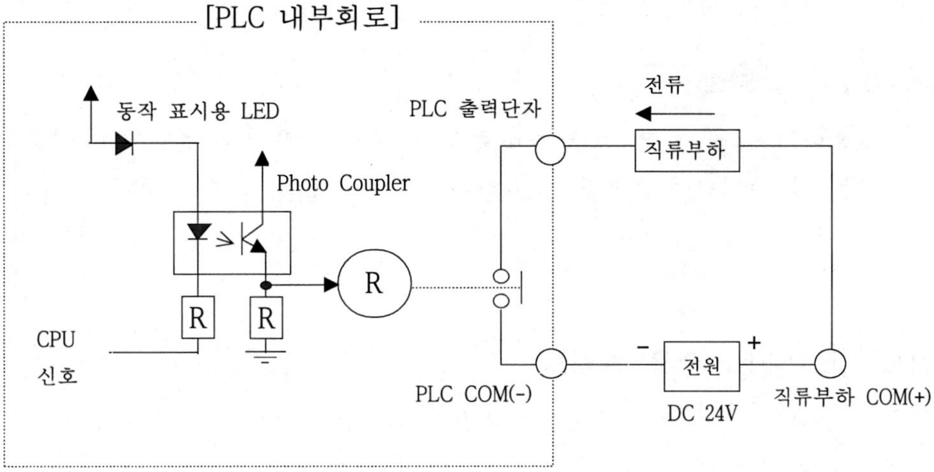

그림 2.5 PLC 싱크형 출력회로

이와 반대로 직류 전원의 소스형 출력회로는 그림 2.6과 같이 DC 24(V)의 (+)를 PLC COM 단자에 연결하고, (-)를 직류부하의 COM 단자에 연결을 한다. 출력부의 접점이 on되면 PLC 출력단자에서 직류부하측으로 전류가 공급(Source)되는 방식이다.

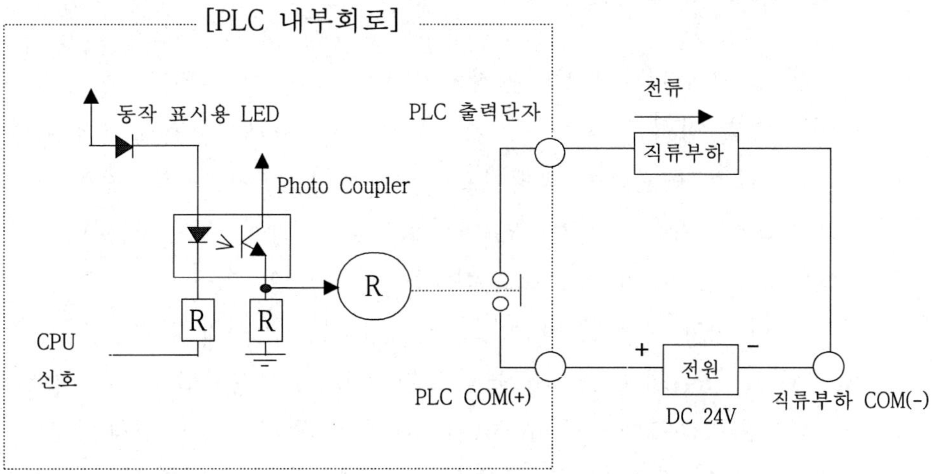

그림 2.6 PLC 소스형 출력회로

특히 포토 카플러(Photo Coupler)를 사용하여 전기적으로 절연하므로서 외부에서 PLC 내부로 서지가 유입되는 것을 막는 보호회로가 있다. 출력부에는 동작 상태를 표시할 수 있도록 LED가 부착되어 있다.

디지털 신호 출력부는 제어시스템의 외부 출력기기와 직접 접속이 되는 곳으로서 외부에 부하 구동용 접점을 제공하며, 크게 3가지의 출력형태가 있다.

(1) 릴레이 접점 출력형

유접점을 이용하여 교류 또는 직류 부하를 구동하며, 릴레이의 접점에는 병렬로 서지 킬러나 스너버 회로를 추가하여 접점을 보호한다. 기계적 접점 수명의 한계가 있고, 동작시간이 무접점 출력형에 비하여 저속이다. 릴레이 접점 출력형은 직류와 교류 부하 구동이 가능하다.

(2) 트랜지스터(NPN, PNP) 출력형

무접점 직류 부하를 구동한다. 트랜지스터 NPN과 PNP 극성과 단자에 유의하여 전원, 접지와 부하측 결선을 정확하게 하여야 한다. 릴레이 접점 출력형보다 고속 제어가 가능하여 수명이 길다. 트랜지스터 출력형은 직류 부하 구동용이고, 구동 부하의 용량에 제한이 있다.

(3) 무접점 반도체 릴레이(SSR : Solid State Relay) 및 트라이악 출력형

교류 부하를 구동하고, 무접점으로서 고속이며 수명이 길다.

2.3.3 아날로그 신호 입력부 및 출력부

센서계측 및 제어시스템의 아날로그 입력장치인 센서(Sensor)는 온도, 습도, 조도, 속도 및 가속도, 변위(길이), 중량, 압력, 토크량 등 자연상태의 물리적인 아날로그 신호를 비례하는 전기적인 아날로그 신호로 변환하는 장치이고, 트랜듀서는 전압, 전류, 전력 및 역률 등의 전기적인 물리량 신호를 비례하는 전기적인 아날로그 신호로 변환하는 장치이다.

이들 센서에서 나오는 전기적인 아날로그 신호는 저항, 전압 또는 전류, 주파수 가변의 펄스 형태 등으로 출력이 된다. 이러한 아날로그 전기신호를 2진수의 디지털 정보로 변환하기 위하여 ADC(Analog to Digital Converter) 회로를 이용하고, 디지털 제어장치에 연결이 된다. ADC 소자는 제어장치 외부에 부착을 하거나 내부에 내장이 되어 있다.

센서의 전기적인 출력 및 ADC의 입력 신호는 0～±5V, 0～±10V 또는 4mA～20mA이다. ADC의 디지털 해상도는 8Bit, 10Bit, 12Bit... 이고, CH0, CH1,... 등의 다채널을 지원한다.

센서계측 및 제어 시스템을 설계 시에는 1장에서 설명한 바와 같이 센서의 검출범위 및 정밀성, 응답 속도, 내환경성, 유지 보수성 그리고 ADC 성능 등을 충분히 고려하여야 한다.

- ADC 분해능(Resolution) 및 변환 속도(Conversion Speed)
- 외부 신호원과의 절연(Isolation) 기술

· 고주파 통과 필터, 저주파 통과 필터 적용으로 노이즈 제거
· 절연케이블(Shield Cable), 꼬임케이블(Twisted-pair Cable)의 사용

센서계측 및 제어시스템의 제어장치에서 입력된 아날로그 정보를 처리 및 분석을 하고, 아날로그 신호 출력장치와 DAC(Digital to Analog Converter)에서 외부로 정보를 제공한다. 아날로그 출력 신호는 전압이나 전류 신호로서 3상 유도전동기 속도제어용 인버터의 아날로그 입력 신호로 사용된다. 그리고 수자원관리시스템에서 유량 제어용 밸브의 위치제어 신호로도 사용된다.

2.4 특수 유니트와 주변기기

센서계측 및 제어시스템의 범용 제어장치인 PLC는 디지털 입출력과 아날로그 입출력장치로 이루어지지만 PLC의 기능을 확장하기 위하여 다음과 같은 다양한 특수 유니트 또는 모듈을 사용한다.

· 고속 카운터 모듈
  - 인크리멘탈 엔코더와 연계하여 사용
  - 다양한 전압(5V, 12V, 24V)의 고속 펄스 입력
· 서보모터 및 스텝 모터 제어용 위치 및 모션 제어 모듈
  - 다축 서보모터 제어
  - 위치제어, 속도제어
· 온도 입력 및 PID 제어 모듈
  - 제어대상을 안정되고 신속하게 목표값(입력 설정값)에 접근 시키는 피드백 제어 회로
  - 검출부의 측정값과 목표값을 비교하여 그 차를 없애는 방향으로 출력을 조정
  - 비례동작(P), 적분동작(I), 미분동작(D)을 조합시킨 제어 회로로서 조작량을 출력
· 데이터 링크 유니트
  - 다수의 PLC 간 데이터 통신 및 상위 컴퓨터간의 데이터 통신장치
  - 터치스크린 등의 각종 주변기기와의 통신
  - RS232, 422, 485, TCP/IP 등 통신 프로토콜

PLC의 주변기기는 다음과 같다.

· 핸디 로더(Handy Loader)
  - Key 입력에 의한 명령어 입력 및 실행하고 사용이 간편

- Mnemonic 명령어 입력

· 그래픽 로더(Graphic Loader)
  - PLC 프로그래밍, PLC Down Loading, 모니터링 등 실행
  - CRT 및 Keyboard, 윈도우 그래픽 환경의 소프트웨어
  - Mnemonic(Instruction List) 명령어, Ladder Diagram, Function Block Diagram, Structured Text 입력

· PROM Writer

  사용자 프로그램을 별도의 EPROM에 기록 및 보존

· 프린터 등

제 3 장

XGK-XGT PLC의 모듈과 명령어 이해

3.1 XGK PLC의 CPU 종류 및 성능규격

1978년 미국의 전기 공업회 규격(NEMA : National Electrical Manufacturers Association)에서 PLC(Programmable Logic Controller) 기능을 다음과 같이 기능을 정의하였다.

· PLC란 디지털 또는 아날로그 입출력 모듈을 이용하여 미리 정해진 순서 또는 조건에 따라 제어의 단계를 순차적으로 행하는 제어장치

· 제어용 릴레이, 타이머, 시프트레지스터, 보조 릴레이, 카운터 등을 반도체 소자로 대체하여 무접점화를 이룬 전자장치

산업현장의 범용 제어장치인 PLC는 해외 및 국내에서 매우 다양한 규격 및 성능을 가지는 기종들이 생산되고 있으나 기본적인 하드웨어 구조나 입출력 연결 방법, 동작 원리와 구동 프로그램을 작성하는 방법은 매우 유사하다.

해외 제품으로서 독일 지멘스(Siemens)사의 S7 시리즈, 미국 로크웰 오토메이션(Rockwell automation)사의 엘렌-브레들리(Allen-Bradley) PLC, 일본 미쓰비시(Mitsubishi Electric)사의 MELSEC Q, R PLC가 높은 점유율을 나타낸다.

국내에서는 LS Electric사에서 MASTER-K, GLOFA를 생산하였으나, 근래에는 대형 XGK 및 XGI 시리즈인 XGT(neXt Generation Technology)와 소형 XBC 및 XEC 시리즈인 XGB PLC 제품을 생산하고 있다. 사용 PLC 언어로서 MASTER-K, XGK 및 XBC 기종은 LS PLC 전용 언어를 사용하고 있으며, GLOFA, XGI 및 XEC 기종은 IEC 국제 표준 규격의 프로그램 언어를 사용하여 국제 표준화를 도모하고 있다.

본 교재에서는 국내에서 생산되는 대형 규모의 제어장치인 XGK-XGT PLC와 소형 규모의 제어장치인 XBC-XGB PLC를 위주로 하여 프로그램 작성 방법 등을 설명하였다.

LS Electric에서 발행한 XGT Series PLC 카탈로그와 XGK CPU 모듈 사용설명서를 참

고로 하여 작성한 XGK-XGT PLC의 시스템 구성도와 모듈별 기능, CPU 모듈의 종류 및 성능규격 등이 그림 3.1, 표 3.1~표 3.6에 나타나 있다.

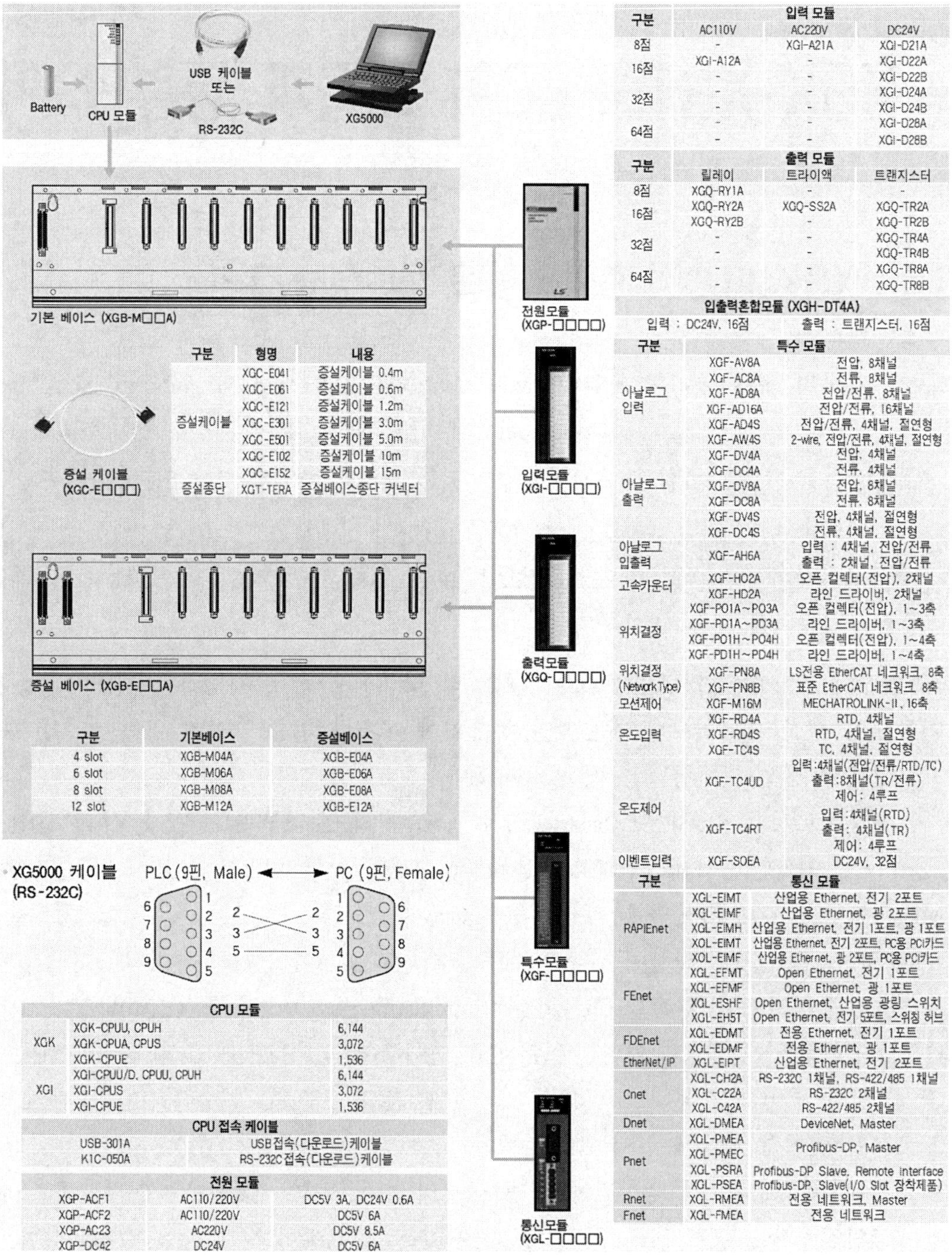

구분	형명	내용
증설케이블	XGC-E041	증설케이블 0.4m
	XGC-E061	증설케이블 0.6m
	XGC-E121	증설케이블 1.2m
	XGC-E301	증설케이블 3.0m
	XGC-E501	증설케이블 5.0m
	XGC-E102	증설케이블 10m
	XGC-E152	증설케이블 15m
증설종단	XGT-TERA	증설베이스종단 커넥터

구분	기본베이스	증설베이스
4 slot	XGB-M04A	XGB-E04A
6 slot	XGB-M06A	XGB-E06A
8 slot	XGB-M08A	XGB-E08A
12 slot	XGB-M12A	XGB-E12A

CPU 모듈		
XGK	XGK-CPUU, CPUH	6,144
	XGK-CPUA, CPUS	3,072
	XGK-CPUE	1,536
XGI	XGI-CPUU/D, CPUU, CPUH	6,144
	XGI-CPUS	3,072
	XGI-CPUE	1,536

CPU 접속 케이블	
USB-301A	USB접속(다운로드)케이블
K1C-050A	RS-232C접속(다운로드)케이블

전원 모듈		
XGP-ACF1	AC110/220V	DC5V 3A, DC24V 0.6A
XGP-ACF2	AC110/220V	DC5V 6A
XGP-AC23	AC220V	DC5V 8.5A
XGP-DC42	DC24V	DC5V 6A

구분	입력 모듈		
	AC110V	AC220V	DC24V
8점	-	XGI-A21A	XGI-D21A
16점	XGI-A12A	-	XGI-D22A
	-	-	XGI-D22B
32점	-	-	XGI-D24A
	-	-	XGI-D24B
64점	-	-	XGI-D28A
	-	-	XGI-D28B

구분	출력 모듈		
	릴레이	트라이액	트랜지스터
8점	XGQ-RY1A	-	-
16점	XGQ-RY2A	XGQ-SS2A	XGQ-TR2A
	XGQ-RY2B	-	XGQ-TR2B
32점	-	-	XGQ-TR4A
	-	-	XGQ-TR4B
64점	-	-	XGQ-TR8A
	-	-	XGQ-TR8B

입출력혼합모듈 (XGH-DT4A)	
입력 : DC24V, 16점	출력 : 트랜지스터, 16점

구분	특수 모듈	
아날로그 입력	XGF-AV8A	전압, 8채널
	XGF-AC8A	전류, 8채널
	XGF-AD8A	전압/전류, 8채널
	XGF-AD16A	전압/전류, 16채널
	XGF-AD4S	전압/전류, 4채널, 절연형
	XGF-AW4S	2-wire, 전압/전류, 4채널, 절연형
아날로그 출력	XGF-DV4A	전압, 4채널
	XGF-DC4A	전류, 4채널
	XGF-DV8A	전압, 8채널
	XGF-DC8A	전류, 8채널
	XGF-DV4S	전압, 4채널, 절연형
	XGF-DC4S	전류, 4채널, 절연형
아날로그 입출력	XGF-AH6A	입력 : 4채널, 전압/전류 출력 : 2채널, 전압/전류
고속카운터	XGF-HO2A	오픈 컬렉터(전압), 2채널
	XGF-HD2A	라인 드라이버, 2채널
위치결정	XGF-PO1A~PO3A	오픈 컬렉터(전압), 1~3축
	XGF-PD1A~PD3A	라인 드라이버, 1~3축
	XGF-PO1H~PO4H	오픈 컬렉터(전압), 1~4축
	XGF-PD1H~PD4H	라인 드라이버, 1~4축
위치결정 (Network Type)	XGF-PN8A	LS전용 EtherCAT 네크워크, 8축
	XGF-PN8B	표준 EtherCAT 네크워크 8축
모션제어	XGF-M16M	MECHATROLINK-II, 16축
온도입력	XGF-RD4A	RTD, 4채널
	XGF-RD4S	RTD, 4채널, 절연형
	XGF-TC4S	TC, 4채널, 절연형
온도제어	XGF-TC4UD	입력:4채널(전압/전류/RTD/TC) 출력:8채널(TR/전류) 제어: 4루프
	XGF-TC4RT	입력:4채널(RTD) 출력: 4채널(TR) 제어: 4루프
이벤트입력	XGF-SOEA	DC24V, 32점

구분	통신 모듈	
RAPIEnet	XGL-EIMT	산업용 Ethernet, 전기 2포트
	XGL-EIMF	산업용 Ethernet, 광 2포트
	XGL-EIMH	산업용 Ethernet, 전기 1포트, 광 1포트
	XOL-EIMT	산업용 Ethernet, 전기 2포트, PC용 PCI카드
	XOL-EIMF	산업용 Ethernet, 광 2포트, PC용 PCI카드
FEnet	XGL-EFMT	Open Ethernet, 전기 1포트
	XGL-EFMF	Open Ethernet, 광 1포트
	XGL-ESHF	Open Ethernet, 산업용 광링 스위치
	XGL-EH5T	Open Ethernet, 전기 5포트, 스위칭 허브
FDEnet	XGL-EDMT	전용 Ethernet, 전기 1포트
	XGL-EDMF	전용 Ethernet, 광 1포트
EtherNet/IP	XGL-EIPT	산업용 Ethernet, 전기 2포트
Cnet	XGL-CH2A	RS-232C 1채널, RS-422/485 1채널
	XGL-C22A	RS-232C 2채널
	XGL-C42A	RS-422/485 2채널
Dnet	XGL-DMEA	DeviceNet, Master
Pnet	XGL-PMEA	Profibus-DP, Master
	XGL-PMEC	Profibus-DP, Master
	XGL-PSRA	Profibus-DP Slave, Remote interface
	XGL-PSEA	Profibus-DP, Slave(I/O Slot 장착제품)
Rnet	XGL-RMEA	전용 네트워크, Master
Fnet	XGL-FMEA	전용 네트워크

그림 3.1 XGK-XGT PLC의 시스템 전체 구성도와 모듈별 기능

그림 3.1에 나타난 XGK-XGT PLC의 시스템 전체 구성도를 보면 PLC 기본 베이스에 전원모듈, CPU 모듈, AC 220(V)/DC 24(V) 디지털 입력 모듈, 릴레이/트라이액/트랜지스터 출력 모듈들이 설치가 된다. 그리고 아날로그 입력 및 출력 모듈, 고속카운터 모듈, 위치결정 모듈과 온도제어 등의 특수 모듈들을 설치하여 기능을 확장하고, RS232/422/485 직렬통신과 TCP/IP 이더넷 통신을 수행하는 통신모듈을 설치하여 외부와 다양한 통신을 수행한다. 만일, 입출력 점수가 증가할 경우에는 PLC의 기본 베이스에 증설케이블을 이용하여 입출력 모듈을 확장할 수 있다.

표 3.1 XGK-XGT PLC CPU 모듈의 종류 및 성능규격(1)

항 목		규 격					비 고
		XGK-CPUE	XGK-CPUS	XGK-CPUA	XGK-CPUH	XGK-CPUU	
연산 방식		반복연산, 정주기 연산, 고정주기 스캔					-
입출력 제어 방식		스캔동기 일괄처리 방식 (리프레시 방식), 명령어에 의한 다이렉트 방식					-
프로그램 언어		래더 다이어그램 (Ladder Diagram), 명령 리스트 (Instruction List) SFC (Sequential Function Chart), ST (Structured Text)					-
명령어 수	기본명령	약 40 개					-
	응용명령	약 700 개					-
연산처리 속도 (기본명령)	LD	0.084 ㎲/Step		0.028 ㎲/Step			-
	MOV	0.252 ㎲/Step		0.084 ㎲/Step			-
	실수연산	±: 1.442 ㎲(S), 2.87 ㎲(D) x : 1.948 ㎲(S), 4.186 ㎲(D) ÷ : 1.974 ㎲(S), 4.2 ㎲(D)		±: 0.602 ㎲(S), 1.078 ㎲(D) x : 1.106 ㎲(S), 2.394 ㎲(D) ÷ : 1.134 ㎲(S), 2.66 ㎲(D)			S: 단장 D: 배장
프로그램 메모리 용량 (디바이스 자동 할당 시)		16kstep (64KB)	32kstep (128KB)	32kstep (128KB)	64kstep (256KB)	128kstep (512KB)	-
입출력 점수(설치가능)		1,536 점	3,072 점	3,072 점	6,144 점		-
데이터 영역	P	P00000 ~ P2047F (32,768 점)					-
	M	M00000 ~ M2047F (32,768 점)					-
	K	K00000 ~ K2047F (32,768 점)					-
	L	L00000 ~ L11263F (180,224 점)					-
	F	F00000 ~ F2047F (32,768 점)					-
	T	100ms: T0000 - T0999, 10ms: T1000 - T1499 1ms: T1500 - T1999, 0.1ms: T2000 - T2047					파라미터 설정에 의해 영역 변경 가능
	C	C0000 ~ C2047					-
	S	S00.00 ~ S127.99					-
	D	D0000 ~ D19999		D0000 ~ D32767			-
	U	U0.0 ~ U1F.31	U0.0 ~ U3F.31	U0.0 ~ U3F.31	U0.0 ~ U7F.31		특수모듈 데이터 리프레시 영역
	Z	128 점					인덱스
	N	N00000 ~ N21503					-
	R	1 블록		2 블록			1 블록당 32k 워드(R0 ~ R32767)
플래시 영역		2 MB, 32 블록(1 블록당 32k 워드)					R 디바이스를 이용해서 제어 가능

표 3.2 XGK-XGT PLC CPU 모듈의 종류 및 성능규격(2)

항 목		규 격					비 고
		XGK- CPUE	XGK-CPUS	XGK-CPUA	XGK-CPUH	XGK-CPUU	
프로그램 구성	총 프로그램 수	256 개					-
	초기화 태스크	1 개					-
	정주기 태스크	32 개					-
	내부 디바이스 태스크	32 개					-
운전모드		RUN, STOP, DEBUG					-
자기진단 기능		연산지연감시, 메모리 이상, 입출력 이상, 배터리 이상, 전원이상 등					-
프로그램 포트		RS-232C(1CH), USB(1CH)					RS-232C 포트로 Modbus slave 지원
정전 시 데이터 보존방법		기본 파라미터에서 래치 영역 설정					-
최대 증설베이스 수		1 단	3 단	3 단	7 단		총 연장 15 m
내부 소비 전류		940mA		960mA			-
중 량		0.12kg					-

XGK-XGT PLC의 CPU는 LS PLC 전용 MK 언어를 지원하고, 데이터 영역의 입출력 접점, 타이머 및 카운터 접점수가 대용량으로 설계되어 있다. XGK-CPUS/CPUE 표준형 CPU 모듈과 XGK-CPUA/CPUH/CPUU 고급형 CPU 모듈로 구분이 되고, 주요 성능 규격은 표 3.1, 표 3.2와 같다.

XGK-CPUS, XGK-CPUE, XGK-CPUA, XGK-CPUH, XGK-CPUU에 대한 각 부의 명칭 및 기능은 표 3.3~표 3.5와 같다.

CPU 모듈이 'RUN' 모드 상태로 운전 중이면 녹색 점등이고, 'STOP' 모드 상태로 운전 중이면 적생이 점등된다. 단, RUN/STOP 모드 스위치가 'STOP' 인 상태에서 '리모트 RUN' 운전 중이면 녹색이 점등된다.

표 3.3 XGK-XGT PLC CPU 모듈의 각 부 명칭 및 주요 기능(1)

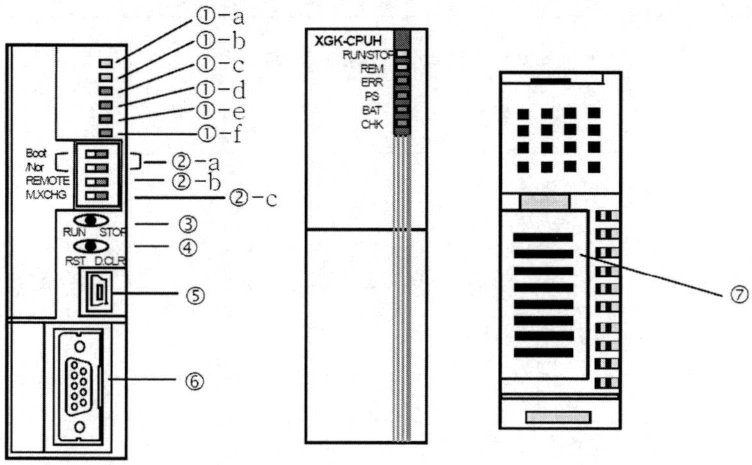

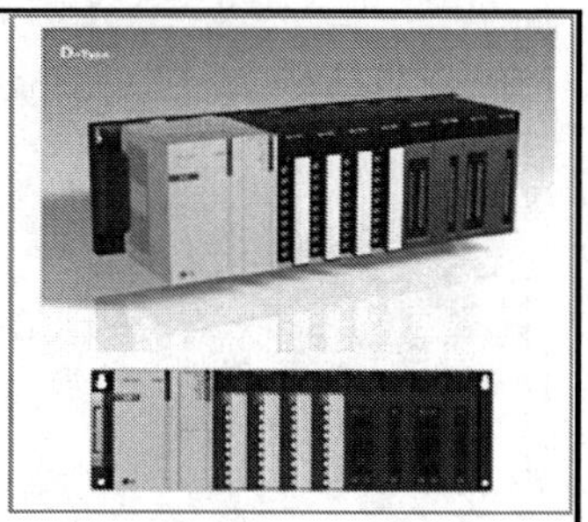

No.	명 칭	용 도
①-a	RUN/STOP LED	CPU 모듈의 동작 상태를 나타냅니다. • 녹색 점등: 'RUN' 모드 상태로 운전 중 을 표시 ▶ RUN/STOP 모드 스위치에 의해 'RUN' 운전 중 ▶ RUN/STOP 모드 스위치가 'STOP' 인 상태에서 '리모트 RUN' 운전 중 • 적색점등: 'STOP' 모드 상태로 운전 중을 표시 ▶ RUN/STOP 모드 스위치에 의해 'STOP' 운전 중 ▶ 모드 스위치가 'STOP' 인 상태에서 리모트 'STOP' 운전 중 ▶ 운전을 정지하는 에러를 검출한 경우
①-b	REM LED	• 점등(황색): 리모트 허용 상태임을 표시 ▶ 'REMOTE' 스위치가 'On' 인 경우 • 소등: 리모트 금지 상태임을 표시 ▶ 'REMOTE' 스위치가 'Off' 인 경우

표 3.4 XGK-XGT PLC CPU 모듈의 각 부 명칭 및 주요 기능(2)

No.	명 칭	용 도
①-c	ERR LED	• 점등(적색): 운전이 불가한 에러가 발생한 경우를 표시 • 소등: 이상 없음을 표시
①-d	PS LED (Programmable Status)	• 점등(적색): ▶ '사용자 지정 플래그' 가 'On' 인 경우 ▶ '에러시 운전 속행' 설정으로 에러 상태에서 운전 중인 경우 ▶ 'M.XCHG '스위치가 'On' 인 상태에서 모듈을 빼거나 다른 모듈을 장착한 경우 • 소등: ▶ 이상 없음을 표시
①-e	BAT LED	• 점등(적색): 배터리 전압이 저하된 경우 • 소등: 배터리 이상 없음
①-f	CHK LED	• 점등(적색): 표준설정과 다른 내용이 설정되어 있는 경우에 표시 (파라미터로 추가/삭제[해제]가 가능함) ▶ '모듈교체' 스위치가 '모듈교체' 로 설정 된 경우 ▶ '디버그 모드' 에서 운전 중 인 경우 ▶ '강제 I/O ON' 설정 상태 ▶ '고장마스크', 'I/O SKIP' 이 설정 된 경우 ▶ 운전 중 경고장(Warning)이 발생한 경우 ▶ 증설베이스 전원 이상 • 점멸: 연산에러시 운전속행 설정이 되어 있는 상태에서 에러가 발생한 경우 • 소등: 표준설정으로 운전 중에 표시
②-a	Boot/Nor 스위치	출하 전 O/S를 다운로드 하는 경우 사용합니다. • On (우측) : 정상운전 모드에서 제어동작을 수행 • Off (좌측) : 제조 시 사용하는 모드로 사용자 조작 금지 (O/S의 다운로드 모드) • **주의** : Boot/Nor 스위치는 항상 On(우측)상태로 유지해야 합니다 Off(좌측) 상태로 설정하게 되면 모듈 소손의 원인이 됩니다.
②-b	REMOTE허용 스위치	XG5000으로 PLC접속 시 PLC의 동작을 제한 합니다. • On(우측): 모든 기능 허용 (REMOTE모드) • Off(좌측): PLC 기능 제한 ▶ 프로그램 다운로드, 운전모드 조작 제한 ▶ 모니터, 데이터 변경 등은 조작 허용
②-c	M.XCHG (모듈교체 스위치)	운전 중 모듈을 교체할 경우에 사용합니다. • On (우측): 모듈교체 실시 ▶ 키스위치의 조작만으로 모듈교체가 가능 • Off(좌측): 모듈교체 완료

표 3.5 XGK-XGT PLC CPU 모듈의 각 부 명칭 및 주요 기능(3)

<table>
<tr><th>No.</th><th>명 칭</th><th>용 도</th></tr>
<tr><td>③</td><td>RUN/STOP 모드 스위치</td><td>CPU 모듈의 운전모드를 설정합니다.
• STOP → RUN : 프로그램의 연산 실행
• RUN → STOP : 프로그램의 연산 정지

REMOTE 스위치에 우선하여 동작 합니다.</td></tr>
<tr><td>④</td><td>리셋/ D.Clear 스위치</td><td>리셋/D.Clear에 대해 "XG5000 → 기본파라미터 → 기본 동작 설정" 에 대해 동작 차단을 설정 할 수 있습니다.

• XG5000 → 기본파라미터 설정에서 "리셋 스위치 동작 차단 설정" 을 설정하지 않았을 경우
<table>
<tr><th>동 작</th><th>결 과</th></tr>
<tr><td>좌측이동 → 중앙복귀</td><td>리셋</td></tr>
<tr><td>좌측이동 → 3초 이상 유지 → 중앙복귀</td><td>오버올 리셋</td></tr>
</table>
• XG5000 → 기본파라미터 설정에서 "D.Clear 스위치 동작 차단 설정" 을 설정하지 않았을 경우
<table>
<tr><th>동 작</th><th>결 과</th></tr>
<tr><td>우측으로 누름
→ 중앙복귀</td><td>일반 데이터 영역 및 리테인 설정 영역
(M, 자동변수) 데이터 지움</td></tr>
<tr><td>우측으로 누름
→ 3초 이상 유지
→ 중앙복귀</td><td>일반 데이터 영역, 리테인 설정 영역
(M, 자동변수) 데이터 지움과 R영역 데이터까지 지움</td></tr>
</table>
• 주의: 데이터 클리어 동작은 "STOP" 운전모드 만에서 동작합니다.</td></tr>
<tr><td>⑤</td><td>USB 커넥터</td><td>주변기기 (XG5000 등)와 접속하기 위한 커넥터 (USB 1.1 지원)</td></tr>
<tr><td>⑥</td><td>RS-232C 커넥터</td><td>주변기기와 접속하기 위한 커넥터
• XG5000 접속: 기본적으로 지원
• Modbus 기기 접속: Modbus 프로토콜 지원(서버만 동작함)
TX: 7번Pin, RX: 8번Pin, GND: 5번 Pin</td></tr>
<tr><td>⑦</td><td>배터리 장착 커버</td><td>백업 배터리 장착용 커버</td></tr>
</table>

PLC LD 사용자 프로그램을 저장하는 배터리 백업용 램 메모리를 위하여 배터리 관리를 잘하여야 하고, 제작사에 나타난 배터리의 규격은 표 3.6과 같다. 배터리의 수명은 정전시간, 사용온도 조건 등에 따라서 달라지고, 배터리 전압 저하 경고가 발생되면 신속히 배터리를 교환하여야 한다.

표 3.6 XGK PLC 제작사의 배터리 규격

항 목	규 격
공 칭 전 압 / 전 류	DC 3.0 V / 1,800 mAh
보 증 기 간	5년(상온)
용 도	프로그램 및 데이터 백업, 정전 시 RTC 운전
규 격	이산화 망간 리튬 배터리
외형치수 (mm)	ϕ 17.0 X 33.5 mm

3.2 XGK PLC의 디지털 입출력 모듈 종류 및 성능 규격

XGK-XGT PLC 시스템의 전체 구성은 그림 3.1과 같이 PLC 기본 베이스에 전원모듈, CPU 모듈, AC 220(V)/DC 24(V) 디지털 입력 모듈, 릴레이/트라이액/트랜지스터 출력 모듈들로 이루어진다. 그리고 아날로그 입력 및 출력 모듈, 고속카운터 모듈, 위치결정 모듈과 온도제어 등의 특수 모듈들을 설치하여 기능을 확장한다. RS232/422/485 직렬통신과 TCP/IP 이더넷 통신을 수행하는 통신모듈을 설치하여 외부와 다양한 통신을 수행한다. 만일, 입출력 점수가 증가할 경우에는 PLC의 기본 베이스에 증설케이블을 이용하여 입출력 모듈을 확장할 수 있다.

XGK-XGT PLC 디지털 입출력 모듈의 종류는 그림 3.2에 나타나 있고, 16점 DC 24V 입력모듈(소스/싱크 타입)과 16점 릴레이 출력모듈의 규격은 표 3.7 및 표 3.8에 있다.

디지털 입력 모듈	XGI-D21A	• DC 24V 입력, 8점 (전류 소스 / 싱크 입력)
	XGI-D21D	• DC 24V 진단 입력, 8점 (전류 소스 / 싱크 입력)
	XGI-D22A	• DC 24V 입력, 16점 (전류 소스 / 싱크 입력)
	XGI-D24A	• DC 24V 입력, 32점 (전류 소스 / 싱크 입력)
	XGI-D28A	• DC 24V 입력, 64점 (전류 소스 / 싱크 입력)
	XGI-D22B	• DC 24V 입력, 16점 (전류 소스 입력)
	XGI-D24B	• DC 24V 입력, 32점 (전류 소스 입력)
	XGI-D28B	• DC 24V 입력, 64점 (전류 소스 입력)
	XGI-A12A	• AC 110V 입력, 16점
	XGI-A21A	• AC 220V 입력, 8점
디지털 출력 모듈	XGQ-RY1A	• 릴레이 출력, 8점 (2A용, 단독 COM.)
	XGQ-RY1D	• 릴레이 진단 출력, 8점 (2A용)
	XGQ-RY2A	• 릴레이 출력, 16점 (2A용)
	XGQ-RY2B	• 릴레이 출력, 16점 (2A용), Varistor 부착
	XGQ-TR2A	• 트랜지스터 출력, 16점 (0.5A용, 싱크출력)
	XGQ-TR4A	• 트랜지스터 출력, 32점 (0.1A용, 싱크출력)
	XGQ-TR8A	• 트랜지스터 출력, 64점 (0.1A용, 싱크출력)
	XGQ-TR2B	• 트랜지스터 출력 16점 (0.5A용, 소스출력)
	XGQ-TR4B	• 트랜지스터 출력 32점 (0.1A용, 소스출력)
	XGQ-TR8B	• 트랜지스터 출력 64점 (0.1A용, 소스출력)
	XGQ-SS2A	• 트라이액 출력, 16점 (0.6A용)
디지털 입출력 혼합 모듈	XGH-DT4A	• DC 24V 입력, 16점(소스/싱크) • 트랜지스터 출력, 16점 (0.1A,싱크)

그림 3.2 XGK-XGT PLC의 디지털 입출력 모듈의 외형 및 종류

표 3.7 XGK-XGT PLC의 16점 DC24V 입력모듈(소스/싱크 타입)

규격 \ 형명		DC 입력모듈 XGI-D22A
입력점수		16 점
절연방식		포토 커플러 절연
정격입력전압		DC24V
정격입력전류		약 4 mA
사용전압범위		DC20.4~28.8V (리플율 5% 이내)
입력 Derating		없음
On 전압 / On 전류		DC19V 이상 / 3 mA 이상
Off 전압 / Off 전류		DC11V 이하 / 1.7 mA 이하
입력저항		약 5.6 kΩ
응답시간	Off → On	1ms/3ms/5ms/10ms/20ms/70ms/100ms(CPU 파라미터로 설정) 초기값:3ms
	On → Off	1ms/3ms/5ms/10ms/20ms/70ms/100ms(CPU 파라미터로 설정) 초기값:3ms
절연 내압		AC560V rms/3 Cycle (표고 2000m)
절연 저항		절연 저항계로 10 MΩ 이상
공통(Common) 방식		16 점 / COM
적합 전선 Size		연선 0.3~0.75 ㎟ (외경 2.8mm 이하)
적합 압착 단자		R1.25-3 (Sleeve 부착 압착 단자는 사용할 수 없습니다.)
내부소비전류(mA)		30mA
동작표시		입력 On 시 LED 점등
외부접속방식		18 점 단자대 커넥터 (M3 X 6 나사)
중량		0.12 kg

회로구성

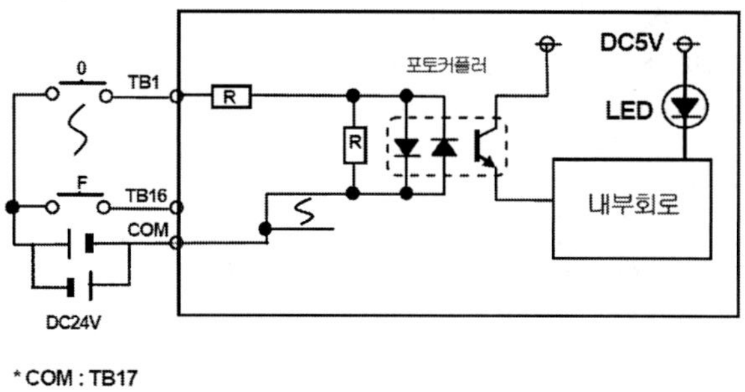

단자대	접점명
TB1	P0
TB2	P1
TB3	P2
TB4	P3
TB5	P4
TB6	P5
TB7	P6
TB8	P7
TB9	P8
TB10	P9
TB11	PA
TB12	PB
TB13	PC
TB14	PD
TB15	PE
TB16	PF
TB17	COM
TB18	NC

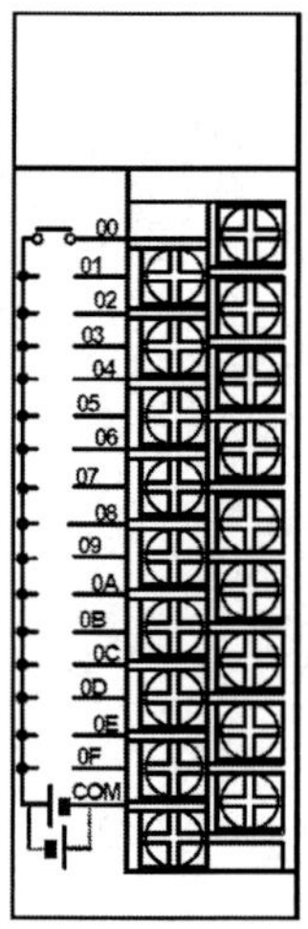

표 3.8 XGK-XGT PLC의 16점 릴레이 출력모듈

규격 \ 형명		Relay 출력모듈 XGQ-RY2A
출력점수		16 점
절연방식		릴레이 절연
정격 부하 전압 / 전류		DC24V 2A(저항부하) / AC220V 2A(COSΨ = 1)
최소 부하 전압 / 전류		DC5V 1mA
최대 부하 전압 / 전류		AC250V 2A, DC125V 2A
Off 시 누설전류		0.1mA (AC220V, 60Hz)
최대 개폐 빈도		3,600 회 / 시간
서지 킬러		없음
수 명	기 계 적	2,000 만회 이상
	전 기 적	정격 부하 전압 / 전류 10 만회 이상
		AC200V / 1.5A, AC240V / 1A (COSΨ = 0.7) 10 만회 이상
		AC200V / 1A, AC240V / 0.5A (COSΨ = 0.35) 10 만회 이상
		DC24V / 1A, DC100V / 0.1A (L / R = 7ms) 10 만회 이상
응답시간	Off → On	10 ms 이하
	On → Off	12 ms 이하
공통(Common) 방식		16 점 / 1COM
내부소비전류		500mA (전점 On 시)
동작표시		출력 On 시 LED 점등
외부접속방식		18 점 단자대 커넥터 (M3 X 6 나사)
중량		0.17kg

회로구성

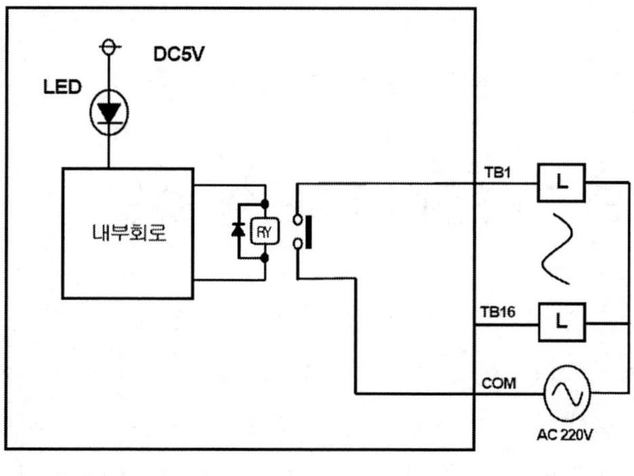

* COM : TB17

단자대	접점명
TB1	P0
TB2	P1
TB3	P2
TB4	P3
TB5	P4
TB6	P5
TB7	P6
TB8	P7
TB9	P8
TB10	P9
TB11	PA
TB12	PB
TB13	PC
TB14	PD
TB15	PE
TB16	PF
TB17	COM
TB18	NC

3.3 XGK PLC의 아날로그 입출력 모듈의 종류

그림 3.1에 나타난 XGK-XGT PLC의 시스템 전체 구성도에서 아날로그 입력 및 출력 모듈은 전압 또는 전류를 입출력으로 하고, 다채널로서 동시에 여러 가지의 아날로그 신호를 처리할 수 있다. 그림 3.3에 아날로그 입출력 모듈의 종류가 나타나 있고, 상세한 설명은 "제 7 장 XGK PLC 아날로그 입출력제어 실습" 편에 설명이 되어 있다.

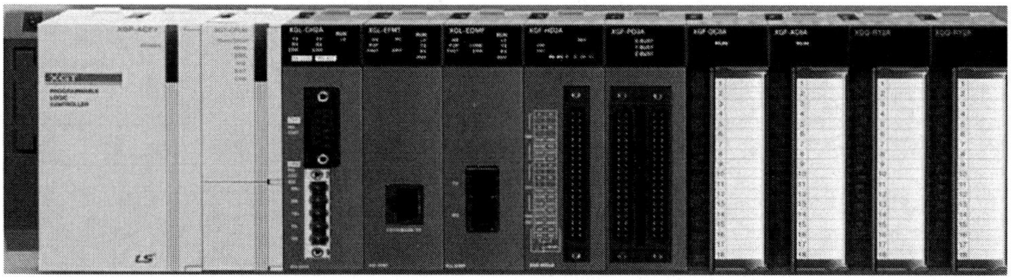

아날로그 입/출력 모듈

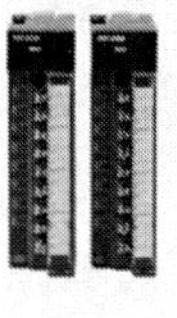

아날로그 입력 모듈

	내 용
XGF-AV8A	전압, 8채널
XGF-AC8A	전류, 8채널
XGF-AD8A	전압/전류, 8채널
XGF-AD16A	전압/전류, 16채널
XGF-AD4S	전압/전류, 4채널, 절연형
XGF-AW4S	2-Wire, 전압/전류, 4채널, 절연형

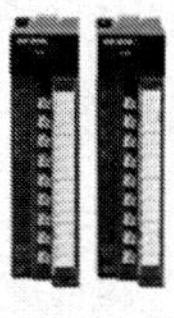

아날로그 출력 모듈

	내 용
XGF-DV4A	전압, 4채널
XGF-DC4A	전류, 4채널
XGF-DV8A	전압, 8채널
XGF-DC8A	전류, 8채널
XGF-DV4S	전압, 4채널, 절연형
XGF-DC4S	전류, 4채널, 절연형

아날로그 입출력 혼합 모듈

	내 용
XGF-AH6A	입력:4채널, 전압/전류 출력:2채널, 전압/전류

그림 3.3 XGK-XGT PLC 아날로그 입출력 모듈의 종류

3.4 XGK PLC의 메모리 구조와 데이터의 종류

산업현장에서 많이 사용되어지고 있는 센서계측 및 제어시스템의 범용 제어장치인 PLC는 릴레이, 타이머, 카운터 등을 사용하는 종래의 릴레이 제어반의 단점을 보완하기 위하여 개발되었고, 그림 2.1과 같이 마이크로프로세서를 이용한 중앙처리장치, 롬과 램의 메모리, 입출력장치, 통신회로 등의 하드웨어로 이루어졌다. 그리고 프로그램 언어를 이용하여 기본적인 시퀀스 제어 기능에 산술, 논리 및 비교 연산 등의 기능을 수행한다.

그림 2.1 PLC의 전체 구성도 및 표 2.3 PLC의 메모리 종류를 보면, PLC 운영체제와 명령어 해석기 등은 시스템 프로그램 메모리(System Program Memory)로서 롬(ROM : Read Only Memory))에 저장이 된다.

디지털 및 아날로그의 입력 자료를 처리하여 출력하는 LD 프로그램은 사용자 프로그램 메모리(User Program Memory)인 램(RAM : Random Access Memory)에 저장이 되며, 배터리에 의해서 백업이 된다. 사용자 프로그램의 메모리는 각종 파라미터의 설정 영역, 프로그램의 저장 영역, 이벤트나 로그 등의 시스템 영역 그리고 실행 프로그램 영역들로 구성이 된다.

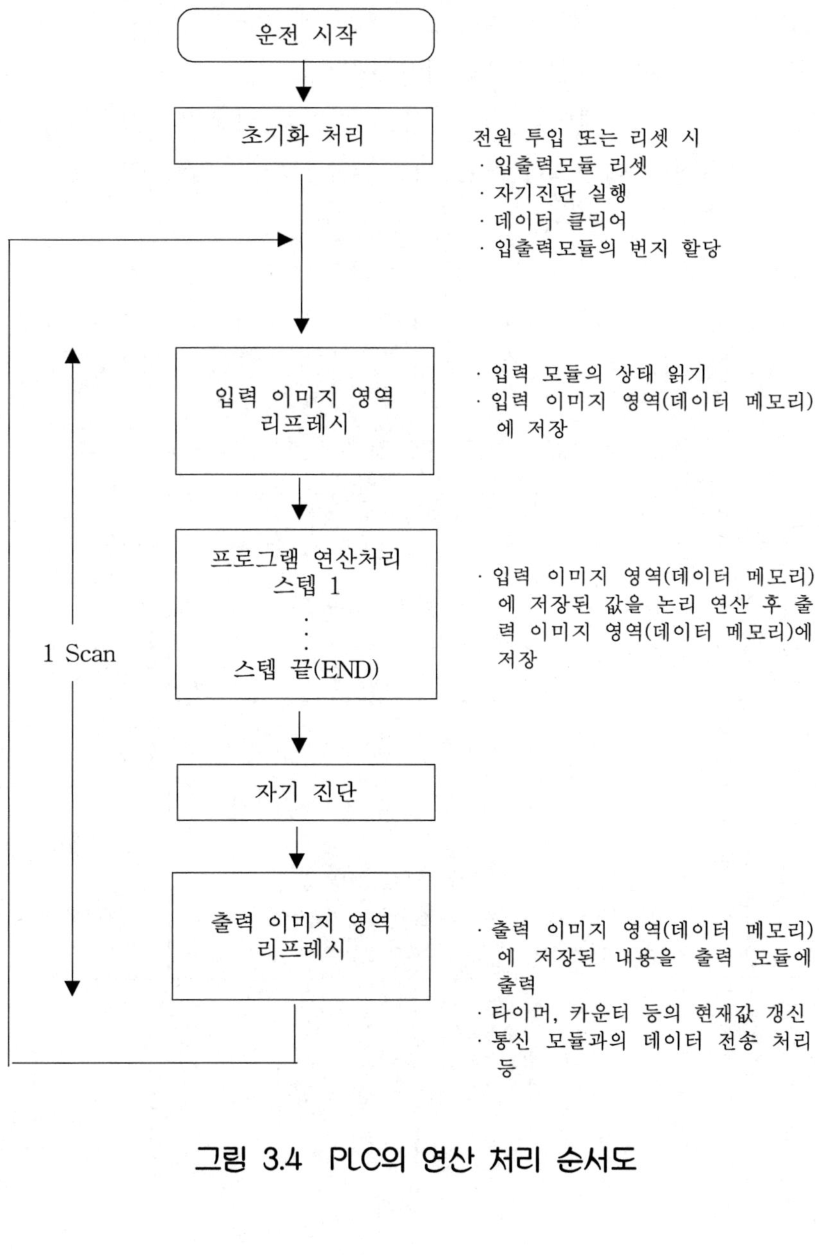

그림 3.4 PLC의 연산 처리 순서도

PLC CPU의 연산 처리 순서를 단계적으로 보면 그림 3.4와 같이 입력 모듈로부터 접점 상태를 읽어 데이터 메모리 영역에 저장하는 입력 리프레시 과정 후 프로그램의 처음부터 마지 막 스텝까지 순차적으로 명령을 실행하는 프로그램의 연산처리를 한다. 그리고 자기진단, 타이머 및 카운터의 현재 값 갱신, 변화된 값을 출력 모듈에 쓰는 동작인 출력 리프레시를 한다. 이러한 일련의 동작을 스캔(SCAN)이라고 하고, PLC는 이러한 스캔 과정을 반복적으로 처리를 한다.

운전 중에 수시로 변하는 데이터들은 데이터 메모리(Data Memory)인 램에 저장이 된다. 입력 모듈의 접점과 출력 릴레이 모듈의 접점, 보조 릴레이 및 특수 릴레이의 접점, 타이머와 카운터의 동작 상태를 저장하는 접점 등은 데이터 메모리인 램 영역과 1:1로 매핑이 되고, 이를 비트 데이터 영역 또는 비트 디바이스라고 한다. 내부 16비트(Word)나 32비트(DWord) 데이터를 저장하는 데이터 레지스터, 타이머나 카운터의 현재 값 저장, 아날로그나 통신용 데이터를 저장하는 레지스터 등은 워드 데이터 영역으로서 워드 디바이스라고 하고, 디바이스명과 워드 주소를 갖는다.

표 3.9에는 XGK PLC의 데이터 메모리 주소 표기에 대하여 설명이 되어 있다. 그리고 표 3.10, 표 3.11 및 그림 3.5에는 XGK-CPUS 데이터 메모리의 비트 데이터 영역과 워드 데이터 영역의 크기와 주소가 나타나 있다.

표 3.9 XGK PLC 데이터 메모리의 주소 표기

데이터 메모리 구분		주소 표기	주소 예
비트 데이터 영역 (비트 디바이스)	P, M, K, F, L	비트 디바이스 명 + 10진수 워드 위치 + 16진수 워드 내 비트 위치	P 0000 0 ~ P 0000 F P 0001 0 ~ P 0001 F P 0002 0 ~ P 0002 F P 0003 0 ~ P 0003 F
	T, C	비트 디바이스 명 + 10진수 접점 위치	T 0000 ~ T 2047 C 0000 ~ C 2047
워드 데이터 영역 (워드 디바이스)		워드 디바이스 명 + 10진수 워드 위치 ※ 워드 디바이스의 비트지정 방법 : 10진수 워드 디바이스 번호. 16진수 비트번호	D 00000 ~ D19999 D 00010.0 ~ D 00010.F

표 3.10 XGK-CPUS 데이터 메모리의 비트 데이터 영역의 크기와 주소

디바이스 별 영역 표시	디바이스 특징	용 도
P00000 ~ P4095F[***1]	입출력 접점 "P" 65,536 점	입출력 접점의 상태를 저장하는 이미지 영역이다. 입력모듈의 상태를 읽어 해당 대응되는 P 영역에 저장하고 연산결과가 저장된 P 영역 데이터를 출력모듈로 내보낸다.
M00000 ~ M4095F[***2]	입출력 접점 "M" 65,536 점	프로그램에서 비트 데이터를 저장할 수 있도록 제공되는 내부 메모리이다.
L00000 ~ L11263F	입출력 접점 "L" 180,224 점	통신 모듈의 고속링크/P2P 서비스 상태정보를 표시하는 디바이스이다.
K00000 ~ K4095F[***3]	입출력 접점 "K" 65,536 점	정전 시 데이터를 보존하는 디바이스영역으로 별도로 정전보존 파라미터를 설정하지 않고 사용할 수 있다.
F00000 ~ F4095F[***4]	입출력 접점 "F" 65,536 점	시스템 플래그 영역으로 PLC 에서 시스템 운영에 필요한 플래그를 관리
T0000 ~ T8191[***5]	입출력 접점 "T" 8,192 점	타이머 접점의 상태를 저장하는 영역
C0000 ~ C4095[***6]	입출력 접점 "C" 4,096 점	카운터 접점의 상태를 저장하는 영역
S00.00 ~ S255.99[***7]	스텝 컨트롤러 "S" 256 x 100 스텝	스텝 제어용 릴레이

알아두기

다음 디바이스들은 CPU 종류에 따라 영역 제한이 있습니다.

구 분	P***[1]	M***[2]	K***[3]	F***[4]	T***[5]	C***[6]	S***[7]
XGK-CPUE XGK-CPUS XGK-CPUA XGK-CPUH XGK-CPUU	P2047F	M2047F	K2047F	F2047F	T2047	C2047	S127.99
XGK-CPUSN XGK-CPUHN XGK-CPUUN	P4095F	M4095F	K4095F	F4095F	T8191	C4095	S255.99

표 3.11 XGK-CPUS 데이터 메모리의 워드 데이터 영역의 크기와 주소

디바이스 별 영역 표시	디바이스 특징	용 도
D00000 ~ D524287 ***1	데이터 레지스터 "D" 524,288 워드	내부 데이터를 보관하는 영역. 비트 표현 가능.
R00000 ~ R32767	파일 레지스터 "R" 32,768 워드	플래시 메모리를 액세스하기 위한 전용 디바이스. CPU 종류에 따라 1,2,8,16 개의 뱅크로 구성. 비트 표현 가능
U00.00 ~ U7F.31 ***2	아날로그 데이터 레지스터 "U" 4,096 워드	슬롯에 장착된 특수모듈로부터 데이터를 읽어오는 데 사용되는 레지스터. 비트 표현 가능
N00000 ~ N21503	통신 데이터 레지스터 "N" 21,504 워드	통신 모듈의 P2P 서비스 저장 영역. 비트 표현 불가능
Z000 ~ Z255 ***3	인덱스 레지스터 "Z" 256 워드	인덱스 기능 사용을 위한 전용 디바이스 비트 표현 불가능
T0000 ~ T8191 ***4	타이머 현재치 레지스터 "T" 8192 워드	타이머의 현재 값을 나타내는 영역
C0000 ~ C4095 ***5	카운터 현재치 레지스터 "C" 4096 워드	카운터의 현재 값을 나타내는 영역

알아두기

다음 디바이스들은 CPU 종류에 따라 영역 제한이 있습니다.

<table>
<tr><th>구 분</th><th>D***[1]</th><th>U***[2]</th><th>Z***[3]</th><th>T***[4]</th><th>C***[5]</th></tr>
<tr><td>XGK-CPUE</td><td rowspan="2">D19999</td><td>U1F.31</td><td rowspan="5">Z127</td><td rowspan="5">T2047</td><td rowspan="5">C2047</td></tr>
<tr><td>XGK-CPUS</td><td>U3F.31</td></tr>
<tr><td>XGK-CPUA</td><td rowspan="3">D32767</td><td>U3F.31</td></tr>
<tr><td>XGK-CPUH</td><td rowspan="2">U7F.31</td></tr>
<tr><td>XGK-CPUU</td></tr>
<tr><td>XGK-CPUSN</td><td>D262143</td><td>U3F.31</td><td rowspan="3">Z255</td><td rowspan="3">T8191</td><td rowspan="3">C4095</td></tr>
<tr><td>XGK-CPUHN</td><td rowspan="2">D524287</td><td rowspan="2">U7F.31</td></tr>
<tr><td>XGK-CPUUN</td></tr>
</table>

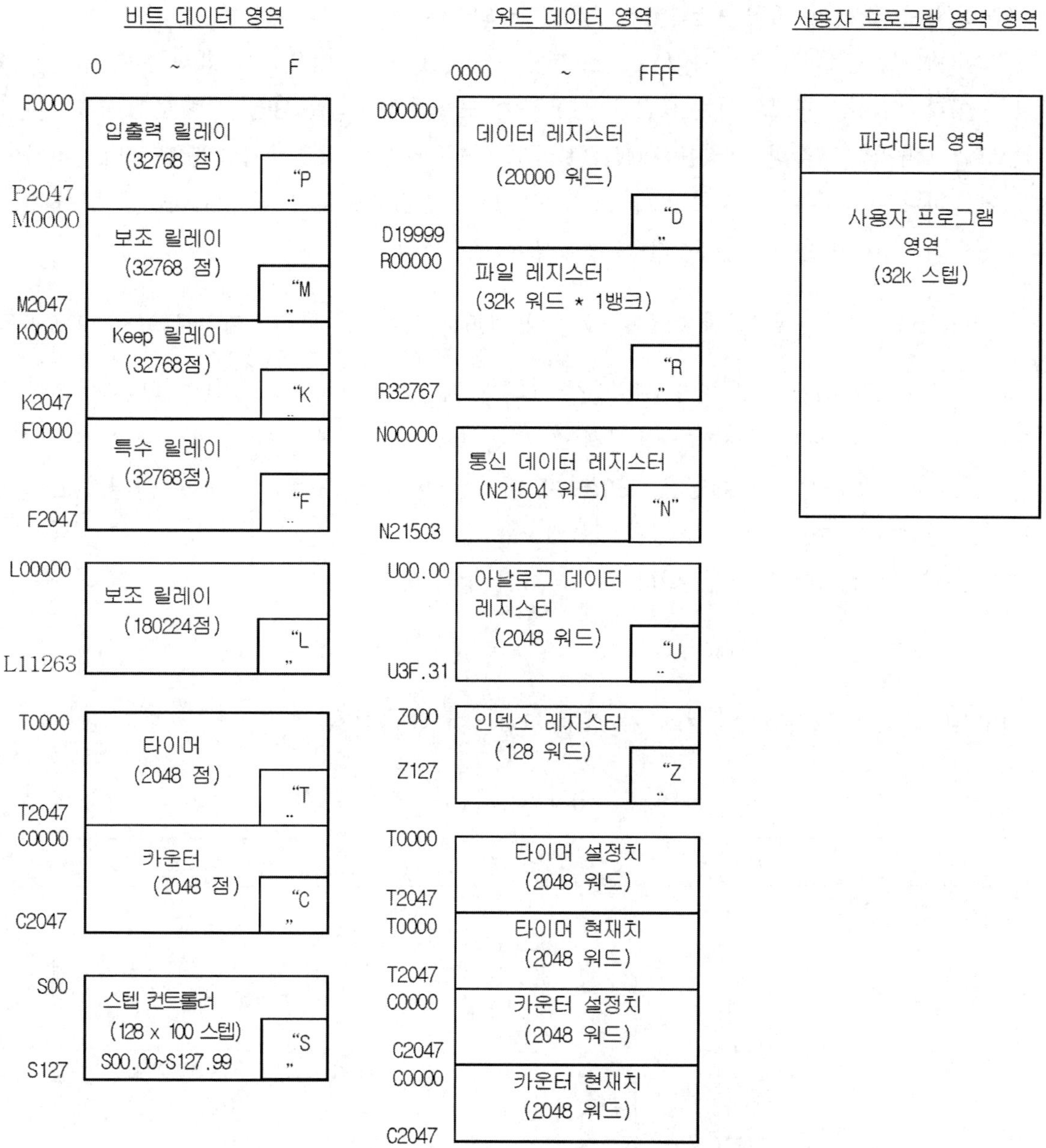

그림 3.5 XGK-CPUS 데이터 메모리의 비트 데이터 영역과 워드 데이터 영역의 크기와 주소

(참고자료) 2진수, 10진수 및 16진수의 이해와 변환

일상적으로 사용하는 10진수(Decimal Number)는 0~9를 이용하여 표현하며, 우리가 익숙한 수이다. 디지털 회로에서는 0, 1을 이용하여 표현하는 2진수(Binary Number)를 사용하고 있으며, 2진수의 각각의 자리를 비트(Bit)라고 한다. 4개의 비트를 1 니블(Nibble), 8개의 비트를 1 바이트(Byte)라고 하며, 그리고 2 바이트를 일반적으로 1 워드(Word)라고 한다.

2진수의 값과 10진수의 값은 다음 관계식이 성립한다.

$$10진수\ 값=(\ \cdots\ 세번째\ 비트값\times2^2 + 두번째\ 비트값\times2^1 + 첫번째\ 비트값\times2^0\ )$$

디지털 회로를 해석하기 위해서는 2진수로 해석을 하여야 하나, 정보가 많을 경우는 자리수가 매우 증가하여 관리하기가 곤란하고, 특히 우리에게는 익숙하지 않아 직감적인 판단이 어렵다. 따라서 16진수의 개념을 도입하여 디지털 회로를 해석하면 매우 간결하고, 판단이 용이한 장점이 있다.

16진수의 값과 10진수의 값은 다음 관계식이 성립한다.

$$10진수\ 값=(\ \cdots\ 세번째\ 자리값\times16^2 + 두번째\ 자리값\times16^1 + 첫번째\ 자리값\times16^0\ )$$

10진수의 값 0~15를 16진수와 2진수로 변환하면 표 3.12와 같다.

표 3.12 10진수 0~15의 진수 변환

10진수	16진수	2진수	비 고
0	0H	0000B	·2진수 값은 숫자 끝에 「B」를 표기하거나, 「0b」를 숫자 앞에 붙여서 구별을 함. ·16진수 값은 숫자 끝에 「H」를 표기하거나, 「0x」를 숫자 앞에 붙여서 구별을 함.
1	1H	0001B	
2	2H	0010B	
3	3H	0011B	
4	4H	0100B	
5	5H	0101B	
6	6H	0110B	
7	7H	0111B	
8	8H	1000B	
9	9H	1001B	
10	AH	1010B	
11	BH	1011B	
12	CH	1100B	
13	DH	1101B	
14	EH	1110B	
15	FH	1111B	

10진수에서 음수는 '–' 부호를 이용하면 되나, 2진수에서는 부호가 없는 2진수 및 부호가 있는 2진수로 구별하여 사용한다. 그리고 부호가 있는 2진수의 경우 음수를 표현하는 방법은 크게 3가지가 있다. 표 3.13에는 8 Bit의 예를 들어 부호가 없는 2진수와 부호가 있는 2진수에 대하여 음수를 표현하는 방법이 나타나 있으며, 디지털 컴퓨터 분야에서는 2의 보수법을 일반적으로 이용하고 있다.

표 3.13 2진수의 음수 표현 방법

<table>
<tr><th colspan="2">구 분</th><th>표현 방법</th></tr>
<tr><td colspan="2">부호가 없는 2진수</td><td>0000 0000B(0)~1111 1111B(255)</td></tr>
<tr><td rowspan="3">부호가 있는 2진수</td><td>절대값에 의한 표현</td><td>양수: 0000 0000B(0)~0111 1111B(127)
음수: 1000 0000B(-0)~1111 1111B(-127)
※ 첫 번째 비트는 부호를 의미함.</td></tr>
<tr><td>1의 보수법에 의한 표현</td><td>양수: 0000 0000B(0)~0111 1111B(127)
음수:
1000 0000B ⇒ 111 1111B ⇒ -127
1000 0001B ⇒ 111 1110B ⇒ -126
...
1111 1111B ⇒ 000 0000B ⇒ -0
※ 첫 번째 비트는 부호를 의미함.
※ 절대값에 의한 표현 방법과 동일함.</td></tr>
<tr><td>2의 보수법에 의한 표현
(1의 보수+1)</td><td>양수: 0000 0000B(0)~0111 1111B(127)
음수:
1000 0000B ⇒ 111 1111B+1 ⇒ -128
1000 0001B ⇒ 111 1110B+1 ⇒ -127
...
1111 1111B ⇒ 000 0000B+1 ⇒ -1
※ 첫 번째 비트는 부호를 의미함.
※ 2의 보수법으로 표현시 표현 범위가 1개 증가</td></tr>
</table>

표 3.14에는 디지털 회로를 해석할 때 자주 나오는 10진수, 16진수와 2진수를 나타내었다. 16진수를 2진수로 변환할 경우 각 자리를 4비트의 2진수로 변환한 값이 2진수이며, 프로그램을 작성할 경우 이 관계를 많이 이용한다.

표 3.14 자주 나오는 숫자의 진수변환

10진수	16진수	2진수	비 고
0	0000H	0000 0000 0000 0000B	1K=1,024
127	007FH	0000 0000 0111 1111B	2K=2,048
128	0080H	0000 0000 1000 0000B	4K=4,096
255	00FFH	0000 0000 1111 1111B	8K=8,192
256	0100H	0000 0001 0000 0000B	16K=16,384
4095	0FFFH	0000 1111 1111 1111B	32K=32,768
4096	1000H	0001 0000 0000 0000B	64K=65,536
8191	1FFFH	0001 1111 1111 1111B	
8192	2000H	0010 0000 0000 0000B	
65535	0FFFFH	1111 1111 1111 1111B	

자동제어장치에서 10진수 숫자의 입출력 장치로 많이 사용하는 BCD 입력장치 및 BCD 출력장치는 2진화 10진수(BCD: Binary Coded Decimal) 숫자를 사용한다.

BCD 숫자는 10진수의 각 자리 0~9를 2진수 0000, 0001, 0010, 0011, ... 1000, 1001로 나타낸 수로서 결국은 10진수를 16진수로 보면 되고, 표 3.15에 BCD 값의 예가 있다.

표 3.15 BCD 숫자의 의미(예)

10진수	BCD 값		
	2진수	16진수	10진수
1234D	0001 0010 0011 0100B	1234H	4660
6789D	0110 0111 1000 1001B	6789H	26505

3.5 XGK PLC의 명령어 분류

PLC의 사용자 프로그램을 작성하는 언어는 PLC 제작사별 전용 언어와 IEC 1131의 표준화된 규격 제정에 따른 언어로 구분이 된다.

- LS Electric사의 PLC 전용 언어(MK) 및 개발환경
  MASTER-K : KGL-WIN IDE
  XGK-XGT, XBC-XGB : XG5000 IDE
- IEC 1131 국제 표준 규격의 프로그램 언어
  IL(Instruction List) - Mnemonic
  FBD(Function Block Diagram)
  LD(Ladder Diagram)
  ST(Structured Text)
  SFC(Sequential Function Chart)
  GLOFA-GM : GM-WIN IDE
  XGI-XGT, XEC-XGB : XG5000 IDE

ST(Structured Text) 언어는 고급 프로그래밍 언어로서 파스칼(PASCAL)과 유사한 프로그래밍 방식이고, 범용 텍스트 편집기와 호환성을 유지하며, 알고리즘 구현의 다양화로 데이터 가공 처리시 유리한 특징을 가지고 있다.

래더도(LD : Ladder Diagram)는 작성 및 해석, 유지보수의 용이성으로 산업현장에서 많이 사용되고, 래더도는 모선, 연결선, 입력 접점, 출력 코일의 접점 등 작성 기호와 규칙을 준수하여야 한다. 본 교재에서는 XG5000 IDE 및 래더도를 이용하여 XGK-XGT 및 XBC-XGB PLC의 구동 프로그램을 작성한다.

XGK PLC의 명령어는 표 3.16과 같이 크게 기본명령, 응용명령과 특수명령으로 구분이 되며, “제 4 장 XGK-XGT PLC 명령어의 상세 설명” 편에 설명이 되어 있다. 여기에 나타나 있지 않은 PLC 명령어는 LS Electric사의 명령어집 매뉴얼을 참조하기 바란다.

표 3.16 XGK PLC의 명령어 분류

구분	명령어 종류	내용	비고
기본명령	접점명령	LOAD, AND, OR 관련명령	
	결합명령	AND LOAD, OR LOAD, MPUSH, MLOAD, MPOP	
	반전명령	NOT	
	마스터 컨트롤 명령	MCS, MCSCLR	
	출력명령	OUT, SET, RST, 1스캔출력명령, 출력반전명령(FF)	
	순차/후입 우선명령	스텝 컨트롤 명령 (SET Sxx.xx, OUT Sxx.xx)	
	종료명령	END	
	무처리명령	NOP	
	타이머명령	TON, TOFF, TMR, TMON, TRTG	
	카운터명령	CTD, CTU, CTUD, CTR	
응용명령	데이터전송명령	지정된 데이터 전송, 그룹전송, 문자열전송	4/8/64 비트 가능
	변환명령	지정된 데이터 BIN/BCD 변환, 그룹 BIN/BCD 변환	4/8 비트가능
	데이터형변환명령	정수/실수 변환명령	
	출력단 비교명령	비교결과를 특수릴레이에 저장.	Unsigned 비교
	입력단 비교명령	비교결과를 BR 에 저장. 실수, 문자열 비교, 그룹비교, 오퍼랜드 3개 비교	Signed 비교
	증감명령	지정된 데이터 1증가 또는 1감소	4/8 비트가능
	회전명령	지정된 데이터 좌회전, 우회전, 캐리포함 회전	4/8 비트가능
	이동명령	지정된 데이터 좌이동, 우이동, 워드단위 이동, 비트이동	4/8 비트가능
	교환명령	디바이스간 교환, 상하위바이트 교환, 그룹데이터 교환	
	BIN 사칙명령	정수/실수 덧셈, 뺄셈, 곱셈, 나눗셈, 문자열 덧셈, 그룹 덧셈, 그룹뺄셈	
	BCD 사칙명령	덧셈, 뺄셈, 곱셈, 나눗셈.	
	논리연산명령	논리곱, 논리합, Exclusive OR, Exclusive NOR, 그룹연산	
	시스템 명령	고장표시, WDT 초기화, 출력제어, 운전정지 등	
	데이터처리명령	Encode, Decode, 데이터분리/연결, 검색, 정렬, 최대, 최소, 합계, 평균 등	
	데이터테이블처리명령	데이터 테이블의 데이터 입출력	
	문자열처리명령	문자열 관련변환, 코멘트읽기, 문자열 추출, 아스키변환, HEX 변환, 문자열 검색 등	
	특수함수 명령	삼각함수, 지수/로그 함수, 각도/라디안 변환 등	
	데이터 제어명령	상하한리미트 제어, 불감대 제어, 존 제어	
	시간관련 명령	날짜시간 데이터 읽기/쓰기, 시간데이터 가감 및 변환	
	분기명령	JMP, CALL	
	루프명령	FOR/NEXT/BREAK	
	플래그관련명령	캐리플래그 Set/Reset, 에러플래그 클리어	
	특수/통신관련명령	Bus Controller Direct 액세스하여 데이터 읽기/쓰기	
	인터럽트관련명령	인터럽트 Enable/Disable	
	부호반전명령	정수/실수값의 부호 반전, 절대값 연산	

제 4 장

XGK-XGT PLC 명령어의 상세 설명

XGK PLC의 명령어는 표 3.16과 같이 크게 기본명령, 응용명령과 특수명령으로 구분이 된다. 명령어의 상세 설명은 다음과 같고, 여기에 나타나 있지 않은 PLC 명령어는 LS Electric사의 명령어집 매뉴얼을 참조하기 바란다.

4.1 접점 명령

4.1.1 LOAD, LOAD NOT, LOADP, LOADN

[적용 기종 : XGK, XGB]

명 령		사용 가능 영역														스텝	플래그		
		PMK	F	L	T	C	S	Z	D.x	R.x	상수	U	N	D	R		에러 (F110)	제로 (F111)	캐리 (F112)
LOAD LOAD NOT	S	O	O	O	O	O	O	-	O	O	-	O	-	-	-	1~2	-	-	-
LOADP LOADN	S	O	O	O	O	O	O	-	O	O	-	O	-	-	-	2			

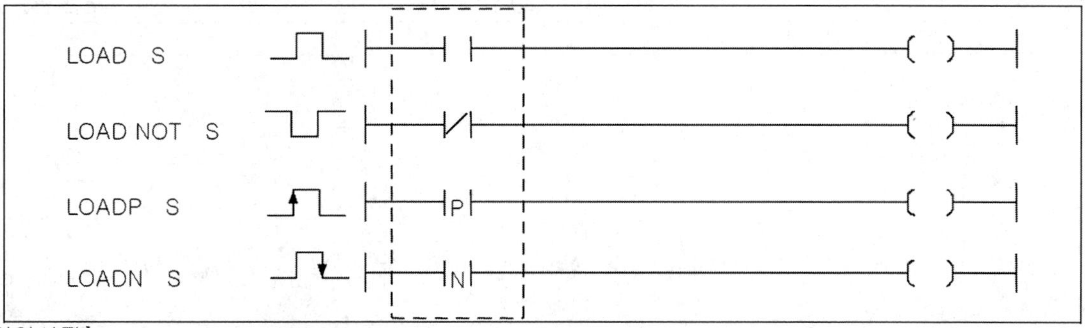

[영역설정]

오퍼랜드	설명	데이터 타입
S	비트 디바이스의 접점 / 워드 디바이스의 비트 접점	BIT

1) LOAD, LOAD NOT
   (1) LOAD는 한 회로의 a접점 연산 시작을 의미하고, LOAD NOT은 b접점 연산 시작을 의미 합니다.
   (2) 지정 접점(S)의 On/Off 정보를 연산 결과로 합니다. 이때 S영역의 비트 지정의 경우 해당 비트의 값(0 또는 1)을 연산 결과로 합니다.

2) LOADP, LOADN
   (1) LOADP는 상승 펄스시 연산 시작 명령으로, 지정 접점이 Off에서 On으로 변할 때(상승펄스), S영역의 비트 지정의 경우는 해당 비트의 값이 0에서 1로 변할 때만 연산 결과가 On입니다.
   (2) LOADN은 하강 펄스시 연산 시작 명령으로, 지정 접점이 On에서 Off로 변할 때(하강펄스), S영역의 비트 지정의 경우는 해당 비트의 값이 1에서 0으로 변할 때만 연산 결과가 On입니다.

4.1.2 AND, AND NOT, ANDP, ANDN

[적용 기종 : XGK, XGB]

명령		사용가능영역														스텝	플래그		
		PMK	F	L	T	C	S	Z	D.x	R.x	상수	U	N	D	R		에러 (F110)	제로 (F111)	캐리 (F112)
AND AND NOT	S	O	O	O	O	O	O	-	O	O	-	O	-	-	-	1~2	-	-	-
ANDP ANDN	S	O	O	O	O	O	O	-	O	O	-	O	-	-	-	2			

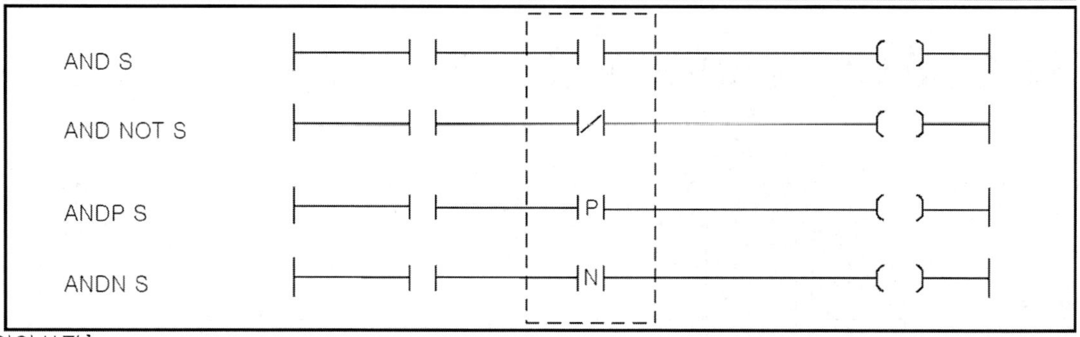

[영역설정]

오퍼랜드	설명	데이터 타입
S	비트 디바이스의 접점 / 워드 디바이스의 비트 접점	BIT

1) AND, AND NOT
   (1) AND는 a접점 직렬 접속 명령이고, AND NOT은 b접점 직렬 접속 명령입니다.
   (2) 지정 접점(S) 전 단계의 연산 결과와 지정 접점(S)을 AND 혹은 AND NOT 연산을 하여 그것을 연산결과로 합니다.

2) ANDP, ANDN
   (1) ANDP는 상승 펄스시 a접점 직렬 접속 명령이고, ANDN은 하강 펄스시 b접점 직렬 접속 명령입니다.
   (2) 해당 접점값이 변할 때, 즉, ANDP는 상승 펄스일때, ANDN은 하강 펄스일때, 지정 접점(S) 전 단계의 연산 결과와 지정 접점(S)을 AND 연산하여 그것을 연산결과로 합니다.

4.1.3 OR, OR NOT, ORP, ORN

[적용 기종 : XGK, XGB]

명령		사용 가능 영역														스텝	플래그		
		PMK	F	L	T	C	S	Z	D.x	R.x	상수	U	N	D	R		에러 (F110)	제로 (F111)	캐리 (F112)
OR OR NOT	S	O	O	O	O	O	O	-	O	O	-	O	-	-	-	1~2	-	-	-
ORP ORN	S	O	O	O	O	O	O	-	O	O	-	O	-	-	-	2	-	-	-

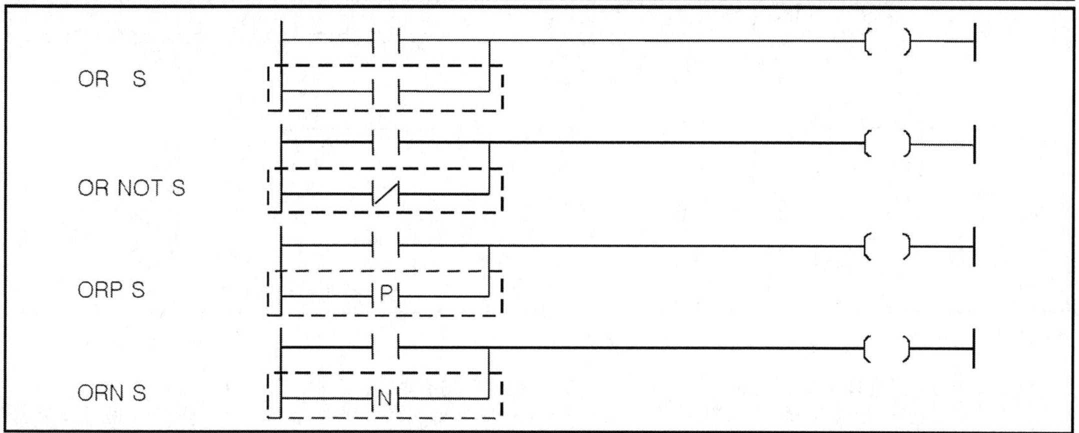

[영역설정]

오퍼랜드	설명	데이터 타입
S	비트 디바이스의 접점 / 워드 디바이스의 비트 접점	BIT

1) OR, OR NOT
   (1) OR는 접점 1개의 a접점 병렬 접속 명령이고, OR NOT은 b접점 병렬 접속 명령입니다.
   (2) 지정 접점(S) 전 단계의 연산 결과와 지정 접점(S)을 OR 또는 OR NOT 연산을 하여 그것을 연산결과로 합니다.

2) ORP, ORN
   (1) ORP는 상승 펄스시 a접점 병렬 접속 명령이고, ORN은 하강 펄스시 b접점 병렬 접속 명령입니다.
   (2) 해당 접점값이 변할 때(즉, ORP는 상승 펄스, ORN은 하강 펄스시) 지정 접점(S) 전 단계의 연산 결과와 지정 접점(S)을 OR 연산하여 그것을 연산결과로 합니다.

4.2 결합 명령

4.2.1 AND LOAD

[적용 기종 : XGK, XGB]

명 령	사용 가능 영역														스텝	플래그		
	PMK	F	L	T	C	S	Z	D.x	R.x	상수	U	N	D	R		에러 (F110)	제로 (F111)	캐리 (F112)
AND LOAD	-	-	-	-	-	-	-	-	-	-	-	-	-	-	1	-	-	-

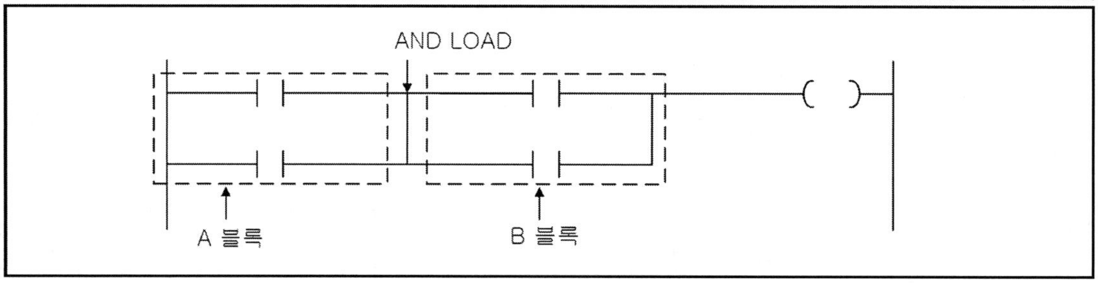

1) 기능
   (1) A 블록과 B 블록을 AND 연산합니다. 즉, A 블록과 B 블록이 모두 On 되어야 연산이 가능합니다.
   (2) AND LOAD를 연속해서 사용하는 경우 최대사용 횟수를 넘으면 정상적으로 연산이 불가능합니다.
   (3) 연속 사용의 경우 최대 15회(16 블럭)까지만 가능합니다.

4.2.2 OR LOAD

[적용 기종 : XGK, XGB]

명 령	사용 가능 영역														스텝	플래그		
	PMK	F	L	T	C	S	Z	D.x	R.x	상수	U	N	D	R		에러 (F110)	제로 (F111)	캐리 (F112)
OR LOAD	-	-	-	-	-	-	-	-	-	-	-	-	-	-	1	-	-	-

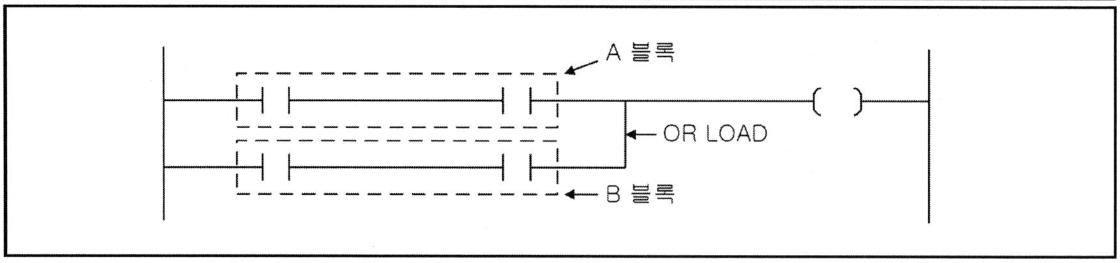

1) OR LOAD
   (1) A 블록과 B 블록을 OR 연산하여 연산결과로 합니다.
   (2) OR LOAD를 연속해서 사용하는 경우 최대사용 명령횟수를 넘으면 정상적으로 연산이 불가능합니다.
   (3) 연속 사용의 경우 최대 15회(16 블럭)까지 가능합니다.

4.3 반전 명령

4.3.1 NOT

[적용 기종 : XGK, XGB]

명 령	사 용 가 능 영 역														스텝	플래그		
	PMK	F	L	T	C	S	Z	D.x	R.x	상수	U	N	D	R		에러 (F110)	제로 (F111)	캐리 (F112)
NOT	-	-	-	-	-	-	-	-	-	-	-	-	-	-	1	-	-	-

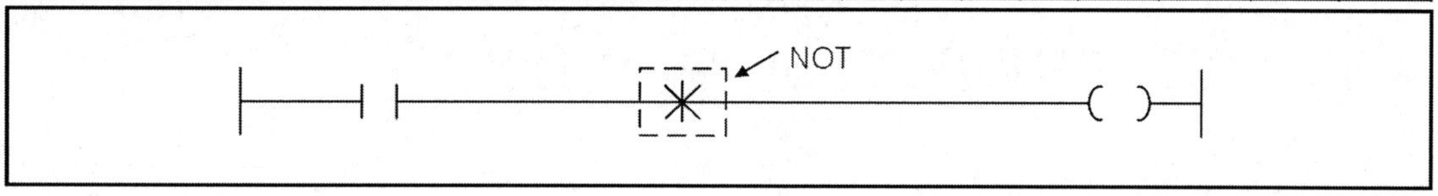

1) NOT
   (1) NOT 명령은 이전의 결과를 반전시키는 기능을 합니다.
   (2) 반전명령(NOT)을 사용하면 반전명령 좌측의 회로에 대하여 a 접점 회로는 b 접점 회로로, b 접점 회로는 a 접점 회로로, 그리고 직렬연결 회로는 병렬연결 회로로, 병렬연결 회로는 직렬연결 회로로 반전됩니다.

4.4 마스터 컨트롤 명령

4.4.1 MCS, MCSCLR

[적용 기종 : XGK, XGB]

명 령		사 용 가 능 영 역														스텝	플래그		
		PMK	F	L	T	C	S	Z	D.x	R.x	상수	U	N	D	R		에러 (F110)	제로 (F111)	캐리 (F112)
MCS MCSCLR	n	-	-	-	-	-	-	-	-	-	O	-	-	-	-	1	-	-	-

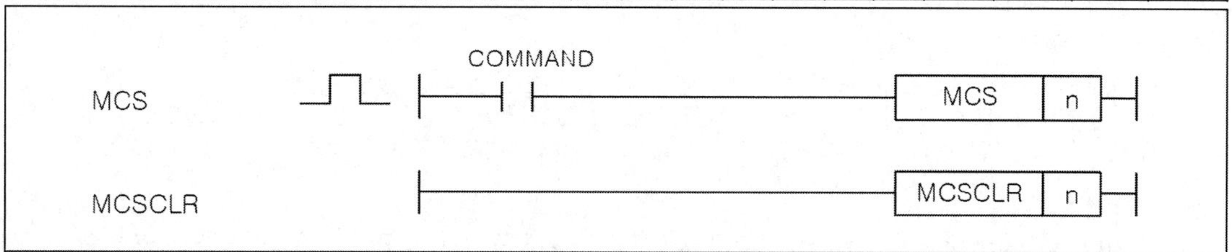

[영역설정]

오퍼랜드	설명	데이터 타입
n	정수. n(Nesting) 설정은 XGK 는 0~15, XGB 는 0~7 까지 사용가능.	WORD(0~15)

1) MCS, MCSCLR
   (1) MCS 의 입력조건이 On 이면 MCS 번호와 동일한 MCSCLR 까지를 실행하고 입력조건이 Off 가 되면 실행하지 않습니다.
   (2) 우선 순위는 MCS 번호 0 이 가장 높고 15(XGK)/7(XGB)가 가장 낮으므로 우선 순위가 높은 순으로 사용하고 해제는 그 역순으로 합니다.
   (3) MCSCLR 시 우선 순위가 높은 것을 해제하면 낮은 순위의 MCS 블록도 함께 해제됩니다.
   (4) MCS 혹은 MCSCLR 는 우선 순위에 따라 순차적으로 사용하여야 합니다.

4.5 출력 명령

4.5.1 OUT, OUT NOT, OUTP, OUTN

[적용 기종 : XGK, XGB]

명령		사용 가능 영역														스텝	플래그		
		PMK	F	L	T	C	S	Z	D.x	R.x	상수	U	N	D	R		에러 (F110)	제로 (F111)	캐리 (F112)
OUT OUT NOT	D	O	-	O	-	-	O	-	O	O	-	O	-	-	-	1~2	-	-	-
OUTP OUTN	D	O	-	O	-	-	O	-	O	O	-	O	-	-	-	2	-	-	-

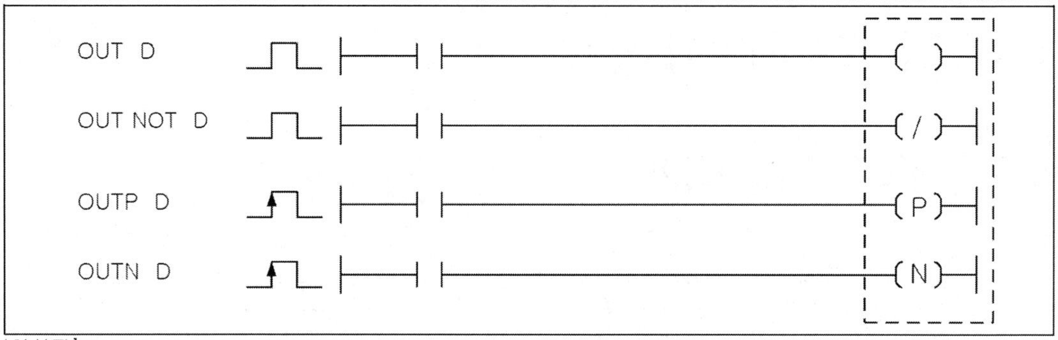

[영역설정]

오퍼랜드	설명	데이터 타입
D	On/Off 하게 될 접점/워드 디바이스의 비트 접점	BIT

1) OUT, OUT NOT
   (1) OUT 명령은 OUT 명령까지의 연산 결과를 지정된 디바이스로 그대로 출력합니다.
   (2) OUT NOT 은 OUT NOT 명령까지의 연산 결과를 반전해서 지정된 디바이스에 출력합니다.
   (3) OUT Sxx.yy 에 대한 설명은 4.6 순차후입 우선 명령을 참조하시기 바랍니다.

2) OUTP, OUTN
   (1) OUTP 는 OUTP 명령까지의 연산 결과가 Off → On 으로 될 때 지정 접점을 1 스캔 동안만 On 하고 그 이외에는 Off 됩니다. 지정 접점이 워드 디바이스의 비트 접점이면 해당 비트는 1 스캔동안만 1이 되고 그 외에는 0이 됩니다.
   (2) OUTN 는 OUTN 명령까지의 연산 결과가 On → Off 로 될 때 지정 접점을 1스캔 동안만 On 하고 그외에는 Off 됩니다. 지정 접점이 워드 디바이스의 비트 접점이면 해당 비트는 1 스캔동안만 1 이되고 그 외에는 0이 됩니다.
   (3) Master-K 의 D, D NOT 명령이 변경된 명령어 입니다.

4.5.2 셋(SET)

[적용 기종 : XGK, XGB]

명 령		사 용 가 능 영 역														스텝	플래그		
		PMK	F	L	T	C	S	Z	D.x	R.x	상수	U	N	D	R		에러 (F110)	제로 (F111)	캐리 (F112)
셋(SET)	D	O	-	O	-	-	O	-	O	O	-	O	-	-	-	1	-	-	-

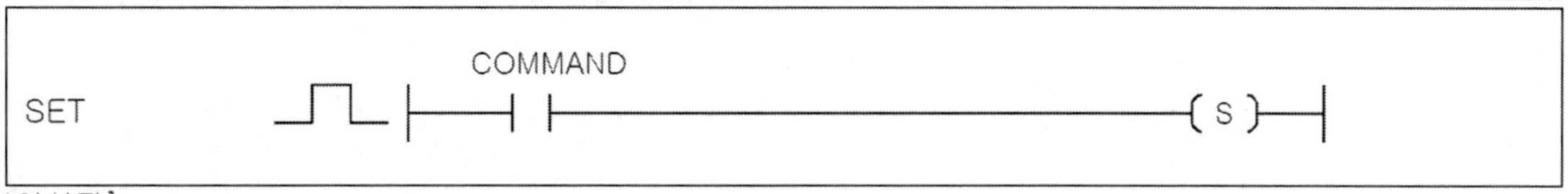

[영역설정]

오퍼랜드	설명	데이터 타입
D	On 상태를 유지시키고자 하는 접점 / 워드 디바이스의 비트 접점	BIT

1) 셋(SET)
   (1) 입력조건이 On 되면 지정출력 접점을 On 상태로 유지시켜 입력이 Off 되어도 출력이 On 상태를 유지합니다. 지정출력 접점이 워드 디바이스의 비트 접점이라면 해당 비트를 1로 셋(SET)합니다.
   (2) 셋(SET) 명령으로 On 된 접점은 RST 명령으로 Off 시킬 수 있습니다.
   (3) 셋(SET) Syy.xx 에 대한 설명은 4.6.1 순차후입 우선 명령을 참조하시기 바랍니다.

4.5.3 리셋(RST)

[적용 기종 : XGK, XGB]

명 령		사 용 가 능 영 역														스텝	플래그		
		PMK	F	L	T	C	S	Z	D.x	R.x	상수	U	N	D	R		에러 (F110)	제로 (F111)	캐리 (F112)
RST	D	O	-	O	O	O	O	-	O	O	-	O	-	-	-	1	-	-	-

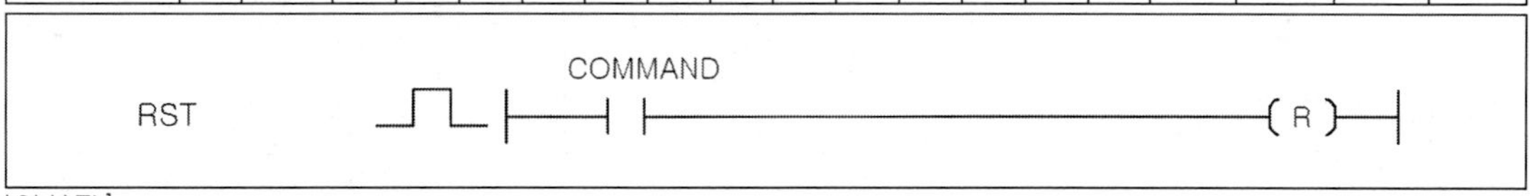

[영역설정]

오퍼랜드	설명	데이터 타입
D	Off 상태를 유지시키고자 하는 접점 / 워드 디바이스의 비트 접점	BIT

1) RST(리셋)
   (1) 입력조건이 On 되면 지정출력 접점을 Off 상태로 유지시켜 입력이 Off 되어도 출력이 Off 상태를 유지합니다. 지정출력 접점이 워드 디바이스의 비트 접점이라면 해당 비트를 0으로 합니다.

4.5.4 FF

[적용 기종 : XGK, XGB]

명 령		사용 가능 영역														스텝	플래그		
		PMK	F	L	T	C	S	Z	D.x	R.x	상수	U	N	D	R		에러 (F110)	제로 (F111)	캐리 (F112)
FF	D	O	-	O	-	-	-	-	O	O	-	O	-	-	-	1	-	-	-

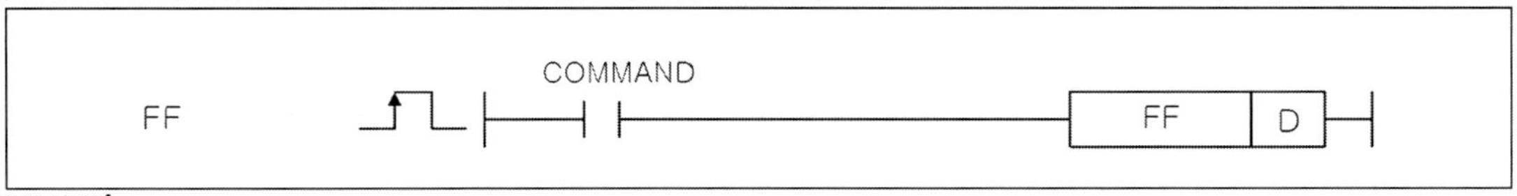

[영역설정]

오퍼랜드	설 명	데이터 타입
D	비트 디바이스의 접점 / 워드 디바이스의 비트 접점	BIT

1) FF
   (1) 비트 출력 반전 명령으로 입력접점이 Off → On 으로 될 때, 지정된 디바이스의 상태를 반전시킵니다.

4.6 종료 명령

4.6.1 END

[적용 기종 : XGK, XGB]

명 령	사용 가능 영역														스텝	플래그		
	PMK	F	L	T	C	S	Z	D.x	R.x	상수	U	N	D	R		에러 (F110)	제로 (F111)	캐리 (F112)
END	-	-	-	-	-	-	-	-	-	-	-	-	-	-	1	-	-	-

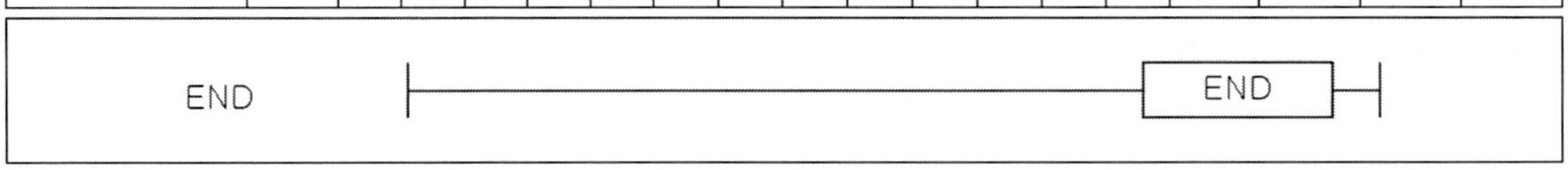

1) END
   (1) 프로그램 종료를 표시합니다.
   (2) END 명령 처리 후 0000 스텝으로 돌아가 처리합니다.
   (3) END 명령은 반드시 프로그램의 마지막에 입력해야 합니다. 입력하지 않으면 '오류 E4000 : END 명령어가 존재하지 않습니다.' 에러가 발생합니다.

알아두기

1 스캔이란?

아래의 그림처럼 입력 리프레시 → 사용자 프로그램 실행 → 자기진단 → 출력 리프레시까지를 1 스캔이라고 합니다.

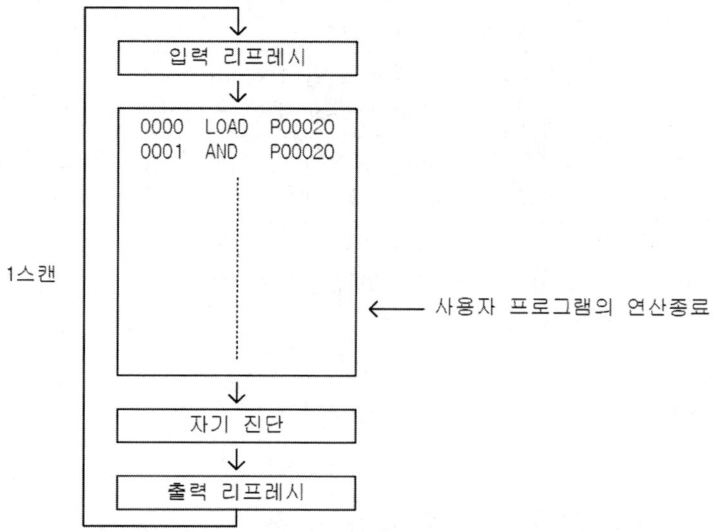

4.7 타이머 명령

4.7.1 타이머의 종류

XGK PLC에서 사용하고 있는 타이머는 0.1ms(XGB 기종은 지원 안함), 1ms, 10ms, 100ms 4가지 종류가 있고, 기본 파라미터에서 각 타이머 번호에 따른 시간 설정을 할 수 있다.

타이머는 동작 특성에 따라 표 4.1과 같이 5개의 명령어가 있다.

표 4.1 XGK PLC의 타이머 명령어

명령어	명칭	동작 특성
TON	On 타이머	입력조건이 On되면, 타이머 접점 출력 Off 타이머 현재 값이 설정 값에 도달했을 때 타이머 접점 출력 On
TOFF	Off 타이머	입력조건이 On되면, 현재 값은 설정 값이 되고 타이머 접점 출력 On 현재 값이 감소되어 0이 되면 타이머 접점 출력 Off
TMR	적산타이머	입력조건이 Off되어도 현재 값 유지 누적된 타이머 값이 설정 값에 도달하면 타이머 접점 출력 On
TMON	모노스테이블 타이머	입력조건이 On되면, 현재 값은 설정 값이 되고 타이머 접점 출력 On 입력조건이 Off되어도 계속 현재 값 감소되고 0이 되면 접점 출력 Off
TRTG	리트리거블 타이머	모노스테이블 타이머와 같은 기능을 하되, 현재 값이 감소하고 있을 때 다시 입력조건이 On되면 현재 값은 다시 설정 값이 되어 동작

4.7.2 TON

[적용 기종 : XGK, XGB]

명 령		사용가능영역														스텝	플래그		
		PMK	F	L	T	C	S	Z	D.x	R.x	상수	U	N	D	R		에러 (F110)	제로 (F111)	캐리 (F112)
TON	T	-	-	-	O	-	-	-	-	-	-	-	-	-	-	2~3	-	-	-
	t	O	-	-	-	-	-	-	-	-	O	O	-	O	O				

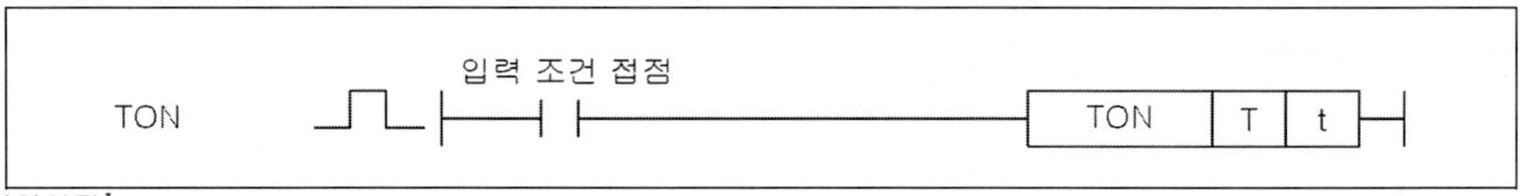

[영역설정]

오퍼랜드	설 명	데이터 타입
T	사용하고자 하는 타이머 접점	WORD
t	타이머의 설정치를 나타내고 정수나 워드 디바이스 지정 가능 설정시간 = 기본주기(0.1ms:XGB는 지원안함, 1ms, 10ms, 100ms) x 설정치(t)	WORD

1) TON (On 타이머)
   (1) 입력조건이 On 되는 순간부터 현재치가 증가하여 타이머 설정시간(t)에 도달하면 타이머 접점이 On 됩니다.
   (2) 입력조건이 Off 되거나 리셋(Reset)명령을 만나면 타이머 출력이 Off 되고 현재값은 0이 됩니다.

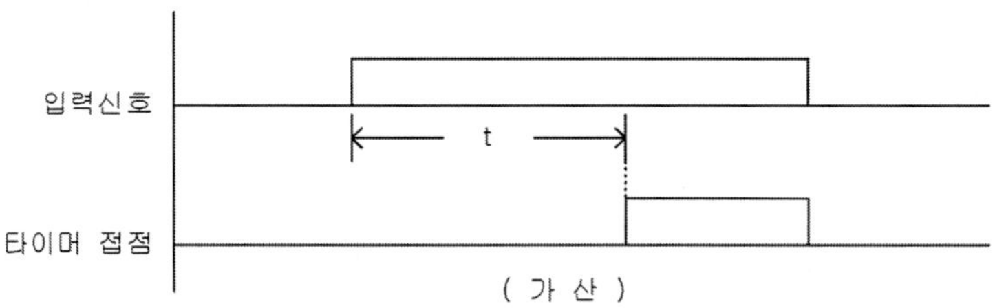

4.7.3 TOFF

[적용 기종 : XGK, XGB]

명 령		사용 가능 영역														스텝	플래그		
		PMK	F	L	T	C	S	Z	D.x	R.x	상수	U	N	D	R		에러 (F110)	제로 (F111)	캐리 (F112)
TOFF	T	-	-	-	O	-	-	-	-	-	-	-	-	-	-	2~3	-	-	-
	t	O	-	-	-	-	-	-	-	-	O	O	-	O	O				

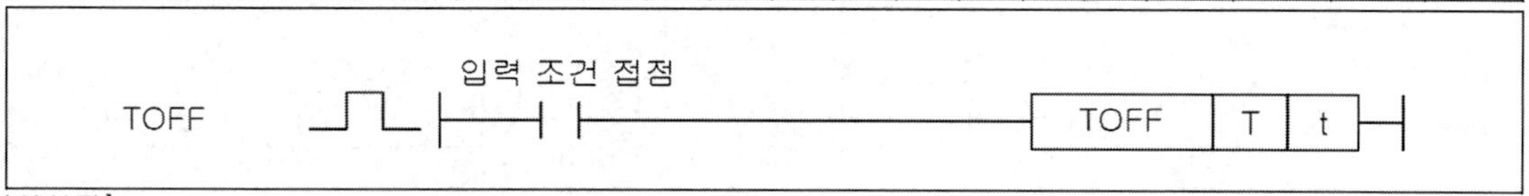

[영역설정]

오퍼랜드	설 명	데이터 타입
T	사용하고자 하는 타이머 접점	WORD
t	타이머의 설정치를 나타내고 정수나 워드 디바이스 지정 가능 설정시간 = 기본주기(0.1ms:XGB는 지원안함, 1ms, 10ms, 100ms) x 설정치(t)	WORD

1) TOFF (Off 타이머)

(1) 입력조건이 On 되는 순간 성립되는 동안 타이머의 현재치는 설정치가 되며 출력은 On 됩니다.
(2) 입력조건이 Off 되면 타이머 현재치가 설정치로부터 감산되어 현재치가 0 이 되는 순간 출력이 Off 됩니다.
(3) 리셋(Reset) 명령을 만나면 타이머 출력은 Off 되고 현재치는 0이 됩니다.

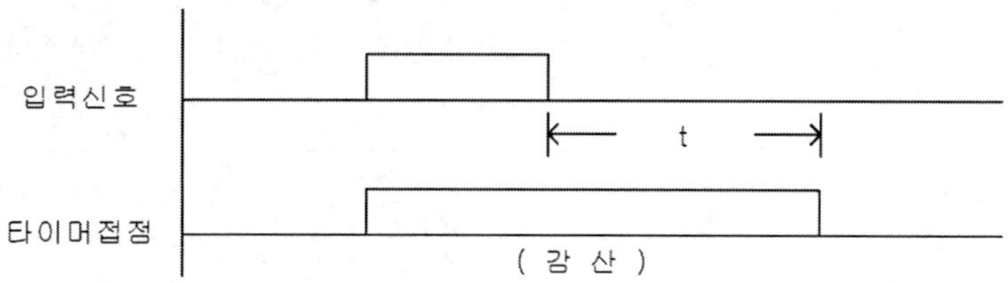

4.7.4 TMR

[적용 기종 : XGK, XGB]

명 령		사용 가능 영역														스텝	플래그		
		PMK	F	L	T	C	S	Z	D.x	R.x	상수	U	N	D	R		에러 (F110)	제로 (F111)	캐리 (F112)
TMR	T	-	-	-	O	-	-	-	-	-	-	-	-	-	-	2~3	-	-	-
	t	O	-	-	-	-	-	-	-	-	O	O	-	O	O				

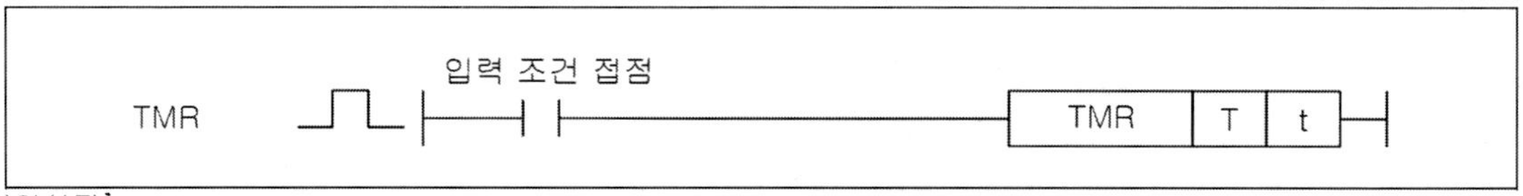

[영역설정]

오퍼랜드	설 명	데이터 타입
T	사용하고자 하는 타이머 접점	WORD
t	타이머의 설정치를 나타내고 정수나 워드 디바이스 지정 가능 설정시간 = 기본주기 (0.1ms:XGB는 지원안함, 1ms, 10ms, 100ms) x 설정치(t)	WORD

1) TMR (적산 타이머)

(1) 입력조건이 온(On)되는 동안 현재치가 증가하여 누적된 값이 타이머의 설정시간에 도달하면 타이머 접점이 On 됩니다. 적산 타이머는 정전시도 타이머 값을 유지하므로 PLC 야간 정전에도 이상 없습니다. (불휘발성 영역 사용의 경우)

(2) 리셋(Reset) 입력조건이 성립되면 타이머 접점은 Off 되고 현재치는 0이 됩니다.

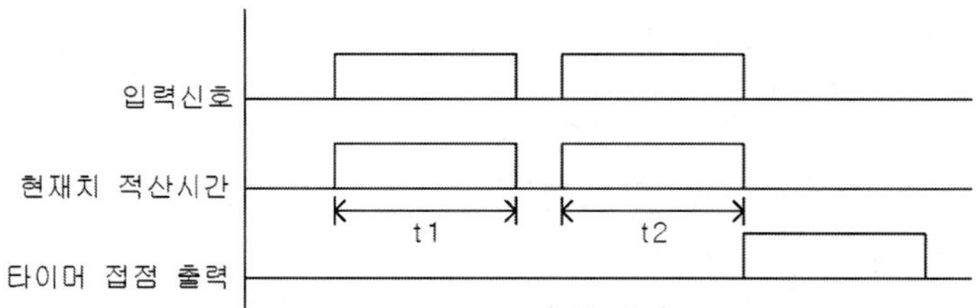

(가 산)
설정시간(t) = t1 + t2

4.7.5 TMON

[적용 기종 : XGK, XGB]

명 령		사용 가능 영역														스텝	플래그		
		PMK	F	L	T	C	S	Z	D.x	R.x	상수	U	N	D	R		에러 (F110)	제로 (F111)	캐리 (F112)
TMON	T	-	-	-	O	-	-	-	-	-	-	-	-	-	-	2~3	-	-	-
	t	O	-	-	-	-	-	-	-	-	O	O	-	O	O				

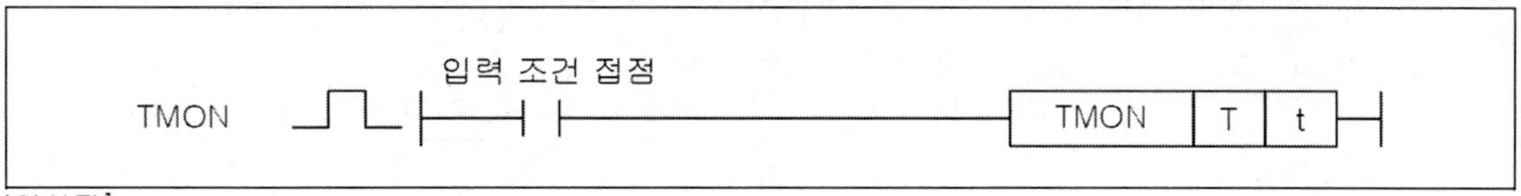

[영역설정]

오퍼랜드	설 명	데이터 타입
T	사용하고자 하는 타이머 접점	WORD
t	타이머의 설정치를 나타내고 정수나 워드 디바이스 지정 가능 설정시간 = 기본주기 (0.1ms:XGB는 지원안함, 1ms, 10ms, 100ms) x 설정치(t)	WORD

1) TMON (모노스테이블 타이머)
   (1) 입력조건이 On 되는 순간 타이머 출력이 On 되고 타이머의 현재값이 설정값으로부터 감소하기 시작하여 0이 되면 타이머 출력은 Off 됩니다.
   (2) 타이머 출력이 On된 후 입력조건이 On, Off 변화를 하여도 입력조건과 관계 없이 감산은 계속합니다.
   (3) 리셋(Reset) 입력조건이 성립하면 타이머 접점은 Off 되고 현재값은 0이 됩니다.

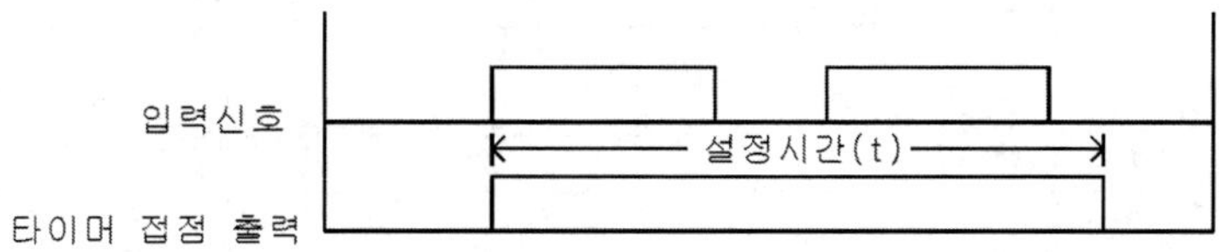

(감 산)

4.7.6 TRTG

[적용 기종 : XGK, XGB]

명 령		사용가능영역														스텝	플래그		
		PMK	F	L	T	C	S	Z	D.x	R.x	상수	U	N	D	R		에러 (F110)	제로 (F111)	캐리 (F112)
TRTG	T	-	-	-	O	-	-	-	-	-	-	-	-	-	-	2~3	-	-	-
	t	O	-	-	-	-	-	-	-	-	O	O	-	O	O				

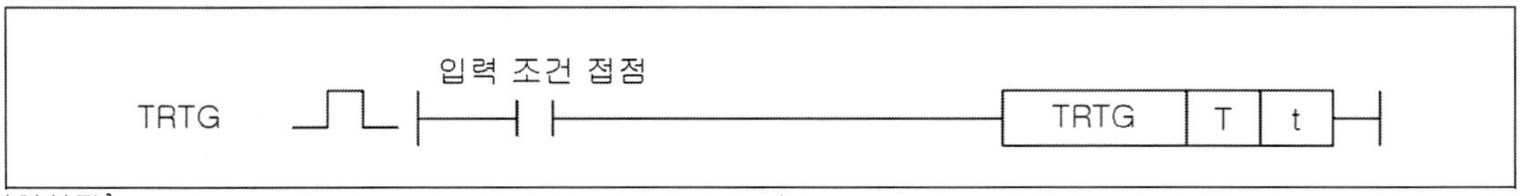

[영역설정]

오퍼랜드	설 명	데이터 타입
T	사용하고자 하는 타이머 접점	WORD
t	타이머의 설정치를 나타내고 정수나 워드 디바이스 지정 가능 설정시간 = 기본주기(0.1ms:XGB는 지원안함, 1ms, 10ms, 100ms) x 설정치(t)	WORD

1) TRTG (리트리거블 타이머)
   (1) 입력조건이 성립되면 타이머 출력이 On 되고 타이머의 현재치가 설정치로부터 감소하기 시작하여 0 이 되면 타이머 출력은 Off 됩니다.
   (2) 타이머 현재치가 0 이 되기 전에 또 다시 입력 조건이 Off → On 하면 타이머 현재치는 설정치로 재설정됩니다.
   (3) 리셋(Reset) 입력조건이 성립하면 타이머 접점은 Off 되고 현재치는 0이 됩니다.

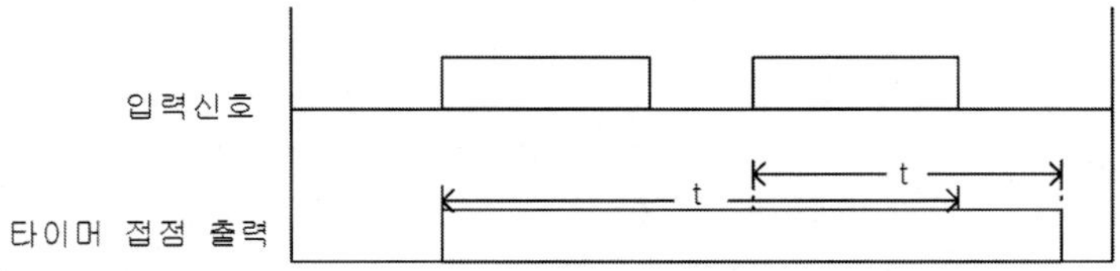

(감 산)

4.8 카운터 명령

4.8.1 카운터의 종류

XGK PLC에서 사용하고 있는 카운터는 입상펄스가 입력될 때마다 현재치를 가산/감산해서 설정 값을 만족하면 출력을 On한다.

카운터는 그 동작 특성에 따라 표 4.2와 같이 4개의 명령어가 있다.

표 4.2 XGK PLC의 카운터 명령어

명령어	명칭	동작 특성
CTD	Down 카운터	펄스가 입력될 때마다 설정치로 부터 1씩 감산, 0이 되면 출력 On
CTU	Up 카운터	펄스가 입력될 때마다 현재치를 1씩 가산, 설정치 이상이면 출력 On
CTUD	Up-Down 카운터	Up 단자에 펄스가 입력되면 1씩 가산, Down 단자에 펄스가 입력되면 1씩 감산, 현재치가 설정치 이상이면 On
CTR	Ring 카운터	펄스가 입력될 때마다 현재치를 1씩 가산. 현재치가 설정치에 도달하면 출력 On, 이후 다시 펄스가 입력되면 현재치는 0

4.8.2 CTD

[적용 기종 : XGK, XGB]

명령		사용가능영역														스텝	플래그		
		PMK	F	L	T	C	S	Z	D.x	R.x	상수	U	N	D	R		에러 (F110)	제로 (F111)	캐리 (F112)
CTD	C	-	-	-	-	O	-	-	-	-	-	-	-	-	-	2~3	-	-	-
	N	O	-	-	-	-	-	-	-	-	O	O	-	O	O				

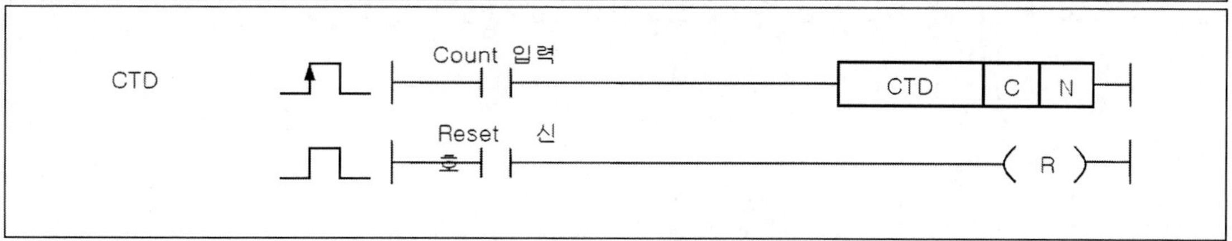

[영역설정]

오퍼랜드	설 명	데이터 타입
C	사용하고자 하는 카운터 접점	WORD
N	설정치 (0 ~ 65,535)	WORD

1) 기능

(1) 입상 펄스가 입력될 때마다 설정치로부터 1씩 감산을 하여 0이 되면 출력을 On 합니다.

(2) 리셋(Reset) 신호가 On 하면 출력을 Off 시키며 현재치는 설정치가 됩니다.

[타임 차트]

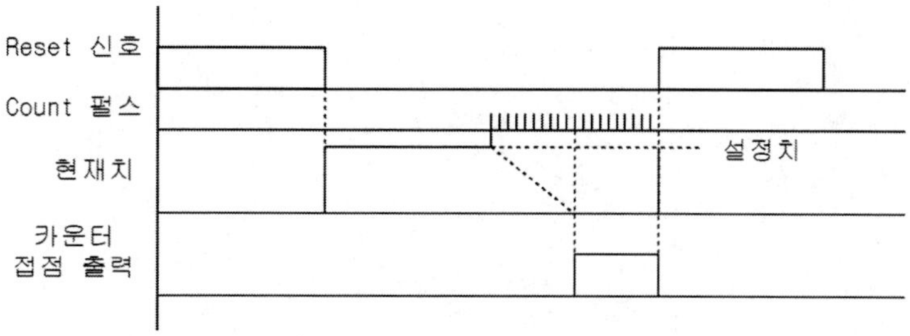

4.8.3 CTU

[적용 기종 : XGK, XGB]

명 령		사용 가능 영역														스텝	플래그		
		PMK	F	L	T	C	S	Z	D.x	R.x	상수	U	N	D	R		에러 (F110)	제로 (F111)	캐리 (F112)
CTU	C	-	-	-	-	O	-	-	-	-	-	-	-	-	-	2~3	-	-	-
	N	O	-	-	-	-	-	-	-	-	O	O	-	O	O				

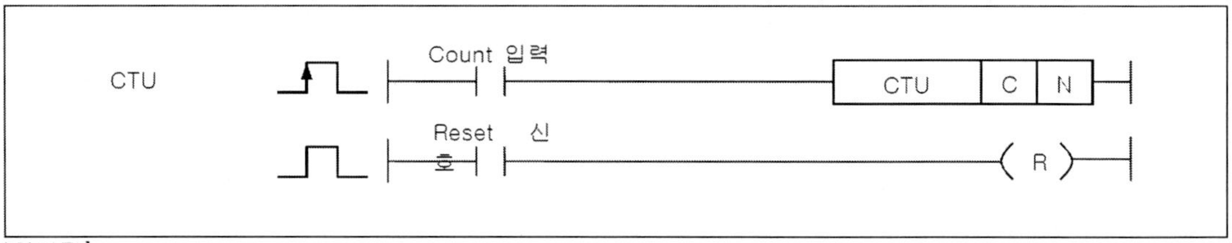

[영역설정]

오퍼랜드	설 명	데이터 타입
C	사용하고자 하는 카운터 접점	WORD
N	설정치 (0 ~ 65,535)	WORD

1) 기능
   (1) 입상 펄스가 입력될 때마다 현재치를 +1 하고 현재치가 설정치 이상이면 출력을 On 하고 카운터 최대치(65,535)까지 Count 합니다.
   (2) 리셋(Reset) 신호가 On 하면 출력을 Off 시키며 현재치는 0이 됩니다.

[타임 차트]

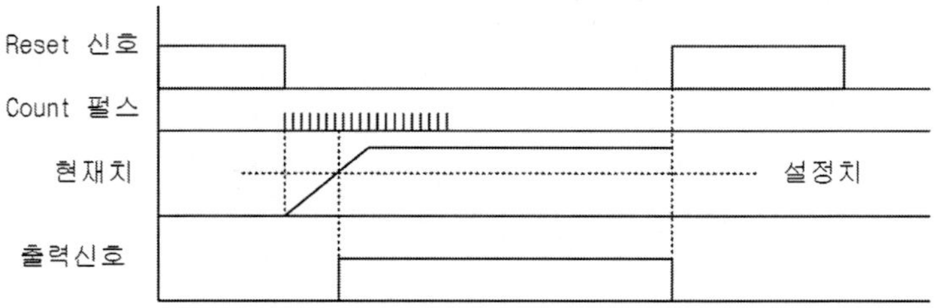

4.8.4 CTUD

[적용 기종 : XGK, XGB]

명 령		사용 가능 영역														스텝	플래그		
		PMK	F	L	T	C	S	Z	D.x	R.x	상수	U	N	D	R		에러 (F110)	제로 (F111)	캐리 (F112)
CTUD	C	-	-	-	-	O	-	-	-	-	-	-	-	-	-	2~3	-	-	-
	U	O	O	O	O	O	-	-	O	-	-	O	-	-	-				
	D	O	O	O	O	O	-	-	O	-	-	O	-	-	-				
	N	O	-	-	-	-	-	-	-	-	O	O	-	O	-				

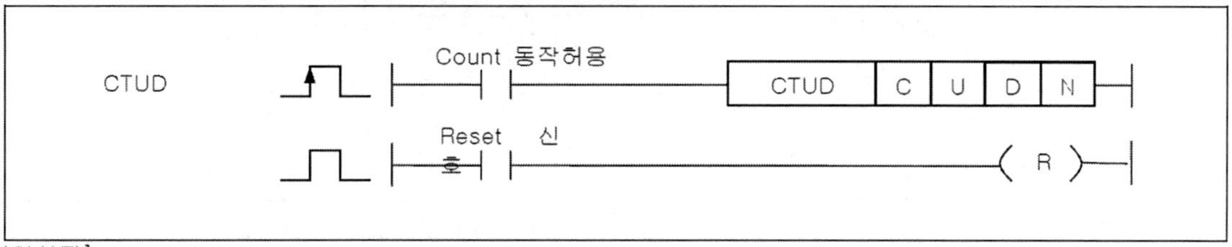

[영역설정]

오퍼랜드	설 명	데이터 타입
C	사용하고자 하는 카운터 접점	WORD
U	현재치를 +1 하는 신호	BIT
D	현재치를 -1 하는 신호	BIT
N	설정치 (0 ~ 65,535)	WORD

1) 기능
   (1) U 로 지정된 디바이스에 상승 신호가 입력될 때마다 현재치를 +1 하며, 현재치가 설정치 이상이면 출력을 On 하고 카운터 최대치(65,535)까지 Count 합니다.
   (2) D 로 지정된 디바이스에 상승 신호가 입력될 때마다 현재치를 -1 합니다.
   (3) 리셋(Reset) 신호가 On 하면 현재치는 0 이 됩니다.
   (4) U, D 로 지정된 디바이스에 펄스가 동시에 On 하면 현재치는 변하지 않습니다.
   (5) Count 동작허용신호는 On 된 상태를 유지하고 있어야 Up-Down 카운트가 가능합니다.

[타임 차트]

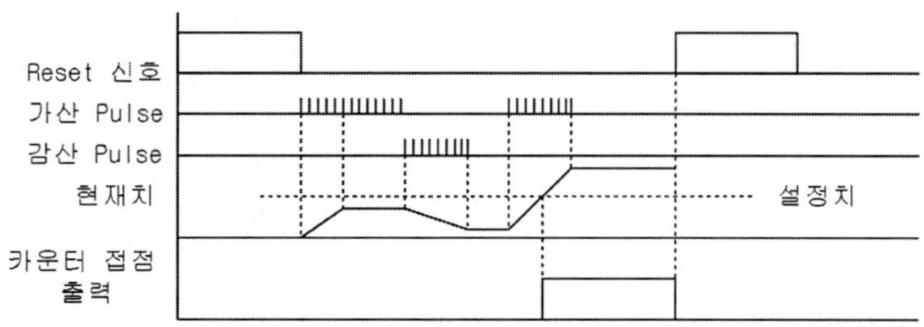

4.8.5 CTR

[적용 기종 : XGK, XGB]

명 령		사 용 가 능 영 역														스텝	플래그		
		PMK	F	L	T	C	S	Z	D.x	R.x	상수	U	N	D	R		에러 (F110)	제로 (F111)	캐리 (F112)
CTR	C	-	-	-	-	O	-	-	-	-	-	-	-	-	-	2~3	-	-	-
	N	O	-	-	-	-	-	-	-	-	O	O	-	O	O				

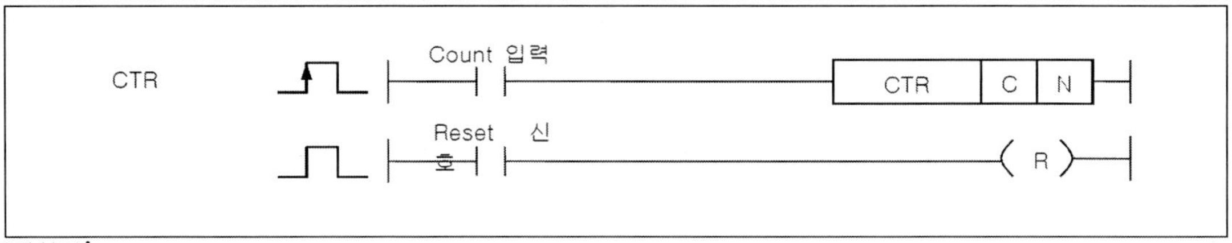

[영역설정]

오퍼랜드	설 명	데이터 타입
C	사용하고자 하는 카운터 접점	WORD
N	설정치 (0 ~ 65,535)	WORD

1) 기능
   (1) 입상 펄스가 입력될 때마다 현재치를 +1 하고 현재치가 설정치에 도달한 후 입력신호가 Off→On 되면 현재치는 0으로 됩니다.
   (2) 현재치가 설정치에 도달하면 출력은 On 됩니다.
   (3) 현재치가 설정치 미만이거나 리셋(Reset) 조건이 On 이면 출력은 Off 됩니다.

[타임 차트]

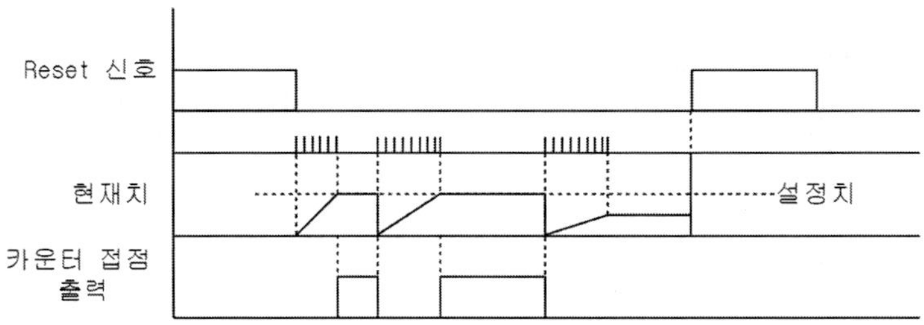

4.9 데이터 전송명령

4.9.1 MOV, MOVP, DMOV, DMOVP

[적용 기종 : XGK, XGB]

명 령		사용 가능 영역														스텝	플래그		
		PMK	F	L	T	C	S	Z	D.x	R.x	상수	U	N	D	R		에러 (F110)	제로 (F111)	캐리 (F112)
MOV(P) DMOV(P)	S	O	O	O	O	O	-	O	-	-	O	O	O	O	O	2~5	-	-	-
	D	O	-	O	O	O	-	O	-	-	-	O	O	O	O				

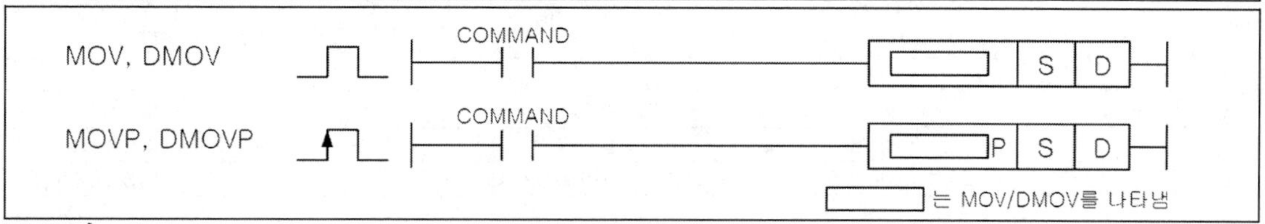

[영역설정]

오퍼랜드	설 명	데이터 타입
S	전송하고자 하는 데이터 또는 데이터가 들어있는 디바이스 번호	WORD/DWORD
D	전송된 데이터를 저장할 디바이스 번호	WORD/DWORD

1) MOV(Move)

(1) S로 지정된 디바이스의 워드 데이터를 D로 전송합니다.

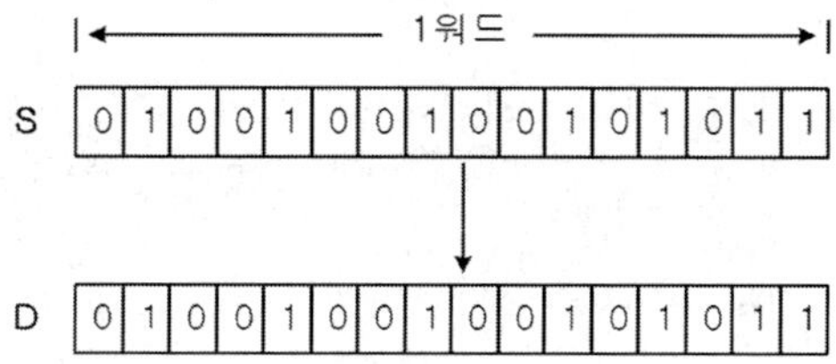

2) DMOV(Double Move)

S+1, S로 지정된 디바이스의 더블 워드 데이터를 D+1, D에 전송합니다.

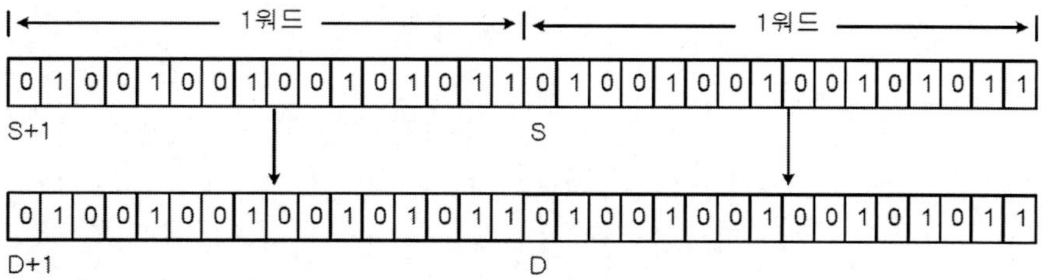

4.9.2 MOV4, MOV4P, MOV8, MOV8P

[적용 기종 : XGK, XGB]

명 령		사용 가능 영역														스텝	플래그		
		PMK	F	L	T	C	S	Z	D.x	R.x	상수	U	N	D	R		에러 (F110)	제로 (F111)	캐리 (F112)
MOV4(P) MOV8(P)	S	O	-	O	-	-	-	-	O	O	O	O	-	-	-	3~5	-	-	-
	D	O	-	O	-	-	-	-	O	O	-	O	-	-	-				

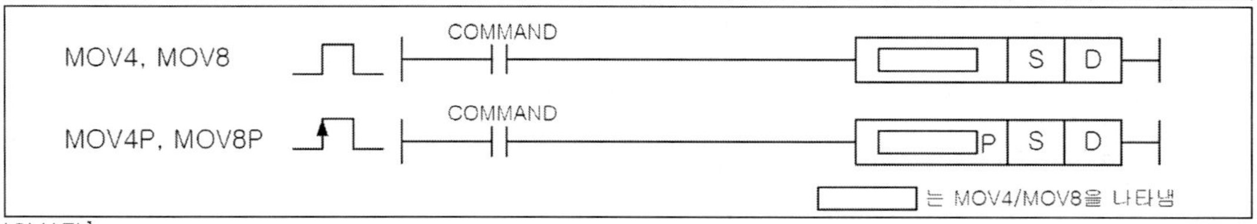

[영역설정]

오퍼랜드	설 명	데이터 타입
S	전송하고자 하는 데이터 또는 데이터가 들어있는 디바이스 번호의 비트 위치	NIBBLE/BYTE
D	전송된 데이터를 저장할 디바이스 번호의 비트 위치	NIBBLE/BYTE

1) MOV4, MOV8 (MOV4 : Move Nibble / MOV8 : Move Byte)

(1) 기능

4비트 또는 8비트데이터 S를 D로 전송합니다.

MOV4(P)은 지정한 S비트부터 상위 4비트데이터를 D로부터 상위 4비트에 해당하는 영역으로 전송합니다.

MOV8(P)은 지정한 S비트부터 상위 8비트데이터를 D로부터 상위 8비트에 해당하는 영역으로 전송합니다.정수를 전송하고자 할 경우, 해당명령의 데이터 크기만큼만 전송되고 나머지는 무시됩니다.

(2) 사용상 주의사항

비트 디바이스(P, M, L, K)와 워드 디바이스(D, R, U)에 따라 데이터 처리를 다르게 합니다.

비트 디바이스의 경우, Source 로 지정된 S 가 명령 수행시에 워드 범위를 벗어날 경우, 다음 워드에서 나머지 비트를 가져옵니다. Destination 으로 지정된 D 역시 저장할 부분이 워드를 넘어가면 다음 워드에 나머지 비트가 저장됩니다. 만약, 비트 디바이스의 마지막 워드를 지정했고, 다음 워드까지 포함해서 명령을 수행해야 될 경우, 아래에 설명한 워드 디바이스와 같이 처리합니다.

워드 디바이스의 경우, Source 로 지정된 S 가 명령 수행시에 워드 범위를 벗어날 경우, 벗어난 부분은 0 으로 채웁니다. 그리고, Destination 으로 지정된 D 가 워드를 넘어가게 되면 넘어간 데이터에 대해서는 처리하지 않습니다.

2) MOV8 P0003A D10.3
Source 로 지정된 디바이스가 비트 디바이스일 경우, 전송할 데이터가 지정한 워드범위를 벗어날 경우 다음 영역의 비트 값까지 전송합니다.

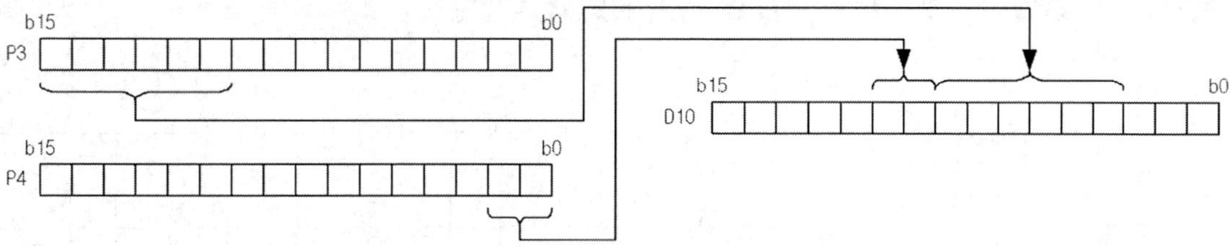

3) MOV8 D00003.A D10.3
Source 로 지정된 디바이스가 워드 디바이스일 경우, 전송할 데이터가 지정한 워드 범위를 벗어날 경우 그 벗어난 부분은 무시하고 Destination 에 0 으로 채워집니다.

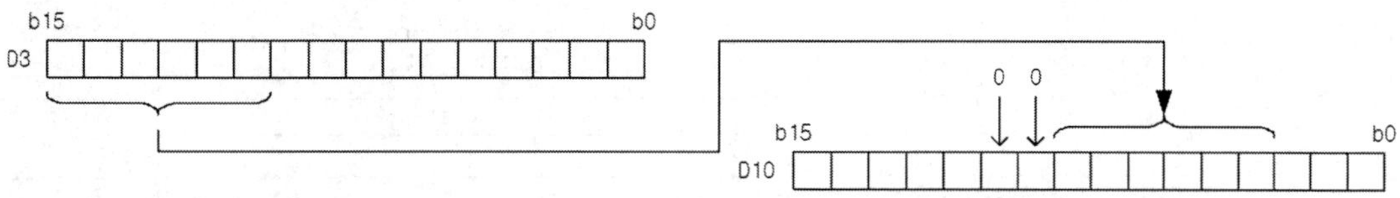

4.10 코드변환 명령

4.10.1 BCD, BCDP, DBCD, DBCDP

[적용 기종 : XGK, XGB]

명령		사용 가능 영역														스텝	플래그		
		PMK	F	L	T	C	S	Z	D.x	R.x	상수	U	N	D	R		에러 (F110)	제로 (F111)	캐리 (F112)
BCD(P) DBCD(P)	S	O	O	O	O	O	-	O	-	-	O	O	O	O	O	2~4	O	-	-
	D	O	-	O	O	O	-	O	-	-	-	O	O	O	O				

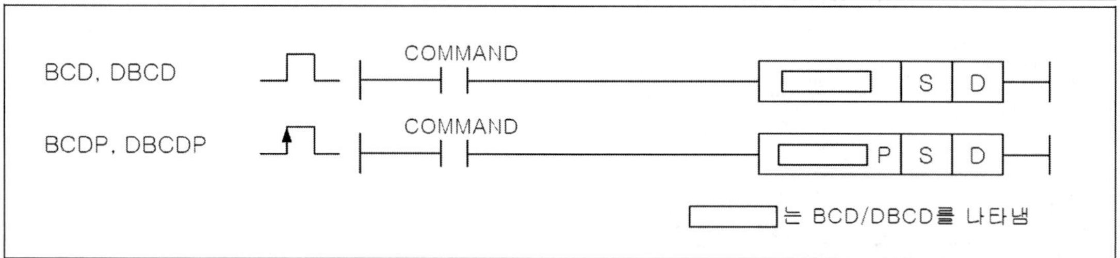

[영역설정]

오퍼랜드	설 명	데이터 타입
S	데이터가 저장되어 있는 디바이스 번호	WORD/DWORD
D	Destinati0n 영역의 디바이스 번호	WORD/DWORD

[플래그 셋(Set)]

플래그	내 용	디바이스 번호
에러	BCD(P)의 경우, S의 값이 0~9999(h270F) 이외일 때. DBCD(P)의 경우, S+1,S의 값이 0~99999999(h5F5E0FF) 이외일 때	F110

1) BCD (Binary Coded Decimal)

(1) S로 지정된 디바이스의 BIN데이터(0~h270F)를 BCD로 변환하여 D에 저장합니다.

명령어	데이터 크기	BIN 포맷	BCD 포맷
BCP(P)	16 비트	0 ~ h270F (0~9999)	h0 ~ h9999
DBCD(P)	32 비트	0 ~ h05F5E0FF (0 ~ 99999999)	h0 ~ h99999999

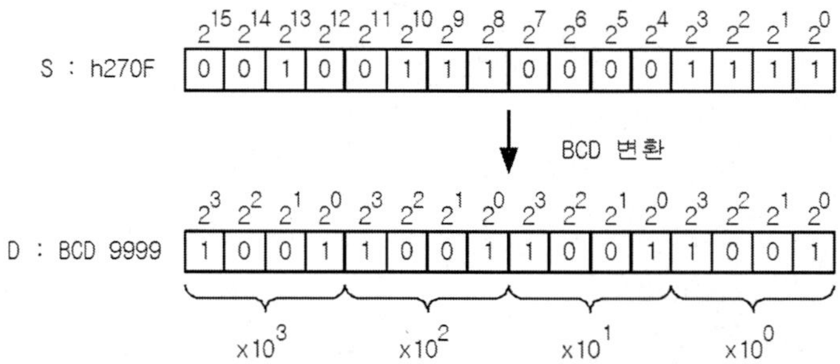

4.10.2 BCD4, BCD4P, BCD8, BCD8P

[적용 기종 : XGK, XGB]

명 령		사 용 가 능 영 역														스텝	플래그		
		PMK	F	L	T	C	S	Z	D.x	R.x	상수	U	N	D	R		에러 (F110)	제로 (F111)	캐리 (F112)
BCD4(P)	S	O	-	O	-	-	-	-	O	O	O	O	-	-	-	3~5	O	-	-
BCD8(P)	D	O	-	O	-	-	-	-	O	O	-	O	-	-	-				

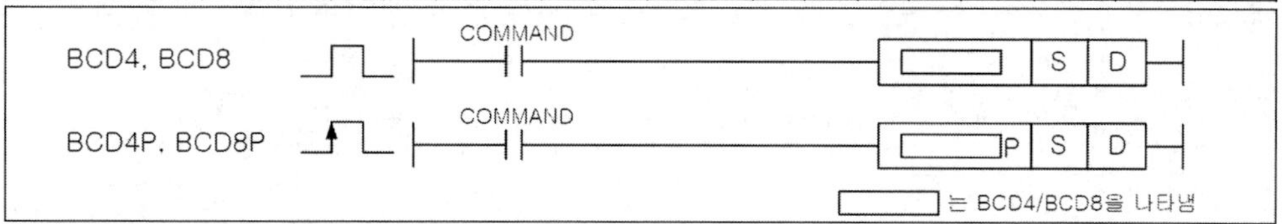

[영역설정]

오퍼랜드	설 명	데이터 타입
S	BCD 변환하고자 하는 데이터 또는 데이터가 들어있는 디바이스 번호의 비트 위치	NIBBLE/BYTE
D	변환된 데이터를 저장할 디바이스 번호의 비트 위치	NIBBLE/BYTE

[플래그 셋(Set)]

플래그	내 용	디바이스 번호
에러	BCD4 의 경우, S 로 지정된 디바이스의 값이 0~9 이외일때. BCD8 의 경우, S 로 지정된 디바이스의 값이 0~99 이외일때.	F110

1) BCD4
   (1) S 로 지정된 디바이스의 4 비트의 BIN 데이터를(0~9) BCD4 로 변환하여 D 로 지정된 디바이스 영역에 저장.
   (2) S 로 지정된 디바이스의 값이 (0~9) 이외일때, 에러플래그(F110)가 셋(Set)됩니다.

2) BCD8
   (1) S 로 지정된 디바이스의 8 비트의 BIN 데이터(0~99)를 BCD8 로 변환하여 D 로 지정된 디바이스 영역에 저장.
   (2) S 로 지정된 디바이스의 값이 (0~99) 이외일때, 에러플래그(F110)가 셋(Set)됩니다.

3) DBCD (Double Binary Coded Decimal)
   (1) S+1,S 로 지정된 디바이스의 BIN 데이터(0~h05F5E0FF)를 BCD 로 변환하여, D+1,D 에 각각 저장합니다.

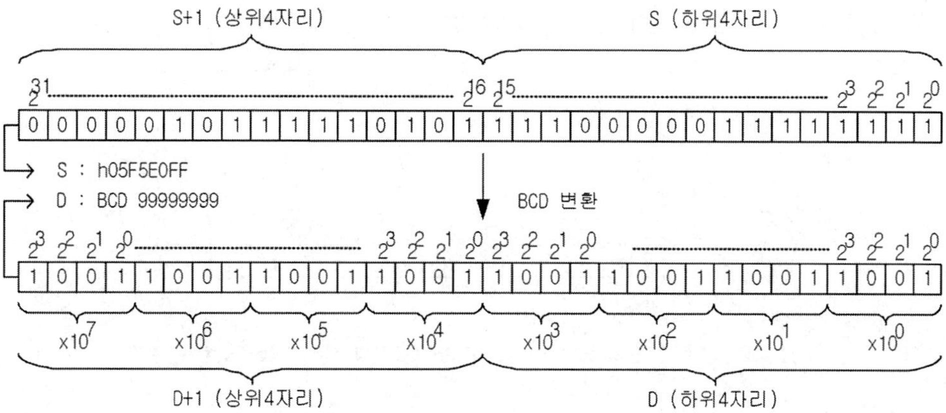

4) 에러
   (1) BIN 데이터가 BCD 변환하여 표시할 수 있는 범위를 초과하면 에러 플래그(F110)를 셋(Set)합니다.

4.10.3 BIN, BINP, DBIN, DBINP

[적용 기종 : XGK, XGB]

명 령		사용 가능 영역														스텝	플래그		
		PMK	F	L	T	C	S	Z	D.x	R.x	상수	U	N	D	R		에러 (F110)	제로 (F111)	캐리 (F112)
BIN(P)	S	O	O	O	O	O	-	O	-	-	O	O	O	O	O	2~4	O	-	-
DBIN(P)	D	O	-	O	O	O	-	O	-	-	-	O	O	O	O				

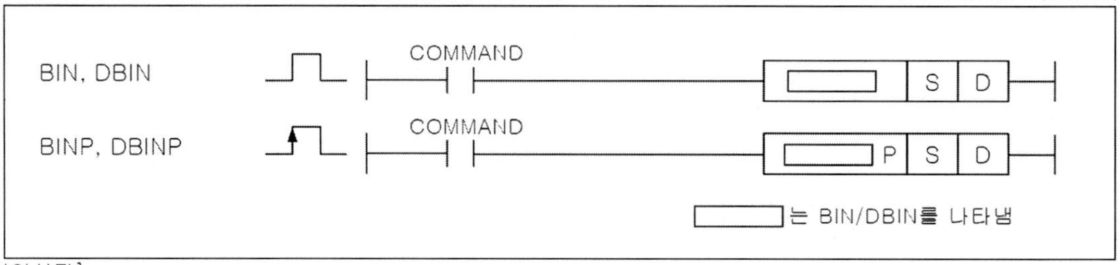

[영역설정]

오퍼랜드	설 명	데이터 타입
S	BCD 데이터가 저장되어진 영역번호 또는 BCD 데이터	WORD/DWORD
D	BIN 로 변환된 데이터를 저장하게 될 영역	WORD/DWORD

[플래그 셋(Set)]

플래그	내 용	디바이스 번호
에러	BIN(P)의 경우, S 의 데이터가 BCD 형태(h0~h9999)가 아닐 경우. DBIN(P)의 경우, S+1,S 의 데이터가 BCD 형태(h0~h99999999)가 아닐 경우.	F110

1) BIN (Binary)

(1) S 로 지정된 디바이스의 BCD 데이터(0~9999)를 BIN 데이터로 변환하여 D 에 저장합니다.

명령어	데이터 크기	BCD 포맷	BIN 포맷
BIN(P)	16 비트	h0 ~ h9999	0 ~ h270F (0 ~ 9999)
DBIN(P)	32 비트	h0 ~ h99999999	0 ~ h05F5E0FF (0 ~ 99999999)

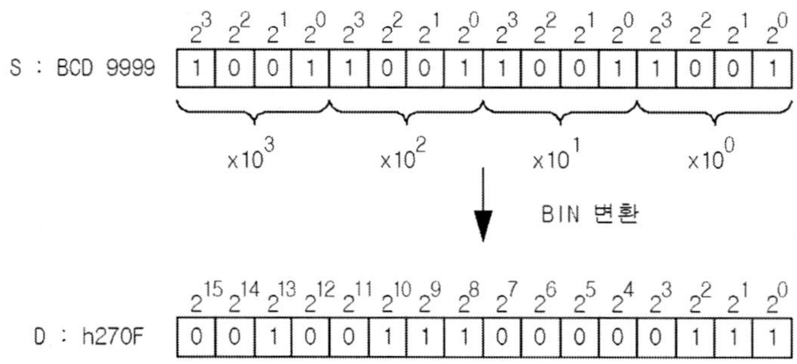

2) DBIN (Double Binary)

(1) S+1,S 로 지정된 디바이스의 BCD 데이터(h0~h99999999)를 BIN 데이터로 변환하여 D+1,D 에 저장합니다.

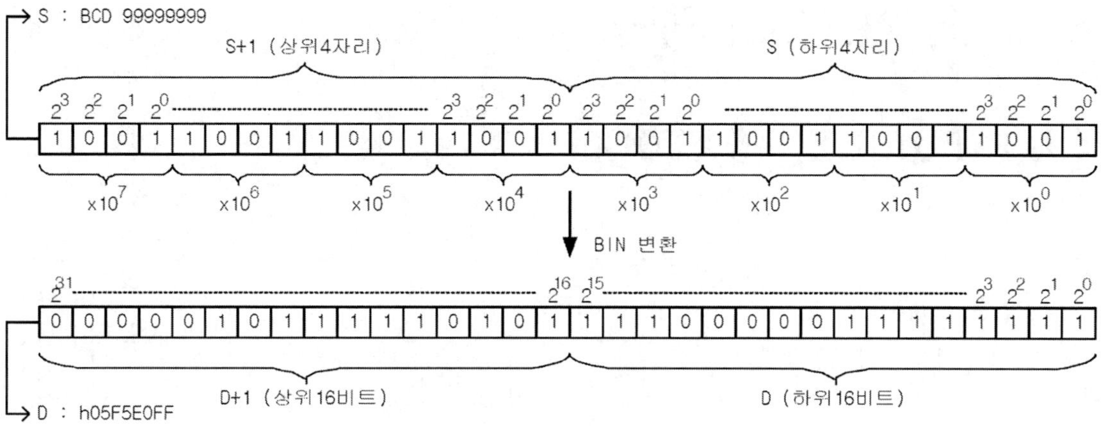

4.10.4 BIN4, BIN4P, BIN8, BIN8P

[적용 기종 : XGK, XGB]

명 령		사용 가능 영역														스텝	플래그		
		PMK	F	L	T	C	S	Z	D.x	R.x	상수	U	N	D	R		에러 (F110)	제로 (F111)	캐리 (F112)
BIN4(P)	S	O	-	O	-	-	-	-	O	O	O	O	-	-	-	3~5	O	-	-
BIN8(P)	D	O	-	O	-	-	-	-	O	O	-	O	-	-	-				

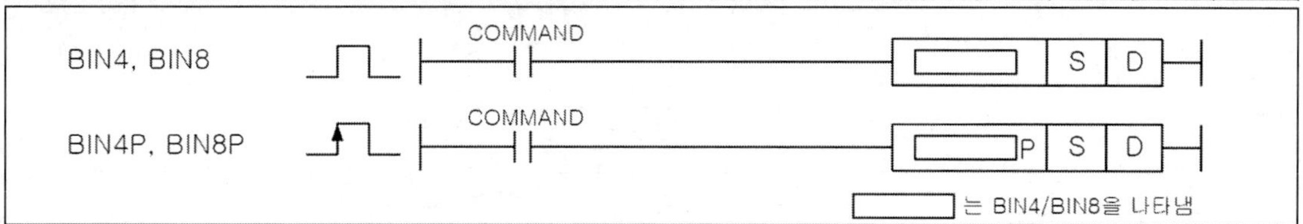

[영역설정]

오퍼랜드	설 명	데이터 타입
S	변환하고자 하는 데이터 또는 데이터가 들어있는 디바이스 번호의 비트 위치	NIBBLE/BYTE
D	변환된 데이터를 저장할 디바이스 번호의 비트 위치	NIBBLE/BYTE

[플래그 셋(Set)]

플래그	내 용	디바이스 번호
에러	BIN4(P)인 경우 S로 지정된 디바이스의 값이 BCD형태(h0 ~ h9)이외일때. BIN8(P)인 경우 S로 지정된 디바이스의 값이 BCD형태(h0 ~ h99)이외일때.	F110

1) BIN4
   (1) S로 지정된 디바이스의 4비트의 BCD데이터(h0 ~ h9)를 BIN4로 변환하여 D에 저장.
   (2) S로 지정된 디바이스의 값이 BCD형태(h0 ~ h9) 이외일때, 에러플래그(F110)를 셋(SET)

2) BIN8
   (1) S로 지정된 디바이스의 8비트의 BCD데이터(h0 ~ h99)를 BIN8로 변환하여 D에 저장.
   (2) S로 지정된 디바이스의 값이 BCD형태(h0 ~ h99) 이외일때, 에러플래그(F110)를 셋(SET)

4.11 입력단 비교 명령

4.11.1 LOAD X, LOADD X

[적용 기종 : XGK, XGB]

명 령		사 용 가 능 영 역														스텝	플래그		
		PMK	F	L	T	C	S	Z	D.x	R.x	상수	U	N	D	R		에러 (F110)	제로 (F111)	캐리 (F112)
LOAD X LOADD X	S1	O	O	O	O	O	-	O	-	-	O	O	O	O	O	2~3	-	-	-
	S2	O	O	O	O	O	-	O	-	-	O	O	O	O	O				

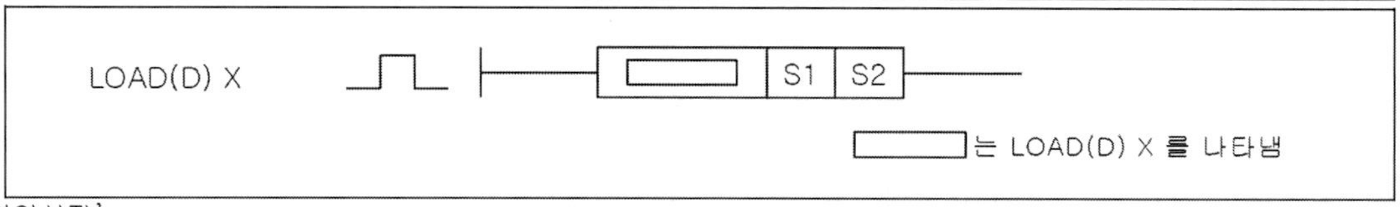

[영역설정]

오퍼랜드	설 명	데이터 타입
S1	S2 와 비교하게 되는 데이터나 데이터 주소	INT/DINT
S2	S1 과 비교하게 되는 데이터나 데이터 주소	INT/DINT

1) LOAD X (=, >, <, >=, <=, < >)
   (1) S1 과 S2 를 비교하여 X 조건과 일치하면 현재의 연산결과를 On 합니다. 이외의 연산결과는 Off.

X 조건	조건	연산결과
=	S1 = S2	On
<=	S1 ≤ S2	On
>=	S1 ≥ S2	On
< >	S1 ≠ S2	On
<	S1 < S2	On
>	S1 > S2	On

   (2) S1 과 S2 의 비교는 Signed 연산으로 실행합니다.
   (3) 따라서 h8000(-32,768) ~ hFFFF(-1) < 0 ~ h7FFF(32,767)와 같은 결과를 취하게 됩니다.

2) LOADD X (D=, D>, D<, D>=, D<=, D< >)
   (1) S1 과 S2 를 비교하여 X 조건과 일치하면 현재의 연산결과를 On 합니다. 이외의 연산결과는 Off 합니다.

X 조건	조건	연산결과
=	S1 = S2	On
<=	S1 ≤ S2	On
>=	S1 ≥ S2	On
< >	S1 ≠ S2	On
<	S1 < S2	On
>	S1 > S2	On

   (2) S1 과 S2 의 비교는 Signed 연산으로 실행합니다.
   (3) 따라서 h80000000(-2,147,483,648)~hFFFFFFFF(-1) < 0 ~ h7FFFFFFF(2,147,483,647)와 같은 결과를 취하게 됩니다.

4.11.2 AND X, ANDD X

[적용 기종 : XGK, XGB]

명령		사용 가능 영역														스텝	플래그		
		PMK	F	L	T	C	S	Z	D.x	R.x	상수	U	N	D	R		에러 (F110)	제로 (F111)	캐리 (F112)
AND X ANDD X	S1	O	O	O	O	O	-	O	-	-	O	O	O	O	O	2~3	-	-	-
	S2	O	O	O	O	O	-	O	-	-	O	O	O	O	O				

AND(D) X

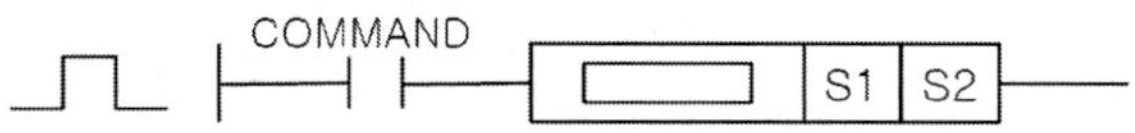

▭는 AND(D) X를 나타냄

[영역설정]

오퍼랜드	설 명	데이터 타입
S1	S2와 비교하게 되는 데이터나 데이터 주소	INT/DINT
S2	S1과 비교하게 되는 데이터나 데이터 주소	INT/DINT

1) AND X (=, >, <, >=, <=, < >)

(1) S1 과 S2 를 비교하여 X 조건과 일치하면 On, 불일치하면 Off 하고 이 결과와 현재의 BR 값을 AND 하여 새로운 연산결과로 취합니다.

X 조건	조건	연산결과
=	S1 = S2	On
<=	S1 ≤ S2	On
>=	S1 ≥ S2	On
< >	S1 ≠ S2	On
<	S1 < S2	On
>	S1 > S2	On

(2) S1 과 S2 의 비교는 Signed 연산으로 실행합니다. 따라서 h8000(-32,768) ~ hFFFF(-1) < 0 ~ h7FFF(32,767)와 같은 결과를 취하게 됩니다.

2) ANDD X (D=, D>, D<, D>=, D<=, D<>)

(1) S1 과 S2 를 비교하여 X 조건과 일치하면 On, 불일치하면 Off 하고 이 결과와 현재의 BR 값을 AND 하여 새로운 연산결과로 합니다.

X 조건	조건	연산결과
=	S1 = S2	On
<=	S1 ≤ S2	On
>=	S1 ≥ S2	On
< >	S1 ≠ S2	On
<	S1 < S2	On
>	S1 > S2	On

(2) S1 과 S2 의 비교는 Signed 연산으로 실행합니다. 따라서 h80000000(-2,147,483,648) ~ hFFFFFFFF(-1) < 0 ~ h7FFFFFFF(2,147,483,647)와 같은 결과를 취하게 됩니다.

4.11.3 OR X, ORD X

[적용 기종 : XGK, XGB]

명 령		사용 가능 영역														스텝	플래그		
		PMK	F	L	T	C	S	Z	D.x	R.x	상수	U	N	D	R		에러 (F110)	제로 (F111)	캐리 (F112)
OR X	S1	O	O	O	O	O	-	O	-	-	O	O	O	O	O	2~3	-	-	-
ORD X	S2	O	O	O	O	O	-	O	-	-	O	O	O	O	O				

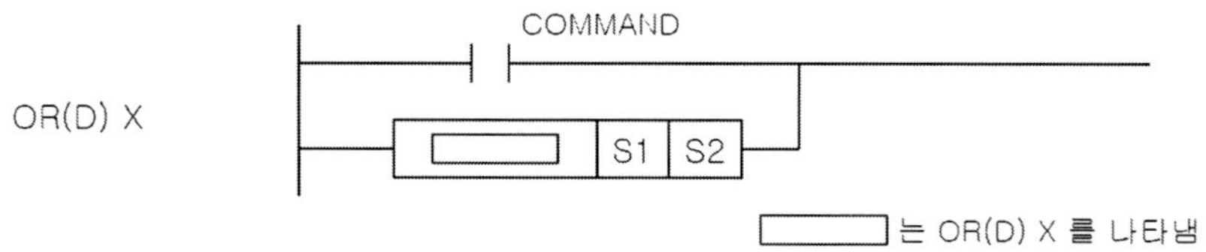

[영역설정]

오퍼랜드	설 명	데이터 타입
S1	S2와 비교하게 되는 데이터나 데이터 주소	INT/DINT
S2	S1과 비교하게 되는 데이터나 데이터 주소	INT/DINT

1) OR X (=, >, <, >=, <=, <>)
   (1) S1 과 S2 를 비교하여 X 조건과 일치하면 On, 불일치하면 Off 하여 이 결과와 현재의 연산결과를 OR 하여 새로운 연산결과로 취합니다.

X 조건	조건	연산결과
=	S1 = S2	On
<=	S1 ≤ S2	On
>=	S1 ≥ S2	On
<>	S1 ≠ S2	On
<	S1 < S2	On
>	S1 > S2	On

   (2) S1 과 S2 의 비교는 Signed 연산으로 실행합니다. 따라서 h8000(-32,768) ~ hFFFF(-1) < 0 ~ h7FFF(32,767)와 같은 결과를 취하게 됩니다.

2) ORD X (D=, D>, D<, D>=, D<=, D<>)
   (1) S1 과 S2 를 비교하여 X 조건과 일치하면 On, 불일치하면 Off 하여 이 결과와 현재의 연산결과를 OR 하여 새로운 연산결과로 취합니다.

X 조건	조건	연산결과
=	S1 = S2	On
<=	S1 ≤ S2	On
>=	S1 ≥ S2	On
< >	S1 ≠ S2	On
<	S1 < S2	On
>	S1 > S2	On

   (2) S1 과 S2 의 비교는 Signed 연산으로 실행합니다. 따라서 h80000000(-2,147,483,648) ~ hFFFFFFFF(-1) < 0 ~ h7FFFFFFF(2,147,483,647)와 같은 결과를 출력하게 됩니다.
   이외의 경우는 현재의 연산결과에 따라 On, Off 합니다.

4.12 증감 명령

4.12.1 INC, INCP, DINC, DINCP

[적용 기종 : XGK, XGB]

명 령		사용 가능 영역														스텝	플래그		
		PMK	F	L	T	C	S	Z	D.x	R.x	상수	U	N	D	R		에러 (F110)	제로 (F111)	캐리 (F112)
INC(P) DINC(P)	D	O	-	O	O	O	-	O	-	-	-	O	O	O	O	2~3	-	-	-

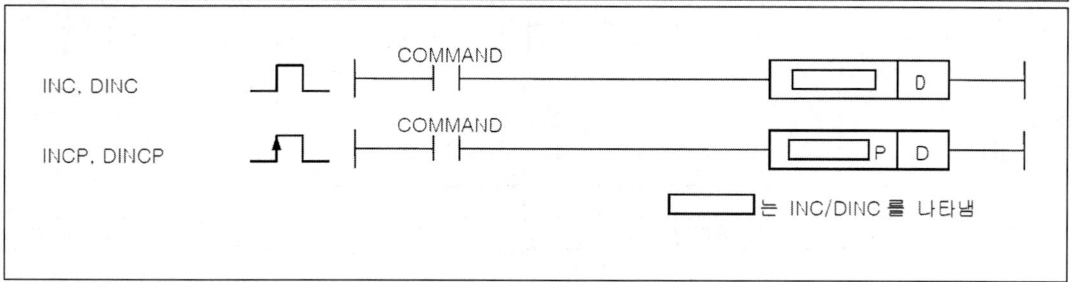

[영역설정]

오퍼랜드	설 명	데이터 타입
D	연산을 수행하게 될 데이터의 주소	INT

1) INC(Increment)
   (1) D에 1을 더한 결과를 다시 D에 저장합니다.
   (2) Signed 연산을 수행합니다.

2) DINC(Double Increment)
   (1) D, D+1의 값에 1을 더한 결과를 다시 D, D+1에 저장합니다.

3) 플래그 처리
   (1) INC/DINC 명령어는 연산 결과로 인한 플래그 처리는 없습니다. 따라서 최대값에서 1 증가하는 시점에서의 캐리플래그(F112)가 발생되지 않습니다.

4.12.2 INC4, INC4P, INC8, INC8P

[적용 기종 : XGK, XGB]

명 령		사용가능영역														스텝	플래그		
		PMK	F	L	T	C	S	Z	D.x	R.x	상수	U	N	D	R		에러 (F110)	제로 (F111)	캐리 (F112)
INC4(P) INC8(P)	D	O	-	O	-	-	-	-	O	O	-	O	-	-	-	2~3	-	-	-

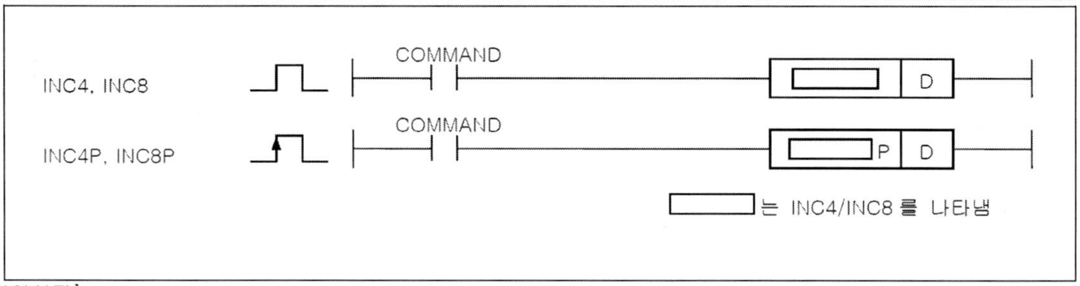

[영역설정]

오퍼랜드	설 명	데이터 타입
D	연산을 수행하게 될 데이터의 주소	NIBBLE/BYTE

1) INC4(Nibble Increment)
   (1) Nibble 데이터 사이즈 범위내에서 D에 1을 더한 결과를 다시 D에 저장합니다.
   (2) Signed 연산을 수행합니다.

2) INC8(Byte Increment)
   (1) Byte 데이터 사이즈 범위내에서 D에 1을 더한 결과를 다시 D에 저장합니다.
   (2) Signed 연산을 수행합니다.

3) 플래그 처리
   (1) INC/DINC 명령어는 연산 결과로 인한 플래그 처리는 없습니다. 따라서 최대값에서 1 증가하는 시점에서의 캐리플래그(F112)가 발생되지 않습니다.

4.12.3 DEC, DECP, DDEC, DDECP

[적용 기종 : XGK, XGB]

명령		사용 가능 영역														스텝	플래그		
		PMK	F	L	T	C	S	Z	D.x	R.x	상수	U	N	D	R		에러 (F110)	제로 (F111)	캐리 (F112)
DEC(P) DDEC(P)	D	O	-	O	O	O	-	O	-	-	-	O	O	O	O	2~3	-	-	-

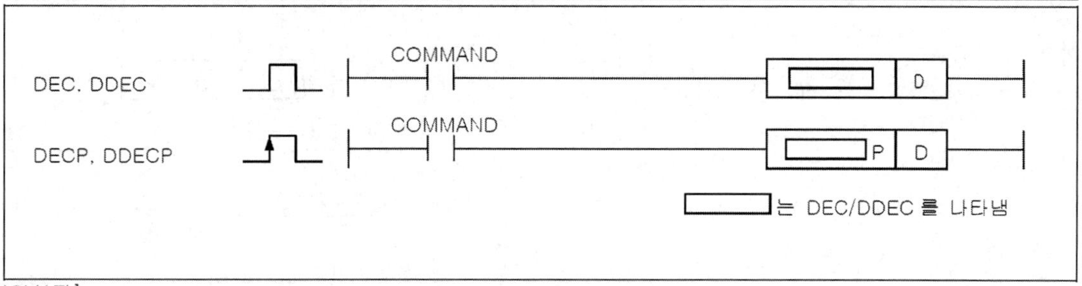

[영역설정]

오퍼랜드	설명	데이터 타입
D	연산을 수행하게 될 데이터의 주소	INT

1) DEC(Decrement)
   (1) D에 1을 뺀 결과를 다시 D에 저장합니다.
   (2) D는 Signed int 의 값으로 처리됩니다.

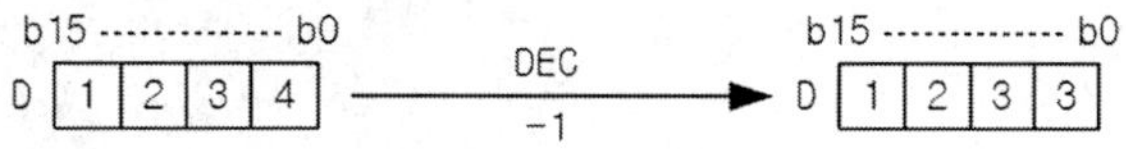

2) DDEC(Double Decrement)
   (1) D+1, D에서 1을 뺀 결과를 다시 D+1, D에 저장합니다.

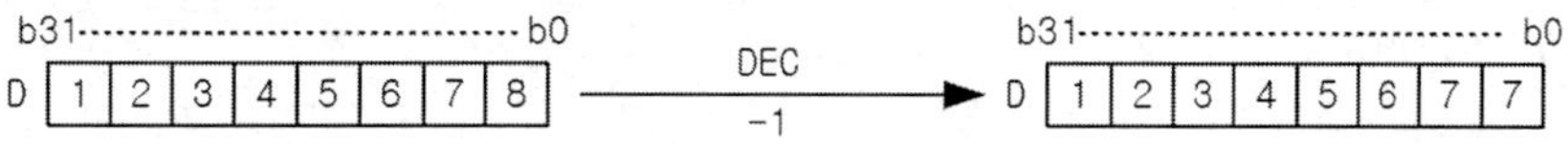

3) 플래그 처리
   (1) INC/DINC 명령어는 연산 결과로 인한 플래그 처리는 없습니다. 따라서 최소값에서 1 감소하는 시점에서의 캐리플래그(F112)가 발생되지 않습니다.

4.12.4 DEC4, DEC4P, DEC8, DEC8P

[적용 기종 : XGK, XGB]

명 령		사 용 가 능 영 역														스텝	플래그		
		PMK	F	L	T	C	S	Z	D.x	R.x	상수	U	N	D	R		에러 (F110)	제로 (F111)	캐리 (F112)
DEC4(P) DEC8(P)	D	O	-	O	-	-	-	-	O	O	-	O	-	-	-	2~3	-	-	-

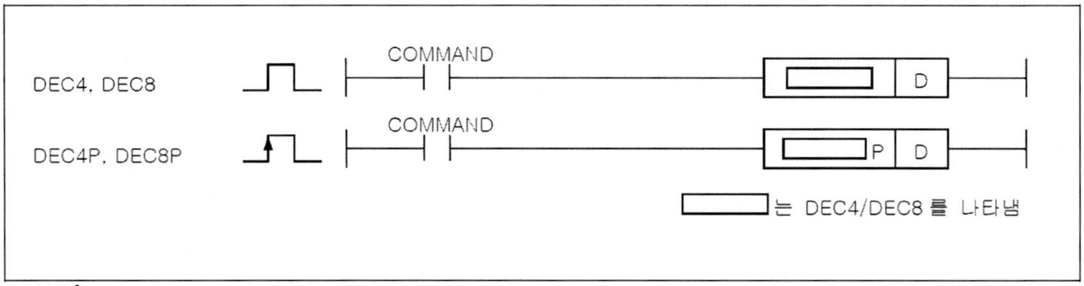

[영역설정]

오퍼랜드	설 명	데이터 타입
D	연산을 수행하게 될 데이터의 주소	NIBBLE/BYTE

1) DEC4(Nibble Decrement)
   (1) Nibble 데이터 사이즈 범위내에서 D에 1을 더한 결과를 다시 D에 저장합니다.
   (2) Signed 연산을 수행합니다.

2) DEC8(Byte Decrement)
   (1) Byte 데이터 사이즈 범위내에서 D에 1을 더한 결과를 다시 D에 저장합니다.
   (2) Signed 연산을 수행합니다.

3) 플래그 처리
   (1) INC/DINC 명령어는 연산 결과로 인한 플래그 처리는 없습니다. 따라서 최소값에서 1 감소하는 시점에서의 캐리플래그(F112)가 발생되지 않습니다.

4.13 회전 명령

4.13.1 ROL, ROLP, DROL, DROLP

[적용 기종 : XGK, XGB]

명 령		사용 가능 영역														스텝	플래그		
		PMK	F	L	T	C	S	Z	D.x	R.x	상수	U	N	D	R		에러 (F110)	제로 (F111)	캐리 (F112)
ROL(P) DROL(P)	D	O	-	O	O	O	-	O	-	-	-	O	O	O	O	2~4	-	-	O
	n	O	O	O	O	O	-	O	-	-	O	O	O	O	O				

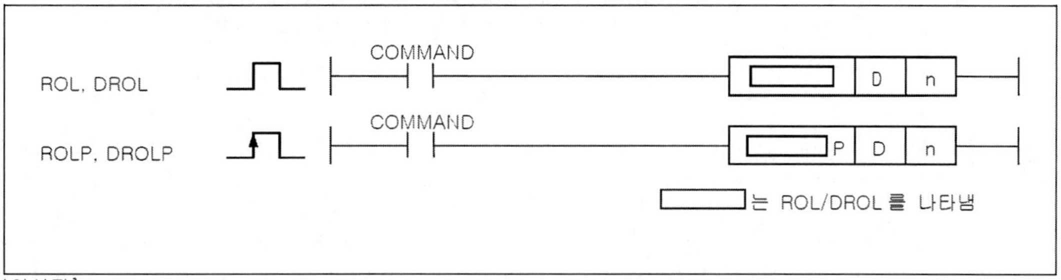

[영역설정]

오퍼랜드	설 명	데이터 타입
D	연산을 수행하게 될 데이터의 주소	WORD/DWORD
n	좌측으로 회전시킬 비트수	WORD

[플래그 셋(Set)]

플래그	내 용	디바이스 번호
캐리	회전중 캐리가 발생하면 캐리 플래그를 셋(Set)합니다.	F112

1) ROL(Rotate Left)

(1) D의 16비트를 지정된 비트 수 만큼 좌측으로 비트 회전하며 최상위 비트는 캐리 플래그(F112)와 최하위 비트로 회전합니다. (1워드 내에서 회전)

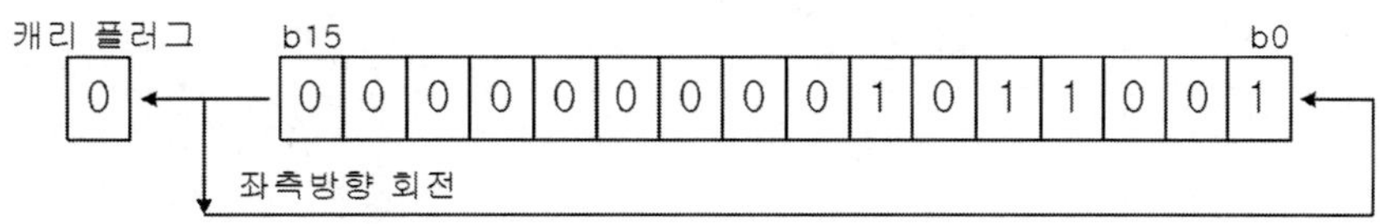

2) DROL (Double Rotate Left)

(1) D 과 D+1 의 32비트 데이터를 좌측으로 캐리 플래그를 포함하지 않고 n bit 회전합니다.

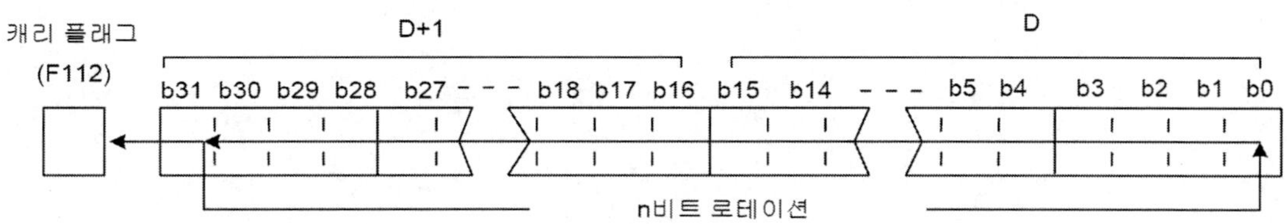

4.13.2 ROL4, ROL4P, ROL8, ROL8P

[적용 기종 : XGK, XGB]

명 령		사용 가능 영역														스텝	플래그		
		PMK	F	L	T	C	S	Z	D.x	R.x	상수	U	N	D	R		에러 (F110)	제로 (F111)	캐리 (F112)
ROL4(P)	D	O	-	O	-	-	-	-	O	O	-	O	-	-	-	2~4	-	-	O
ROL8(P)	n	O	O	O	O	O	-	O	-	-	O	O	O	O	O				

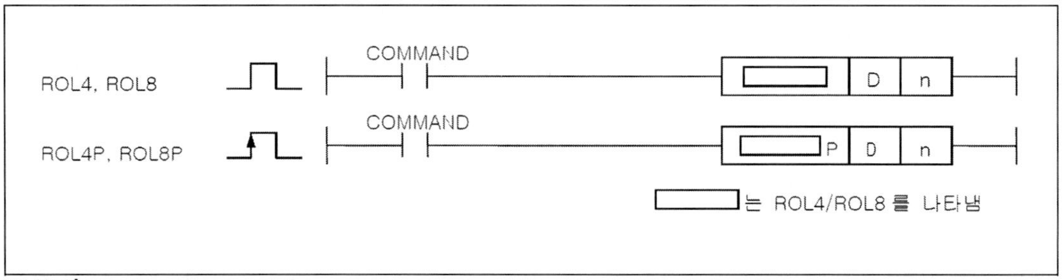

[영역설정]

오퍼랜드	설 명	데이터 타입
D	연산을 수행하게 될 데이터의 주소	NIBBLE/BYTE
n	좌측으로 회전시킬 비트수	WORD

[플래그 셋(Set)]

플래그	내 용	디바이스 번호
캐리	회전중 캐리가 발생하면 캐리 플래그를 셋(Set)합니다.	F112

1) ROL4(Rotate Left)
   (1) D 의 4 개 비트를 n 의 지정된 비트수 만큼 좌측으로 비트 회전하며 4 개의 비트중 최상위 비트는 캐리 플래그와 최하위 비트로 회전 (4 비트내에서 회전)
   (2) 회전중 캐리가 발생하면 캐리 플래그를 셋(SET)

2) ROL8 (Double Rotate Left)
   (1) D 의 8 개 비트를 n 의 지정된 비트수 좌측으로 회전하며 8 개의 비트중 최상위 비트는 캐리 플래그와 최하위 비트로 회전(8 비트내에서 회전)
   (2) 회전중 캐리가 발생하면 캐리 플래그를 셋(SET)

4.13.3 ROR, RORP, DROR, DRORP

[적용 기종 : XGK, XGB]

명 령		사용 가능 영역														스텝	플래그		
		PMK	F	L	T	C	S	Z	D.x	R.x	상수	U	N	D	R		에러 (F110)	제로 (F111)	캐리 (F112)
ROR(P)	D	O	-	O	O	O	-	O	-	-	-	O	O	O	O	2~4	-	-	O
DROR(P)	n	O	O	O	O	O	-	O	-	-	O	O	O	O	O				

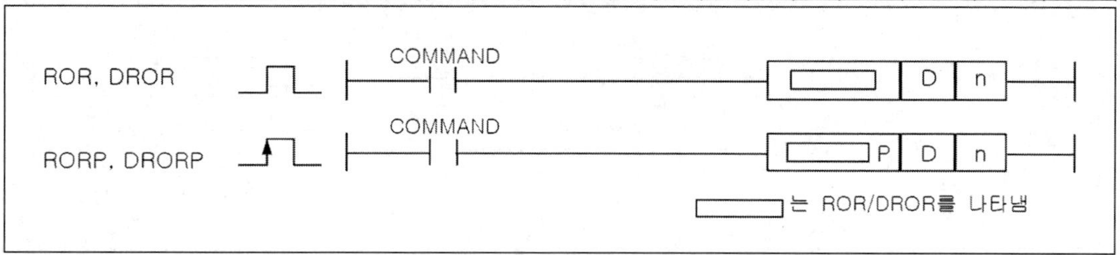

[영역설정]

오퍼랜드	설 명	데이터 타입
D	연산을 수행하게 될 데이터의 주소	WORD/DWORD
n	좌측으로 회전시킬 비트수	WORD

[플래그 셋(Set)]

플래그	내 용	디바이스 번호
캐리	회전중 캐리가 발생하면 캐리 플래그를 셋(Set)합니다.	F112

1) ROR (Rotate Right)

(1) D1 의 16 개 비트를 지정된 비트수 만큼 우측으로 비트 회전하며 최하위 비트는 캐리 플래그 (F112)와 최상위 비트로 회전합니다. (1워드 내에서 회전)

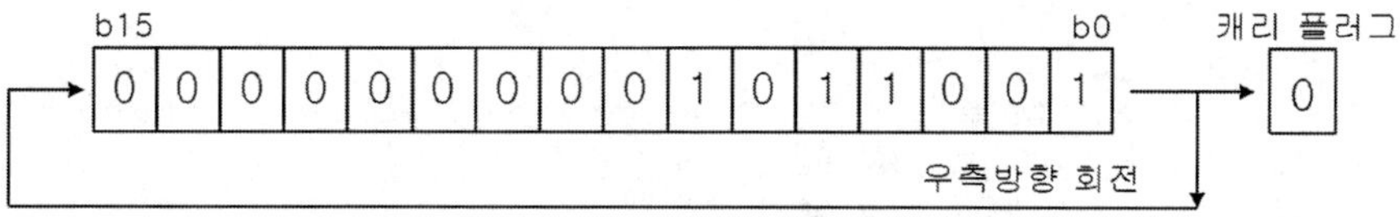

2) DROR (Double Rotate Right)

(1) D 과 D+1 의 32 bit 데이터를 우측으로 캐리 플래그를 포함하지 않고 n bit 회전합니다.

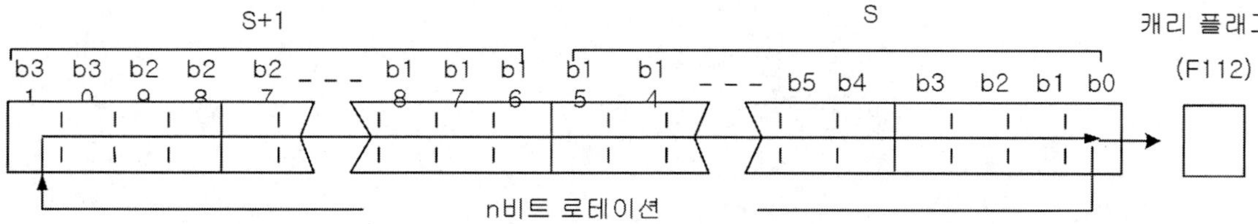

4.13.4 ROR4, ROR4P, ROR8, ROR8P

[적용 기종 : XGK, XGB]

명 령		사 용 가 능 영 역														스텝	플래그		
		PMK	F	L	T	C	S	Z	D.x	R.x	상수	U	N	D	R		에러 (F110)	제로 (F111)	캐리 (F112)
ROR4(P) ROR8(P)	D	O	-	O	-	-	-	-	O	O	-	O	-	-	-	2~4	-	-	O
	n	O	O	O	O	O	-	O	-	-	O	O	O	O	O				

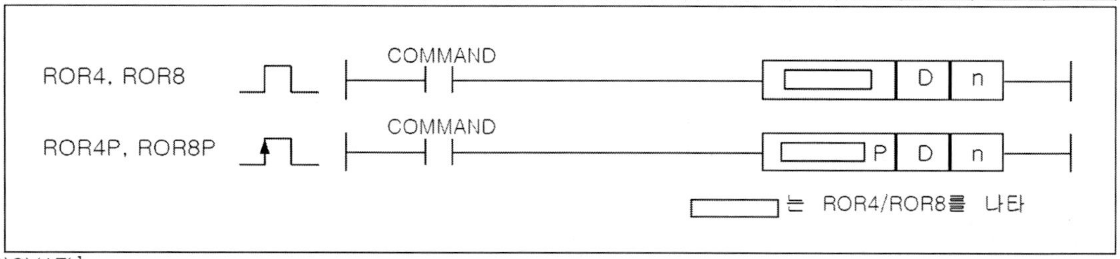

[영역설정]

오퍼랜드	설 명	데이터 타입
D	연산을 수행하게 될 데이터의 주소	NIBBLE/BYTE
n	좌측으로 회전시킬 비트수	WORD

[플래그 셋(Set)]

플래그	내 용	디바이스 번호
캐리	회전중 캐리가 발생하면 캐리 플래그를 셋(Set)합니다.	F112

1) ROR4 (Nibble Rotate Right)
   (1) D 의 4 개 비트를 n 의 수만큼 1 비트씩 우측으로 비트 회전하며 4 개의 비트중 최하위 비트는 캐리 플래그와 최상위 비트로 회전(4 비트내에서 회전)
   (2) 회전중 캐리가 발생하면 캐리 플래그를 셋(SET)

2) ROR8 (Byte Rotate Right)
   (1) D 의 8 개 비트를 n 의 수만큼 1 비트씩 우측으로 비트 회전하며 8 개의 비트중 최하위 비트는 캐리 플래그와 최상위 비트로 회전(8 비트내에서 회전)
   (2) 회전중 캐리가 발생하면 캐리 플래그를 셋(SET)

4.14 BIN 사칙연산 명령

4.14.1 ADD, ADDP, DADD, DADDP

[적용 기종 : XGK, XGB]

명 령		사용 가능 영역														스텝	플래그		
		PMK	F	L	T	C	S	Z	D.x	R.x	상수	U	N	D	R		에러 (F110)	제로 (F111)	캐리 (F112)
ADD(P) DADD(P)	S1	O	O	O	O	O	-	O	-	-	O	O	O	O	O	4~6	-	-	-
	S2	O	O	O	O	O	-	O	-	-	O	O	O	O	O				
	D	O	-	O	O	O	-	O	-	-	-	O	O	O	O				

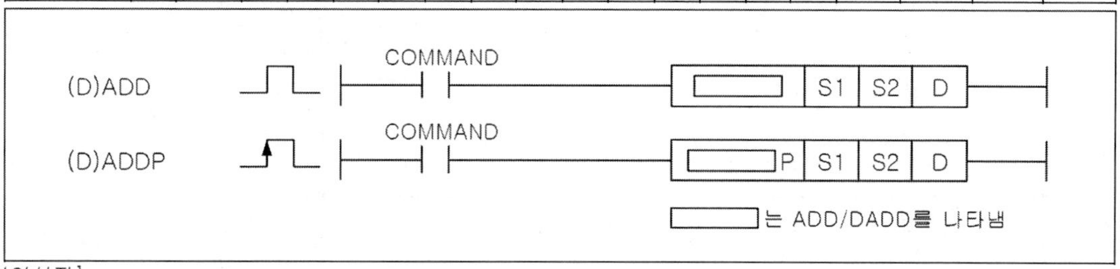

[영역설정]

오퍼랜드	설 명	데이터 타입
S1	S2 와 덧셈연산을 실행할 데이터	INT/DINT
S2	S1 과 덧셈연산을 실행할 데이터	INT/DINT
D	연산결과를 저장할 주소	INT/DINT

1) ADD (Signed Binary Add)

(1) 워드데이터 S1 과 S2 를 더한 후 결과를 D 에 저장합니다.

(2) 이 때 Signed 연산을 실행합니다. 연산결과가 32,767(h7FFF)를 초과하거나 -32,768(h8000) 미만일 때 캐리 플래그는 셋(Set)되지 않습니다.

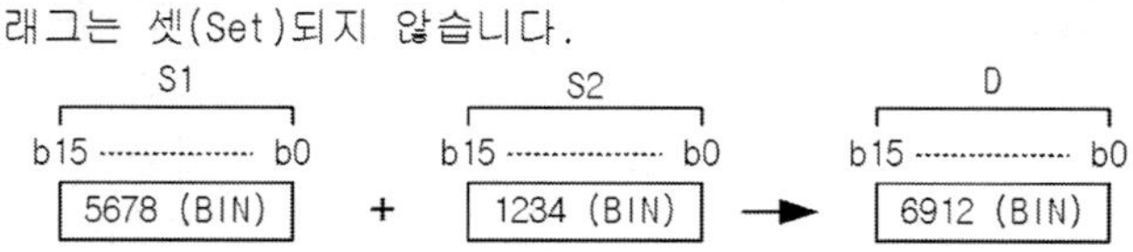

2) DADD (Signed Binary Double Add)

(1) 더블워드데이터 (S1+1,S1)과 (S2+1,S2)를 더한 후 결과를 (D+1,D)에 저장합니다.

(2) 이 때 Signed 연산을 실행합니다.

(3) 연산결과가 2,147,483,647 (h7FFFFFFF)를 초과하거나 -2,147,483,648(h80000000) 미만일 때 캐리 플래그는 셋(Set)되지 않습니다.

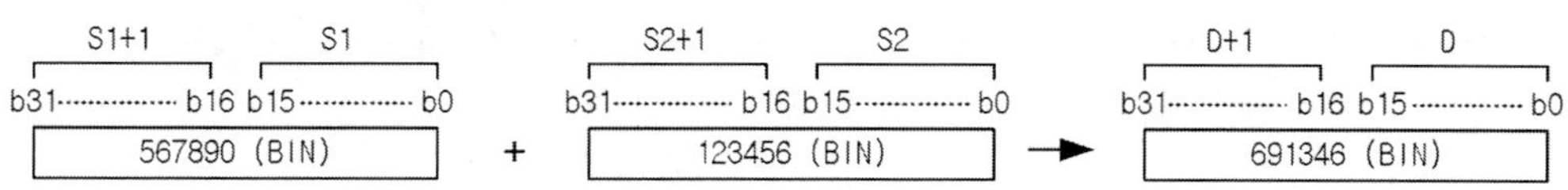

4.14.2 SUB, SUBP, DSUB, DSUBP

[적용 기종 : XGK, XGB]

명령		사용가능영역														스텝	플래그		
		PMK	F	L	T	C	S	Z	D.x	R.x	상수	U	N	D	R		에러 (F110)	제로 (F111)	캐리 (F112)
SUB(P) DSUB(P)	S1	O	O	O	O	O	-	O	-	-	O	O	O	O	O	4~6	-	-	-
	S2	O	O	O	O	O	-	O	-	-	O	O	O	O	O				
	D	O	-	O	O	O	-	O	-	-	-	O	O	O	O				

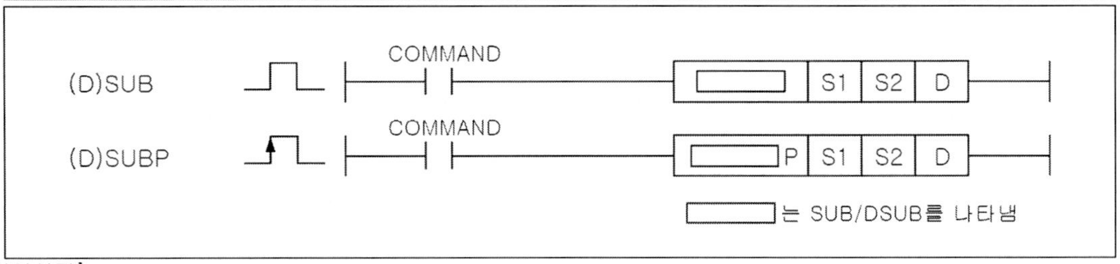

[영역설정]

오퍼랜드	설 명	데이터 타입
S1	S2 와 뺄셈연산을 실행할 데이터	INT/DINT
S2	S1 과 뺄셈연산을 실행할 데이터	INT/DINT
D	연산결과를 저장할 주소	INT/DINT

1) SUB (Signed Binary Subtract)
   (1) 워드데이터 S1 에서 S2 를 감산후 결과를 D(16bit)에 저장합니다.
   (2) 이 때 Signed 연산을 실행합니다.
   (3) 연산결과가 32,767(h7FFF)을 초과하거나 -32,768(h8000) 미만일 때 캐리 플래그는 셋(Set)되지 않습니다.

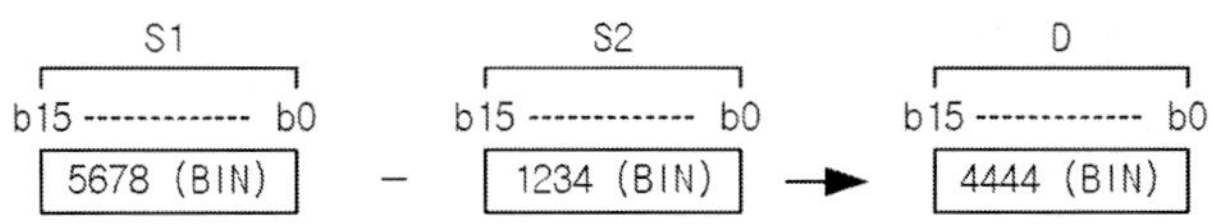

2) DSUB (Signed Binary Double Subtract)
   (1) 워드데이터 (S1+1, S1)에서 (S2+1,S2)를 감산후 결과를 (D+1,D)에 저장합니다.
   (2) 이 때 Signed 연산을 실행합니다.
   (3) 연산결과가 2,147,483,647 (h7FFFFFFF)를 초과하거나 -2,147,483,648(h80000000) 미만일 때 캐리 플래그는 셋(Set)되지 않습니다.

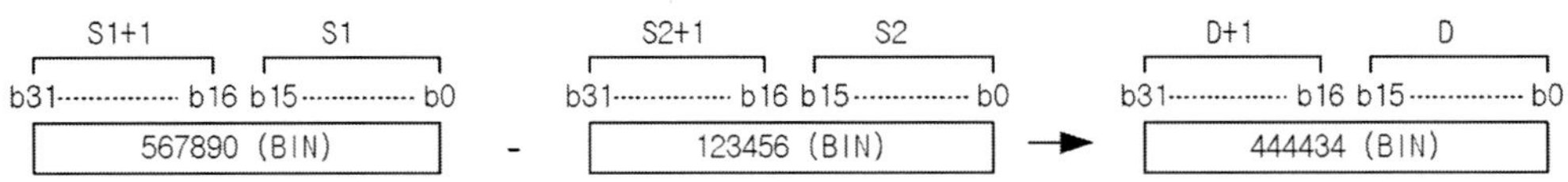

4.14.3 MUL, MULP, DMUL, DMULP

[적용 기종 : XGK, XGB]

명 령		사용 가능 영역														스텝	플래그		
		PMK	F	L	T	C	S	Z	D.x	R.x	상수	U	N	D	R		에러 (F110)	제로 (F111)	캐리 (F112)
MUL(P) DMUL(P)	S1	O	O	O	O	O	-	O	-	-	O	O	O	O	O	4~6	-	-	-
	S2	O	O	O	O	O	-	O	-	-	O	O	O	O	O				
	D	O	-	O	O	O	-	O	-	-	-	O	O	O	O				

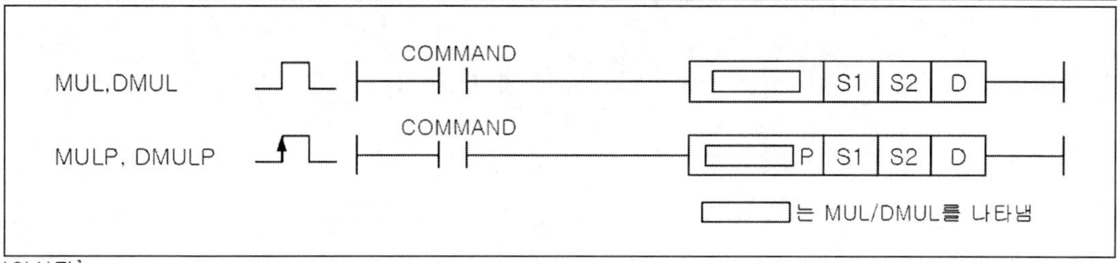

[영역설정]

오퍼랜드	설 명	데이터 타입
S1	S2 와 곱셈연산을 실행할 데이터	INT/DINT
S2	S1 과 곱셈연산을 실행할 데이터	INT/DINT
D	연산결과를 저장할 주소	DINT/LINT

1) MUL (Signed Binary Multiply)

(1) 워드데이터 S1과 S2를 곱한 후 결과를 (D+1,D)(32bit)에 저장합니다.

(2) 이 때 Signed 연산을 실행합니다.

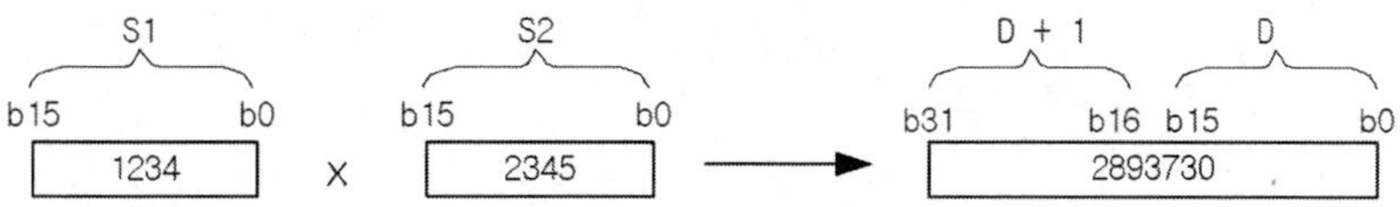

2) DMUL (Signed Binary Double Multiply)

(1) 더블 워드데이터 (S1+1,S1)과 (S2+1,S2)를 곱한 후 결과를 D+3,D+2,D+1,D(64bit)에 저장합니다.

(2) 이 때 Signed 연산을 실행합니다.

4.14.4 DIV, DIVP, DDIV, DDIVP

[적용 기종 : XGK, XGB]

명 령		사용 가능 영역														스텝	플래그		
		PMK	F	L	T	C	S	Z	D.x	R.x	상수	U	N	D	R		에러 (F110)	제로 (F111)	캐리 (F112)
DIV(P) DDIV(P)	S1	O	O	O	O	O	-	O	-	-	O	O	O	O	O	4~6	O	-	-
	S2	O	O	O	O	O	-	O	-	-	O	O	O	O	O				
	D	O	-	O	O	O	-	O	-	-	-	O	O	O	O				

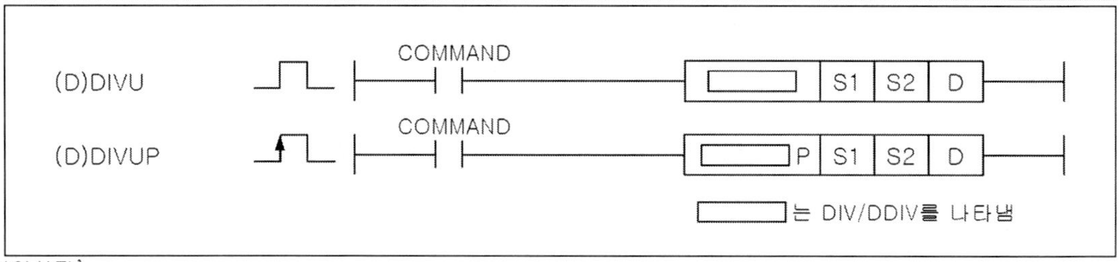

[영역설정]

오퍼랜드	설 명	데이터 타입
S1	S2 와 나눗셈연산을 실행할 데이터	INT/DINT
S2	S1 과 나눗셈연산을 실행할 데이터	INT/DINT
D	연산결과를 저장할 주소	INT/DINT

[플래그 셋(Set)]

플래그	내 용	디바이스 번호
에러	S2 의 값이 0 일 때 셋(Set)합니다	F110

1) DIV (Signed Binary Divide)
   (1) 워드데이터 S1 을 S2 로 나눈 후 몫을 D(16bit)에 나머지를 D+1 에 저장합니다.
   (2) 이 때 signed 연산을 실행합니다.

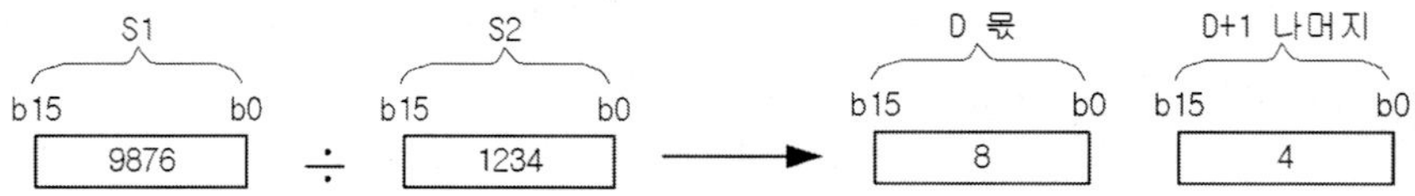

2) DDIV (Signed Binary Double Divide)
   (1) (S1+1,S1)을 (S2+1,S2)로 나눈 후 몫을 (D+1,D)에, 나머지를 (D+3,D+2)에 저장합니다.
   (2) 이 때 Signed 연산을 실행합니다.

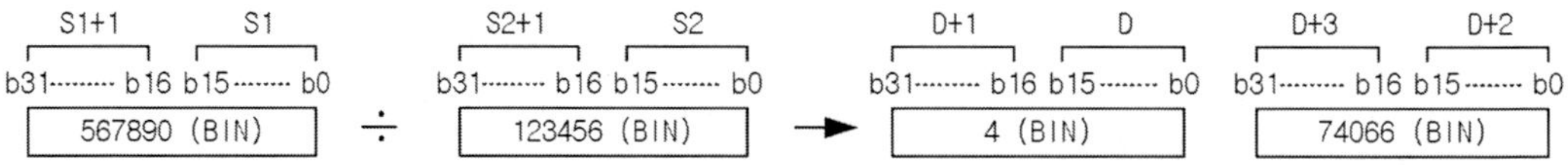

4.15 BCD 사칙연산 명령

4.15.1 ADDB, ADDBP, DADDB, DADDBP

[적용 기종 : XGK, XGB]

명 령		사용가능영역														스텝	플래그		
		PMK	F	L	T	C	S	Z	D.x	R.x	상수	U	N	D	R		에러 (F110)	제로 (F111)	캐리 (F112)
ADDB(P) DADDU(P)	S1	O	O	O	O	O	-	O	-	-	O	O	O	O	O	4~6	O	O	O
	S2	O	O	O	O	O	-	O	-	-	O	O	O	O	O				
	D	O	-	O	O	O	-	O	-	-	-	O	O	O	O				

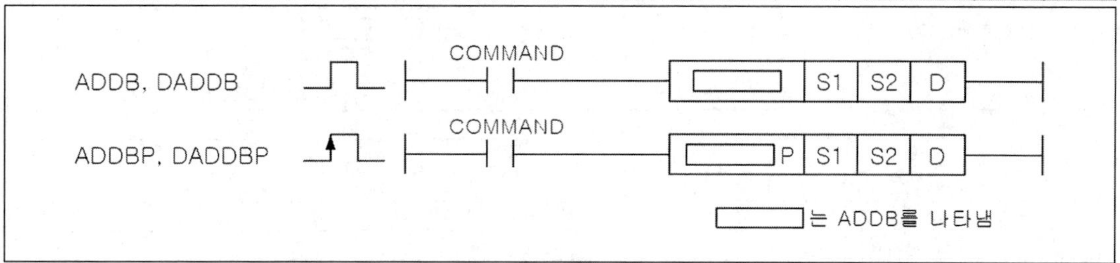

[영역설정]

오퍼랜드	설 명	데이터 타입
S1	S2 와 BCD 덧셈을 실행할 데이터	WORD/DWORD
S2	S1 과 BCD 덧셈을 실행할 데이터	WORD/DWORD
D	연산결과를 저장할 주소	WORD/DWORD

[플래그 셋(Set)]

플래그	내 용	디바이스 번호
에러	S1 과 S2 의 값이 BCD 형식이 아닐 경우	F110
제로	연산결과가 제로이면 셋(Set)합니다.	F111
캐리	연산결과가 오버플로우이면 셋(Set)합니다.	F112

1) ADDB (BCD ADD)

(1) BCD 데이터 S1, S2 를 서로 더하여 그 결과를 D 에 저장합니다.

(2) 연산결과에 따라 에러(F110), 제로(F111), 캐리(F112) 플래그를 셋(Set)합니다.

S1					S2					D			
5	6	7	8	+	1	2	3	4	⇨	6	9	1	2

2) DADDB (BCD Double ADD)

(1) BCD 데이터 (S1+1 ,S1), (S2+1, S2)를 서로 더하여 그 결과를 (D+1, D)에 저장합니다.

(2) S1 과 S2 에 0~99,999,999 (BCD 8 자리)를 지정할 수 있 습니다.

(3) 99,999,999 를 초과한 경우 자리 올림은 무시되고 캐리 플래그는 셋(Set)됩니다.

S1 + 1				S1					S2 + 1				S2					D + 1				D			
위 4자리				아래 4자리					위 4자리				아래 4자리					위 4자리				아래 4자리			
0	9	8	7	1	0	6	8	+	0	0	3	2	3	4	5	6	⇨	1	0	1	9	4	5	2	4

4.15.2 SUBB, SUBBP, DSUBB, DSUBBP

[적용 기종 : XGK, XGB]

명 령		사용가능영역														스텝	플래그		
		PMK	F	L	T	C	S	Z	D.x	R.x	상수	U	N	D	R		에러 (F110)	제로 (F111)	캐리 (F112)
SUBB(P) DSUBB(P)	S1	O	O	O	O	O	-	O	-	-	O	O	O	O	O	4~6	O	O	O
	S2	O	O	O	O	O	-	O	-	-	O	O	O	O	O				
	D	O	-	O	O	O	-	O	-	-	-	O	O	O	O				

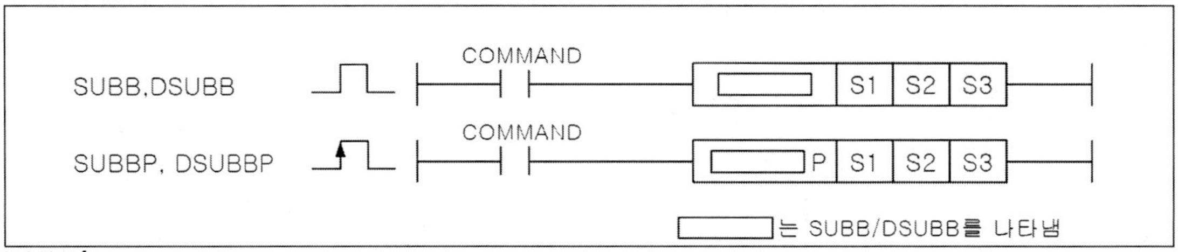

[영역설정]

오퍼랜드	설 명	데이터 타입
S1	S2 와 BCD 뺄셈을 실행할 데이터	WORD/DWORD
S2	S1 과 BCD 뺄셈을 실행할 데이터	WORD/DWORD
D	연산결과를 저장할 주소	WORD/DWORD

[플래그 셋(Set)]

플래그	내 용	디바이스 번호
에러	S1 과 S2 의 값이 BCD 형식이 아닐 경우	F110
제로	연산결과가 제로이면 셋(Set)합니다.	F111
캐리	연산결과가 언더플로우이면 셋(Set)합니다.	F112

1) SUBB (BCD Subtract)
   (1) BCD 데이터 S1 에서 S2 를 뺀 결과를 D 에 저장합니다.
   (2) 연산결과에 따라 에러(F110), 제로(F111), 캐리(F112) 플래그를 셋(Set)합니다.
   (3) 감산결과가 언더플로우가 발생할 경우 캐리플래그가 셋(Set) 됩니다.

S1					S2					D			
0	6	7	8	-	0	2	3	4	⇨	0	4	4	4

2) DSUBB (BCD Double Subtract)
   (1) BCD 데이터 (S1+1 ,S1), (S2+1, S2)를 서로 빼서 그 결과를 (D+1, D)에 저장합니다.
   (2) S1 과 S2 에 0~99,999,999 (BCD 8 자리)를 지정할 수 있습니다.
   (3) 감산결과가 언더플로우가 발생할 경우 캐리플래그가 셋(Set) 됩니다.

S1 + 1 (위 4자리)				S1 (아래 4자리)					S2 + 1 (위 4자리)				S2 (아래 4자리)					D + 1 (위 4자리)				D (아래 4자리)			
0	9	8	7	1	0	6	8	-	0	0	3	2	3	4	5	6	⇨	0	9	5	4	7	6	1	2

4.15.3 MULB, MULBP, DMULB, DMULBP

[적용 기종 : XGK, XGB]

명 령		사용 가능 영역														스텝	플래그		
		PMK	F	L	T	C	S	Z	D.x	R.x	상수	U	N	D	R		에러 (F110)	제로 (F111)	캐리 (F112)
MULB (P) DMULB(P)	S1	O	O	O	O	O	-	O	-	-	O	O	O	O	O	4~6	O	O	-
	S2	O	O	O	O	O	-	O	-	-	O	O	O	O	O				
	D	O	-	O	O	O	-	O	-	-	-	O	O	O	O				

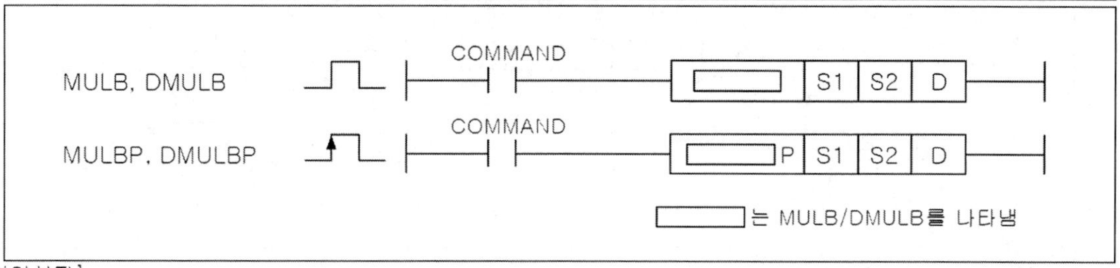

[영역설정]

오퍼랜드	설 명	데이터 타입
S1	S2 와 BCD 곱셈을 실행할 데이터	WORD/DWORD
S2	S1 과 BCD 곱셈을 실행할 데이터	WORD/DWORD
D	연산결과를 저장할 주소	DWORD/LWORD

[플래그 셋(Set)]

플래그	내 용	디바이스 번호
에러	S1 과 S2 의 값이 BCD 형식이 아닐 경우	F110
제로	연산결과가 제로이면 셋(Set)합니다.	F111

1) MULB (BCD Multiply)
   (1) BCD 데이터 S1 과 S2 를 곱한 결과를 (D+1, D)에 저장합니다.
   (2) 연산결과에 따라 에러(F110), 제로(F111) 플래그를 셋(Set)합니다.

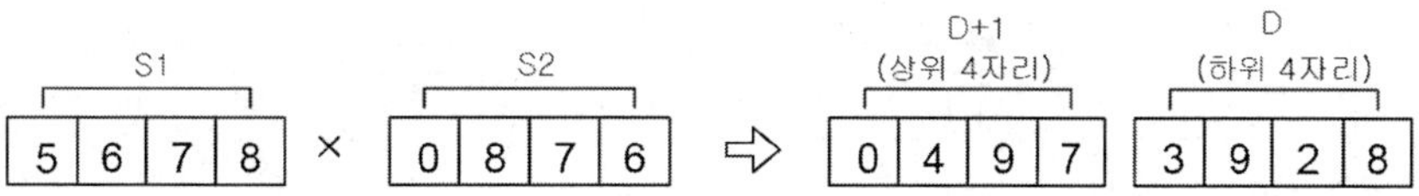

2) DMULB (BCD Double Multiply)
   (1) BCD 데이터 (S1+1, S1)과 (S2+1, S2)를 곱한 결과를 (D+3, D+2, D+1, D)에 저장합니다.
   (2) 연산결과에 따라 에러(F110), 제로(F111) 플래그를 셋(Set)합니다.

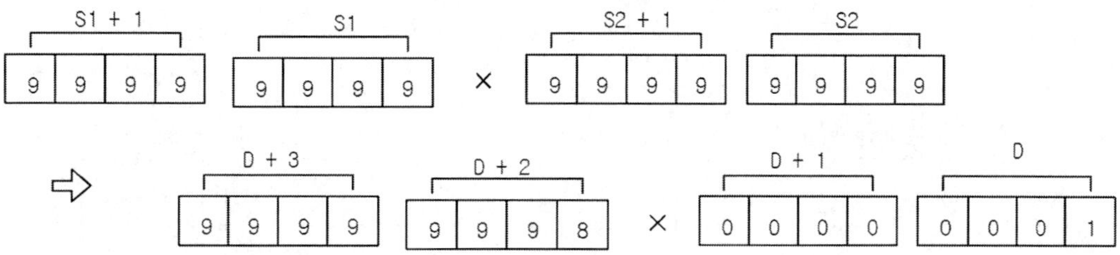

4.15.4 DIVB, DIVBP, DDIVB, DDIVBP

[적용 기종 : XGK, XGB]

명 령		사용 가능 영역														스텝	플래그		
		PMK	F	L	T	C	S	Z	D.x	R.x	상수	U	N	D	R		에러 (F110)	제로 (F111)	캐리 (F112)
DIVB(P) DDIVB(P)	S1	O	O	O	O	O	-	O	-	-	O	O	O	O	O	4~6	O	O	-
	S2	O	O	O	O	O	-	O	-	-	O	O	O	O	O				
	D	O	-	O	O	O	-	O	-	-		O	O	O	O				

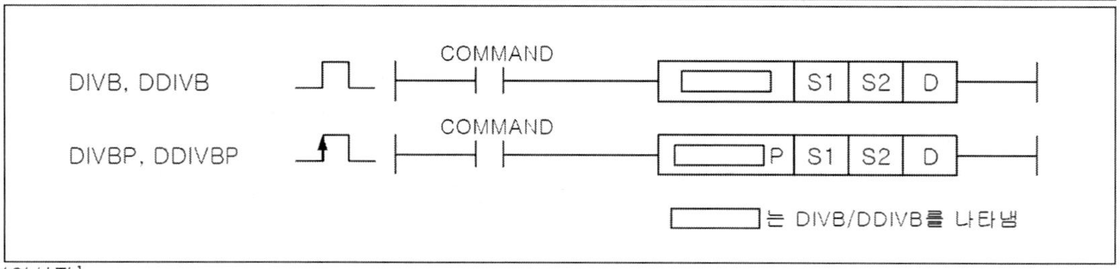

[영역설정]

오퍼랜드	설 명	데이터 타입
S1	S2 와 BCD 나눗셈을 실행할 데이터	WORD/DWORD
S2	S1 과 BCD 나눗셈을 실행할 데이터	WORD/DWORD
D	연산결과를 저장할 주소	WORD/DWORD

[플래그 셋(Set)]

플래그	내 용	디바이스 번호
에러	S1 과 S2 의 값이 BCD 형식이 아닐 경우, S2 의 값이 0 일 경우	F110
제로	연산결과가 제로이면 셋(Set)합니다.	F111

1) DIVB (BCD Divide)
   (1) BCD 데이터 S1 을 S2 로 나눈 몫을 D 에 저장합니다.
   (2) BCD 데이터 S1 을 S2 로 나눈 나머지를 D 다음 워드에 저장합니다.
   (3) 연산결과에 따라 에러(F110), 제로(F111) 플래그를 셋(Set)합니다.

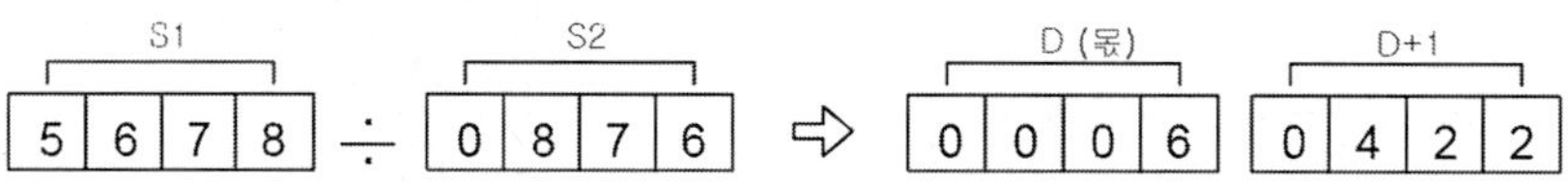

2) DDIVB (BCD Double Divide)
   (1) BCD 데이터 (S1+1, S1)을 (S2+1, S2)로 나눈 몫을 (D+1, D)에 저장합니다.
   (2) BCD 데이터 (S1+1, S1)을 (S2+1, S2)로 나눈 나머지를 (D+3, D+2)에 저장합니다.
   (3) 연산결과에 따라 에러(F110), 제로(F111) 플래그를 셋(SET)합니다.

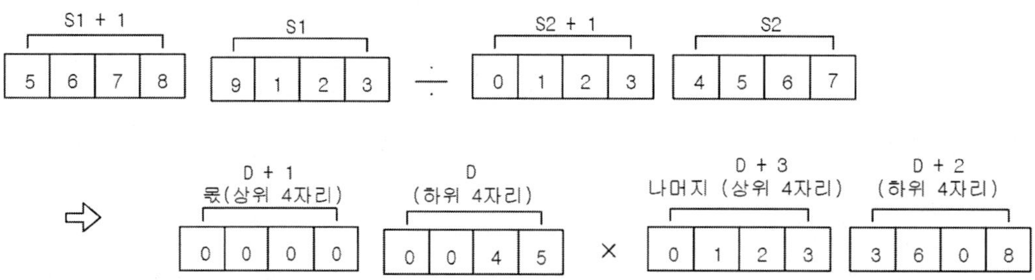

4.16 XGK PLC의 특수 릴레이(F)

XGK PLC의 특수 릴레이는 시스템 플래그 영역으로서 PLC에서 시스템 운영에 필요한 플래그를 관리하고, 데이터 메모리 영역 F0000부터 기종별로 최대치가 정해진다.

본 교재에서는 자주 사용하는 F0009 중심으로 소개하면 표 4.3과 같고, 다른 특수 릴레이는 LS Electric사의 XGK 명령어집(국문)을 참조하기 바란다.

표 4.3 XGK PLC의 F0009 디바이스 특수 릴레이 변수명 및 기능

디바이스 1	디바이스 2	타입	변수	기능	설명
F0009	F00090	BIT	_T20MS	20ms	20ms 주기의 CLOCK
	F00091	BIT	_T100MS	100ms	100ms 주기의 CLOCK
	F00092	BIT	_T200MS	200ms	200ms 주기의 CLOCK
	F00093	BIT	_T1S	1s	1s 주기의 CLOCK
	F00094	BIT	_T2S	2s	2s 주기의 CLOCK
	F00095	BIT	_T10S	10s	10s 주기의 CLOCK
	F00096	BIT	_T20S	20s	20s 주기의 CLOCK
	F00097	BIT	_T60S	60s	60s 주기의 CLOCK
	F00099	BIT	_ON	항시 On	항상 On상태인 비트
	F0009A	BIT	_OFF	항시 Off	항상 Off상태인 비트
	F0009B	BIT	_1ON	1스캔 On	첫 스캔만 On상태인 비트
	F0009C	BIT	_1OFF	1스캔 Off	첫 스캔만 Off상태인 비트

예를 들어 PLC LD에서 특수 릴레이를 사용하는 경우 1초 타이머는 '_T1S', 상시 on인 접점은 '_ON'의 변수명을 사용한다.

제 5 장

PLC 실습장비의 입출력 결선 및 XG5000 프로그램 운용

5.1 XGK PLC 실습용 장비의 입출력 결선도 및 주소 할당

산업현장에서 많이 사용되어지고 있는 센서계측 및 제어시스템의 범용 제어장치인 XGK PLC는 릴레이, 타이머, 카운터 등을 사용하는 종래의 릴레이 제어반의 단점을 보완하기 위하여 개발되었고, 그림 2.1과 같이 마이크로프로세서를 이용한 중앙처리장치, 롬과 램의 메모리, 디지털과 아날로그 입출력장치, 통신회로 등의 하드웨어로 이루어졌다. 그리고 XG 5000 통합개발환경을 이용하여 PLC 프로그램을 작성하고, 시퀀스 제어 기능에 산술, 논리 및 비교 연산 등의 기능을 수행한다.

본 교재에서 사용하는 XGK PLC 실습용 장비의 전체 구성은 표 5.1 및 그림 5.1과 같고, 사용자는 현장 입・출력 기기의 수에 따라서 입・출력 모듈 수를 결정하여 구성하면 된다.

XGK PLC 디지털 및 아날로그 입・출력 모듈 결선도는 그림 5.2와 같고, 소스 입력 결선 및 싱크 출력 결선을 시행한다. XGK PLC 실습용 장비의 입출력 주소 할당은 표 5.2와 같다.

표 5.1 XGK PLC 실습용 장비의 전체 구성 모듈 및 입·출력 결선

모듈 구분	규격	Slot 번호 및 I/O 주소	입·출력 기기	비고
전원모듈 PS(Power Supply)	XGP-ACF			
XGK PLC CPU 모듈	XGK-CPUS			RS232 Loader Port
디지털 입력 (DI)	XGI-D22A 디지털 16점 DC24V 입력모듈 (소스/싱크 타입)	Slot 0 P00~P0F	16개 PB 스위치 S0~S15 용량형, 유도형 근접센서, 확산형 광센서 병렬 연결	
디지털 입력 (DI)	XGI-D22A 디지털 16점 DC24V 입력모듈 (소스/싱크 타입)	Slot 1 P10~P1F	4 Bits BCD 숫자 입력기(Digital Switch)	
디지털 출력 (DO)	XGQ-RY2A 디지털 16점 릴레이 출력모듈	Slot 2 P20~P2F	16개 LED 램프 L0~L15	
디지털 출력 (DO)	XGQ-RY2A 디지털 16전 릴레이 출력모듈	Slot 3 P30~P3F	4 Bits BCD 숫자 출력기(FND)	
아날로그 입·출력 혼합 (AI & AO)	XGF-AH6A 아날로그 입력(4채널) 및 출력(2채널) 혼합 모듈	Slot 4 P40~P4F	0~10V 가변저항 VR1, VR2 0~10V 디지털 전압계 Indicator1, Indicator2	
TCP/IP 에더넷 모듈		Slot 5		Loader Port HMI, 터치판넬 등

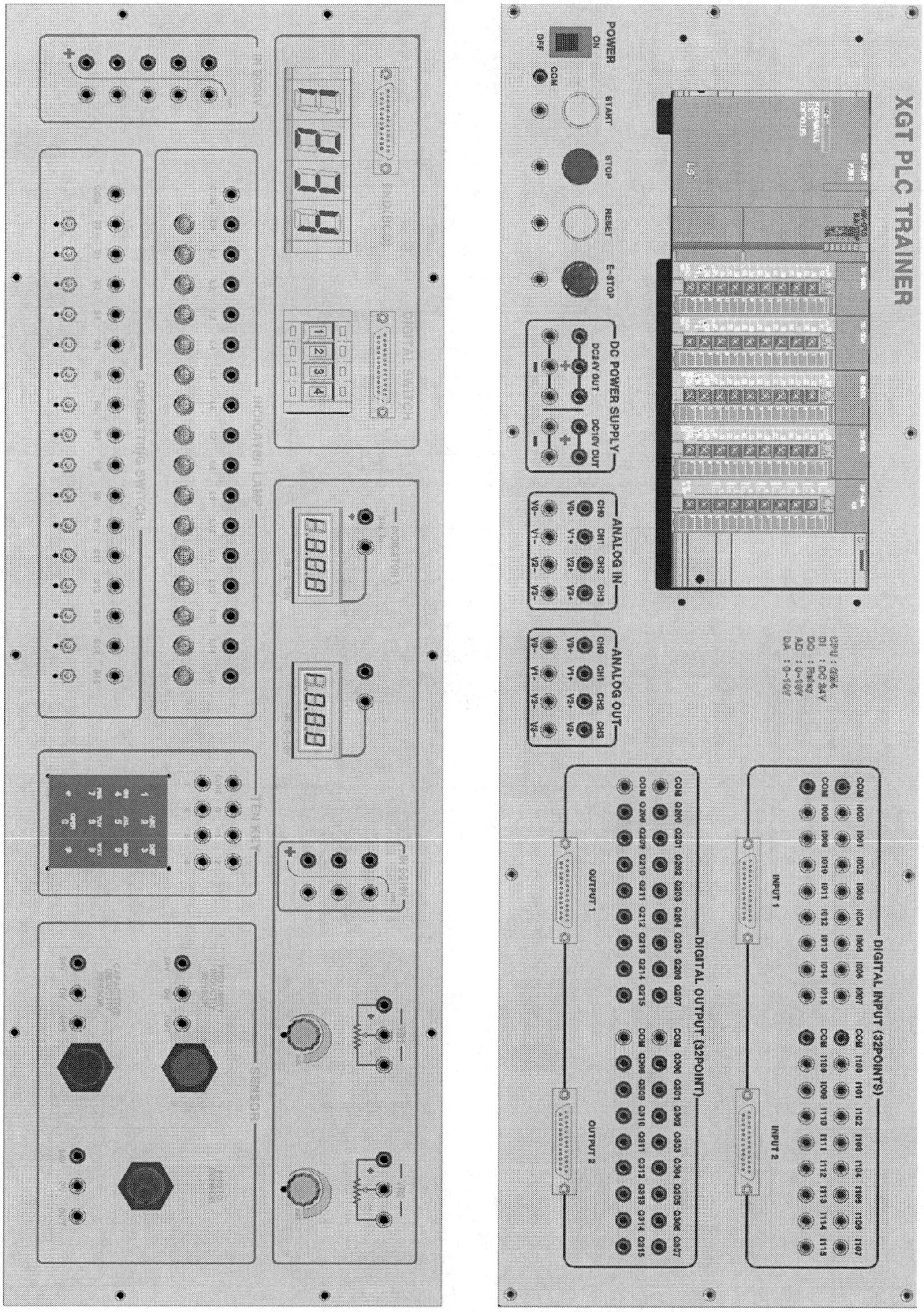

그림 5.1 XGK PLC 실습용 장비의 전체 구성도

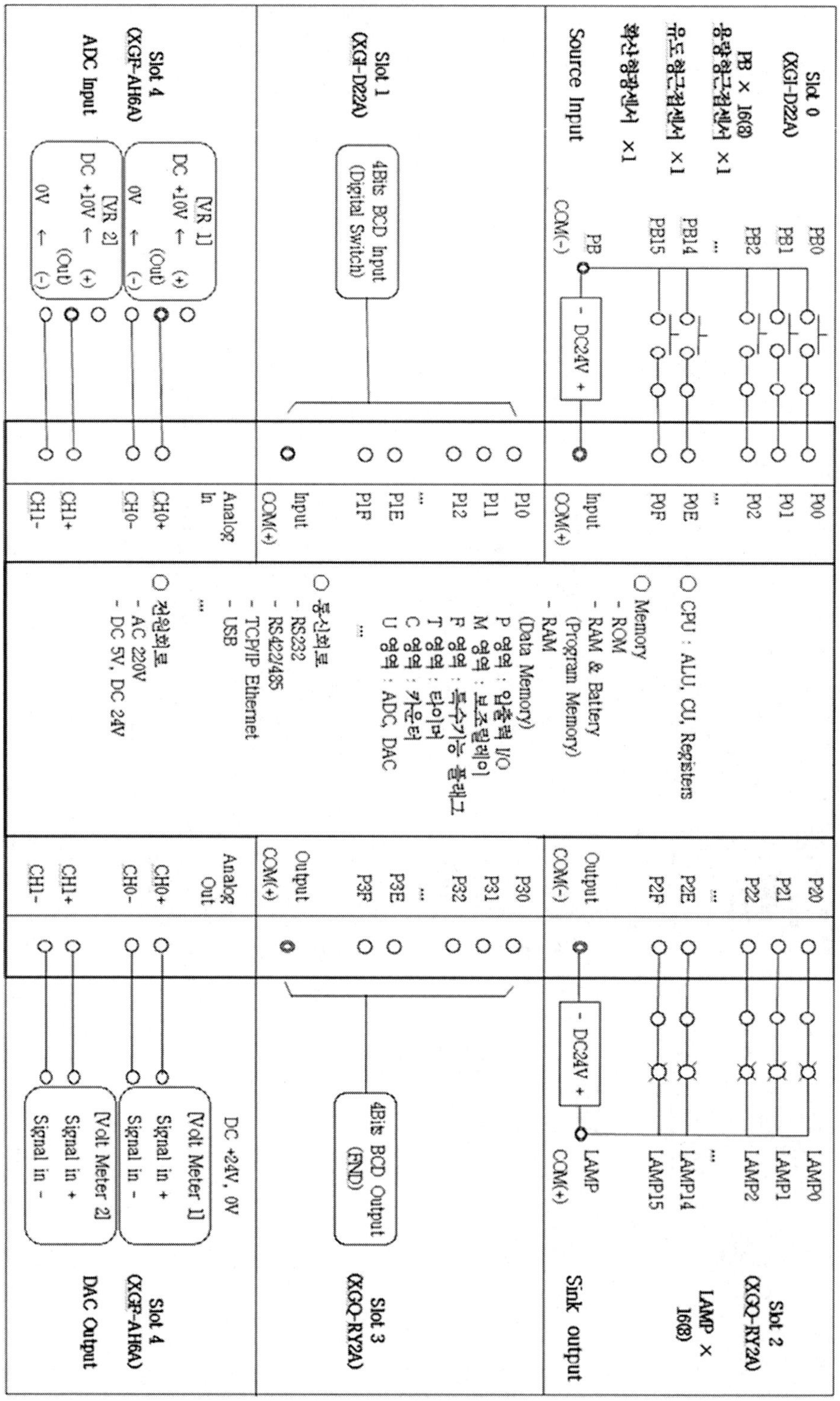

그림 5.2 XGK PLC 디지털 및 아날로그 입·출력 모듈 결선도

그림 5.2에 나타난 XGK PLC 실습용 장비의 입출력 결선은 황색선, 청색선, 적색선, 흑색선의 바나나 잭 및 케이블, 25핀 데이터 병렬 케이블을 이용한다. 결선 및 실습은 다음과 같은 절차를 따라서 시행하며, 전기 및 기계 안전을 준수하며 하여야 한다. 만일, XGK PLC 실습용 장비의 구성이 그림 5.1 및 그림 5.2와 다를 경우는 본 교재에서 설명하는 개념을 참고하여 실습장비의 결선을 시행한다.

(스텝 1) 전원 차단

(스텝 2) 도면을 따라서 모듈별 입출력 결선 및 확인 철저

(스텝 3) 프로그램 실습

(스텝 4) 보고서 작성

(스텝 5) 전원차단

(스텝 6) 정리정돈

(1) XGK PLC 실습용 장비의 Slot 0인 디지털 입력모듈(DI)과 PB 스위치 소스 입력 결선

① 황색선 바나나 케이블을 이용하여 16(8)개 PB 스위치 PB0~PB15(PB7)와 PLC 입력단자 P00~P0F(P07) 연결

② 흑색선 바나나 케이블을 이용하여 DC 0V와 SW COM(-) 연결

③ 적색선 바나나 케이블을 이용하여 DC +24V와 PLC Input COM(+) 연결

④ 용량형 근접센서, 유도형 근접센서, 확산형 광센서의 연결

- 흑색선 바나나 케이블을 이용하여 용량형 근접센서, 유도형 근접센서, 확산형 광센서의 0V 단자와 DC 0V 연결
- 적색선 바나나 케이블을 이용하여 용량형 근접센서, 유도형 근접센서, 확산형 광센서의 24V 단자와 DC +24V 연결
- 황색선 바나나 케이블을 이용하여 용량형 근접센서, 유도형 근접센서, 확산형 광센서의 OUT 단자와 P00~P02 또는 P0D~P0F 병렬 연결

(2) XGK PLC 실습용 장비의 Slot 2인 디지털 출력모듈(DO)과 LED 램프 싱크 출력 결선

① 청색선 바나나 케이블을 이용하여 16(8)개 LED 램프 LAMP0~LAMP15(LAMP7)와 PLC 출력단자 P20~P2F(P27) 연결

② 흑색선 바나나 케이블을 이용하여 DC 0V와 PLC Output COM(-) 연결

③ 적색선 바나나 케이블을 이용하여 DC +24V와 LAMP COM(+) 연결

(3) XGK PLC 실습용 장비의 Slot 1인 디지털 입력모듈(DI)과 4 Bits BCD 숫자 입력기(Digital Switch) 연결

① 16 비트 25핀 데이터 케이블을 이용하여 4 Bits BCD 숫자 입력기(Digital Switch) 콘넥터와 PLC 입력단자 P10~P1F의 콘넥터와 연결

(4) XGK PLC 실습용 장비의 Slot 3인 디지털 출력모듈(DO)과 4 Bits BCD 숫자 출력기(FND) 연결

① 16 비트 25핀 데이터 케이블을 이용하여 4 Bits BCD 숫자 출력기(FND) 콘넥터와 PLC 출력단자 P30~P3F의 콘넥터와 연결

(5) XGK PLC 실습용 장비의 Slot 4인 아날로그 입력모듈(AI)과 0~10V 가변저항 VR1, VR2 연결

① 흑색선 바나나 케이블을 이용하여 DC 0V와 VR1 (-), VR2 (-) 단자와 연결
② 적색선 바나나 케이블을 이용하여 DC +10V와 VR1 (+), VR2 (+) 단자와 연결
③ 황색선 바나나 케이블을 이용하여 PLC ANALOG IN CH0의 V0+ 단자와 VR1 전압 출력단자, CH1의 V1+ 단자와 VR2 전압 출력단자의 연결
④ 흑색선 바나나 케이블을 이용하여 PLC 아날로그 IN CH0의 V0- 단자와 VR1 (-) 단자, CH1의 V1- 단자와 VR2 (-) 단자의 연결
⑤ 아날로그 전압계나 디지털 멀티미터를 이용하여 가변저항 VR1, VR2의 출력 전압을 측정

(6) XGK PLC 실습용 장비의 아날로그 출력모듈(AO)과 디지털 전압계 Indicator1, Indicator2 연결

① 흑색선 바나나 케이블을 이용하여 PLC 아날로그 OUT CH0의 V0- 단자와 디지털 전압계 Indicator1의 Signal In (-) 단자, CH1의 V1- 단자와 디지털 전압계 Indicator2의 Signal In (-) 단자의 연결
② 적색선 바나나 케이블을 이용하여 PLC 아날로그 OUT CH0의 V0+ 단자와 디지털 전압계 Indicator1의 Signal In (+) 단자, CH1의 V1+ 단자와 디지털 전압계 Indicator2의 Signal In (+) 단자의 연결
③ 디지털 전압계 Indicator1, Indicator2 구동용 DC +24V, 0V 연결

표 5.2 XGK PLC 실습용 장비의 입출력 주소 할당

구분	변수명	I/O 주소	비고
입력	PB0	P00000	Push Button Switch Slot 0, 1 Bit Address
	PB1	P00001	
	PB2	P00002	
	PB3	P00003	
	PB4	P00004	
	PB5	P00005	
	PB6	P00006	
	PB7	P00007	
	…	…	
	BCD_INPUT	P0001 (P00010~P0001F)	4 Bits BCD 숫자 입력기(Digital Switch) Slot 1, 16 Bits Word Address
	Analog In		Slot 4
제어	X0~	M00000~	보조릴레이, 비트 데이터 메모리
	Timer0~	T00~	타이머
	Counter0~	C00~	카운터
출력	LAMP0	P00020	
	LAMP1	P00021	LED LAMP Slot 2, 1 Bit Address
	LAMP2	P00022	
	LAMP3	P00023	
	LAMP4	P00024	
	LAMP5	P00025	
	PAMP6	P00026	
	LAMP7	P00027	
	…	…	
	BCD_OUTPUT	P0003 (P00030~P0003F)	4 Bits BCD 숫자 출력기(FND) Slot 3, 16 Bits Word Address
	Anlog Out		Slot 4

프로그램 안에서 사용되는 데이터는 값을 가지고 있는데, 프로그램이 실행되는 동안에 값이 바뀌지 않는 상수와 그 값이 변하는 변수가 있다. 프로그램 블록, 응용 명령 등의 프로그램 구성 요소에서 변수를 사용하기 위해서는 우선 변수의 표현 방식을 결정해야 한다. 변수 표현 방식은 직접변수와 네임드 변수의 두 가지로 구분된다.

직접변수 표현 방식은 사용자가 이름을 부여하지 않고 이미 제작사에 의해 지정된 메모리 영역의 식별자를 사용하는 방식으로서, P의 입출력 변수와 M의 내부 메모리 변수가 있다.

네임드 변수 표현 방식은 사용자가 이름을 부여하고 사용하는 방식으로서, 한글과 영문의 이름을 사용할 수 있다.

5.2 XGK PLC용 통합개발환경 XG5000 설치 및 프로그램의 작성

5.2.1 XG5000 설치와 규격서 다운로드

XGK 및 XBC PLC 제작사에서 제공하는 XG5000 통합개발환경을 이용하여 PLC 제어 프로그램을 작성하여 PLC에 다운로딩 할 수 있으며, 시뮬레이션 기능을 이용하여 하드웨어 장치 없이 프로그램을 실행할 수 있다.

(1) XG5000 다운로드 및 설치

LS Electric사 홈페이지 주소(2023년 3월 기준) : https://www.ls-electric.com/ko

고객서비스/다운로드자료실(자동화)/소프트웨어/XG5000소프트웨어/XG5000_V4.72_20230227_Kr.exe

(2) XG5000 사용법, XGK 및 XBC PLC의 규격과 상세 명령어집 및 아날로그 입출력 혼합 모듈 등의 규격서 다운로드

고객서비스/다운로드자료실(자동화)/다운로드/사용설명서

① XGK/XGB용 XG5000 사용설명서

② XGK CPU 사용설명서

③ XBC 표준형/경제형 기본유닛 사용설명서

④ XGK/XGB 명령어집 사용설명서

⑤ XGT 아날로그 입출력 혼합 모듈 사용설명서

⑥ 기타 필요한 사용설명서 등

5.2.2 XG5000의 LD 도구상자 사용

PLC LD 프로그램을 작성하기 위한 XG5000의 LD 도구 상자에서 자주 사용되는 기능을 설명하면 다음과 같다.

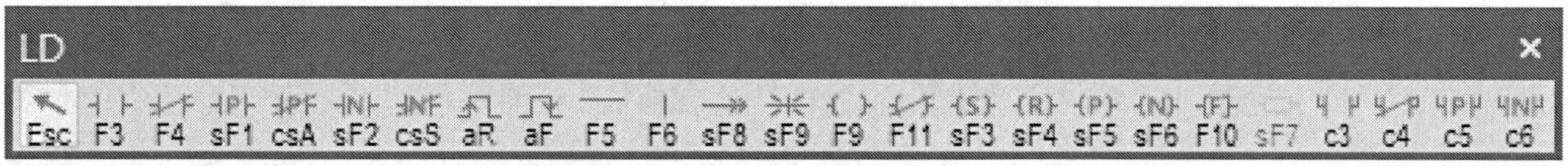

① 화살표 , Esc

선택 모드로 변경하는 기능이다.

② 평상시 열린 접점(Normally Open Contact) , 단축키 F3

푸시버튼이나 토글스위치, 리미트 스위치, 근접센서나 광센서, 릴레이 코일 등의 열린 접점으로서 시퀀스 제어의 "a" 접점이다.

③ 평상시 닫힌 접점(Normally Closed Contact) , 단축키 F4

푸시버튼이나 토글스위치, 리미트 스위치, 근접센서나 광센서, 릴레이 코일 등의 닫힌 접점으로서 시퀀스 제어의 "b" 접점이다.

④ 양 변환 검출접점(Positive Transition Sensing Contact) , 단축키 Shift + F1

푸시버튼이나 토글스위치, 리미트 스위치, 근접센서나 광센서, 릴레이 코일 등의 접점이 동작되는 순간 즉, "0" 에서 "1" 로 변환하는 순간을 검출하여 오른쪽 연결선이 해당 스캔에서 1스캔 동안 연결된다.

⑤ 음 변환 검출접점(Negative Transition Sensing Contact) , 단축키 Shift + F2

푸시버튼이나 토글스위치, 리미트 스위치, 근접센서나 광센서, 릴레이 코일 등의 접점이 동작된 후 해제되는 순간 즉, "1" 에서 "0" 으로 변환하는 순간을 검출하여 오른쪽 연결선이 해당 스캔에서 1스캔 동안 연결된다.

⑥ 가로선과 세로선 , 단축키 F5, F6

가로선과 세로선은 접점과 접점, 접점과 코일 또는 분기 회로시 가로 및 세로로 회로를 연결하는 연결선이다.

⑦ 반전 입력, 단축키 Shift + F9

입력 접점의 상태를 연산하여 그 결과를 반전 하고자 할 경우 사용되는 연산자이다.

⑧ 코일과 역 코일 F9 F11, 단축키 F9, F11

코일은 출력을 나타내며 왼쪽의 입력이 on 상태이면 여자 되고, off 상태이면 소자 된다. 역 코일 또한 출력을 나타내며 왼쪽의 입력이 on 상태이면 소자 되고, off 상태이면 여자 된다.

⑨ 셋 코일과 리셋 코일(sF3 sF4), 단축키 Shift + F3, Shift + F4

셋 코일은 왼편의 연결선 상태가 on이 되었을 때 관련된 부울 변수는 on이 되고, 리셋 코일에 의해 리셋되기 전까지는 셋 되어 있는 상태로 유지가 된다. 리셋 코일은 셋 코일에 의하여 on되어 있는 코일상태를 리셋 시키고자 할 때 사용한다.

⑩ 펑션/펑션 블록(Function/Function Block) F10 ,단축키 F10

기본 펑션에는 전송 펑션, 형 변환 펑션, 비교 펑션, 산술연산 펑션, 논리연산 펑션, 비트 시프트 펑션 등이 있다.

5.2.3 XG5000 LD 프로그램의 작성 및 실행

XGK 및 XBC PLC의 입출력 결선을 하고 제작사에서 제공하는 XG5000 통합개발환경을 이용하여 PLC 제어 프로그램의 작성 및 PLC에 다운로딩을 하는 절차는 다음과 같다.

(1) 동작 기능

PB0를 on/off하면 LAMP0가 on/off 동작을 하고, PB1을 on/off하면 LAMP1이 on/off 동작을 한다. 시퀀스 도면은 그림 5.3과 같다.

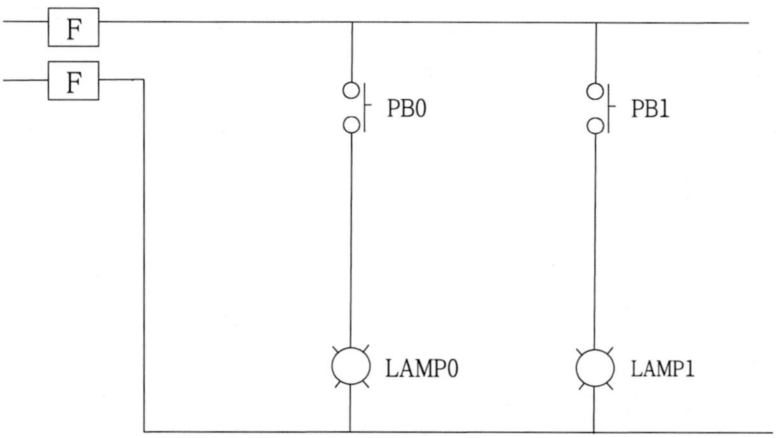

그림 5.3 XG5000 LD 프로그램 작성의 시퀀스 도면(예)

(2) PLC 입출력 주소 할당

그림 5.2 XGK PLC 디지털 및 아날로그 입·출력 모듈 결선도에 나타난 바와 같이 Slot 0인 디지털 입력모듈(DI)과 PB0, PB1 스위치를 소스 입력 결선을 하고, Slot 2인 디지털 출력모듈(DO)과 LAMP0, LAMP1을 싱크 출력으로 결선을 하며, 그림 5.4와 같다.

표 5.2에 나타난 XGK PLC 실습용 장비의 입출력 주소를 참조하여 PB0, PB1과 LAMP0, LAMP1의 주소를 할당하고, 표 5.3과 같다.

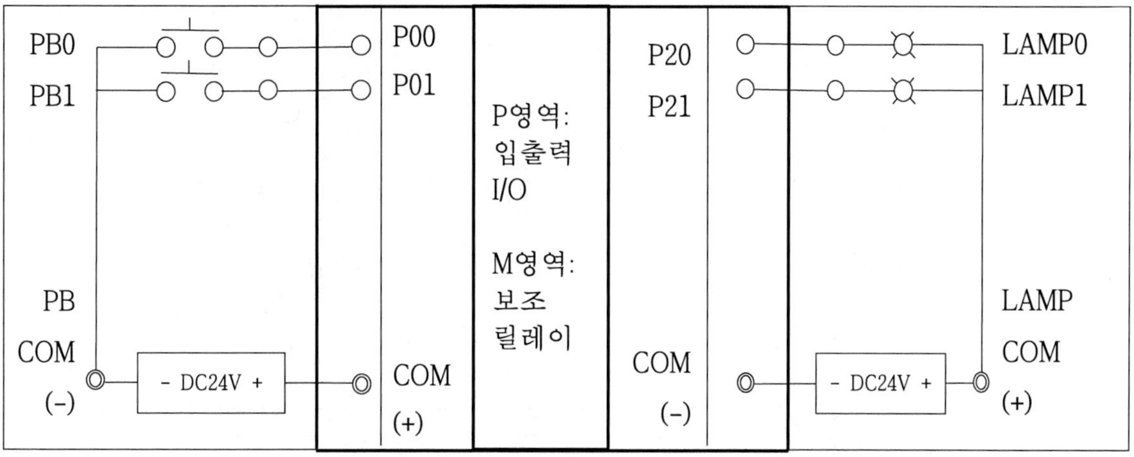

그림 5.4 XG5000 LD 프로그램 작성의 입출력 결선도(예)

표 5.3 XG5000 LD 프로그램 작성의 입출력 주소(예)

구분	변수명	I/O 주소	비고
입력	PB0	P00000	Push Button Switch Slot 0, 1 Bit Address
	PB1	P00001	
제어			
출력	LAMP0	P00020	LED LAMP Slot 2, 1 Bit Address
	LAMP1	P00021	

(3) PLC LD 프로그램의 작성

XG5000 프로그램을 실행하여 사용하고 있는 CPU의 모델 및 입출력 모듈의 환경설정을 한다. 그리고 "5.2.2 XG5000의 LD 도구상자 사용" 편에서 설명한 내용을 참조하여 제어용 프로그램을 작성한다.

① XG5000 프로그램의 실행

② 프로젝트/새프로젝트

프로젝트 이름 : Test_11

파일 위치 : XGK_Works_11 폴더 생성 및 선택

③ CPU 시리즈 및 CPU 종류의 선택

LS Electrics사 XGK PLC 및 XBC PLC의 CPU 종류는 표 5.4와 같다. 본 교재의 실습 장비에서는 일반 범용 PLC인 XGK CPU 시리즈 및 XGK-CPUS로 설정한다.

표 5.4 LS Electrics사 XGK PLC 및 XBC PLC의 CPU 종류

<table>
<tr><th>CPU 시리즈</th><th colspan="2">CPU 종류</th><th>비고</th></tr>
<tr><td rowspan="3">XGK</td><td>고속 대용량 제어용</td><td>XGK-CPUUN
XGK-CPUHN
XGK-CPUSN</td><td rowspan="3">(XGT PLC)
XGK : Master-K 시리즈의 업그레이드 제품
XGI : Glofa 시리즈의 업그레이드 제품
XGR : 이중화 CPU 제품</td></tr>
<tr><td>중간급 제어용</td><td>XGK-CPUU
XGK-CPUH
XGK-CPUA</td></tr>
<tr><td>일반 범용</td><td>XGK-CPUS
XGK-CPUE</td></tr>
<tr><td>XGB</td><td colspan="2">XGB-XBCS for XBC-DR20SU,
DR30SU, DR40SU, DR60SU 등
XGB-XBCE for XBC-DR10E,
XBC-DR20E, XBC-DR30E 등</td><td>(XGB PLC)
XBC : Master-K 소형의 업그레이드 제품
XEC : Glofa 소형의 업그레이드 제품</td></tr>
</table>

④ 프로그램 형식 및 이름을 입력

프로그램 형식 : XGK 프로그래밍

프로그램 이름 : New Program

프로젝트 설명문 : XGK PLC LD 프로그램의 작성 실습

⑤ 확인 버튼 클릭

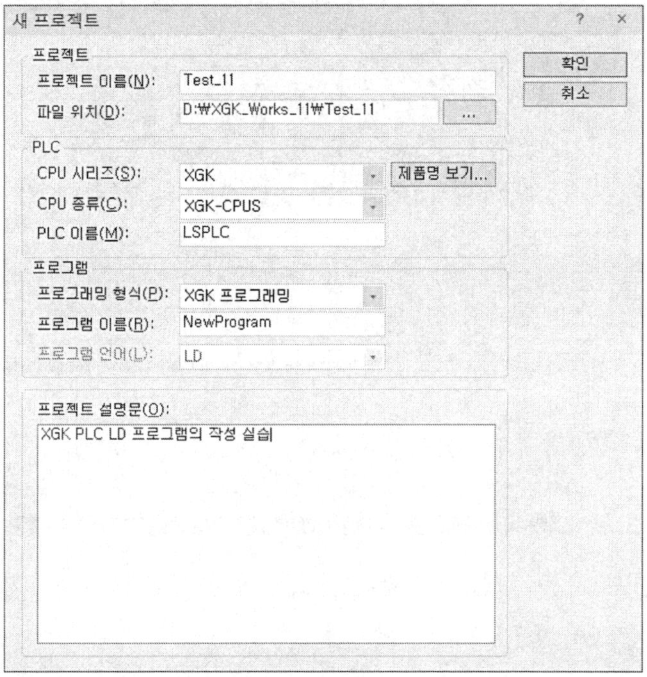

⑥ XGK PLC의 슬롯별 입출력 모듈 선택

본 교재의 실습 장비 구성은 그림 5.2 XGK PLC 디지털 및 아날로그 입·출력 모듈 결선도와 표 5.1 XGK PLC 실습용 장비의 전체 구성 모듈 및 입·출력 결선과 같고, 이 도면을 참조하여 다음과 같이 슬롯별 입출력 모듈을 선택한다. 만일, 실습 장비의 구성이 본 교재와 다를 경우 슬롯에 설치된 입출력 모듈의 타입을 선택한다.

프로젝트창/LSPLC/파라미터/I/O 파라미터 항목을 더블 클릭

Slot 00/모듈/디지털 모듈 리스트/입력모듈/XGI-D22A P00000~P0000F
Slot 01/모듈/디지털 모듈 리스트/입력모듈/XGI-D22A P00010~P0001F
Slot 02/모듈/디지털 모듈 리스트/출력모듈/XGQ-RY2A P00020~P0002F
Slot 03/모듈/디지털 모듈 리스트/출력모듈/XGQ-RY2A P00030~P0003F
Slot 04/모듈/특수 모듈 리스트/아날로그 입출력모듈/XGF-AH6A
(AD 4CH, DA 2CH) P00040~P0004F

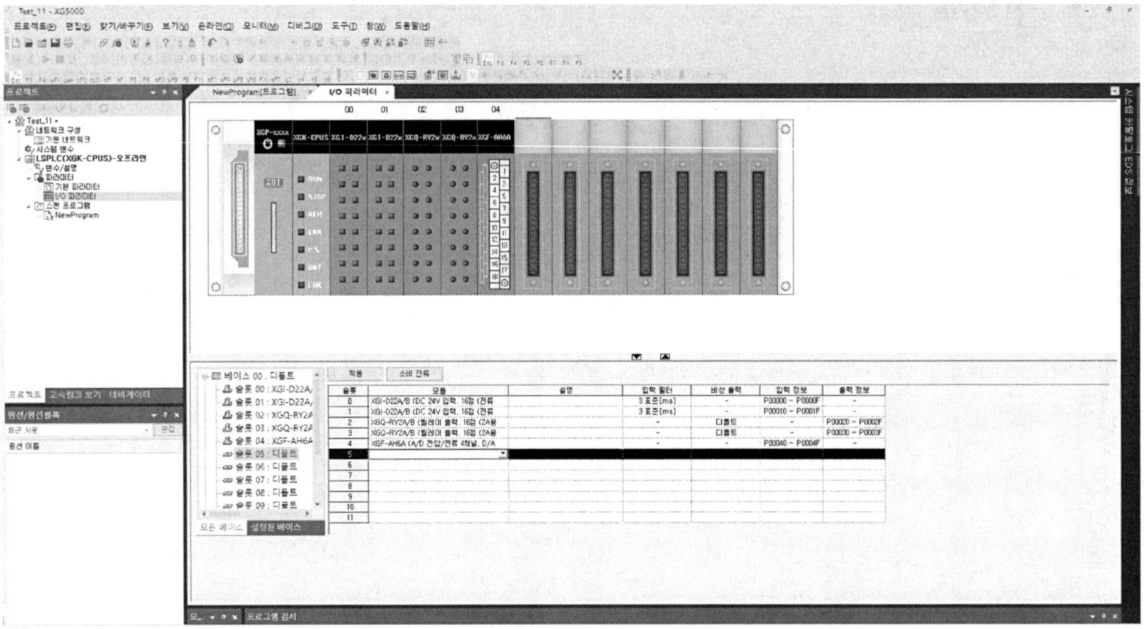

※ AD 및 DA 변수 자동 등록 : 아날로그 입출력 모듈을 선택한 후 적용 버튼 클릭 또는 메뉴/편집/모듈 변수 자동 등록

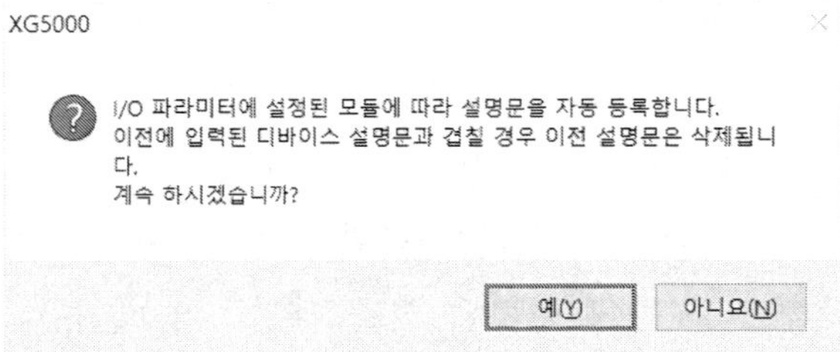

⑦ LD 프로그램의 작성

메뉴/보기/디바이스 변수보기

(스텝 1) 프로젝트창/LSPLC/스캔 프로그램/New Program 항목을 더블 클릭

(스텝 2) LD 도구상자의 평상시 열린 접점 클릭 또는 F3

변수 및 디바이스 : PB0, 디바이스 주소 : P00

(스텝 3) LD 도구상자의 코일 클릭 또는 F9

변수 및 디바이스 : LAMP0, 디바이스 주소 : P20

(스텝 4) LD 도구상자의 평상시 열린 접점 클릭 또는 F3

변수 및 디바이스 : PB1, 디바이스 주소 : P01

(스텝 5) LD 도구상자의 코일 클릭 또는 F9

변수 및 디바이스 : LAMP1, 디바이스 주소 : P21

(스텝 6) LD 도구상자의 펑션/펑션블럭 클릭 또는 F10

응용명령 : END

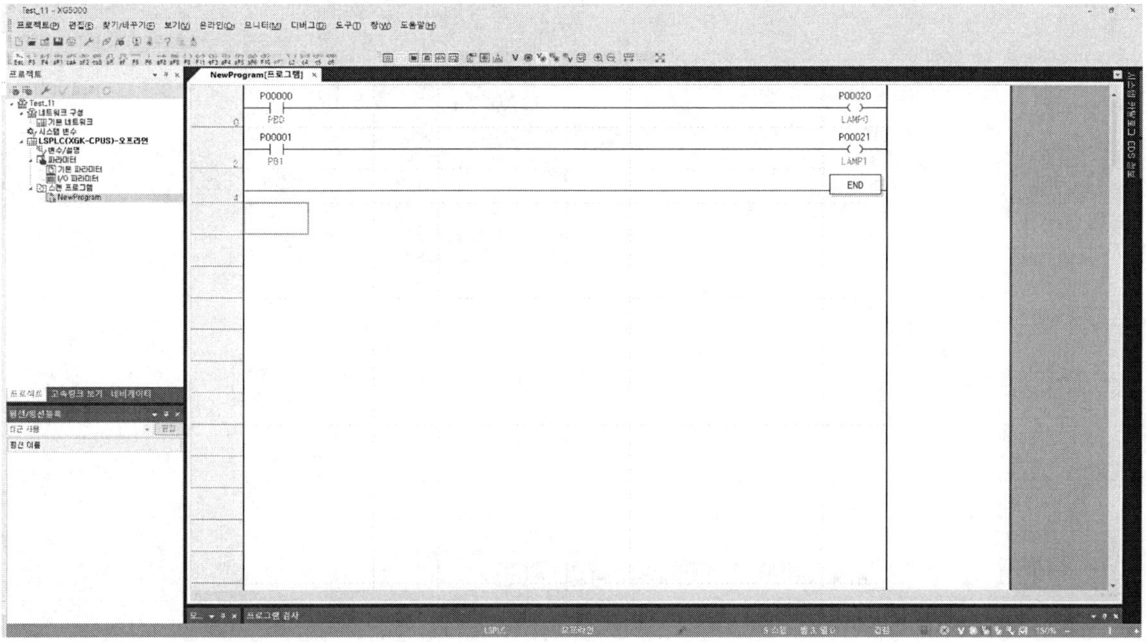

(4) LD 프로그램 다운로드 및 실행

XG5000을 이용하여 작성한 LD 프로그램을 PLC에 다운로드하고 실행을 한다. 컴퓨터와 PLC간의 다운로딩용 통신은 일반적으로 RS232 로더 포트, USB 로더 포트, 로컬 및 리모트 Ethernet 포트를 이용할 수 있다. Ethernet 통신을 위해서는 컴퓨터와 PLC에는 동일한 네트워크 그룹 서브넷 마스크의 IP가 부여 되어야 한다.

본 교재의 실습에서는 RS232 통신을 이용하는 것으로 설명을 한다.

① 메뉴/온라인/접속 설정

설정방법 선택/직접설정

접속 옵션 설정/RS-232C, 로컬

설정/포트 자동탐색, COM 포트 선택(제어판 장치관리자/통신포트), 115200(XGT)

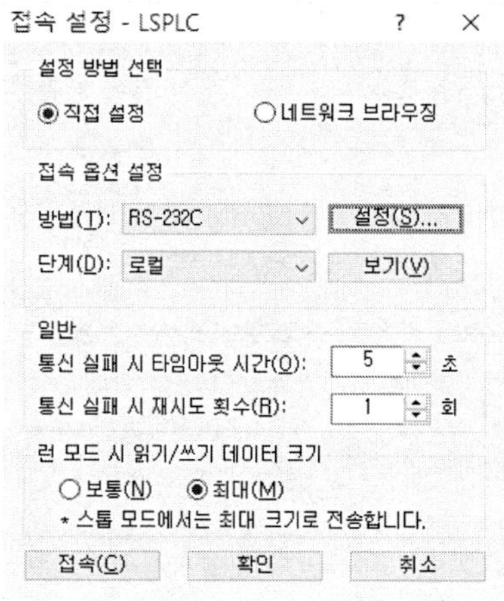

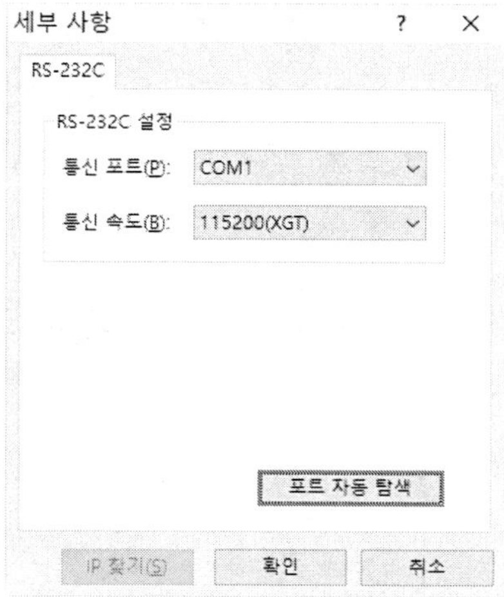

② 메뉴/온라인/접속

온라인/쓰기

온라인/모드전환/런(Run)

③ 메뉴/모니터/모니터 시작

④ LD 실행

PB0, PB1 동작 및 LAMP0, LAMP1의 점멸 확인

⑤ 메뉴/모니터/모니터 끝

그리고 PLC 및 입출력 하드웨어 장치없이 PLC 제어 프로그램을 시뮬레이션을 할 수 있고, 다음과 같은 절차로 실행을 한다.

① 메뉴/도구/시뮬레이터 시작/쓰기/확인

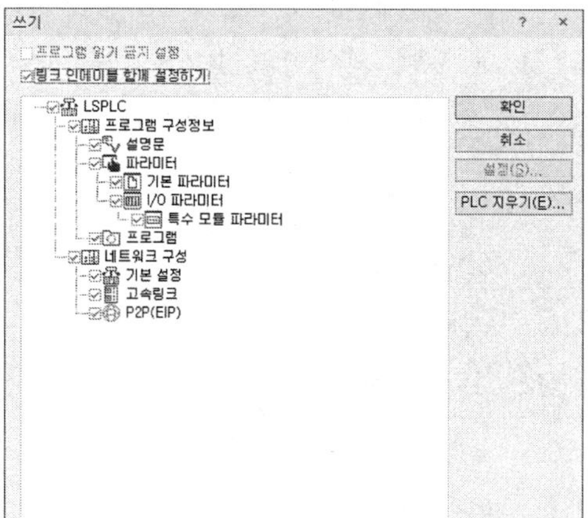

② 메뉴/모니터/시스템 모니터

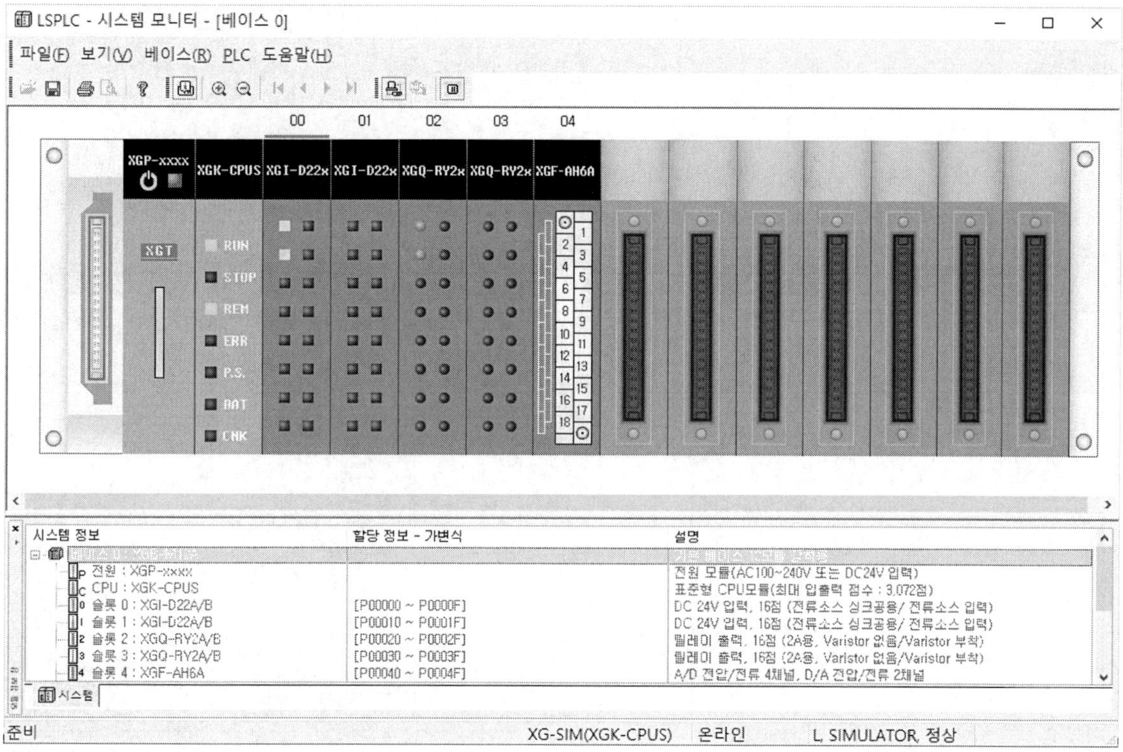

마우스로 슬롯0의 PB0, PB1 on/off 클릭 -> LAMP0, LAMP1 on/off 확인

③ 메뉴/도구/시뮬레이터 끝

(5) 동작 결과 분석 및 실습보고서 작성(예시)

PLC 실습 보고서

제출일자 : 년 월 일

실습과제명 : PB 및 LAMP의 기본동작 실습

학번 : 성명 :

① 동작기능

PB0를 on/off하면 LAMP0가 on/off 동작을 하고, PB1을 on/off하면 LAMP1이 on/off 동작을 한다.

② PLC 입출력 결선도

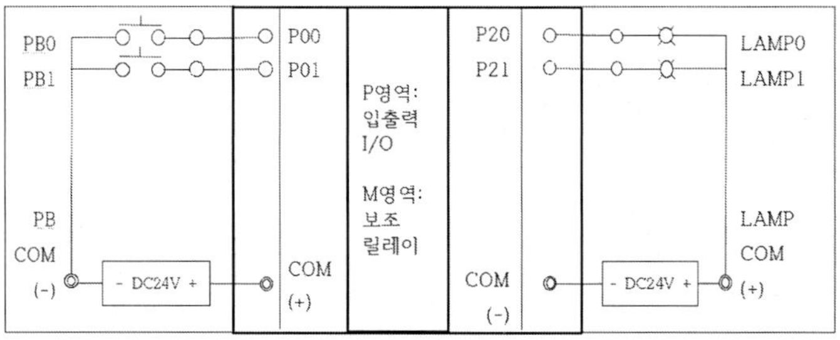

③ PLC 입출력 주소 할당

구분	변수명	I/O 주소	비고
입력	PB0	P00000	Push Button Switch Slot 0, 1 Bit Address
	PB1	P00001	
제어			
출력	LAMP0	P00020	LED LAMP Slot 2, 1 Bit Address
	LAMP1	P00021	

④ PLC LD 작성

⑤ 동작 결과 분석

제 6 장

XGK PLC 디지털 입출력제어 실습

6.1 PLC 입력 접점 및 출력 코일의 기본회로 실습

(1) 동작기능

PB0을 on/off하면 LAMP0이 on/off 동작을 하고, PB1을 on/off하면 LAMP1이 on/off 동작을 한다. 단, 보조릴레이 X0, X1을 사용하여 LAMP를 구동한다.

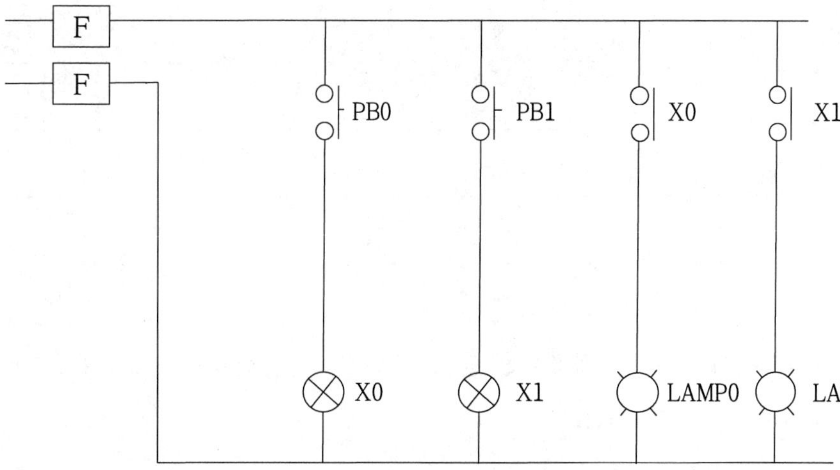

(2) PLC 입출력 주소 할당

구분	변수명	I/O 주소	비고
입력	PB0	P00000	Push Button Switch Slot 0, 1 Bit Address
	PB1	P00001	
제어	X0	M00000	보조릴레이
	X1	M00001	
출력	LAMP0	P00020	LED LAMP Slot 2, 1 Bit Address
	LAMP1	P00021	

(3) PLC LD 작성

(평가문제 1) 다음의 PLC 입력 접점 및 출력 코일의 기본회로를 프로그래밍하고 동작 결과 분석과 실습보고서를 작성하시오.

PB0 on/off → LAMP0 on/off 동작

PB1 on/off → LAMP1 on/off 동작

PB2 on/off → LAMP2 on/off 동작

PB3 on/off → LAMP3 on/off 동작

단, 보조릴레이 X0, X1, X2, X3를 사용하여 LAMP를 구동한다.

※ 5.2.3 XG5000 LD 프로그램의 작성 및 실행편의 (5) 동작 결과 분석 및 실습보고서 작성(예시)를 참조

(평가문제 2) 다음의 PLC 입력 접점 및 출력 코일의 기본회로를 프로그래밍하고 동작 결과 분석과 실습보고서를 작성하시오.

PB0 on/off → LAMP0, LAMP4 on/off 동작
PB1 on/off → LAMP1, LAMP5 on/off 동작
PB2 on/off → LAMP2, LAMP6 on/off 동작
PB3 on/off → LAMP3, LAMP7 on/off 동작

단, 보조릴레이 X0, X1, X2, X3를 사용하여 LAMP를 구동한다.

6.2 PLC 입력 접점의 자기유지회로 실습

(1) 동작기능

PB0을 on/off하면 보조릴레이 X0이 여자 및 자기유지가 되고, LAMP0이 on 동작을 한다. PB1을 on/off하면 자기유지 회로가 해제되고 LAMP0이 off 동작을 한다.

PB2를 on/off하면 보조릴레이 X1이 여자 및 자기유지가 되고, LAMP1이 on 동작을 한다. PB3을 on/off하면 자기유지 회로가 해제되고 LAMP1이 off 동작을 한다.

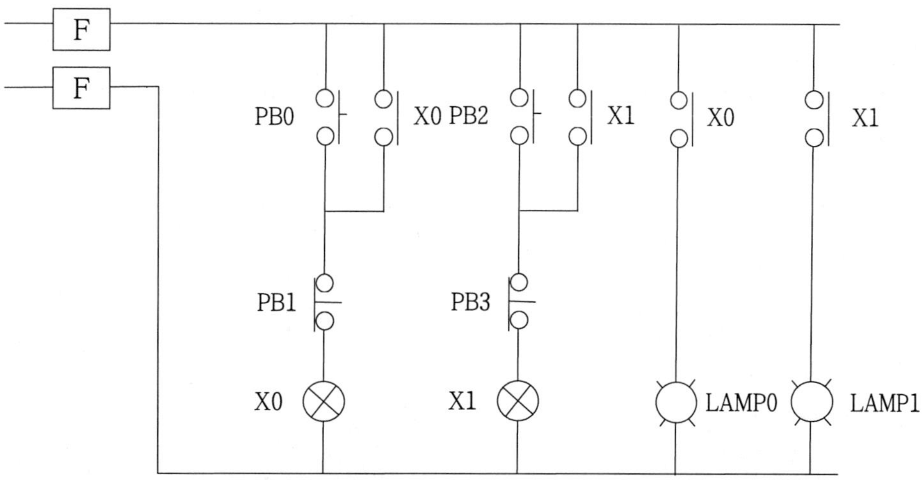

※ 자기유지회로는 셋 코일과 리셋 코일을 이용하여 구현할 수 있으며, “6.4.2 PLC 출력 코일의 동작실습” 편에 설명이 되어 있다.

(2) PLC 입출력 주소 할당

구분	변수명	I/O 주소	비고
입력	PB0	P00000	기동 스위치
	PB1	P00001	정지 스위치
	PB2	P00002	기동 스위치
	PB3	P00003	정지 스위치
제어	X0	M00000	보조릴레이
	X1	M00001	
출력	LAMP0	P00020	
	LAMP1	P00021	

(3) PLC LD 작성

(평가문제 1) 다음의 PLC 입력 접점의 자기유지회로를 프로그래밍하고 동작 결과 분석과 실습보고서를 작성하시오.

PB0 on/off → LAMP0 on 동작 및 자기유지
PB1 on/off → LAMP0 off 동작
PB2 on/off → LAMP1 on 동작 및 자기유지
PB3 on/off → LAMP1 off 동작
PB4 on/off → LAMP2 on 동작 및 자기유지
PB5 on/off → LAMP2 off 동작
PB6 on/off → LAMP3 on 동작 및 자기유지
PB7 on/off → LAMP3 off 동작

단, 보조릴레이 X0, X1, X2, X3를 사용하여 LAMP를 구동한다.

(평가문제 2) 다음의 PLC 입력 접점의 자기유지회로를 프로그래밍하고 동작 결과 분석과 실습보고서를 작성하시오.

PB0 on/off → LAMP0, LAMP4 동작 및 자기유지
PB1 on/off → LAMP0, LAMP4 off 동작
PB2 on/off → LAMP1, LAMP5 on 동작 및 자기유지
PB3 on/off → LAMP1, LAMP5 off 동작
PB4 on/off → LAMP2, LAMP6 on 동작 및 자기유지
PB5 on/off → LAMP2, LAMP6 off 동작
PB6 on/off → LAMP3, LAMP7 on 동작 및 자기유지
PB7 on/off → LAMP3, LAMP7 off 동작

단, 보조릴레이 X0, X1, X2, X3를 사용하여 LAMP를 구동한다.

6.3 PLC 인터록 회로 실습

6.3.1 인터록 기본회로 실습

산업현장의 자동제어 시스템에서는 운전자의 안전을 도모하고 기기들을 보호하기 위하여 인터록 회로를 적용한다. 인터록 회로는 동시에 2가지 이상의 동작이 이루어지지 않도록 스위치나 릴레이의 b 접점을 이용하여 구현한다.

(1) 동작기능

PB0을 on/off하면 보조릴레이 X0이 여자 및 자기유지가 되고 LAMP0이 on 동작을 한다. PB1을 on/off하면 자기유지 회로가 해제되고 LAMP0이 off 동작을 한다.

PB2를 on/off하면 보조릴레이 X1이 여자 및 자기유지가 되고 LAMP1이 on 동작을 한다. PB3을 on/off하면 자기유지 회로가 해제되고 LAMP1이 off 동작을 한다.

단, LAMP0과 LPAMP1이 동시에 on이 되지 않도록 선(先) 입력 선(先) 동작의 인터록 회로를 구현한다.

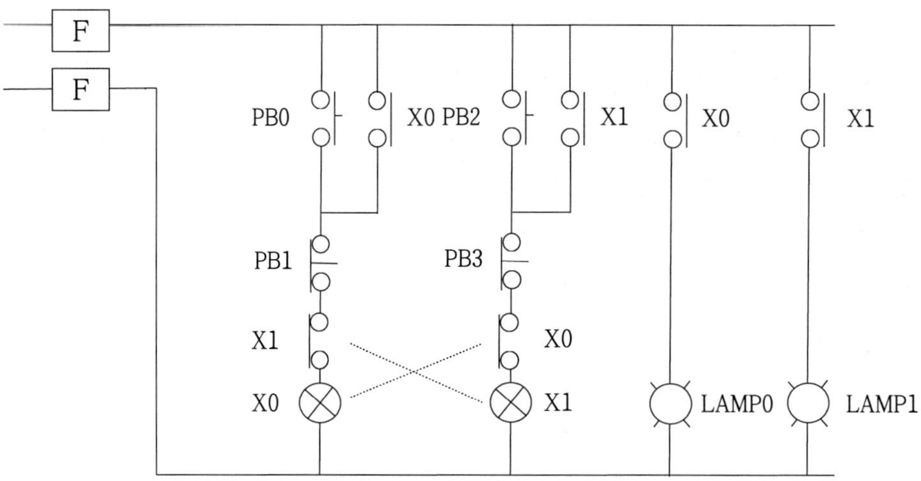

(2) PLC 입출력 주소 할당

구분	변수명	I/O 주소	비고
입력	PB0	P00000	기동 스위치
	PB1	P00001	정지 스위치
	PB2	P00002	기동 스위치
	PB3	P00003	정지 스위치
제어	X0	M00000	보조릴레이
	X1	M00001	
출력	LAMP0	P00020	
	LAMP1	P00021	

(3) PLC LD 작성

(평가문제 1) 다음의 인터록 기본회로를 프로그래밍하고 동작 결과 분석과 실습보고서를 작성하시오.

PB0 on/off → LAMP0 on 동작 및 자기유지
PB1 on/off → LAMP0 off 동작
PB2 on/off → LAMP1 on 동작 및 자기유지
PB3 on/off → LAMP1 off 동작
PB4 on/off → LAMP2 on 동작 및 자기유지
PB5 on/off → LAMP2 off 동작
PB6 on/off → LAMP3 on 동작 및 자기유지
PB7 on/off → LAMP3 off 동작

단, LAMP0과 LPAMP1이 동시에 on이 되지 않고, LAMP2와 LPAMP3이 동시에 on이 되지 않도록 선(先) 입력 선(先) 동작의 인터록 회로를 구현한다.

(평가문제 2) 다음의 인터록 기본회로를 프로그래밍하고 동작 결과 분석과 실습보고서를 작성하시오.

PB0 on/off → LAMP0, LAMP4 on 동작 및 자기유지
PB1 on/off → LAMP0, LAMP4 off 동작
PB2 on/off → LAMP1, LAMP5 on 동작 및 자기유지
PB3 on/off → LAMP1, LAMP5 off 동작
PB4 on/off → LAMP2, LAMP6 on 동작 및 자기유지
PB5 on/off → LAMP2, LAMP6 off 동작
PB6 on/off → LAMP3, LAMP7 on 동작 및 자기유지
PB7 on/off → LAMP3, LAMP7 off 동작

단, LAMP0, LAMP4와 LPAMP1, LAMP5가 동시에 on이 되지 않고, LAMP2, LAMP6과 LAMP3, LPAMP7이 동시에 on이 되지 않도록 선(先) 입력 선(先) 동작의 인터록 회로를 구현한다.

6.3.2 인터록을 이용한 퀴즈 프로그램의 작성-1

(1) 동작기능

다음과 같이 사회자의 퀴즈 문제에 먼저 답하는 참가자의 램프가 점등되도록 선(先) 입력 선(先) 동작의 인터록 회로를 이용한 퀴즈 프로그램 회로를 구현한다.

① 사회자가 시작버튼을 on/off하면 퀴즈 시합이 시작되고, 퀴즈 시작 램프가 on된다. 퀴즈 참가자 A~D 4명이 먼저 버튼을 누르면 누른 참가자의 램프만 on이 되고 나머지는 동작이 되지 않는다.

② 사회자가 종료버튼을 on/off하면 모든 램프는 off가 된다.

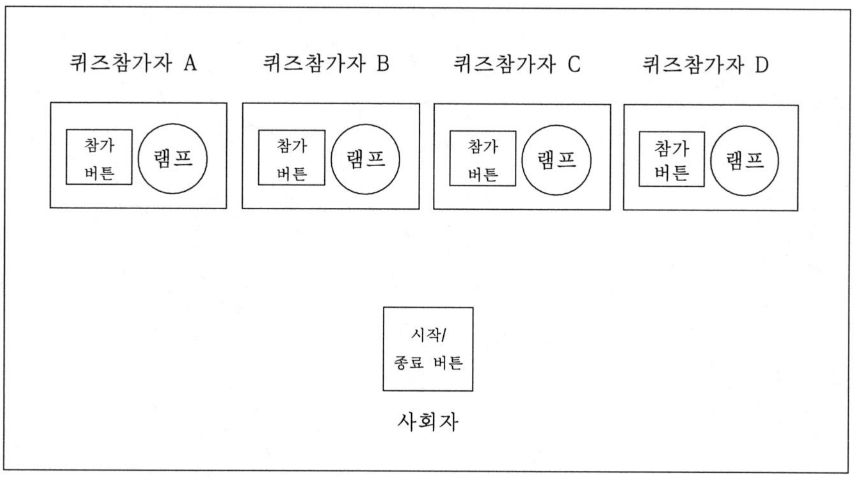

(2) PLC 입출력 주소 할당

구분	변수명	I/O 주소	비고
입력	사회자용버튼	P00000	퀴즈 시작 및 종료 기능
	퀴즈참가자A버튼	P00003	퀴즈참가자 A의 버튼
	퀴즈참가자B버튼	P00004	퀴즈참가자 B의 버튼
	퀴즈참가자C버튼	P00005	퀴즈참가자 C의 버튼
	퀴즈참가자D버튼	P00006	퀴즈참가자 D의 버튼
출력	참가자A램프	P00020	퀴즈참가자 A의 램프
	참가자B램프	P00021	퀴즈참가자 B의 램프
	참가자C램프	P00022	퀴즈참가자 C의 램프
	참가자D램프	P00023	퀴즈참가자 D의 램프

(3) PLC LD 작성

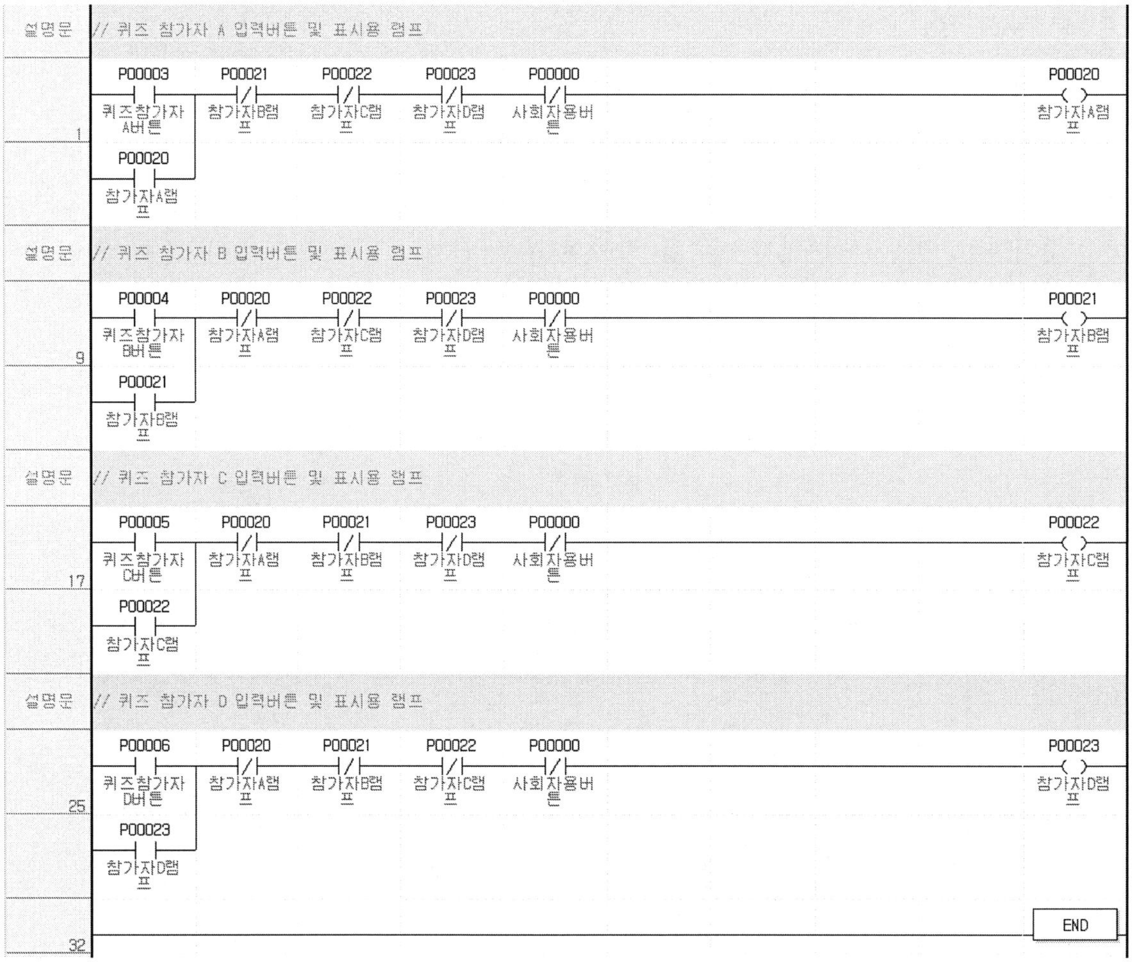

6.3.3 인터록을 이용한 퀴즈 프로그램의 작성-2

(1) 동작기능

다음과 같이 사회자의 퀴즈 문제에 먼저 답하는 참가자의 램프가 점등되도록 선(先) 입력 선(先) 동작의 인터록 회로를 이용한 퀴즈 프로그램 회로를 구현한다.

① 사회자가 점검버튼을 on/off하면 참가자 전원은 각각 램프의 동작 상태를 점검한다. 사회자가 종료버튼을 on/off하면 램프의 점검은 정지한다.

② 사회자가 시작버튼을 on/off하면 퀴즈 시합이 시작되고, 퀴즈 시작 램프가 on된다. 퀴즈

참가자 A~E 5명이 먼저 버튼을 누르면 누른 참가자의 램프만 on이 되고 나머지는 동작이 되지 않는다.

③ 사회자가 종료버튼을 on/off하면 모든 램프는 off가 되고 시스템의 동작은 정지한다.

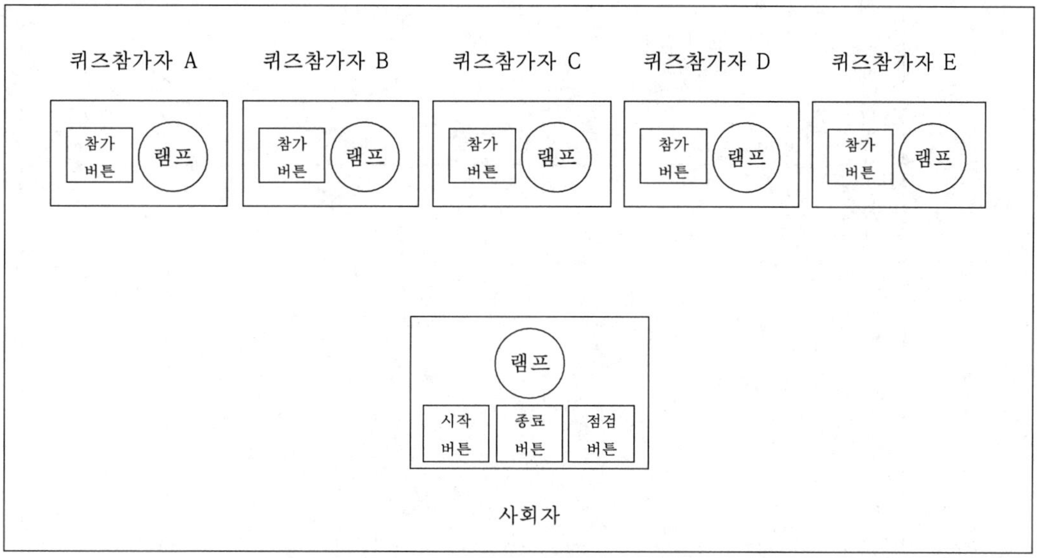

(2) PLC 입출력 주소 할당

구분	변수명	I/O 주소	비고
입력	사회자용시작버튼	P00000	퀴즈 시작 기능
	사회자용종료버튼	P00001	퀴즈 종료 기능
	사회자용점검버튼	P00002	퀴즈참가자의 램프 점검
	퀴즈참가자A버튼	P00003	퀴즈참가자 A의 버튼
	퀴즈참가자B버튼	P00004	퀴즈참가자 B의 버튼
	퀴즈참가자C버튼	P00005	퀴즈참가자 C의 버튼
	퀴즈참가자D버튼	P00006	퀴즈참가자 D의 버튼
	퀴즈참가자E버튼	P00007	퀴즈참가자 E의 버튼
제어	X0	M00000	시작용 보조릴레이
	X1	M00001	점검용 보조릴레이
출력	참가자A램프	P00020	퀴즈참가자 A의 램프
	참가자B램프	P00021	퀴즈참가자 B의 램프
	참가자C램프	P00022	퀴즈참가자 C의 램프
	참가자D램프	P00023	퀴즈참가자 D의 램프
	참가자E램프	P00024	퀴즈참가자 E의 램프
	퀴즈시작표시램프	P00025	퀴즈 시작 알림 램프

(3) PLC LD 작성

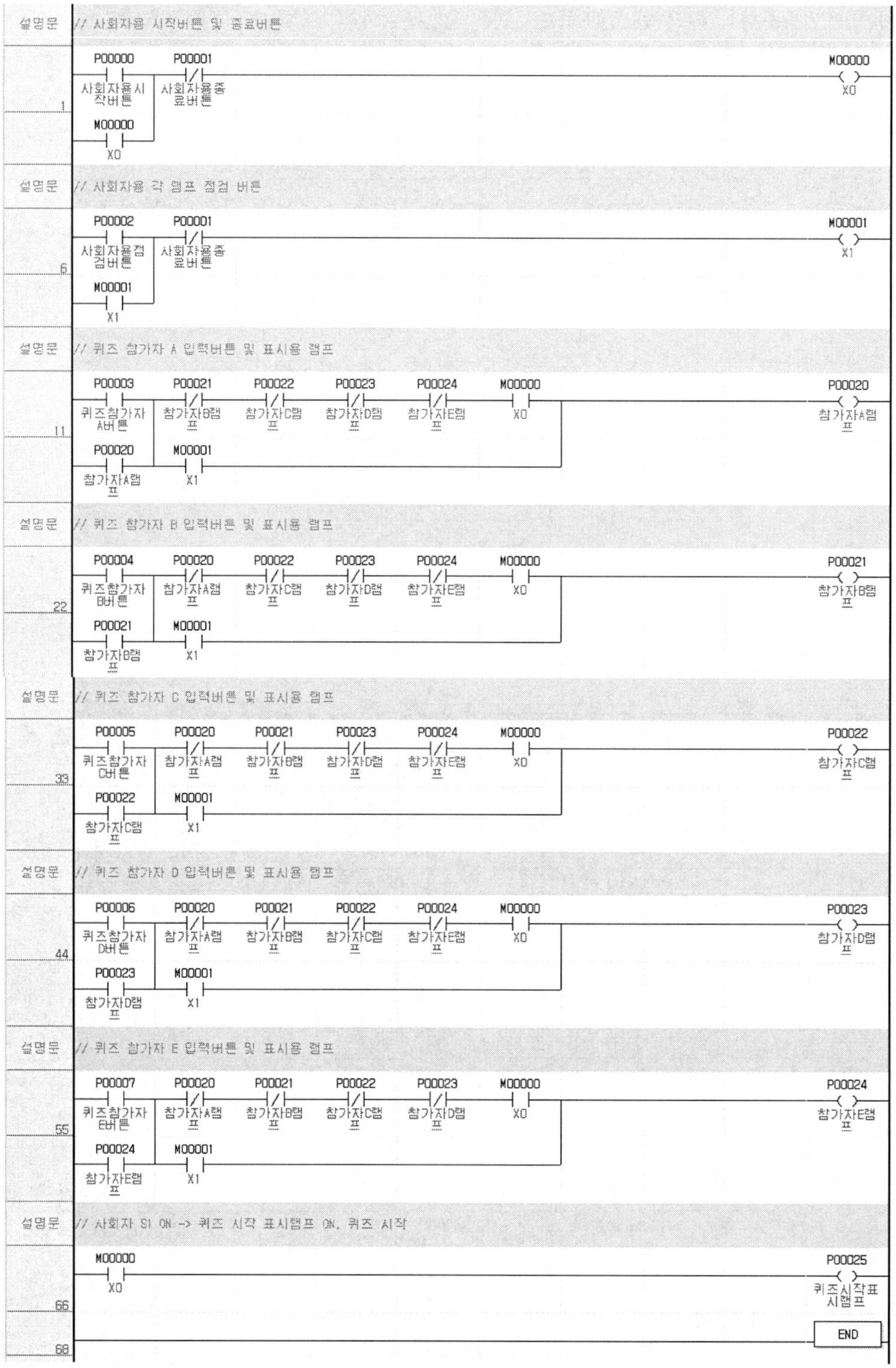
설명문 // 사회자용 시작버튼 및 종료버튼
P00000 사회자용시작버튼
P00001 사회자용종료버튼
M00000 X0
1
설명문 // 사회자용 각 램프 점검 버튼
P00002 사회자용점검버튼
P00001 사회자용종료버튼
M00001 X1
6
설명문 // 퀴즈 참가자 A 입력버튼 및 표시용 램프
P00003 퀴즈참가자A버튼
P00021 참가자B램프
P00022 참가자C램프
P00023 참가자D램프
P00024 참가자E램프
M00000 X0
P00020 참가자A램프
M00001 X1
11
설명문 // 퀴즈 참가자 B 입력버튼 및 표시용 램프
P00004 퀴즈참가자B버튼
P00020 참가자A램프
P00022 참가자C램프
P00023 참가자D램프
P00024 참가자E램프
M00000 X0
P00021 참가자B램프
M00001 X1
22
설명문 // 퀴즈 참가자 C 입력버튼 및 표시용 램프
P00005 퀴즈참가자C버튼
P00020 참가자A램프
P00021 참가자B램프
P00023 참가자D램프
P00024 참가자E램프
M00000 X0
P00022 참가자C램프
M00001 X1
33
설명문 // 퀴즈 참가자 D 입력버튼 및 표시용 램프
P00006 퀴즈참가자D버튼
P00020 참가자A램프
P00021 참가자B램프
P00022 참가자C램프
P00024 참가자E램프
M00000 X0
P00023 참가자D램프
M00001 X1
44
설명문 // 퀴즈 참가자 E 입력버튼 및 표시용 램프
P00007 퀴즈참가자E버튼
P00020 참가자A램프
P00021 참가자B램프
P00022 참가자C램프
P00023 참가자D램프
M00000 X0
P00024 참가자E램프
M00001 X1
55
설명문 // 사회자 S1 ON -> 퀴즈 시작 표시램프 ON, 퀴즈 시작
M00000 X0
P00025 퀴즈시작표시램프
66
END
68

6.4 PLC 입력 접점 및 출력코일의 종류

푸시버튼이나 토글스위치, 리미트 스위치, 근접센서나 광센서, 릴레이 코일 등의 "열린 접점/닫힌 접점"은 시퀀스 제어의 "a/b" 접점인 입력장치이고, 램프나 부저, 릴레이 코일, 전자접촉기, 솔레노이드 코일 등은 출력장치이다. 이들은 PLC LD 프로그램에서는 "5.2.2 XG5000의 LD 도구상자 사용" 편에 나타난 바와 같이 하나의 심벌로 통일이 된다.

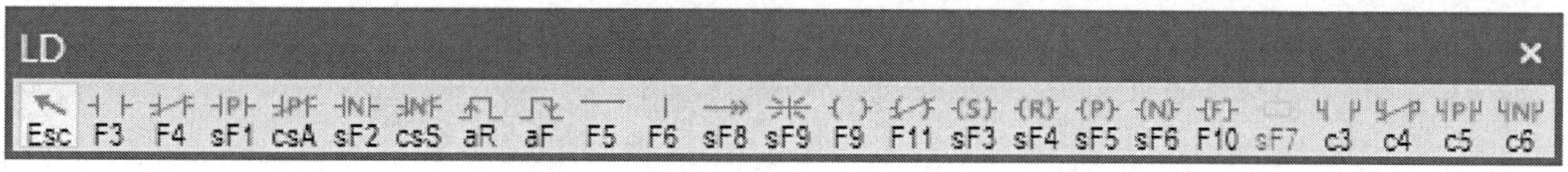

LD 도구 상자에 나타난 다양한 PLC 입력 접점 및 출력코일의 종류와 동작 타임차트에 대하여 설명을 하면 그림 6.1과 같다.

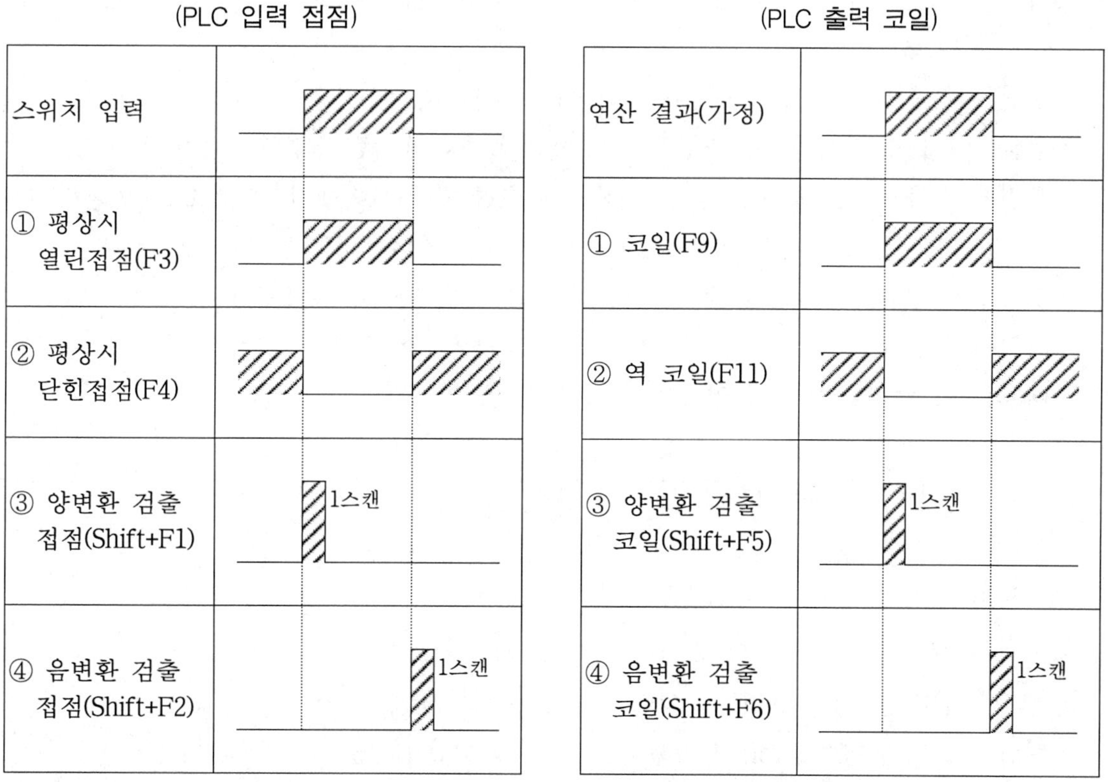

※ 셋(Set) 코일 : Shift+F3
※ 리셋(Reset) 코일 : Shift+F4

그림 6.1 PLC 입력 접점 및 출력코일의 종류와 동작 타임차트

PLC 입력 접점의 종류별 동작은 다음과 같다.

- 일반 검출접점의 "열린 접점/닫힌 접점"은 "a/b" 접점으로서 입력요소가 눌러지거나 해제되는 동안 회로가 동작이 된다.
- 양 변환 검출접점은 입력 접점이 동작되는 순간 즉, "0"에서 "1"로 변환하는 순간을 검출하여 오른쪽 연결선이 해당 스캔에서 1 스캔 동안 연결된다. 1 스캔 시간이 지나면 off 상태를 유지한다.
- 음 변환 검출접점은 입력 접점이 동작된 후 해제되는 순간 즉, "1"에서 "0"으로 변환하는 순간을 검출하여 오른쪽 연결선이 해당 스캔에서 1 스캔 동안 연결된다. 1 스캔 시간이 지나면 off 상태를 유지한다.

PLC 출력코일의 종류별 동작은 다음과 같다.

- 코일은 출력을 나타내며 왼쪽의 입력이 on 상태이면 여자 되고, off 상태이면 소자 된다. 역 코일 또한 출력을 나타내며 왼쪽의 입력이 on 상태이면 소자 되고, off 상태이면 여자 된다.
- 양변환 검출코일은 조건 접점이 동작되는 순간 즉, "0"에서 "1"로 변환하는 순간을 검출하여 1 스캔 동안 on하고, 1 스캔 시간이 지나면 off 상태를 유지한다.
- 음변환 검출코일은 조건 접점이 동작되는 순간 즉, "1"에서 "0"으로 변환하는 순간을 검출하여 1 스캔 동안 on하고, 1 스캔 시간이 지나면 off 상태를 유지한다.
- 셋 코일은 왼편의 연결선 상태가 on이 되었을 때 관련된 부울 변수는 on이 되고, 리셋 코일에 의해 리셋되기 전까지는 셋 되어 있는 상태로 유지가 된다. 리셋 코일은 셋 코일에 의하여 on되어 있는 코일상태를 리셋 시키고자 할 때 사용한다.

6.4.1 PLC 입력 접점 및 동작실습

(1) 동작기능

평상시 열린접점 PB0 on/off → 일반 코일 LAMP0 on/off
평상시 닫힌접점 PB1 on/off → 일반 코일 LAMP1 off/on
양변환 검출접점 PB2 on/off 1 스캔 on → 일반 코일 LAMP2 on 및 자기유지
PB3 on/off → LAMP2 off 및 리셋
음변환 검출접점 PB4 on/off 1 스캔 on → 일반 코일 LAMP3 on 및 자기유지
PB5 on/off → LAMP3 off 및 리셋

(2) PLC 입출력 주소 할당

구분	변수명	I/O 주소	비고
입력	PB0	P00000	기동 스위치-평상시 열린접점
	PB1	P00001	기동 스위치-평상시 닫힌접점
	PB2	P00002	기동 스위치-양변환 검출접점
	PB3	P00003	정지 스위치
	PB4	P00004	기동 스위치-음변환 검출접점
	PB5	P00005	정지 스위치
제어	X0	M00000	보조릴레이
	X1	M00001	
출력	LAMP0	P00020	일반 코일
	LAMP1	P00021	일반 코일
	LAMP2	P00022	일반 코일
	LAMP3	P00023	일반 코일

(3) PLC LD 작성

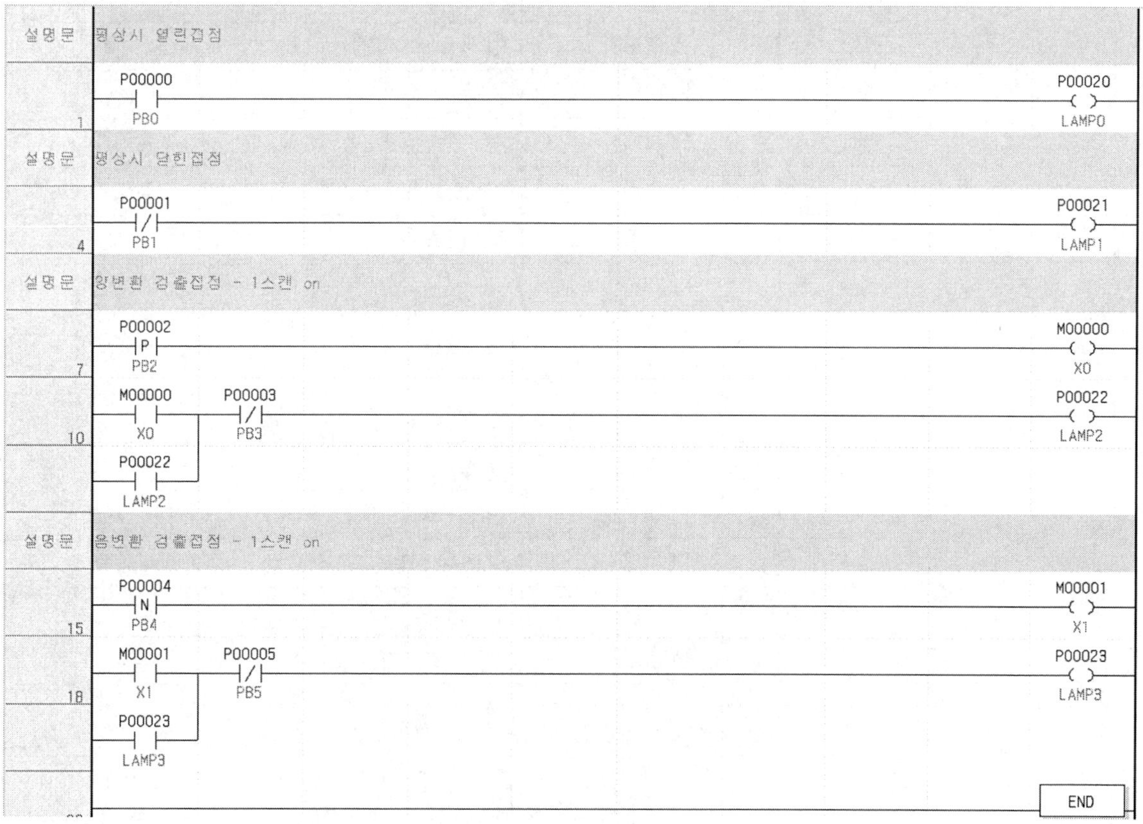

6.4.2 PLC 출력코일의 동작실습

(1) 동작기능

PB0 on/off → 일반 코일 LAMP0 on/off, 역 코일 LAMP1 off/on, 반전 코일 LAMP2 off/on

PB1 on/off → 양변환 코일 X0 1 스캔 on, LAMP3 on 및 자기유지

PB2 on/off → LAMP3 off, 리셋

PB3 on/off → 음변환 코일 X1 1 스캔 on, LAMP4 on 및 자기유지

PB4 on/off → LAMP4 off, 리셋

PB5 on/off → 셋 코일 LAMP5 on 및 자기유지

PB6 on/off → 리셋 코일 LAMP5 off 및 리셋

(2) PLC 입출력 주소 할당

구분	변수명	I/O 주소	비고
입력	PB0	P00000	기동 스위치
	PB1	P00001	기동 스위치
	PB2	P00002	정지 스위치
	PB3	P00003	기동 스위치
	PB4	P00004	정지 스위치
	PB5	P00005	기동 스위치
	PB6	P00006	정지 스위치
제어	X0	M00000	보조릴레이
	X1	M00001	
출력	LAMP0	P00020	일반 코일
	LAMP1	P00021	역 코일
	LAMP2	P00022	반전 코일
	LAMP3	P00023	양변환 코일
	LAMP4	P00024	음변환 코일
	LAMP5	P00025	셋 코일, 리셋 코일

(3) PLC LD 작성

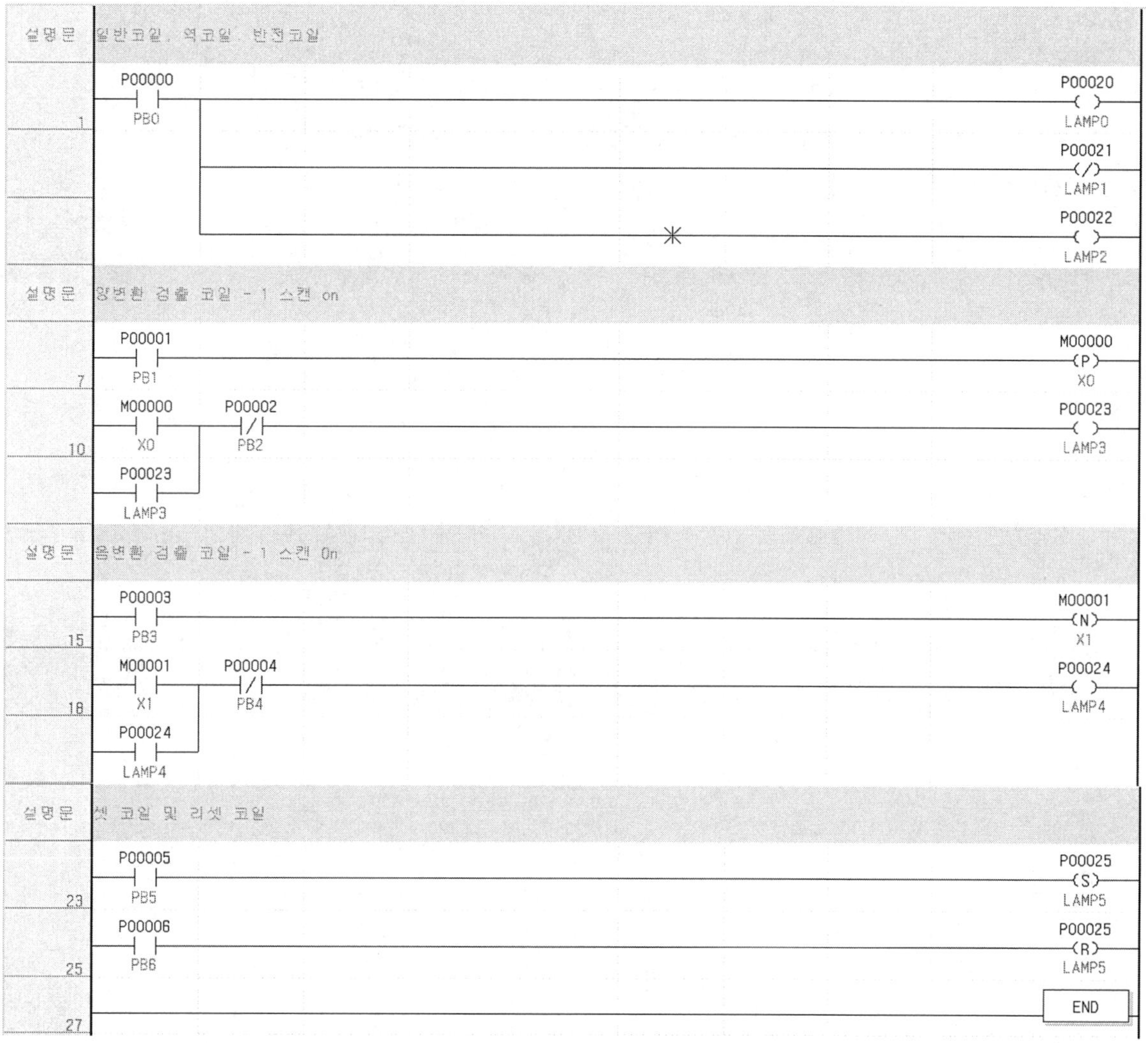

6.5 PLC 논리회로의 실습

PLC의 입력장치가 여러 종류가 있을 때 이들의 입력장치 조합은 논리곱(AND), 논리합(OR), 부정(NOT), 배타적 논리합(XOR) 등의 연산을 수행하고 결과를 출력한다.

6.5.1 논리곱(AND), 논리합(OR) 연산의 실습

(1) 동작기능

① 논리곱(AND, ∩, 그리고) 직렬회로

(PB0 ∩ PB1) → LAMP0 on : PB0, PB1 두 개의 스위치가 모두 on이면 LAMP0는 on, 두 개의 스위치 중 1개라도 off가 되면 LAMP0는 off가 된다.

PB0	PB1	LAMP0
0	0	0
0	1	0
1	0	0
1	1	1

② 논리합(OR, ∪, 또는) 병렬회로

(PB2 ∪ PB3) → LAMP1 on : PB2, PB3 두 개의 스위치에서 1개의 스위치가 on이면 LAMP1은 on, 두 개의 스위치 모두 off가 되면 LAMP1은 off가 된다.

PB2	PB3	LAMP1
0	0	0
0	1	1
1	0	1
1	1	1

③ 논리곱 및 논리합의 혼합회로

(PB4 ∪ PB5) ∪ (PB6 ∩ PB7) → LAMP2 on

PB4	PB5	PB6	PB7	LAMP2
0	0	0	0	0
0	0	0	1	0
0	0	1	0	0
0	0	1	1	0
0	1	0	0	0
0	1	0	1	0
0	1	1	0	0
0	1	1	1	1
1	0	0	0	0

1 0 0 1 0
1 0 1 0 0
1 0 1 1 1
1 1 0 0 0
1 1 0 1 0
1 1 1 0 0
1 1 1 1 1

(2) PLC 입출력 주소 할당

구분	변수명	I/O 주소	비고
입력	PB0	P00000	
	PB1	P00001	
	PB2	P00002	
	PB3	P00003	
	PB4	P00004	
	PB5	P00005	
	PB6	P00006	
	PB7	P00007	
제어			
출력	LAMP0	P00020	
	LAMP1	P00021	
	LAMP2	P00022	

(3) PLC LD 작성

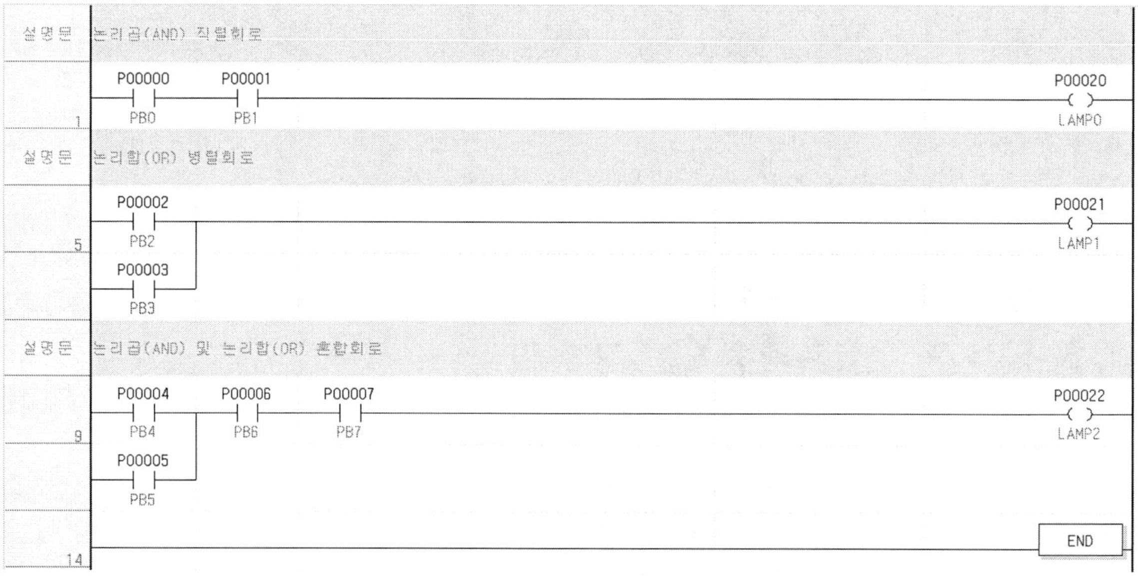

(평가문제 1) 다음의 논리곱(AND), 논리합(OR) 연산을 수행하는 회로를 프로그래밍하고 동작 결과 분석과 실습보고서를 작성하시오.

(PB0 ∩ PB1 ∩ PB2) → LAMP0 on

(PB3 ∪ PB4 ∪ PB5) → LAMP1 on

(평가문제 2) 다음의 논리곱(AND), 논리합(OR) 연산을 수행하는 회로를 프로그래밍하고 동작 결과 분석과 실습보고서를 작성하시오.

(PB0 ∪ PB1 ∪ /PB2) → LAMP0 on

(PB3 ∩ PB4 ∩ /PB5) → LAMP1 on

(평가문제 3) 다음의 논리곱(AND), 논리합(OR) 연산을 수행하는 회로를 프로그래밍하고 동작 결과 분석과 실습보고서를 작성하시오.

(PB0 ∪ PB1 ∪ PB2) ∩ (PB3 ∩ PB4 ∩ PB5) → LAMP0 on

(평가문제 4) 다음의 논리곱(AND), 논리합(OR) 연산을 수행하는 회로를 프로그래밍하고 동작 결과 분석과 실습보고서를 작성하시오.

(PB0 ∪ PB1 ∪ PB2) ∩ (/PB3 ∩ /PB4 ∩ /PB5) → LAMP0 on

6.5.2 배타적 논리합(XOR), 배타적 부정논리합(XNR)의 동작 실습

(1) 동작기능

① 배타적 논리합(XOR) 회로

(PB0 XOR PB1) → LAMP0 on : PB0, PB1 두 개의 스위치에서 1개만 on이면 LAMP0는 on, 두 개의 스위치를 동시에 off하거나 on하면 LAMP0는 off가 된다.

PB0	PB1	LAMP0
0	0	0
0	1	1
1	0	1
1	1	0

② 배타적 부정논리합(XNR) 회로

(PB2 XNR PB3) → LAMP1 on : PB2, PB3 두 개의 스위치에서 1개만 on이면 LAMP1은 off, 두 개의 스위치를 동시에 off하거나 on하면 LAMP1은 on이 된다.

PB2	PB3	LAMP1
0	0	1
0	1	0
1	0	0
1	1	1

(2) PLC 입출력 주소 할당

구분	변수명	I/O 주소	비고
입력	PB0	P00000	
	PB1	P00001	
	PB2	P00002	
	PB3	P00003	
제어			
출력	LAMP0	P00020	
	LAMP1	P00021	

(3) PLC LD 작성

6.5.3 배타적 논리합(XOR)을 이용한 원-버튼 플립플롭 회로의 실습

(1) 동작기능

배타적 논리합(XOR)을 이용하여 PB0 스위치를 누를 때마다 LAMP0 점멸상태가 반전이 되는 원-버튼 플립플롭(One-button Flip Flop) 회로를 구현한다.

그리고 PLC 반전 응용 명령어인 FF를 이용하여 PB1 스위치를 누를 때마다 LAMP1의 점멸상태가 반전이 되는 원-버튼 플립플롭(One-button Flip Flop) 회로를 구현한다. 단, FF는 펑션(F10)을 이용하여 입력한다.

(2) PLC 입출력 주소 할당

구분	변수명	I/O 주소	비고
입력	PB0	P00000	양 변환 검출접점은 입력 접점이 동작되는 순간 즉, "0" 에서 "1" 로 변환하는 순간을 검출하여 오른쪽 연결선이 해당 스캔에서 1 스캔 동안 연결된다. 1 스캔 시간이 지나면 off 상태를 유지한다.
	PB1	P00001	〃
제어	X0	M00000	
	X1	M00001	
	X2	M00002	
출력	LAMP0	P00020	
	LAMP1	P00021	

(3) PLC LD 작성

※ 배타적 논리합(XOR)을 이용한 원버튼 플립플롭(One-button Flip Flop) 회로의 동작

구분	초기 상태	PB0 on/off		PB0 on/off	
		1 Scan	Next Scan	1 Scan	Next Scan
PB0	0	1	0	1	0
코일 M0	0	1	0	1	0
(M0∩/M1)∪(/M0∩M1) →코일 M1	0	1	1	0	0
LAMP0	0	1	1	0	0

※ FF를 이용한 원버튼 플립플롭(One-button Flip Flop) 회로의 동작

구분	초기 상태	PB1 on/off		PB1 on/off	
		1 Scan	Next Scan	1 Scan	Next Scan
PB1	0	1	0	1	0
FF → 코일 M2	0	1	1	0	0
LAMP1	0	1	1	0	0

(평가문제 1) 배타적 논리합(XOR)을 이용하여 다음과 같이 PB 스위치를 누를 때마다 LAMP 점멸상태가 반전이 되는 원버튼 플립플롭(One-button Flip Flop) 회로를 프로그래밍하고 동작 결과 분석과 실습보고서를 작성하시오.

PB0 스위치 → LAMP0 점멸상태 반전

PB1 스위치 → LAMP1 점멸상태 반전

PB2 스위치 → LAMP2 점멸상태 반전

PB3 스위치 → LAMP3 점멸상태 반전

(평가문제 2) PLC 반전 응용 명령어인 FF를 이용하여 다음과 같이 PB 스위치를 누를 때마다 LAMP 점멸상태가 반전이 되는 원버튼 플립플롭(One-button Flip Flop) 회로를 프로그래밍하고 동작 결과 분석과 실습보고서를 작성하시오. 단, FF는 펑션(F10)을 이용하여 입력한다.

PB4 스위치 → LAMP4 점멸상태 반전

PB5 스위치 → LAMP5 점멸상태 반전

PB6 스위치 → LAMP6 점멸상태 반전

PB7 스위치 → LAMP7 점멸상태 반전

6.5.4 혼합 논리회로를 이용한 전동기 기동 및 정지운전 회로의 실습

현장의 전동기 설비를 여러 개소의 원격 제어실에서 직렬 및 병렬회로로 기동 및 정지운전을 하도록 한다. 직렬 및 병렬 정지회로는 다음과 같은 드모르간의 법칙을 이용하여 회로를 구성한다.

/(A+B+C...) = /A ·/B·/C ...　　　　/(A·B·C...) = /A + /B + /C ...

(1) 동작기능

No.1 원격 제어실의 PB0 또는 No.2 원격 제어실의 PB1 스위치를 이용하여 전동기를 병렬 기동하고, 각각 제어실의 PB2 또는 PB3를 이용하여 전동기를 정지 운전한다. 단, 전동기 부하를 LAMP0로 간주하여 실습을 한다.

그리고 각각 원격 제어실의 PB4 및 PB5 스위치를 이용하여 전동기를 직렬 기동하고, PB6 및 PB7을 이용하여 전동기를 정지하도록 한다. 단, 전동기 부하를 LAMP1으로 간주하여 실습을 한다.

(2) PLC 입출력 주소 할당

구분	변수명	I/O 주소	비고
입력	PB0	P00000	No.1 원격제어실의 병렬 기동스위치
	PB1	P00001	No.2 원격제어실의 병렬 기동스위치
	PB2	P00002	No.1 원격제어실의 병렬 정지스위치
	PB3	P00003	No.2 원격제어실의 병렬 정지스위치
	PB4	P00004	No.1 원격제어실의 직렬 기동스위치
	PB5	P00005	No.2 원격제어실의 직렬 기동스위치
	PB6	P00006	No.1 원격제어실의 직렬 정지스위치
	PB7	P00007	No.2 원격제어실의 직렬 정지스위치
제어	X0	M00000	
	X1	M00001	
출력	LAMP0	P00020	
	LAMP1	P00021	

(3) PLC LD 작성

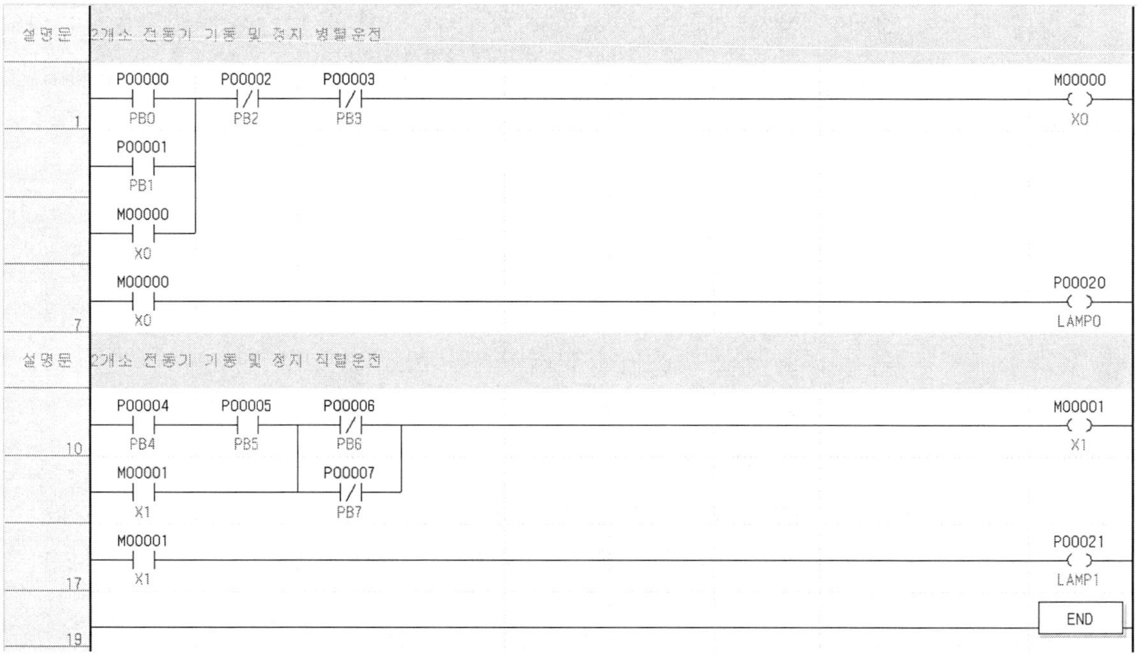

6.6 MCS/MCSCLR의 실습

"MCS(Master Control Set) n" 명령어는 입력 조건이 on이 되면 MCS 번호와 동일한 "MCSCLR(Master Control Set Clear) n" 라인까지의 블록을 실행하고, 입력 조건이 off가 되면 실행을 하지 않는다. 그리고 우선순위가 높은 MCS 및 MCSCLR 명령문 내부에 중첩하여 우선순위가 낮은 MCS 및 MCSCLR 명령문을 사용할 수 있으며, C/C++ 언어의 if (조건식) {블록 실행문};과 매우 유사하다.

"MCS n" 및 "MCSCLR n"의 사용규칙은 다음과 같다.

- MCS n의 입력 조건이 on이 되면 MCS 번호 n과 동일한 MCSCLR n 라인까지의 블록을 실행하고, 입력 조건이 off가 되면 실행을 하지 않는다.
- 우선순위는 MCS 번호 0이 가장 높고, 15(XGK)/7(XGB)가 가장 낮다. 우선순위가 높은 순으로 사용하고 해제는 그 역순으로 한다.
- 우선순위가 높은 MCS 블록 내에서 우선순위가 낮은 MCS 블록을 사용할 경우 우선순위가 높은 MCSCLR을 해제하면 낮은 순위의 MCS 블록도 함께 해제가 된다.

6.6.1 MCS/MCSCLR의 기초실습-1

(1) 동작기능

PB0가 on이 되면 수동회로가 동작이 되고, PB1을 이용하여 LAMP0를 구동시킨다.
PB2가 on이 되면 자동회로가 동작이 되고, PB3을 이용하여 LAMP1을 구동시킨다.
수동 및 자동회로와 무관하게 공통으로 PB4를 이용하여 LAMP2를 구동시킨다.

(2) PLC 입출력 주소 할당

구분	변수명	I/O 주소	비고
입력	PB0	P00000	수동회로 선택 스위치
	PB1	P00001	
	PB2	P00002	자동회로 선택 스위치
	PB3	P00003	
	PB4	P00004	공통회로 스위치
제어			
출력	LAMP0	P00020	
	LAMP1	P00021	

(3) PLC LD 작성

6.6.2 MCS/MCSCLR의 기초실습-2

(1) 동작기능

PB0가 on이 되면 MCS 0 블록이 활성화되고, PB1을 이용하여 LAMP0를 구동시킨다. MCS 0 및 MCSCLR 0 블록 내부에 PB2 및 MCS 1 블록을 구성하고, PB3을 이용하여 LAMP1을 구동시킨다. MCS 1 블록은 우선순위가 높은 MCS 0 블록이 활성화되어야 동작이 되고, MCSCLR 0이 되면 우선순위가 낮은 MCS 1 블록도 동시에 정지한다.

(2) PLC 입출력 주소 할당

구분	변수명	I/O 주소	비고
입력	PB0	P00000	MCS 0 블록 활성화 스위치
	PB1	P00001	
	PB2	P00002	MCS 1 블록 활성화 스위치
	PB3	P00003	
제어			
출력	LAMP0	P00020	
	LAMP1	P00021	

(3) PLC LD 작성

6.7 PLC 특수 릴레이(F)의 동작 실습

PLC의 특수한 기능을 수행하는 명령어를 미리 만들어 놓고 프로그래머는 이를 불러와서 사용하면 된다. 이러한 특수 명령어를 특수 릴레이(Flag)라고 하며, 자주 사용하는 특수 릴레이는 표 6.1과 같다.

표 6.1 자주 사용하는 특수 릴레이

변수	타입	디바이스	설명
_T20MS	BIT	F00090	20ms 주기 CLOCK
_T100MS	〃	F00091	100ms 주기 CLOCK
_T200MS	〃	F00092	200ms 주기 CLOCK
_T1S	〃	F00093	1s 주기 CLOCK
_T2S	〃	F00094	2s 주기 CLOCK
_T10S	〃	F00095	10s 주기 CLOCK
_T20S	〃	F00096	20s 주기 CLOCK
_T60S	〃	F00097	60s 주기 CLOCK
_ON	〃	F00099	상시 ON
_OFF	〃	F0009A	상시 OFF
_1ON	〃	F0009B	1 스캔 ON
_1OFF	〃	F0009C	1 스캔 OFF

(1) 동작기능

PB0가 on이 되면 다음과 같은 Timer 특수 릴레이를 이용하여 LAMP를 점멸하도록 한다. PB1을 on하면 모든 동작이 정지한다.

200ms 주기 CLOCK으로 LAMP0의 점멸 동작
1s 주기 CLOCK으로 LAMP1의 점멸 동작
2s 주기 CLOCK으로 LAMP2의 점멸 동작
10s 주기 CLOCK으로 LAMP3의 점멸 동작

(2) PLC 입출력 주소 할당

구분	변수명	I/O 주소	비고
입력	PB0	P00000	기동 스위치
	PB1	P00001	정지 스위치
제어	X0	M0000	
출력	LAMP0	P00020	200ms 주기로 점멸
	LAMP1	P00021	1s 주기로 점멸
	LAMP2	P00022	2s 주기로 점멸
	LAMP3	P00023	10s 주기로 점멸

(3) PLC LD 작성

6.8 디지털 BCD 입력기 및 출력기의 실습

PLC 외부에서 0~9의 10진수 숫자를 입력 받거나 0~9의 10진수 숫자를 표시하기 위해서는 고가의 터치 판넬이나 저렴하고 간단한 디지털 BCD 입력 스위치 및 BCD 출력장치인

7-segment LED Display 소자를 이용하면 된다.

여기에서는 그림 6.2와 같이 PLC 입력장치의 Slot 1(비트주소 : P10~P1F, 워드주소 : P1)에 4 Digits BCD 입력 스위치를 연결하고, 출력장치 Slot 3(비트주소 : P30~P3F, 워드주소 : P3)에 BCD 출력장치로서 4 Digits 7-segment LED Display 소자를 연결하여 실습하는 것으로 한다.

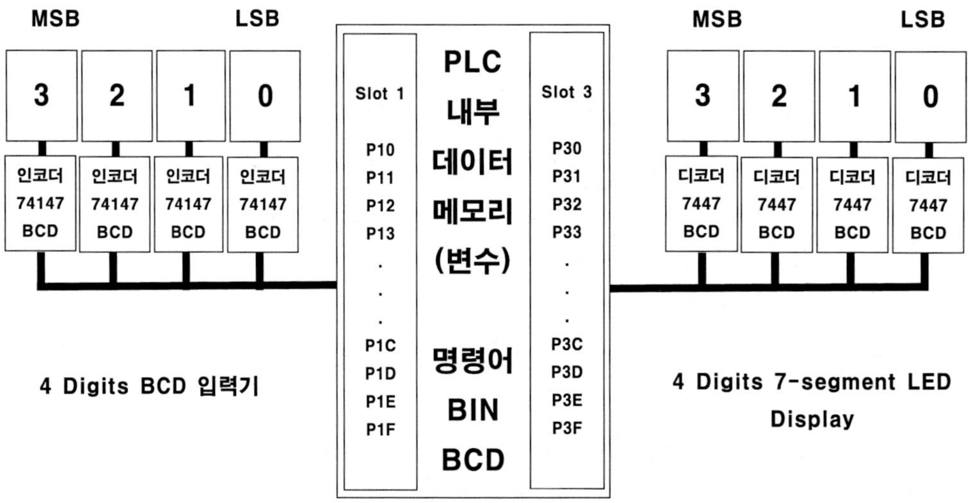

그림 6.2 PLC와 BCD 입력장치 및 BCD 출력장치의 연결도

그림 6.2에 나타난 PLC와 BCD 입력장치 및 BCD 출력장치의 동작 원리를 설명하면 다음과 같다.

4 Digits BCD 입력기는 0~9 선택 스위치와 74147 디지털 IC를 사용하여 해당되는 BCD(Binary Coded Decimal, 2진화 10진수) 코드 0000, 0001, 0010, 0011, ... 1000, 1001 신호를 출력하는 10진수 to BCD 인코더이다. PLC 내부에서는 4 Digits BCD 입력기의 BCD 값을 PLC 함수인 BIN 명령어를 이용하여 10진수 값으로 변환시킨다.

4 Digits BCD 출력기인 7-segment LED Display는 7447 디지털 IC를 사용하여 BCD 코드 0000, 0001, 0010, 0011, ... 1000, 1001 신호에 해당되는 7-segment LED Display의 0~9 표시용 신호를 발생시키며, BCD to 7-segment LED Display 디코더 또는 드라이버라고 한다. PLC 내부에서는 10진수 값을 외부의 4 Digits 7-segment LED Display에 표시하기 위해서는 BCD 함수를 이용하여 BCD 값으로 변환시킨다.

6.8.1 디지털 BCD 출력기의 기본 동작 실습

(1) 동작기능

스위치 PB0를 누르면 4 Digits BCD 출력기(워드주소 P3)에 "1234"를 표시하고, 스위치 PB1을 누르면 "5678"을 표시한다. 함수 입력은 F10을 이용한다.

(2) PLC 입출력 주소 할당

구분	변수명	I/O 주소	비고
입력	PB0	P00000	비트주소
	PB1	P00001	〃
제어			
출력	BCD_OUTPUT	P0003	워드주소

(3) PLC LD 작성

스위치 PB0를 누르면 PLC 데이터 전송명령어인 MOV 함수를 이용하여 데이터 메모리 D0에 10진수 "1234"을 저장하고, 스위치 PB1을 누르면 MOV 함수를 이용하여 데이터 메모리 D0에 10진수 "5678"을 저장한다. 10진수 D0 값을 BCD 함수를 이용하여 BCD 값으로 변환한 후 4 Digits BCD 출력기(워드주소 P3)에 그 값을 표시한다.

PLC를 실행한 후 모니터/모니터 시작에서 다음 값을 확인한다.

10진수	BCD 값(BCD 함수)		
	2진수	16진수	10진수
1234D	0001 0010 0011 0100B	1234H	$1\times16^3+2\times16^2+3\times16^1+4\times16^0=4660D$
5678D	0101 0110 0111 1000B	5678H	$5\times16^3+6\times16^2+7\times16^1+8\times16^0=22136D$

(평가문제 1) 스위치 PB를 누르면 4 Digits BCD 출력기(워드주소 P3)에 다음과 같이 숫자를 표시하고, 함수 입력은 F10을 이용한다. 단, PLC 데이터 전송명령어인 MOV 함수를 이용하여 데이터 메모리 D0에 10진수를 저장하고, BCD 함수를 이용하여 BCD 값으로 변환한 후 4 Digits BCD 출력기(워드주소 P3)에 그 값을 표시한다.

PB0 스위치 → 4 Digits BCD 출력기(워드주소 P3)에 "0000" 를 표시
PB1 스위치 → 4 Digits BCD 출력기(워드주소 P3)에 "1111" 를 표시
PB2 스위치 → 4 Digits BCD 출력기(워드주소 P3)에 "2222" 를 표시
PB3 스위치 → 4 Digits BCD 출력기(워드주소 P3)에 "3333" 를 표시

각각 10진수 값의 BCD 변환 값 2진수, 16진수, 10진수를 계산하고, 동작 결과 분석과 실습보고서를 작성하시오.

6.8.2 디지털 BCD 입력기의 기본 동작 실습

(1) 동작기능

PLC 입력장치 Slot 1(비트주소 : P10～P1F, 워드주소 : P1)에 설치된 4 Digits BCD 입력기에 임의의 숫자 "0000"～"9999"를 설정하고, 스위치 PB0를 누르면 BIN 함수를 이용하여 데이터 메모리 D0에 10진수로 변환을 하여 저장을 한다. 10진수 D0 값은 PLC 내부 프로그램에서 다양하게 활용을 할 수 있다.

여기에서는 4 Digits BCD 입력기에 "1234"와 "5678"을 입력하여 실습을 한다.

(2) PLC 입출력 주소 할당

구분	변수명	I/O 주소	비고
입력	PB0	P00000	비트주소
	BCD_INPUT	P0001	워드주소
제어			
출력			

(3) PLC LD 작성

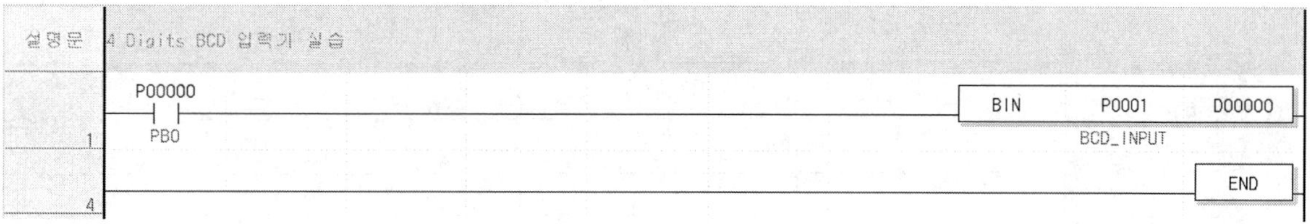

스위치 PB0를 누르면 BCD 입력기(워드주소 : P1)의 값을 BIN 함수를 이용하여 10진수로 변환을 하여 데이터 메모리 D0에 저장을 한다.

4 Digits BCD 입력기에 "1234"와 "5678"을 입력하고, 모니터/모니터 시작에서 다음 값을 확인한다.

BCD 값			10진수 (BIN 함수)
2진수	16진수	10진수	
0001 0010 0011 0100B	1234H	$1\times16^3+2\times16^2+3\times16^1+4\times16^0$=4660D	1234D
0101 0110 0111 1000B	5678H	$5\times16^3+6\times16^2+7\times16^1+8\times16^0$=22136D	5678D

6.8.3 디지털 BCD 입력기 및 출력기의 기본 동작 실습

(1) 동작기능

PLC 입력장치 Slot 1(비트주소 : P10~P1F, 워드주소 : P1)에 설치된 4 Digits BCD 입력기에 임의의 숫자 "0000"~"9999"를 설정하고, 스위치 PB0를 누르면 BIN 함수를 이용하여 데이터 메모리 D0에 10진수로 변환을 하여 저장을 한다. 10진수 D0 값은 PLC 내부 프로그램에서 다양하게 활용을 할 수 있다. 그리고 10진수 D0 값을 BCD 함수를 이용하여 BCD 값으로 변환한 후 BCD 출력기(워드주소 P3)에 그 값을 표시한다.

여기에서는 4 Digits BCD 입력기에 "1234"와 "5678"을 입력하여 BCD 출력기에 표시 동작 실습을 한다.

(2) PLC 입출력 주소 할당

구분	변수명	I/O 주소	비고
입력	PB0	P00000	비트주소
	BCD_INPUT	P0001	워드주소
제어			
출력	BCD_OUTPUT	P0003	워드주소

(3) PLC LD 작성

6.9 PLC 타이머의 실습

우리 주변이나 산업현장 제어분야에는 타이어(Timer)와 카운터(Counter)가 다양하게 사용되어지고 있다.

이들의 차이점은 무엇일까?

타이머와 카운터는 어떠한 사건이나 이벤트가 발생하는 횟수를 계수하는 비슷한 장치이다. 그러나 타이머는 규칙적인 사건인 내부 클록을 계수하는 장치이고, 카운터는 불규칙적으로 발생하는 외부 사건을 계수하는 장치이다. 타이머로 동작이 되기 위해서는 입력되는 클록 형태가 일정하여야 하고, 넓은 의미에서 타이머는 카운터에 포함이 된다.

XGK PLC에서는 표 6.2와 같이 5개의 타이머를 제공하고 있다.

표 6.2 XGK PLC의 타이머

명령어	명칭	동작 특성
TON	On 타이머	· 입력조건이 On되면, 타이머 접점 출력 Off · 타이머 현재 값이 설정 값에 도달했을 때 타이머 접점 출력 On
TOFF	Off 타이머	· 입력조건이 On되면, 타이머 접점 출력 On 및 타이머 현재 값은 설정 값 · 현재 값이 감소되어 0이 되면 타이머 접점 출력 Off
TMR	적산타이머	· 입력조건이 Off되어도 현재 값 유지 · 누적된 타이머 값이 설정 값에 도달하면 타이머 접접 출력 On ※ 공구 수명 경보회로에 활용
TMON	모노스테이블 타이머	· 입력조건이 On되면, 현재 값은 설정 값이 되고 타이머 접점 출력 On · 입력조건이 Off되어도 계속 현재 값 감소하고 0이 되면 접점출력 Off ※ 스위치, 리미트 스위치 등의 접점 채터링(Contact Chattering) 현상 방지 회로에 적용
TRTG	리트리거블 타이머	· 모노스테이블 타이머와 같은 기능을 하되, 현재 값이 감소하고 있을 때 다시 입력조건이 On되면 현재 값은 다시 설정 값이 되어 동작

위의 타이머 중에서 많이 사용되는 타이머는 TON(On Delay Timer), TOFF(Off Delay Timer)이며, 동작 시퀀스도와 타임 차트는 그림 6.3과 그림 6.4에 나타나 있다.

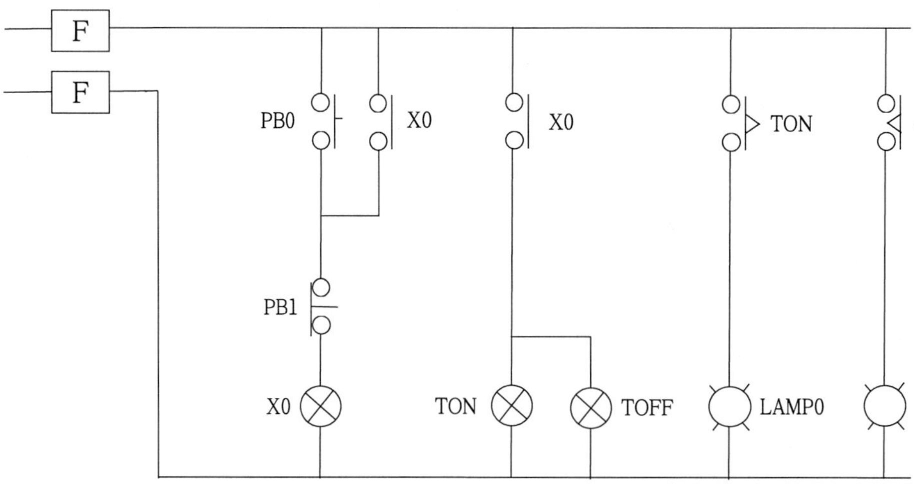

그림 6.3 TON과 TOFF 타이머의 동작 시퀀스도

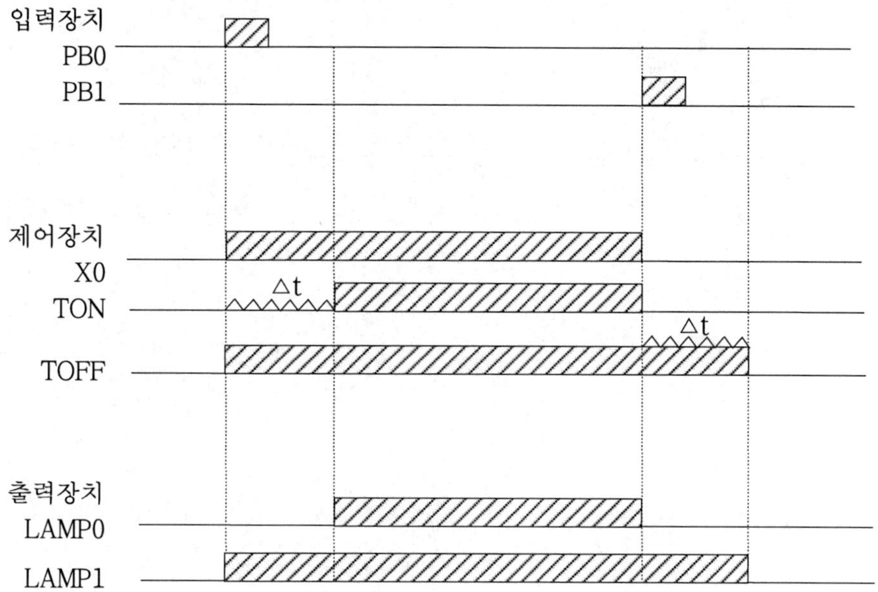

그림 6.4 TON과 TOFF 타이머의 동작 타임 차트

TON(On Delay Timer)는 입력조건이 on 되면 타이머가 동작하고, 현재 값이 설정된 시간에 도달하면 타이머의 접점 출력이 on이 된다. 타이머의 입력조건이 off 되면 접점 출력은 즉시 off 되는 한시동작 순시복귀의 형태를 가지고 있다. 만약, 현재치가 설정치에 도달하기 전에 입력조건이 off 되거나 타이머 리셋(Reset) 명령어를 만나면 타이머 출력은 off 되고, 현재치는 0으로 된다.

TOFF(Off Delay Timer)는 입력조건이 on 되면 타이머의 접점 출력은 순간적으로 on이 되고, 타이머의 입력조건이 off 되면 설정시간 후 접점 출력은 off 되는 순시동작 한시복귀의 형태를 가지고 있다. 리셋(Reset) 명령어를 만나면 타이머 출력은 off 되고, 현재치는 0으로 된다.

TMR은 적산 타이머로서 입력조건이 off가 되어도 현재 값을 유지하고, 누적된 타이머 값이 설정 값에 도달하면 타이머의 접점 출력이 on 된다.

그리고 XGK PLC에서는 0.1ms, 1ms, 10ms, 100ms 타이머 경계치가 있어 사용자는 타이머 시작과 끝 번지를 참고하여 사용하여야 한다. 이는 XG5000/프로젝트창/파라미터/기본 파라미터에 나타나 있다.

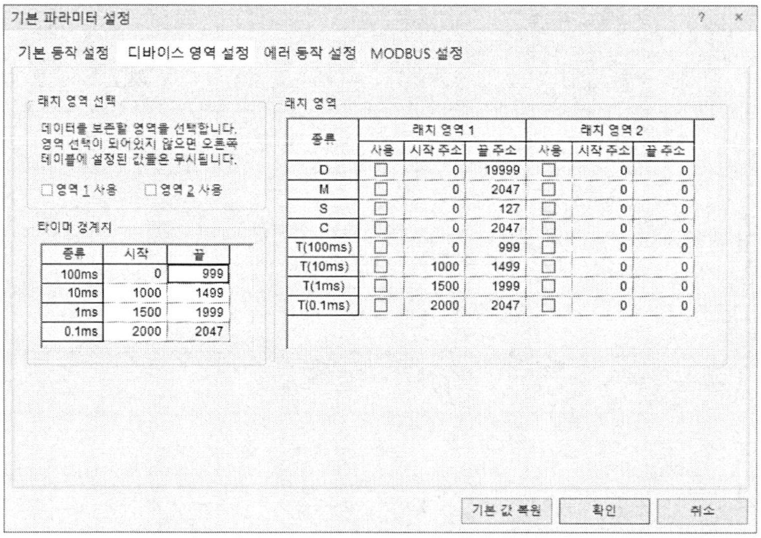

6.9.1 타이머 기초 실습

(1) 동작기능

스위치 PB0을 누르면 1초 후에 LAMP0이 on이 되고, 스위치 PB1을 누르면 LAMP0는 즉시 off 된다. 이 경우 스위치 PB0을 누르면 LAMP1은 순간적으로 on이 되고, 스위치 PB1을 누르면 LAMP1은 1초 후에 off가 된다.

단, TON 및 TOFF는 100msec 타이머를 사용하고, 함수 입력은 F10을 이용한다.

(2) PLC 입출력 주소 할당

구분	변수명	I/O 주소	비고
입력	PB0	P00000	
	PB1	P00001	
제어	XO	M00000	
	TON1	T0000	100msec×10 → 1sec 타이머
	TOFF1	T0001	100msec×10 → 1sec 타이머
출력	LAMP0	P00020	
	LAMP1	P00021	

(3) PLC LD 작성

(평가문제) 스위치 PB0을 누르면 2초 후에 LAMP0이 on이 되고, 스위치 PB1을 누르면 LAMP0은 즉시 off 된다. 이 경우 스위치 PB0을 누르면 LAMP1은 순간적으로 on이 되고, 스위치 PB1을 누르면 LAMP1은 2초 후에 off가 된다. PLC LD를 작성하고 동작 결과 분석과 실습보고서를 작성하시오.

단, TON 및 TOFF는 10msec 타이머를 사용하고, 함수 입력은 F10을 이용한다.

XG5000/프로젝트창/파라미터/기본 파라미터/타이머 경계치 : 10ms

타이머 주소 : 1000~1499 @XGK-CPUS

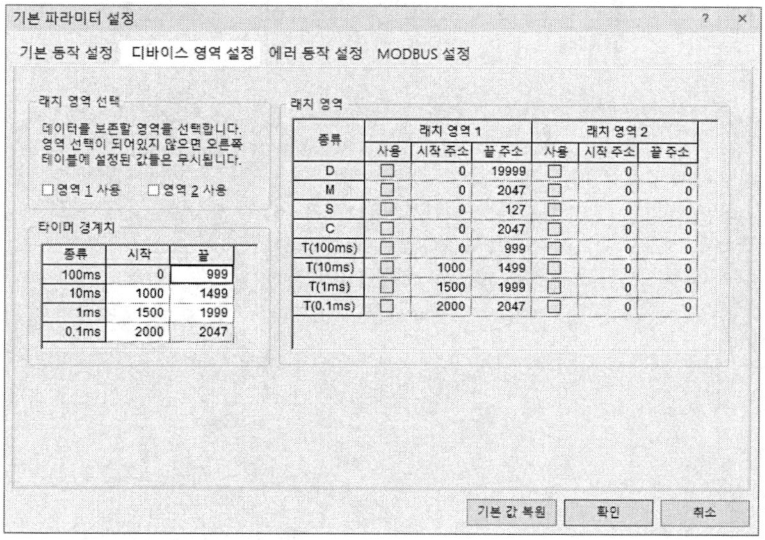

6.9.2 타이머를 이용한 램프 순차 점등 실습

(1) 동작기능

스위치 PB0을 on/off하면 LAMP0~LAMP3이 1초 간격으로 순차적 점등(on)이 되고, PB1을 on/off하면 모든 LAMP는 즉시 off 된다. 단, TON은 100msec 타이머를 사용하고, 함수입력은 F10을 이용한다.

(2) PLC 입출력 주소 할당

구분	변수명	I/O 주소	비고
입력	PB0	P00000	
	PB1	P00001	
제어	XO	M00000	
	TON0	T0000	100msec×10 → 1sec 타이머
	TON1	T0000	〃
	TON2	T0000	〃
	TON3	T0000	〃
출력	LAMP0	P00020	
	LAMP1	P00021	
	LAMP3	P00022	
	LAMP3	P00023	

(3) PLC LD 작성

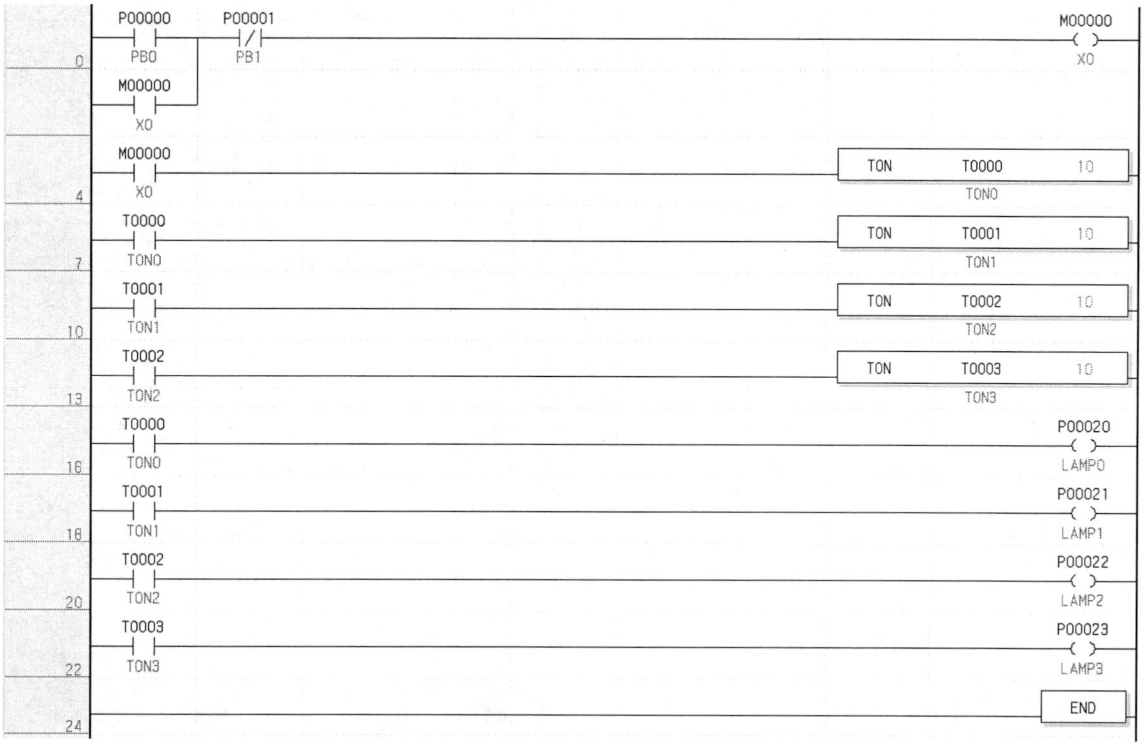

(평가문제) 스위치 PB0을 on/off하면 LAMP0~LAMP7이 2초 간격으로 순차적 점등(on)이 되고, PB1을 on/off하면 모든 LAMP는 즉시 off 된다. 단, TON은 100msec 타이머를 사용하고, 함수 입력은 F10을 이용한다. PLC LD를 작성하고 동작 결과 분석과 실습보고서를 작성하시오.

6.9.3 타이머를 이용한 램프 순차 점등/소등 및 반복 동작 실습

(1) 동작기능

스위치 PB0을 on/off하면 LAMP0~LAMP3이 1초 간격으로 순차적 점등(on)이 되고, 모두 점등이 되면 소등 및 처음부터 반복 동작을 한다. PB1을 on/off하면 모든 LAMP는 즉시 off 된다. 단, TON은 10msec 타이머를 사용하고, 함수 입력은 F10을 이용한다.

(2) PLC 입출력 주소 할당

구분	변수명	I/O 주소	비고
입력	PB0	P00000	
	PB1	P00001	
제어	XO	M00000	
	TON0	T1000	10msec×100 → 1sec 타이머
	TON1	T1001	〃
	TON2	T1002	〃
	TON3	T1003	〃
	TON4	T1004	〃
출력	LAMP0	P00020	
	LAMP1	P00021	
	LAMP3	P00022	
	LAMP3	P00023	

(3) PLC LD 작성

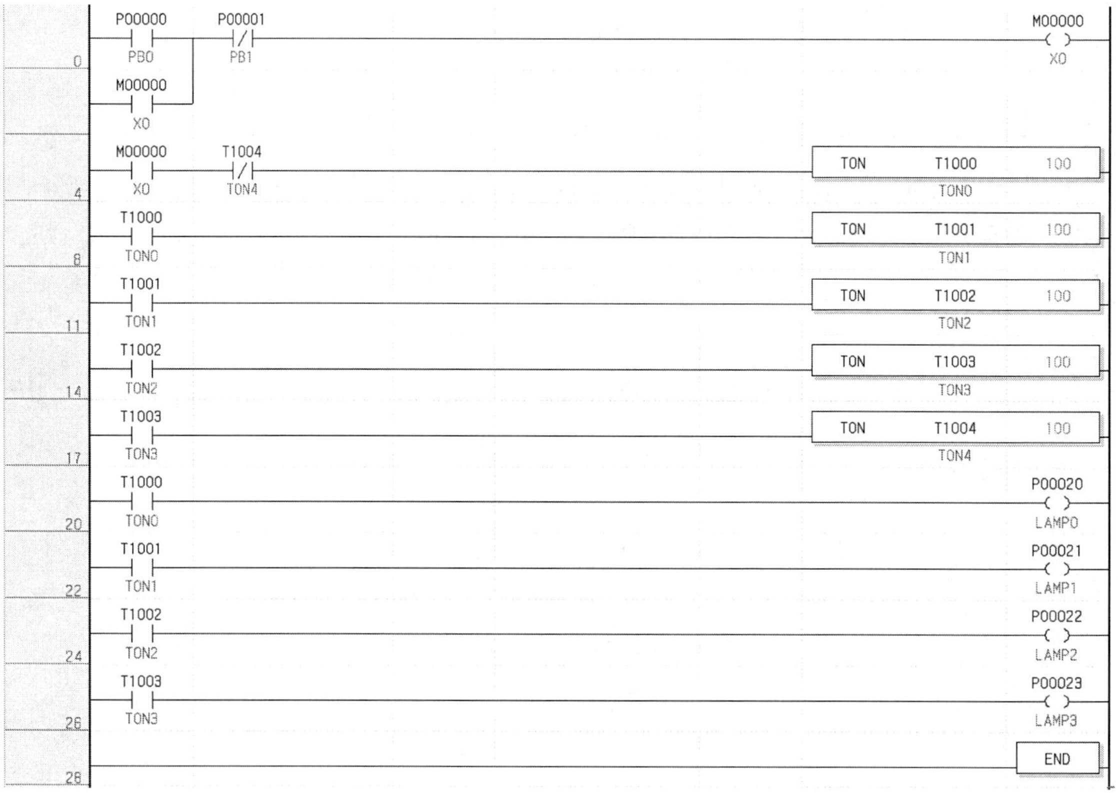

(평가문제) 스위치 PB0을 on/off하면 LAMP0 ~ LAMP7이 2초 간격으로 순차적 점등(on)이 되고, 모두 점등이 되면 소등 및 처음부터 반복 동작을 한다. PB1을 on/off하면 모든 LAMP는 즉시 off 된다. 단, TON은 10msec 타이머를 사용하고, 함수 입력은 F10을 이용한다. PLC LD를 작성하고 동작 결과 분석과 실습보고서를 작성하시오.

6.9.4 타이머를 이용한 램프 순차 점멸 및 반복 동작 실습

(1) 동작기능

스위치 PB0을 on/off하면 LAMP0~LAMP3이 1초 간격으로 순차적 점멸(on/off) 및 반복 동작을 하고, PB1을 on/off하면 모든 LAMP는 즉시 off 된다. 단, TON은 10msec 타이머를 사용하고, 함수 입력은 F10을 이용한다.

(2) PLC 입출력 주소 할당

구분	변수명	I/O 주소	비고
입력	PB0	P00000	
	PB1	P00001	
제어	XO	M00000	
	TON0	T1000	10msec×100 → 1sec 타이머
	TON1	T1001	〃
	TON2	T1002	〃
	TON3	T1003	〃
	TON4	T1004	〃
출력	LAMP0	P00020	
	LAMP1	P00021	
	LAMP3	P00022	
	LAMP3	P00023	

(3) PLC LD 작성

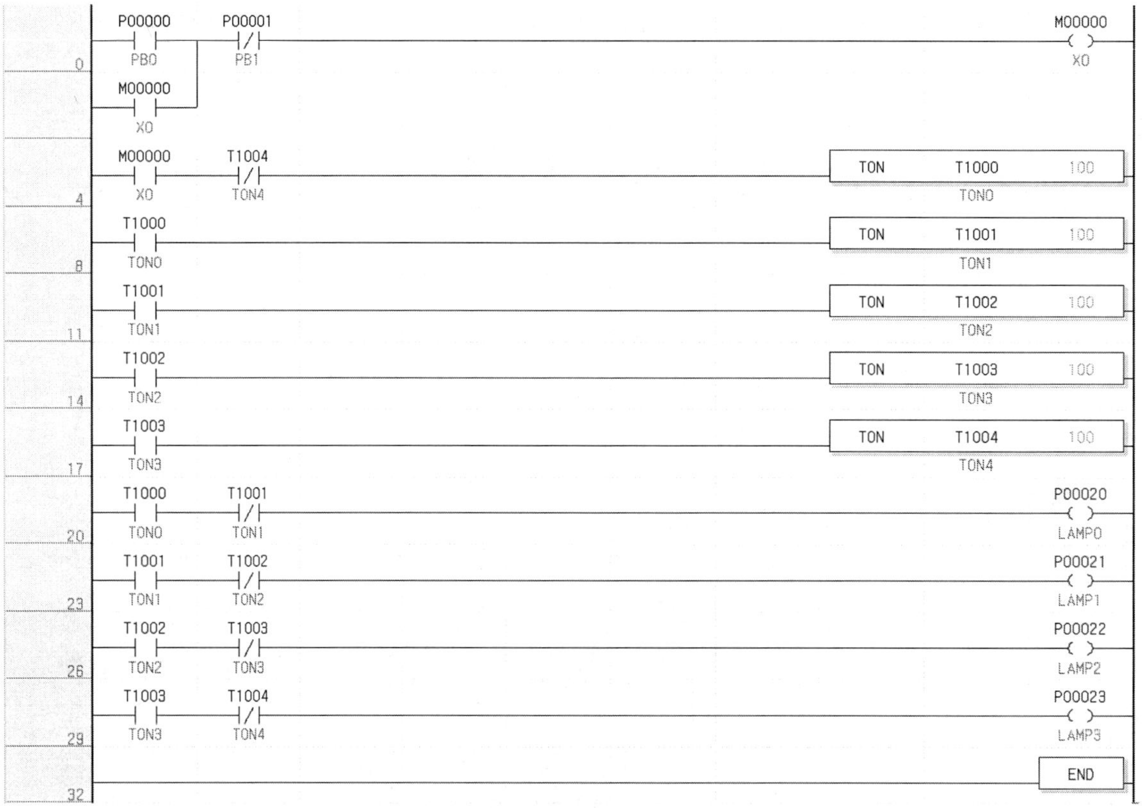

(평가문제) 스위치 PB0을 on/off하면 LAMP0 ~ LAMP7이 2초 간격으로 순차적 점멸(on/off) 및 반복 동작을 하고, PB1을 on/off하면 모든 LAMP는 즉시 off 된다. 단, TON은 10msec 타이머를 사용하고, 함수 입력은 F10을 이용한다. PLC LD를 작성하고 동작 결과 분석과 실습보고서를 작성하시오.

6.9.5 타이머를 이용한 램프의 플리커 점멸 동작 실습

(1) 동작기능

스위치 PB0을 on/off하면 LAMP0은 1초 간격으로 점멸하는 플리커(플립플롭) 동작을 하고, PB1을 on/off하면 점멸 동작을 정지한다. 단, TON은 100msec 타이머를 사용하고, 함수 입력은 F10을 이용한다.

(2) PLC 입출력 주소 할당

구분	변수명	I/O 주소	비고
입력	PB0	P00000	
	PB1	P00001	
제어	XO	M00000	
	TON0	T0000	100msec×10 → 1sec 타이머 OFF 시간 설정용
	TON1	T0000	100msec×10 → 1sec 타이머 ON 시간 설정용
출력	LAMP0	P00020	

(3) PLC LD 작성

아래 요소에 대한 타임차트 작성 및 동작 결과를 분석하면 그림 6.5와 같다.

입력장치 : PB0, PB1

제어장치 : X0, TON0(off 시간 설정용, $\triangle t_{off}$), TON1(on 시간 설정용, $\triangle t_{on}$)

출력장치 : LAMP0

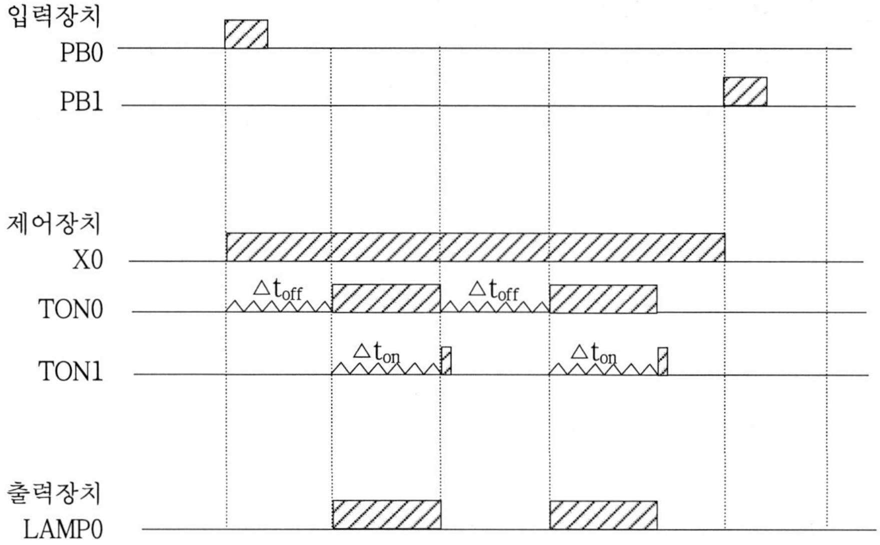

그림 6.5 타이머를 이용한 램프 플리커 점멸 동작의 타임 차트

※ 「6.7 PLC 특수 릴레이(F)의 동작 실습」에서 설명한 1s 주기의 Timer 특수 릴레이인 _T1S를 이용하면 간편하게 프로그래밍 할 수 있다.

(평가문제) 스위치 PB0을 on/off하면 LAMP0은 1초 간격으로, LAMP1은 2초 간격으로 점멸하는 플리커(플립플롭) 동작을 하고, PB1을 on/off하면 모든 LAMP의 점멸 동작을 정지한다. 단, TON은 10msec 타이머를 사용하고, 함수 입력은 F10을 이용한다.

아래 요소에 대한 타임차트 작성 및 동작 결과를 분석하고, 실습보고서를 작성하시오.

입력장치 : PB0, PB1

제어장치 : X0, TON0(off 시간 설정용, $\triangle t_{off}$), TON1(on 시간 설정용, $\triangle t_{on}$)

출력장치 : LAMP0

6.9.6 타이머 및 BCD 출력기 동작 실습

(1) 동작기능

스위치 PB0을 on/off하면 BCD 출력기가 1초마다 "0000", "1111", ~"3333"를 표기 및 반복 동작을 하고, PB1을 on/off하면 점멸 동작을 정지한다. 단, TON은 100msec 타이머를 사용하고, 함수 입력은 F10을 이용한다.

(2) PLC 입출력 주소 할당

구분	변수명	I/O 주소	비고
입력	PB0	P00000	
	PB1	P00001	
제어	XO	M00000	
	TON0	T0000	100msec×10 → 1sec 타이머
	TON1	T0001	〃
	TON2	T0002	〃
	TON3	T0003	〃
출력	BCD_OUTPUT	P0003	워드주소

(3) PLC LD 작성

(평가문제) 스위치 PB0을 on/off하면 BCD 출력기가 1초마다 "0000", "1111", ~"9999"를 표기 및 반복 동작을 하고, PB1을 on/off하면 점멸 동작을 정지한다. 단, TON은 10msec 타이머를 사용하고, 함수 입력은 F10을 이용한다.

동작 결과를 분석하고, 실습보고서를 작성하시오.

6.9.7 TMR 타이머의 동작 실습

TMR은 적산 타이머로서 입력조건이 off가 되어도 현재 값을 유지하고, 누적된 타이머 값이 설정 값에 도달하면 타이머의 접점 출력이 on된다. 타이머가 리셋 신호를 만나면 현재 누적치는 0이 된다.

만일, 불휘발성 영역의 메모리를 사용할 경우 적산 타이머는 정전시에도 타이머 값을 유지하므로 정전에도 사용이 가능하다.

(1) 동작기능

스위치 PB0을 on/off를 반복하여도 그 on 시간을 누적하여 적산 타이머의 설정치 5초가 되면 타이머 접점이 동작되고, LAMP0이 점등된다. PB1을 on/off하면 적산 타이머가 리셋되고, 출력이 off된다. 단, TMR은 T0010 번지의 100msec 타이머를 사용하고, 함수 입력은 F10을 이용한다.

(2) PLC 입출력 주소 할당

구분	변수명	I/O 주소	비고
입력	PB0	P00000	TMR 누적 스위치
	PB1	P00001	TMR 리셋 스위치
제어	XO	M00000	
	TMR0	T0010	100msec×10 → 1sec 타이머
출력	LAMP0	P00020	

(3) PLC LD 작성

6.9.8 TMON 타이머의 동작 실습

TMON 타이머는 일반 물리적인 스위치, 리미트 스위치 등의 접점 채터링(Contact Chattering) 현상을 방지하는 회로에 적용이 가능하다.

TMON 타이머의 입력조건이 On되면, 현재 값은 설정 값이 되고 타이머의 접점 출력은 On이 된다. 입력조건이 Off되어도 계속 현재 값은 감소하고 0이 되면 접점출력이 Off된다.

(1) 동작기능

리미트 스위치 등을 이용하여 속도가 일정하지 않은 물체를 감지할 경우 접점의 떨림을 방지하기 위하여 TMON 0.2초 정도를 사용하여 안정된 신호를 얻는다. 여기서 리미트 스위치를 PB0로 보고, 순간적으로 on 하면 그 후에 접점이 떨려도(on/off) TMON 타이머를 이용하여 5초간 on이 되는 안정된 신호를 얻는 실습을 한다. 단, TMON은 T0015 번지의

100msec 타이머를 사용하고, 함수 입력은 F10을 이용한다.

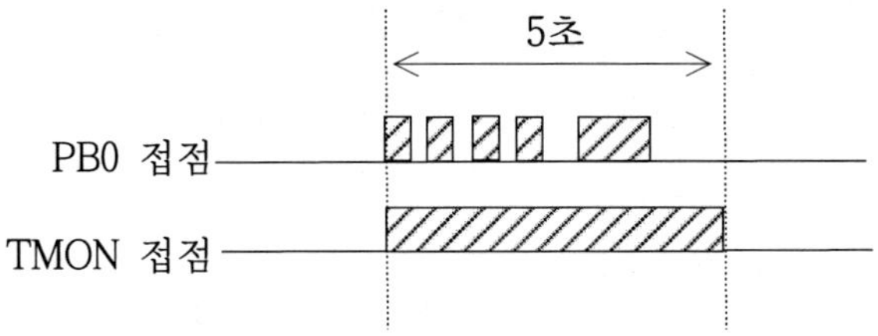

(2) PLC 입출력 주소 할당

구분	변수명	I/O 주소	비고
입력	PB0	P00000	물체 감지용 리미트 스위치
제어	XO	M00000	
	TMON0	T0015	100msec×50 → 5sec 타이머
출력	LAMP0	P00020	

(3) PLC LD 작성

6.10 PLC 카운터의 실습

산업현장의 제어분야에는 어떠한 사건이나 이벤트들을 계수하는 장치로서 카운터를 많이 사용하고 있다. 카운터는 입력 신호를 감지할 때마다 현재치를 가산(Up) 또는 감산(Down)

을 하여서 설정 값에 이르면 출력을 on한다.

XGK PLC에서는 표 6.3과 같이 4개의 카운터를 사용하고 있다.

표 6.3 XGK PLC의 카운터

명령어	명칭	동작 특성
CTU	Up 카운터	· 펄스가 입력될 때마다 현재치를 1씩 가산 · 현재치가 설정치 이상이면 출력 On
CTD	Down 카운터	· 펄스가 입력될 때마다 설정치로 부터 1씩 감산 · 현재치가 0이 되면 출력 On
CTUD	Up-Down 카운터	· Up 단자에 펄스가 입력되면 현재치를 1씩 가산, Down 단자에 펄스가 입력되면 1씩 감산 · 현재치가 설정치 이상이면 On
CTR	Ring 카운터	· 펄스가 입력될 때마다 현재치를 1씩 가산 · 현재치가 설정치에 도달하면 출력 On이 되고, 이후 다시 펄스가 입력되면 현재치는 0

6.10.1 PLC CTU 및 CTD 카운터의 기초 실습

(1) 동작기능

CTU 또는 CTD 카운터의 입력신호로서 광센서나 근접센서, 외부 릴레이의 보조 접점 등을 이용한다.

여기 실습에서는 CTU의 경우 설정치는 10, 입력은 PB0, 리셋은 PB1로 하고, 카운터 접점이 출력되면 LAMP0을 점등한다. CTD의 설정치는 5, 입력은 PB2, 리셋은 PB3로 하고, 카운터 접점이 출력되면 LAMP1을 점등한다.

(2) PLC 입출력 주소 할당

구분	변수명	I/O 주소	비고
입력	PB0	P00000	CTU 입력용, 상승 edge에서 1회 동작 스위치는 채터링 제거 회로 필요
	PB1	P00001	CTU 리셋
	PB2	P00002	CTD 입력용, 상승 edge에서 1회 동작 스위치는 채터링 제거 회로 필요
	PB3	P00003	CTD 리셋
제어	CTU0	C0000	Up 카운터
	CTD0	C0001	Down 카운터
출력	LAMP0	P00020	CTU 출력용
	LAMP1	P00021	CTD 출력용

(3) PLC LD 작성

(평가문제) CTU의 경우 설정치는 10, 입력은 PB0, 리셋은 PB1로 하고, 카운터 접점이 출력되면 LAMP0이 1초씩 점멸하도록 한다. CTD의 설정치는 5, 입력은 PB2, 리셋은 PB3로 하고, 카운터 접점이 출력되면 LAMP1이 2초씩 점멸하도록 한다. 단, 1s 주기의 Timer 특수 릴레이인 _T1S 및 2s 주기의 Timer 특수 릴레이인 _T2S를 이용하여 점멸 동작을 하도록 한다.

동작 결과를 분석하고, 실습보고서를 작성하시오.

6.10.2 PLC CTU 카운터의 현재치 표시 및 목표치 설정 실습

(1) 동작기능

CTU 카운터의 입력신호로서 광센서나 근접센서를 P0F 번지의 입력 단자에 연결을 한다. 카운터의 현재치를 4 Digits BCD 출력기에 표시를 하고, 카운터의 동작 목표치를 PB0 및 4 Digits BCD 입력기를 이용하여 입력을 한다. 그리고 PB1을 이용하여 카운터를 리셋하고, 출력단자에 LAMP0을 연결한다.

단, 카운터의 초기 목표치는 PLC 특수 릴레이에서 1 스캔 ON 동작을 하는 _1ON을 이용하여 5회로 설정을 하고, PLC 내부의 데이터 메모리에 데이터를 전송할 경우 MOV 명령어를 사용한다.

(2) PLC 입출력 주소 할당

구분	변수명	I/O 주소	비고
입력	PB0	P00000	4 Digits BCD 입력기 동작 및 CTU 목표치 입력용
	PB1	P00001	CTU 리셋
	SENSOR0	P0F	광센서 또는 근접센서 연결 CTU 입력, 상승 edge에서 1회 동작 스위치는 채터링 제거 회로 필요
	BCD_INPUT	P0001	워드주소, 카운터의 목표치 입력용
제어	CTU0	C0000	Up 카운터
출력	LAMP0	P00020	
	BCD_OUTPUT	P0003	워드주소, 카운터의 현재치 표시용

(3) PLC LD 작성

(평가문제) CTU 카운터의 입력신호로서 광센서나 근접센서를 P0F 번지의 입력 단자에 연결을 한다. 카운터의 현재치를 4 Digits BCD 출력기에 표시를 하고, 카운터의 동작 목표치를 PB0 및 4 Digits BCD 입력기를 이용하여 입력을 한다. 그리고 PB1을 이용하여 카운터를 리셋하고, 출력단자에 LAMP0～LAMP3을 연결하여 1초씩 점멸하도록 한다.

단, 카운터의 초기 목표치는 PLC 특수 릴레이에서 1 스캔 ON 동작을 하는 _1ON을 이용하여 10회로 설정을 하고, PLC 내부의 데이터 메모리에 데이터를 전송할 경우 MOV 명령어를 사용한다.

동작 결과를 분석하고, 실습보고서를 작성하시오.

6.10.3 PLC CTU 카운터를 이용한 초시계 동작

(1) 동작기능

CTU 카운터를 이용하여 1초마다 4 Digits BCD 출력기에 00～59를 표시한다. PB0을 누르면 CTU 카운터가 동작을 하고, PB1을 누르면 일시 정지를 한다. 그리고 PB2를 이용하여 카운터를 리셋하고, 카운터의 입력신호는 1s 주기의 Timer 특수 릴레이인 _T1S를 이용한다.

(2) PLC 입출력 주소 할당

구분	변수명	I/O 주소	비고
입력	PB0	P00000	CTU 동작
	PB1	P00001	CTU 일시정지
	PB2	P00002	CTU 리셋
제어	X0	M00000	
	CTU0	C0000	Up 카운터
출력	BCD_OUTPUT	P0003	워드주소, 카운터의 현재치 표시용

(3) PLC LD 작성

6.10.4 PLC CTUD 카운터의 실습

(1) 동작기능

PLC CTUD 카운터는 Up-Down 카운터로서 Up 단자에 펄스가 입력되면 현재치를 1씩 가산, Down 단자에 펄스가 입력되면 1씩 감산하고, 현재치가 설정치 이상이면 카운터 출력 단자를 On한다.

건물 실내에 있는 사람수를 계수하는 시스템을 구현하는 실습을 한다. 입구측과 출구측에 각각 광센서를 설치하고, PLC CTUD 카운터의 상승용 및 하강용 입력신호로 사용을 한다. CTUD 현재치가 실내에 있는 사람수로 볼 수 있다.

본 실습에서는 광센서 대신에 CTUD 카운터의 상승용 입력신호로서 PB0, 하강용 입력신호로서 PB1을 이용하고, 리셋은 PB2를 이용한다. 실내에 있는 사람수인 CTUD 카운터의 현재치를 4 Digits BCD 출력기에 표시를 하고, 실내 사람수가 10명이면 LAMP0를 1초씩 점멸하도록 한다.

(2) PLC 입출력 주소 할당

구분	변수명	I/O 주소	비고
입력	PB0	P00000	CTUD 카운터의 상승용 입력신호로서 광센서 기능 상승 edge에서 1회 동작 스위치는 채터링 제거 회로 필요
	PB1	P00001	CTUD 카운터의 하강용 입력신호로서 광센서 기능 상승 edge에서 1회 동작 스위치는 채터링 제거 회로 필요
	PB1	P00001	CTUD 카운터 리셋용
제어	CTUD0	C0010	Up-Down 카운터
출력	LAMP0	P00020	
	BCD_OUTPUT	P0003	워드주소, 카운터의 현재치 표시용

(3) PLC LD 작성

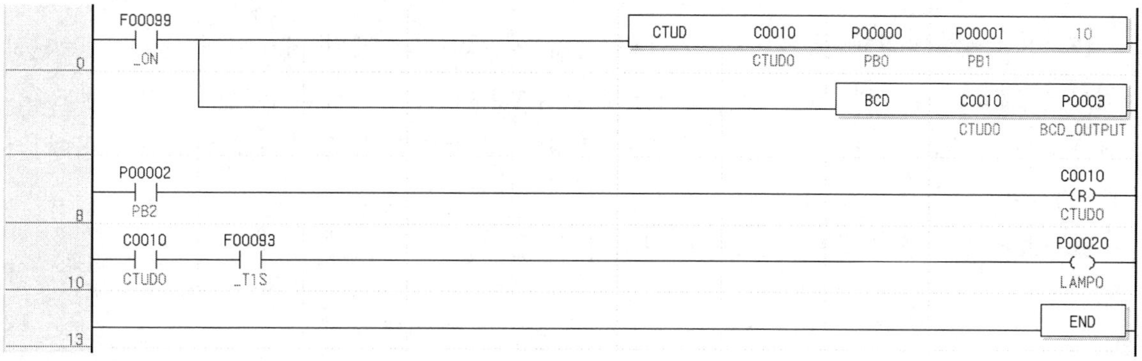

※ CTUD 명령어의 오퍼랜드 설명

카운터 이름 및 주소 : CTUD0, C0010

현재치를 +1하는 신호 : PB0, P00000

현재치를 -1하는 신호 : PB1, P00001

설정치 : 10

(평가문제) 건물 실내에 있는 사람수를 계수하는 시스템을 구현하는 실습을 한다. 입구측과 출구측에 각각 광센서를 설치하고, PLC CTUD 카운터의 상승용 및 하강용 입력신호로 사용을 한다. CTUD 현재치가 실내에 있는 사람수로 볼 수 있다.

본 실습에서는 광센서 대신에 CTUD 카운터의 상승용 입력신호로서 PB0, 하강용 입력신호로서 PB1을 이용하고, 리셋은 PB2를 이용한다. 실내에 있는 사람수인 CTUD 카운터의 현재치를 4 Digits BCD 출력기에 표시를 하고, 카운터의 동작 목표치를 PB3 및 4 Digits BCD 입력기를 이용하여 입력을 한다. CTUD 카운터의 출력단자에 LAMP0~LAMP3을 연결하여 1초씩 점멸하도록 한다.

단, 초기에는 실내 사람수가 10명이면 CTUD 카운터가 동작되도록 카운터의 초기 목표치를 PLC 특수 릴레이에서 1 스캔 ON 동작을 하는 _1ON을 이용하여 10회로 설정한다. PLC 내부의 데이터 메모리에 데이터를 전송할 경우 MOV 명령어를 사용한다.

동작 결과를 분석하고, 실습보고서를 작성하시오.

6.11 PLC 응용명령어 실습

PLC는 종래의 릴레이, 타이머, 카운터 등을 사용하는 릴레이 제어반의 단점을 보완하기 위하여 개발된 범용의 센서계측 및 자동제어장치이다. 중앙처리장치, 롬과 램의 메모리, 입출력장치, 통신회로 등의 하드웨어와 기본명령어, 응용명령어 및 특수명령어를 통하여 다양한 기능을 수행할 수 있다.

표 6.4에 주요한 명령어(요약)들이 나타나 있다.

표 6.4 XGK PLC의 명령어(요약)

구분	명령어	
기본명령어	접점 명령	LOAD, AND, OR 등
	반전명령	NOT
	마스터 컨트롤 명령	MCS, MCSCLR
	출력 명령	OUT, SET, RST, FF 등
	종료 명령	END
	타이머 명령	TON, TOFF, TMR, TMON, TRTG
	카운터 명령	CTD, CTU, CTUD, CTR
	결합 명령어, 무처리 명령어 등	
응용명령어	데이터 전송 명령어	MOV, MOVP, DMOV, DMOVP 등
	증감 명령어	INC, DEC 등
	비교 명령어	>, >=, =, <, <=, <>
	BIN 산술 명령어	ADD, SUB, MUL, DIV 등
	BCD 산술 명령어	ADDB, SUBB, MULB, DIVB 등
	코드변환(형변환) 명령어	BIN, BCD 등
	회전 명령어	ROL, ROR 등
	논리연산 명령, 문자열 처리 명령, 특수함수 명령, 분기 및 루프 명령 등	
특수명령어	통신 모듈 관련 명령어, 특수 모듈 공용 명령어, 모션제어 전용 명령어, 위치제어 전용 명령어	

6.11.1 데이터 전송 명령어 실습

데이터 전송 명령어는 PLC 내부의 데이터 메모리 영역 S(Source)에서 D(Destination)로 데이터를 전송하는 기능을 수행하고, 16비트/32비트 데이터 전송 명령어가 있다.

MOV S D : 명령어 수행 조건이 되면 매 스캔마다 16비트(1워드) 데이터 전송 명령어를 수행

MOVP D D : 명령어 수행 조건이 되면 상승 에지에서 1회만 16비트(1워드) 데이터 전송 명령어를 수행

DMOV S D : 명령어 수행 조건이 되면 매 스캔마다 32비트(2워드) 데이터 전송 명령어를 수행

DMOVP D D : 명령어 수행 조건이 되면 상승 에지에서 1회만 32비트(2워드) 데이터 전송 명령어를 수행

6.11.1.1 데이터 전송 명령어 기초 실습-1

(1) 동작기능

PB0~PB15의 on/off 16비트 값을 LAMP0~PAMP15에 출력한다.

(2) PLC 입출력 주소 할당

구분	변수명	I/O 주소	비고
입력	PB0~PB15	P0000	Slot 0 비트주소 : P00000~P0000F Slot 0 워드주소 : P0000
제어			
출력	LAMP0~LAMP15	P0002	Slot 2 비트주소 : P00020~P0002F Slot 2 워드주소 : P0002

(3) PLC LD 작성

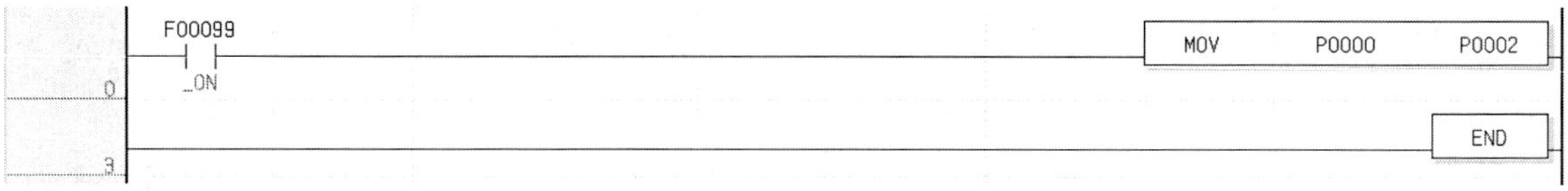

6.11.1.2 데이터 전송 명령어 기초 실습-2

(1) 동작기능

PB를 on/off하면 아래와 같이 16진수 데이터를 LAMP에 비트별로 출력한다. 단, 상승 에지에서 1회만 16비트(1워드) 데이터 전송 명령어를 수행하도록 한다.

PB0 on/off → 16진수 h000F(0000 0000 0000 1111B)를 LAMP0~PAMP15에 출력

PB1 on/off → 16진수 h00F0(0000 0000 1111 0000B)을 LAMP0~PAMP15에 출력

(2) PLC 입출력 주소 할당

구분	변수명	I/O 주소	비고
입력	PB0	P00000	
	PB1	P00001	
제어			
출력	LAMP0~LAMP15	P0002	Slot 2 비트주소 : P00020~P0002F Slot 2 워드주소 : P0002

(3) PLC LD 작성

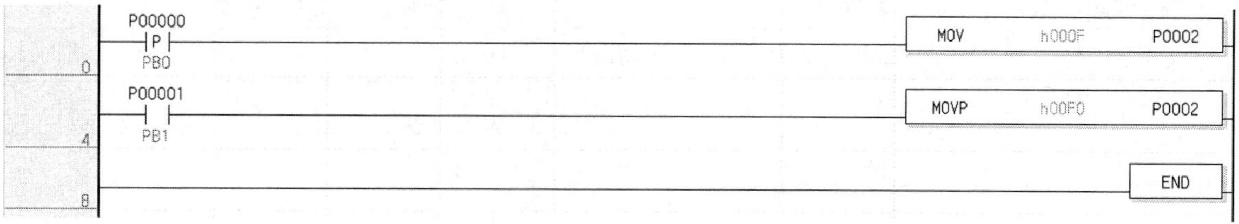

(평가문제) PB를 on하면 아래와 같이 16진수 데이터를 LAMP에 비트별로 출력한다.

PB0 on → 16진수 h0000(0000 0000 0000 0000B)을 LAMP0~PAMP15에 출력

PB1 on → 16진수 hFFFF(1111 1111 1111 1111B)를 LAMP0~PAMP15에 출력

PB2 on → 16진수 hAAAA(1010 1010 1010 1010B)를 LAMP0~PAMP15에 출력

PB3 on → 16진수 h5555(0101 0101 0101 0101B)를 LAMP0~PAMP15에 출력

동작 결과를 분석하고, 실습보고서를 작성하시오.

6.11.2 증감 명령어 실습

증감 명령어는 PLC 내부의 데이터 메모리 영역 D(Destination)의 값을 1 증가 또는 감소하는 기능을 수행한다.

INC D : 명령어 수행 조건이 되면 매 스캔마다 D에 1을 증가하여 다시 D에 저장

INCP D : 명령어 수행 조건이 되면 상승 에지에서 1회만 D에 1을 증가하여 다시 D에 저장

DEC D : 명령어 수행 조건이 되면 매 스캔마다 D에 1을 감소하여 다시 D에 저장

DECP D : 명령어 수행 조건이 되면 상승 에지에서 1회만 D에 1을 감소하여 다시 D에 저장

6.11.2.1 증감 명령어 기초 실습-1

(1) 동작기능

PB0 on/off → 16비트 데이터 레지스터 D00000 1씩 증가

PB1 on/off → 16비트 데이터 레지스터 D00000 1씩 감소

PB2 on/off → 16비트 데이터 레지스터 D00000 0으로 초기화

데이터 레지스터 D00000 → LAMP0~LAMP15에 출력, 4 Digits BCD 출력기에 표시

단, 프로그램 시작시 1회 16비트 데이터 레지스터 D00000를 0으로 초기화한다.

(2) PLC 입출력 주소 할당

구분	변수명	I/O 주소	비고
입력	PB0	P00000	
	PB1	P00001	
	PB2	P00002	
제어			
출력	LAMP0~LAMP15	P0002	Slot 2 비트주소 : P00020~P0002F Slot 2 워드주소 : P0002
	BCD_OUTPUT	P0003	Slot 3 워드주소

(3) PLC LD 작성

6.11.2.2 증감 명령어 기초 실습-2

(1) 동작기능

PB0 on → 1초마다 자동으로 16비트 데이터 레지스터 D00000 1씩 증가

PB1 on → 1초마다 자동으로 16비트 데이터 레지스터 D00000 1씩 감소

PB2 on → 1초마다 자동으로 16비트 데이터 레지스터 D00000 0으로 초기화

데이터 레지스터 D00000 → LAMP0~LAMP15에 출력, 4 Digits BCD 출력기에 표시

단, 프로그램 시작시 1회 16비트 데이터 레지스터 D00000를 0으로 초기화하고, 증감 명령어의 1초씩 자동 동작은 1s 주기의 Timer 특수 릴레이인 _T1S를 이용한다.

(2) PLC 입출력 주소 할당

구분	변수명	I/O 주소	비고
입력	PB0	P00000	
	PB1	P00001	
	PB2	P00002	
제어			
출력	LAMP0~LAMP15	P0002	Slot 2 비트주소 : P00020~P0002F Slot 2 워드주소 : P0002
	BCD_OUTPUT	P0003	Slot 3 워드주소

(3) PLC LD 작성

※ 참고 사항

- PLC LD 화면의 크기 확대/축소 방법
  Ctrl + Mouse Wheel Scroll
  메뉴/보기/화면 확대(Z), 화면 축소(O)

- PLC XG5000의 프로젝트 창 표시하는 방법
  메뉴/보기/프로젝트 창

- 이중 Coil 에러 경고시 해제 방법
  메뉴/보기/프로그램 검사/이중코일 에러 체크박스 해제

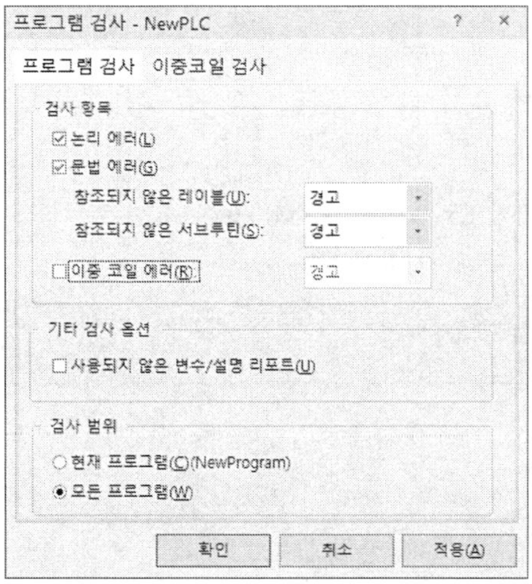

6.11.3 비교 명령어 실습

XGK PLC의 입력단 비교 명령어는 S1(Source 1)과 S2(Source 2)의 값을 비교하여 조건과 일치하면 현재의 비교 연산 결과를 on하고, 이외의 비교 연산 결과는 off이다. 입력단 비교 명령어의 형태는 비교 명령어식과 Command 입력단이 LOAD, AND, OR 등의 형태를 유지하며 다양한 조건식을 구현할 수 있다.

여기에서는 LOAD 형태를 위주로 하여 설명을 한다.

비교 명령어 : 조건식 S1 S2
· 조건식 : >, >=, =, <, <=, <>
· S1, S2 : 데이터나 데이터 주소

X 조건	조건	연산결과
=	S1 = S2	On
<=	S1 ≤ S2	On
>=	S1 ≥ S2	On
< >	S1 ≠ S2	On
<	S1 < S2	On
>	S1 > S2	On

6.11.3.1 비교 명령어의 기초 실습-1

(1) 동작기능

PB0 on/off → 16비트 데이터 레지스터 D00000 1씩 증가
PB1 on/off → 16비트 데이터 레지스터 D00000 1씩 감소
PB2 on/off → 16비트 데이터 레지스터 D00000 0으로 초기화
데이터 레지스터 D00000 → 4 Digits BCD 출력기에 표시

만일, D00000 > 5 → LAMP0 점등
D00000 >= 5 → LAMP1 점등
D00000 = 5 → LAMP2 점등
D00000 < 5 → LAMP3 점등
D00000 <= 5 → LAMP4 점등
D00000 <> 5 → LAMP5 점등

단, 프로그램 시작시 1회 16비트 데이터 레지스터 D00000를 0으로 초기화한다.

(2) PLC 입출력 주소 할당

구분	변수명	I/O 주소	비고
입력	PB0	P00000	
	PB1	P00001	
	PB2	P00002	
제어			
출력	LAMP0~LAMP15	P00020~P0002F	비트주소
	BCD_OUTPUT	P0003	워드주소

(3) PLC LD 작성

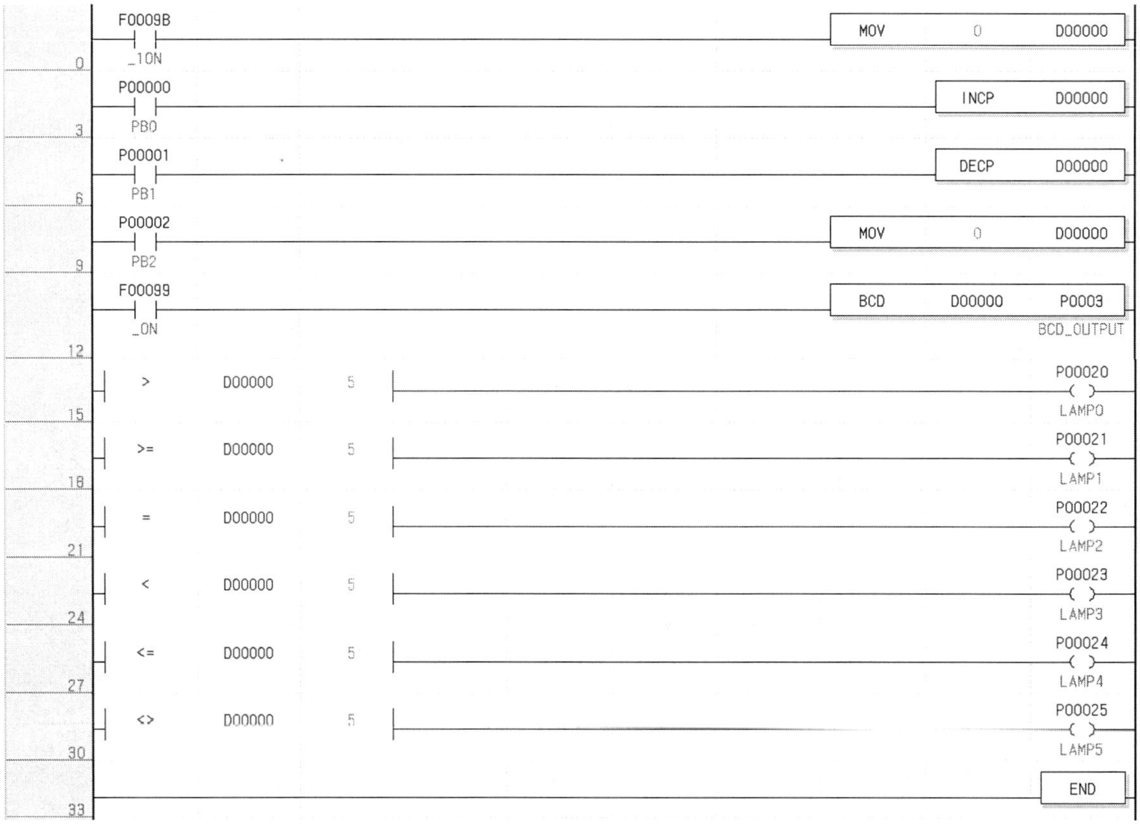

(평가문제)

PB0 on/off → 16비트 데이터 레지스터 D00000 1씩 증가

PB1 on/off → 16비트 데이터 레지스터 D00000 1씩 감소

PB2 on/off → 16비트 데이터 레지스터 D00000 0으로 초기화

데이터 레지스터 D00000 → 4 Digits BCD 출력기에 표시

만일, D00000 > 10 → LAMP0 1초씩 점멸

D00000 >= 10 → LAMP1 1초씩 점멸

D00000 = 10 → LAMP2 1초씩 점멸

D00000 < 10 → LAMP3 1초씩 점멸

D00000 <= 10 → LAMP4 1초씩 점멸

D00000 <> 10 → LAMP5 1초씩 점멸

단, 프로그램 시작시 1회 16비트 데이터 레지스터 D00000를 0으로 초기화하고, LAMP의 1초씩 점멸은 1s 주기의 Timer 특수 릴레이인 _T1S를 이용한다.

동작 결과를 분석하고, 실습보고서를 작성하시오.

6.11.3.2 비교 명령어의 기초 실습-2

(1) 동작기능

4 Digits BCD 입력기에 입력한 숫자와 1000과의 다양한 비교 연산을 아래와 같이 실시하고, 그 결과에 따라 LAMP를 1초 간격으로 점멸한다. BCD 입력기의 숫자를 4 Digits BCD 출력기에 표시한다.

BCD 입력기의 숫자 > 1000 → LAMP0 점등
BCD 입력기의 숫자 >= 1000 → LAMP1 점등
BCD 입력기의 숫자 = 1000 → LAMP2 점등
BCD 입력기의 숫자 < 1000 → LAMP3 점등
BCD 입력기의 숫자 <= 1000 → LAMP4 점등
BCD 입력기의 숫자 <> 1000 → LAMP5 점등

(2) PLC 입출력 주소 할당

구분	변수명	I/O 주소	비고
입력	BCD_INPT	P0001	워드주소
제어			
출력	LAMP0~LAMP15	P00020~P0002F	비트주소
	BCD_OUTPUT	P0003	워드주소

(3) PLC LD 작성

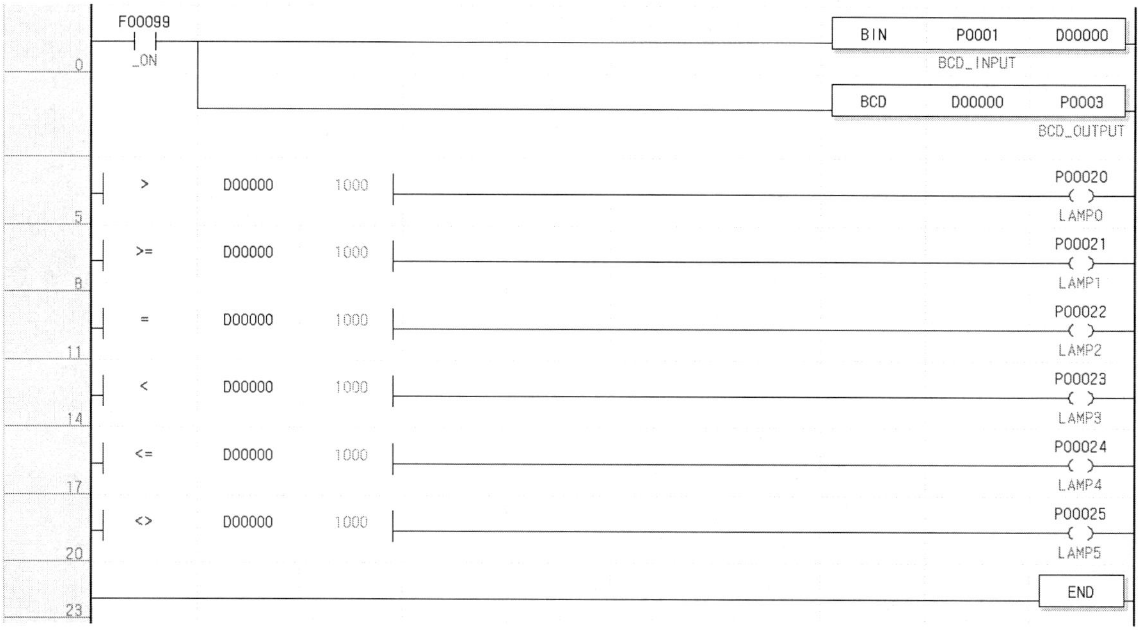

6.11.3.3 비교 명령어 및 증가 명령어를 이용한 초시계 동작

(1) 동작기능

비교 명령어 및 증가 명령어를 이용하여 1초마다 4 Digits BCD 출력기에 00~59를 표시한다. PB0을 누르면 증가 명령어가 동작을 하고, PB1을 누르면 일시 정지를 한다. 그리고 비교 명령어와 PB2를 이용하여 초시계를 리셋하고, 증가 명령어의 입력신호는 1s 주기의 Timer 특수 릴레이인 _T1S를 이용한다.

(2) PLC 입출력 주소 할당

구분	변수명	I/O 주소	비고
입력	PB0	P00000	INCP 동작
	PB1	P00001	INCP 일시 정지
	PB2	P00002	초시계 리셋
제어	X0	M00000	
출력	BCD_OUTPUT	P0003	워드주소, 증가 명령어의 현재치 표시용

(3) PLC LD 작성

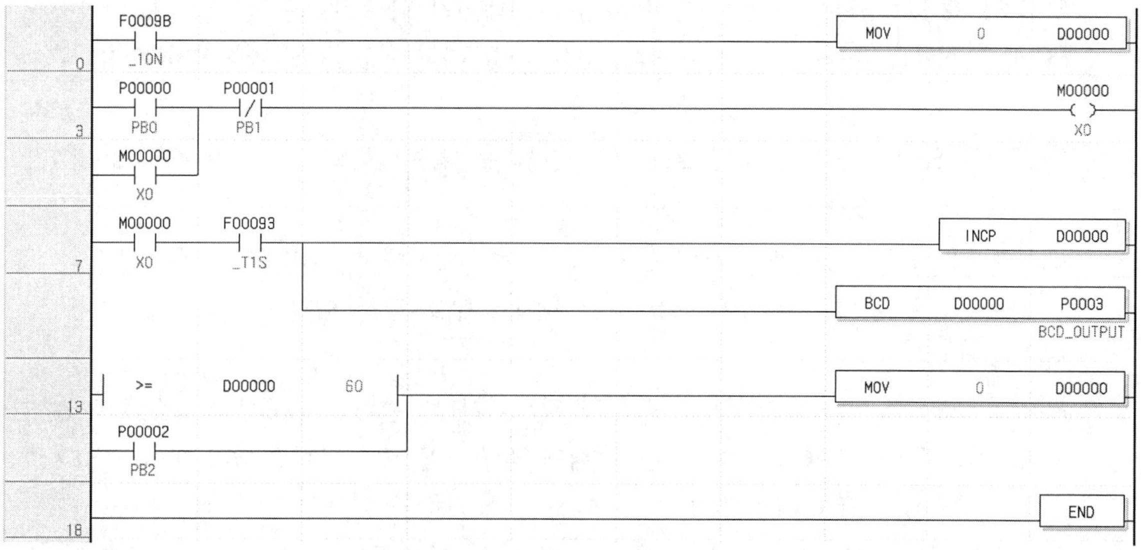

6.11.4 BIN 산술 명령어 실습

XGK PLC에서 제공하는 숫자의 연산 명령어는 일반 정수/실수연산인 BIN 산술 명령어와 BCD 코드 값을 대상으로 한 BCD 산술 명령어가 있다. 사용 방법은 유사하고, 여기에서는 BIN 산술 명령어를 위주로 설명을 한다.

BIN 산술 명령어는 ADD(덧셈), SUB(뺄셈), MUL(곱셈), DIV(나눗셈) 등이 있다.

- ADD(덧셈)

  ADD S1 S2 D : 명령어 수행 조건이 되면 워드데이터 S1 + S2 → D, 부호 있는 연산

  ADDP S1 S2 D : 명령어 수행 조건이 되면 상승 에지에서 1회만 워드데이터 S1 + S2 → D, 부호 있는 연산

  DADD S1 S2 D : 명령어 수행 조건이 되면 더블 워드데이터 (S1+1, S1) + (S2+1, S2) → (D+1, D), 부호 있는 연산

  DADDP S1 S2 D : 명령어 수행 조건이 되면 상승 에지에서 1회만 더블 워드데이터 (S1+1, S1) + (S2+1, S2) → (D+1, D), 부호 있는 연산

- SUB(뺄셈)

  SUB S1 S2 D : 명령어 수행 조건이 되면 워드데이터 S1 - S2 → D, 부호 있는 연산

  SUBP S1 S2 D : 명령어 수행 조건이 되면 상승 에지에서 1회만 워드데이터 S1 - S2 → D, 부호 있는 연산

  DSUB S1 S2 D : 명령어 수행 조건이 되면 더블 워드데이터 (S1+1, S1) - (S2+1, S2) → (D+1, D), 부호 있는 연산

  DSUBP S1 S2 D : 명령어 수행 조건이 되면 상승 에지에서 1회만 더블 워드데이터 (S1+1, S1) - (S2+1, S2) → (D+1, D), 부호 있는 연산

- MUL(곱셈)

  MUL S1 S2 D : 명령어 수행 조건이 되면 워드데이터 S1×S2 → (D+1, D), 부호 있는 연산

  MULP S1 S2 D : 명령어 수행 조건이 되면 상승 에지에서 1회만 워드데이터 S1×S2 → (D+1, D), 부호 있는 연산

  DMUL S1 S2 D : 명령어 수행 조건이 되면 더블 워드데이터 (S1+1, S1) + (S2+1, S2) → (D+3, D+2, D+1, D), 부호 있는 연산

  DMULP S1 S2 D : 명령어 수행 조건이 되면 상승 에지에서 1회만 더블 워드데이터 (S1+1, S1) + (S2+1, S2) → (D+3, D+2, D+1, D), 부호 있는 연산

· DIV(나눗셈)

DIV S1 S2 D : 명령어 수행 조건이 되면 워드데이터 S1 / S2 → 몫 D, 나머지 D+1, 부호 있는 연산

DIVP S1 S2 D : 명령어 수행 조건이 되면 상승 에지에서 1회만 워드데이터 S1 / S2 → 몫 D, 나머지 D+1, 부호 있는 연산

DDIV S1 S2 D : 명령어 수행 조건이 되면 더블 워드데이터 (S1+1, S1) / (S2+1, S2) → 몫 (D+1, D), 나머지 (D+3, D+2), 부호 있는 연산

DDIVP S1 S2 D : 명령어 수행 조건이 되면 상승 에지에서 1회만 더블 워드데이터 (S1+1, S1) / (S2+1, S2) → 몫 (D+1, D), 나머지 (D+3, D+2), 부호 있는 연산

6.11.4.1 BIN 산술 명령어의 기초 실습-1

(1) 동작기능

PB를 누르면 아래와 같은 산술연산을 시행하고, 그 결과 값을 4 Digits BCD 출력기에 표시한다.

PB0 : 1234 + 1111 → 데이터 레지스터 D0, 4 Digits BCD 출력기에 덧셈 값 표시

PB1 : 200 - 100 → 데이터 레지스터 D1, 4 Digits BCD 출력기에 뺄셈 값 표시

PB2 : 100 × 20 → 데이터 레지스터 D2, 4 Digits BCD 출력기에 곱셈 값 표시

PB3 : 5557 ÷ 5 → 몫 데이터 레지스터 D3, 4 Digits BCD 출력기에 나눗셈의 몫 값 표시

PB4 : 나머지 데이터 레지스터 D4, 4 Digits BCD 출력기에 나눗셈의 나머지 값 표시

PLC LD 프로그램을 실행하고 디바이스 모니터에서 해당 데이터 레지스터 D값을 확인한다.

(2) PLC 입출력 주소 할당

구분	변수명	I/O 주소	비고
입력	PB0	P00000	
	PB1	P00001	
	PB2	P00002	
	PB3	P00003	
	PB4	P00004	
제어			
출력	BCD_OUTPUT	P0003	워드주소, 산술연산 결과 값 표시

(3) PLC LD 작성

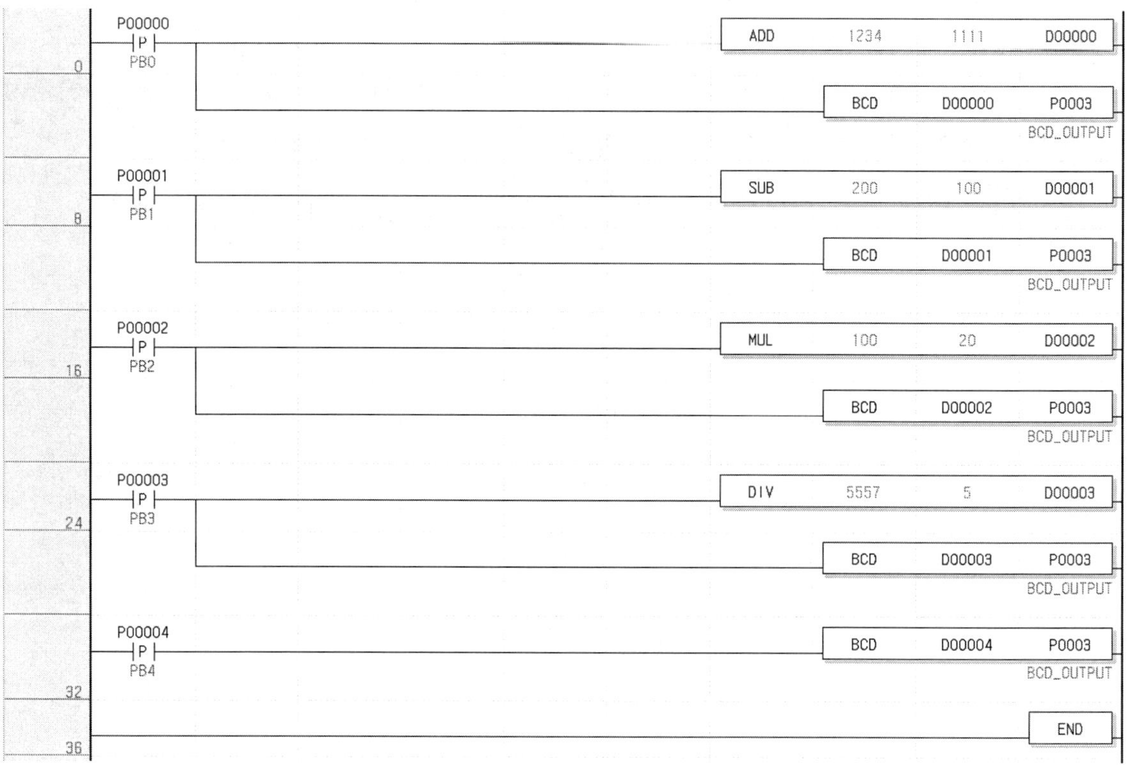

※ BIN 산술 명령어 연산결과의 데이터 레지스터 D 영역 보기

① PLC LD 쓰기 및 실행

메뉴/온라인/접속, 쓰기 및 모드 런

메뉴/모니터/모니터 시작

또는

메뉴/도구/시뮬레이터 시작

메뉴/모니터/시스템 모니터

② 데이터 레지스터 확인용 디바이스 모니터 구동

메뉴/모니터/디바이스 모니터

디바이스 정보 창/D 선택

디바이스 모니터 메뉴/보기/보기 옵션/부호 있는 10진수 선택

D00000～D00004 값 확인

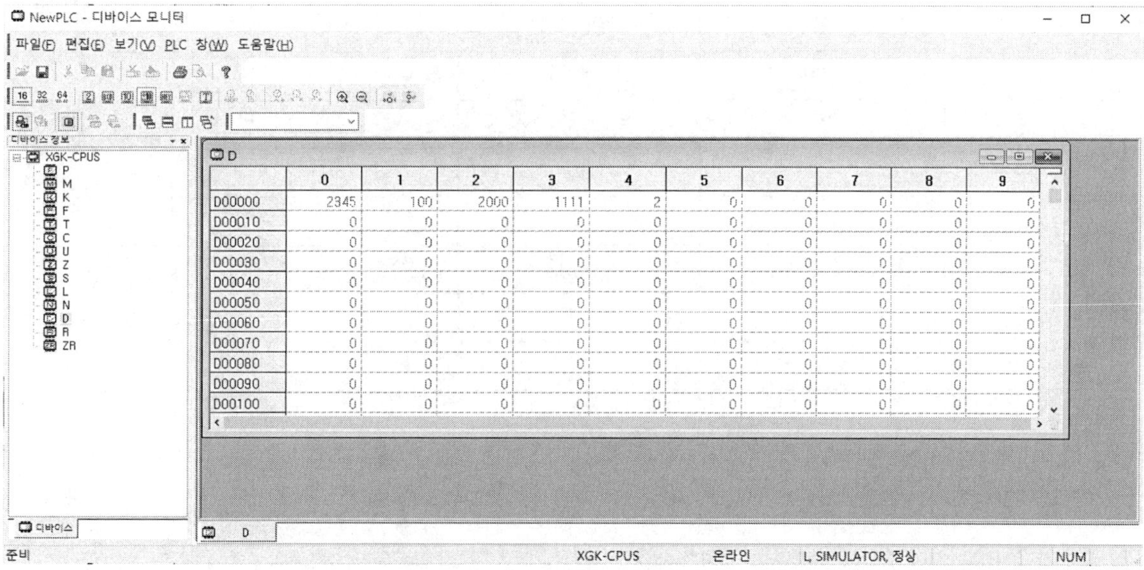

6.11.4.2 BIN 산술 명령어의 기초 실습-2

(1) 동작기능

PB0과 PB1을 누르면 4 Digits BCD 입력기에 두 숫자 A, B를 입력하고, 임시로 데이터 레지스터 D영역에 저장을 한다. PB3과 PB4를 누르면 각각 두 숫자 A, B의 덧셈과 곱셈을 실시하고, 그 결과 값을 4 Digits BCD 출력기에 표시한다.

PB0 : 4 Digits BCD 입력기에 임의의 숫자 A 입력 및 데이터 레지스터 D0에 저장
PB1 : 4 Digits BCD 입력기에 임의의 숫자 B 입력 및 데이터 레지스터 D1에 저장
PB2 : A + B → 데이터 레지스터 D2, 4 Digits BCD 출력기에 덧셈 값 표시
PB3 : A × B → 데이터 레지스터 D3, 4 Digits BCD 출력기에 곱셈 값 표시

단, 4 Digits BCD 출력기의 표시가능 범위인 0000~9999에서 두 숫자의 연산 결과를 표시할 수 있도록 두 숫자 A, B를 설정한다. 그리고 PLC LD 프로그램을 실행하고 디바이스 모니터에서 해당 데이터 레지스터 D값을 확인한다.

(2) PLC 입출력 주소 할당

구분	변수명	I/O 주소	비고
입력	PB0	P00000	
	PB1	P00001	
	PB2	P00002	
	PB3	P00003	
	BCD_INPUT	P0001	워드주소
제어			
출력	BCD_OUTPUT	P0003	워드주소, 산술연산 결과 값 표시

(3) PLC LD 작성

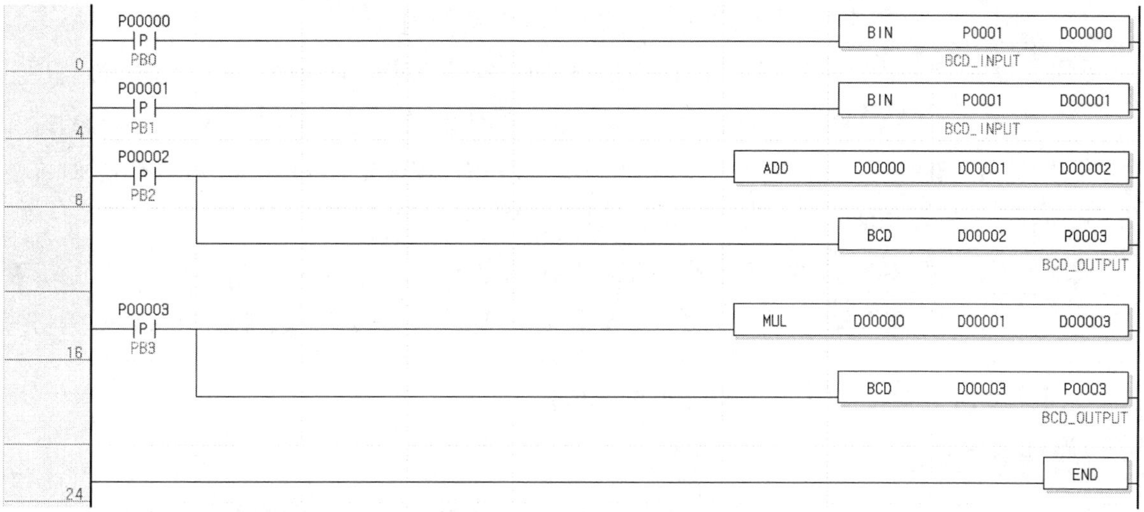

(평가문제) PB0과 PB1을 누르면 4 Digits BCD 입력기에 두 숫자 A, B를 입력하고, 임시로 데이터 레지스터 D영역에 저장을 한다. PB3, PB4 및 PB5를 누르면 각각 두 숫자 A, B의 뺄셈과 나눗셈을 실시하고, 그 결과 값을 4 Digits BCD 출력기에 표시한다.

단, 4 Digits BCD 출력기의 표시가능 범위인 0000~9999에서 두 숫자의 연산 결과를 표시할 수 있도록 두 숫자 A, B를 설정한다. 그리고 PLC LD 프로그램을 실행하고 디바이스 모니터에서 해당 데이터 레지스터 D값을 확인한다.

PB0 : 4 Digits BCD 입력기에 숫자 A 입력 및 데이터 레지스터 D0에 저장
PB1 : 4 Digits BCD 입력기에 숫자 B 입력 및 데이터 레지스터 D1에 저장
PB2 : A - B → 데이터 레지스터 D2, 4 Digits BCD 출력기에 뺄셈 값 표시
PB3 : A ÷ B → 몫 데이터 레지스터 D3, 4 Digits BCD 출력기에 나눗셈의 몫 값 표시
PB4 : 나머지 데이터 레지스터 D4, 4 Digits BCD 출력기에 나눗셈의 나머지 값 표시

동작 결과를 분석하고, 실습보고서를 작성하시오.

6.11.5 코드변환(형변환) 명령어 및 회전 명령어 실습

BCD 입력기 및 출력기에 많이 사용되어지고 있는 코드변환(형변환) 명령어는 BIN, BCD 등이 있고, 앞의 "6.8 디지털 BCD 입력기 및 출력기의 실습" 편에 설명되어 있다.

XGK PLC에서 제공하는 비트의 회전 명령어는 ROL(Rotation Left), ROR(Rotation

Right) 등이 있다.

ROL D n : 명령어 수행 조건이 되면 데이터 주소의 16비트 값을 좌측으로 비트 회전수 n 만큼 회전 연산을 수행하고, 캐리 비트를 포함함.

ROLP D n : 명령어 수행 조건이 되면 상승 에지에서 1회만 데이터 주소의 16비트 값을 좌측으로 비트 회전수 n 만큼 회전 연산을 수행하고, 캐리 비트를 포함함.

ROR D n : 명령어 수행 조건이 되면 데이터 주소의 16비트 값을 우측으로 비트 회전수 n 만큼 회전 연산을 수행하고, 캐리 비트를 포함함.

RORP D n : 명령어 수행 조건이 되면 상승 에지에서 1회만 데이터 주소의 16비트 값을 우측으로 비트 회전수 n 만큼 회전 연산을 수행하고, 캐리 비트를 포함함.

6.11.5.1 회전 명령어의 기초 실습-1

(1) 동작기능

PB0을 on/off하면 LAMP0~LAMP15(워드 주소 P0002)가 h0001(0000 0000 0000 0001B)로 초기화가 된다. PB1을 on/off하면 LAMP0~LAMP15가 좌측으로 1 스캔 동안만 1비트 회전하고, PB2를 on/off하면 LAMP0~LAMP15가 우측으로 1 스캔 동안만 1비트 회전한다.

(2) PLC 입출력 주소 할당

구분	변수명	I/O 주소	비고
입력	PB0	P00000	
	PB1	P00001	
	PB2	P00002	
제어			
출력	LAMP0~LAMP15	P0002	워드주소

(3) PLC LD 작성

(평가문제) PB0을 on/off하면 LAMP0~LAMP15(워드 주소 P0002)가 h8000(1000 0000 0000 0000B)로 초기화가 된다. PB1을 on/off하면 LAMP0~LAMP15가 좌측으로 1 스캔 동안만 1비트 회전하고, PB2를 on/off하면 LAMP0~LAMP15가 우측으로 1 스캔 동안만 1비트 회전한다.

동작 결과를 분석하고, 실습보고서를 작성하시오.

6.11.5.2 회전 명령어의 기초 실습-2

(1) 동작기능

PB0을 on/off하면 LAMP0~LAMP15(워드 주소 P0002)가 h000F(0000 0000 0000 1111B)로 초기화가 된다. PB1을 on/off하면 LAMP0~LAMP15가 좌측으로 1 스캔 동안만 4비트 회전하고, PB2를 on/off하면 LAMP0~LAMP15가 우측으로 1 스캔 동안만 4비트 회전한다.

(2) PLC 입출력 주소 할당

구분	변수명	I/O 주소	비고
입력	PB0	P00000	
	PB1	P00001	
	PB2	P00002	
제어			
출력	LAMP0~LAMP15	P0002	워드주소

(3) PLC LD 작성

(평가문제) PB0을 on/off하면 LAMP0~LAMP15(워드 주소 P0002)가 hF000(1111 0000 0000 0000B)로 초기화가 된다. PB1을 on/off하면 LAMP0~LAMP15가 좌측으로 1 스캔 동안만 4비트 회전하고, PB2를 on/off하면 LAMP0~LAMP15가 우측으로 1 스캔 동안만 4비트 회전한다.

동작 결과를 분석하고, 실습보고서를 작성하시오.

6.12 동작 상태 천이표를 이용한 신호등 제어 및 터치판넬 화면 작화 실습

일반 도로나 교차로의 횡단보도 및 차량 통행 제어를 위한 신호등 램프 제어용 PLC LD 프로그램은 여러 가지 방법으로 작성할 수 있고, 여기에서는 동작 상태별 천이표를 작성하여 TON 타이머, MOV(16비트, 1워드) 및 DMOV(32비트, 2워드) 데이터 전송 명령어를 이용하여 신호등을 제어한다. 동작 상태별 천이표란 타이머의 동작 시간별로 각 출력장치들의 on/off 상태를 표로 작성한 것으로서, 이를 보고 PLC LD 프로그램을 작성한다.

PLC 출력단에 횡단보도 및 차량 통행 제어용 램프를 설치하여 동작 상태를 분석할 수 있지만, 여기에서는 LS 일렉트릭사에서 제공하는 XGT Panel 화면 작화용 프로그램인 XP-Builder 프로그램의 시뮬레이터 기능과 XGT5000 LD 작성용 프로그램의 시뮬레이터 기능을 이용하여 동작 상태를 확인하도록 한다.

다음에 동작 상태 천이표를 이용한 신호등 제어 실습하는 단계를 정리하였다.

(Step 1) LS 일렉트릭사 홈페이지에서 XGT Panel 화면 작화용 프로그램 XP-Builder 프로그램 다운로드 및 설치

(Step 2) 횡단보도 및 차량 통행 제어용 램프의 동작 상태 천이표 작성

(Step 3) XGT 5000을 이용한 PLC LD 작성

(Step 4) XP-Builder를 이용한 횡단보도 및 차량 통행 제어용 램프 작화 및 주소 부여

(Step 5) XGT 5000 시뮬레이터 구동

(Step 6) XP-Builder 시뮬레이터 구동

(Step 7) 신호등 램프 제어상태 분석

6.12.1 일반 직선도로의 신호등 제어 및 터치판넬 화면 작화 실습

(1) 동작기능

일반 직선도로의 신호등을 그림 6.6과 같이 배치하고, 보행자 및 차량의 동작 상태를 요약하면 다음과 같다.

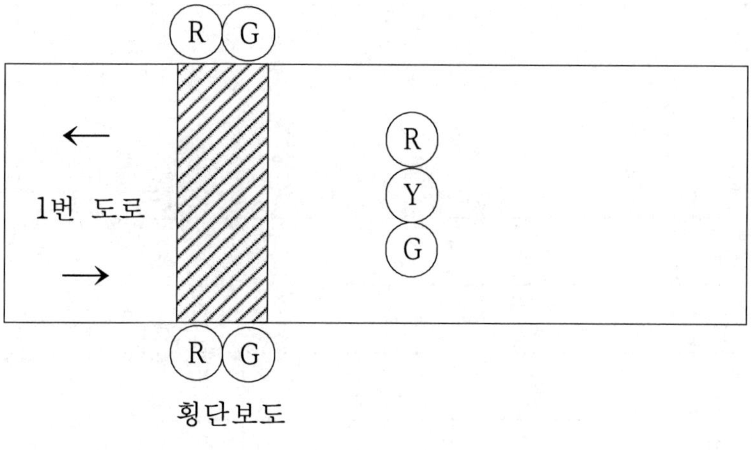

그림 6.6 일반 직선도로의 신호등 설비

- 상태 1 : △t1=10초, 1번 도로 차량 직진, 보행자 정지
- 상태 2 : △t2=2초, 1번 도로 황색 점등
- 상태 3 : △t3=15초, 1번 도로 차량 정지, 보행자 횡단
- 상태 4 : △t4=2초, 1번 도로 황색 점등

(2) 동작 상태 천이표의 작성 및 출력 램프 주소 부여

일반 직선도로의 신호등 제어 동작 상태 천이표와 램프 주소는 표 6.5와 같다.

표 6.5 일반 직선도로의 신호등 제어 동작 상태 천이표

램프 \ 동작상태			상태 1 (△t1=10초)	상태 2 (△t2=2초)	상태 3 (△t3=15초)	상태 4 (△t4=2초)	램프 주소
1번 도로	차량	R	0	0	1	0	P20
		Y	0	1	0	1	P21
		G	1	0	0	0	P22
	보행자	R	1	1	0	1	P23
		G	0	0	1	0	P24
상태 값(16진수)			h0C	h0A	h11	h0A	

상태 1 : 0000 1100B → h0C
상태 2 : 0000 1010B → h0A
상태 3 : 0001 0001B → h11
상태 4 : 0000 1010B → h0A
※ 램프 비트주소 : Slot2 P00020~P0002F, 워드주소 : P0002

(3) PLC LD 작성

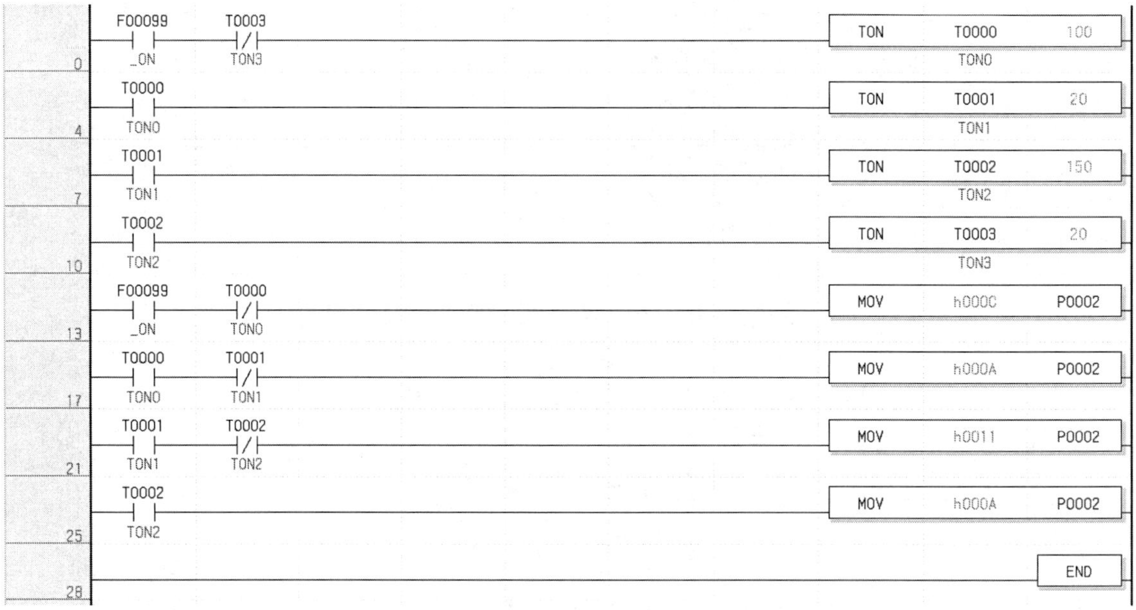

※ 16비트/32비트 데이터 전송 명령어

MOV h000C P0002 : 16비트 데이터 전송 명령어, h000C → P0002

DMOV h0085145C P0002 : 32비트 데이터 전송 명령어, h0085145C → P0003 P0002

※ 일반 직선도로 신호등 제어 설비의 PLC LD 타임차트

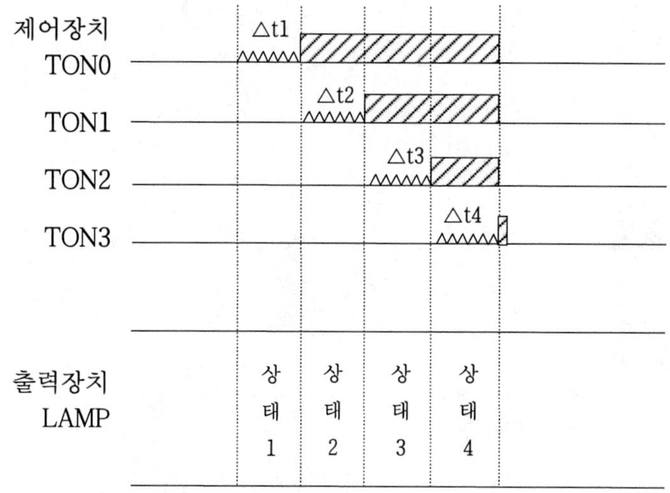

그림 6.7 일반 직선도로 신호등 설비의 동작 타임차트

(4) XP-Builder을 이용한 신호등 제어용 화면 작화

① XP-Builder 실행

② 메뉴/프로젝트/새로 만들기/

현재 사용하고 있는 터치판넬 규격 입력 또는 시뮬레이션만 할 경우는 임의로 입력

시리즈 : iXP2 Series, 모델 : iXP2-1500(15 inch, 1024×768)

연결제어기 제조사 : LS, 제품 : LS XGK(Ethernet) 또는 XGK(CPU)

√ PLC 시뮬레이터 이용

③ 메뉴/프로젝트/다른 이름으로 저장/XGK_PANEL_11.xpd

④ 신호등 제어용 화면 작화 및 램프 주소 입력

- 도구상자/도형/문자열/문자입력 : 상태 천이표를 이용한 일반 직선도로의 신호등 제어
- 도구상자/오브젝트/비트램프/보행자 및 차량 제어용 램프 그리기

  기본/디바이스 주소 입력 : P20~P24

  표시/on, off 이미지 선택 @ 라이브러리

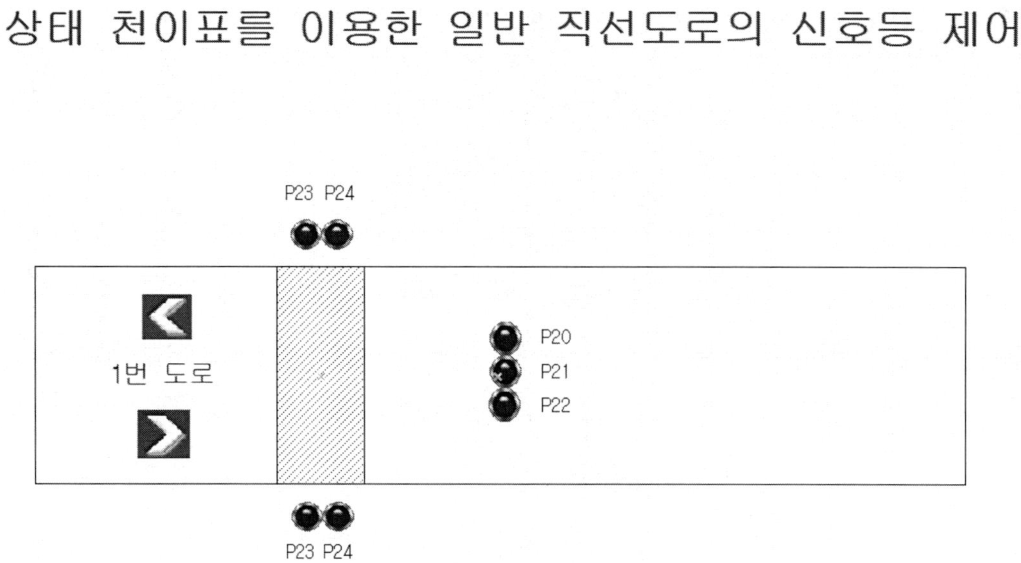

그림 6.8 일반 직선도로 신호등 설비의 터치판넬 화면 작화

(5) PLC LD, XP-Builder 시뮬레이터 실행 및 동작 결과 분석

① XG5000 시뮬레이션 : 메뉴/도구/시뮬레이터 시작

② XP-Builder 시뮬레이션 : 메뉴/도구/시뮬레이션

③ 일반 직선도로의 신호등 동작 결과 분석

6.12.2 교차로의 신호등 제어 및 터치판넬 화면 작화 실습

(1) 동작기능

교차로의 신호등을 그림 6.9와 같이 배치하고, 보행자 및 차량의 동작 상태를 요약하면 다음과 같다.

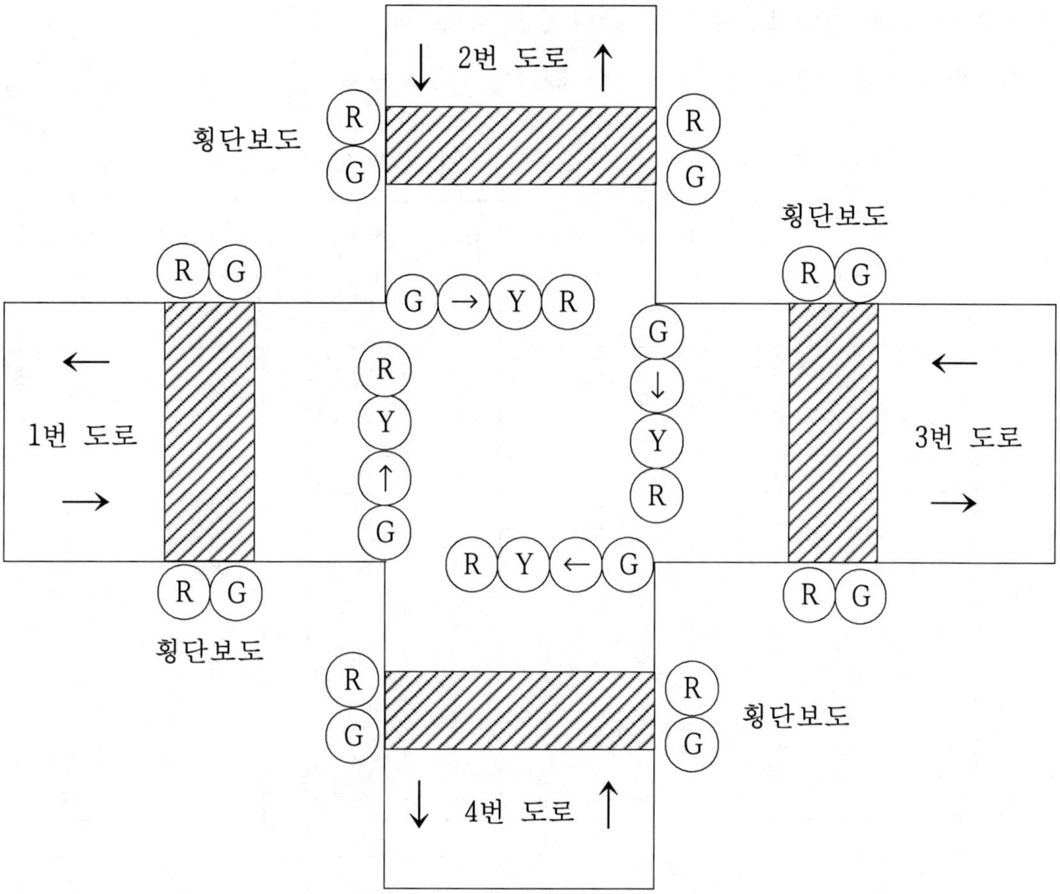

그림 6.9 교차로의 신호등 설비

- 상태 1 : 10초, 1번 도로 차량 직, 좌, 4번 도로 보행자 횡단
- 상태 2 : 2초, 1번 도로 황색 점등, 모든 횡단보도 정지
- 상태 3 : 10초, 2번 도로 차량 직, 좌, 1번 도로 보행자 횡단
- 상태 4 : 2초, 2번 도로 황색 점등, 모든 횡단보도 정지
- 상태 5 : 10초, 3번 도로 차량 직, 좌, 2번 도로 보행자 횡단
- 상태 6 : 2초, 3번 도로 황색 점등, 모든 횡단보도 정지
- 상태 7 : 10초, 4번 도로 차량 직, 좌, 3번 도로 보행자 횡단
- 상태 8 : 2초, 4번 도로 황색 점등, 모든 횡단보도 정지

(2) 동작 상태 천이표의 작성 및 출력 램프 주소 부여

교차로의 신호등 제어 동작 상태 천이표와 램프 주소는 표 6.6과 같다.

표 6.6 교차로의 신호등 제어 동작 상태 천이표

램프 \ 동작상태			상태 1	상태 2	상태 3	상태 4	상태 5	상태 6	상태 7	상태 8	램프 주소
1번 도로	차량	R	0	0	1	1	1	1	1	1	P20
		Y	0	1	0	0	0	0	0	0	P21
		←	1	0	0	0	0	0	0	0	P22
		G	1	0	0	0	0	0	0	0	P23
	보행자	R	1	1	0	1	1	1	1	1	P24
		G	0	0	1	0	0	0	0	0	P25
2번 도로	차량	R	1	1	0	0	1	1	1	1	P26
		Y	0	0	0	1	0	0	0	0	P27
		←	0	0	1	0	0	0	0	0	P28
		G	0	0	1	0	0	0	0	0	P29
	보행자	R	1	1	1	1	0	1	1	1	P2A
		G	0	0	0	0	1	0	0	0	P2B
3번 도로	차량	R	1	1	1	1	0	0	1	1	P2C
		Y	0	0	0	0	0	1	0	0	P2D
		←	0	0	0	0	1	0	0	0	P2E
		G	0	0	0	0	1	0	0	0	P2F
	보행자	R	1	1	1	1	1	1	0	1	P30
		G	0	0	0	0	0	0	1	0	P31
4번 도로	차량	R	1	1	1	1	1	1	0	0	P32
		Y	0	0	0	0	0	0	0	1	P33
		←	0	0	0	0	0	0	1	0	P34
		G	0	0	0	0	0	0	1	0	P35
	보행자	R	0	1	1	1	1	1	1	1	P36
		G	1	0	0	0	0	0	0	0	P37
상태 값(16진수)			h85145C	h451452	h451721	h451491	h45C851	h452451	h721451	h491451	

상태 1 : 1000 0101 0001 0100 0101 1100B → h85145C
상태 2 : 0100 0101 0001 0100 0101 0010B → h451452
상태 3 : 0100 0101 0001 0111 0010 0001B → h451721
상태 4 : 0100 0101 0001 0100 1001 0001B → h451491
상태 5 : 0100 0101 1100 1000 0101 0001B → h45C851
상태 6 : 0100 0101 0010 0100 0101 0001B → h452451
상태 7 : 0111 0010 0001 0100 0101 0001B → h721451
상태 8 : 0100 1001 0001 0100 0101 0001B → h491451
※ 램프 비트주소 : Slot2 P00020~P0002F, 워드주소 : P0002
Slot 3 P00030~P0003F, 워드주소 : P0003

(3) PLC LD 작성

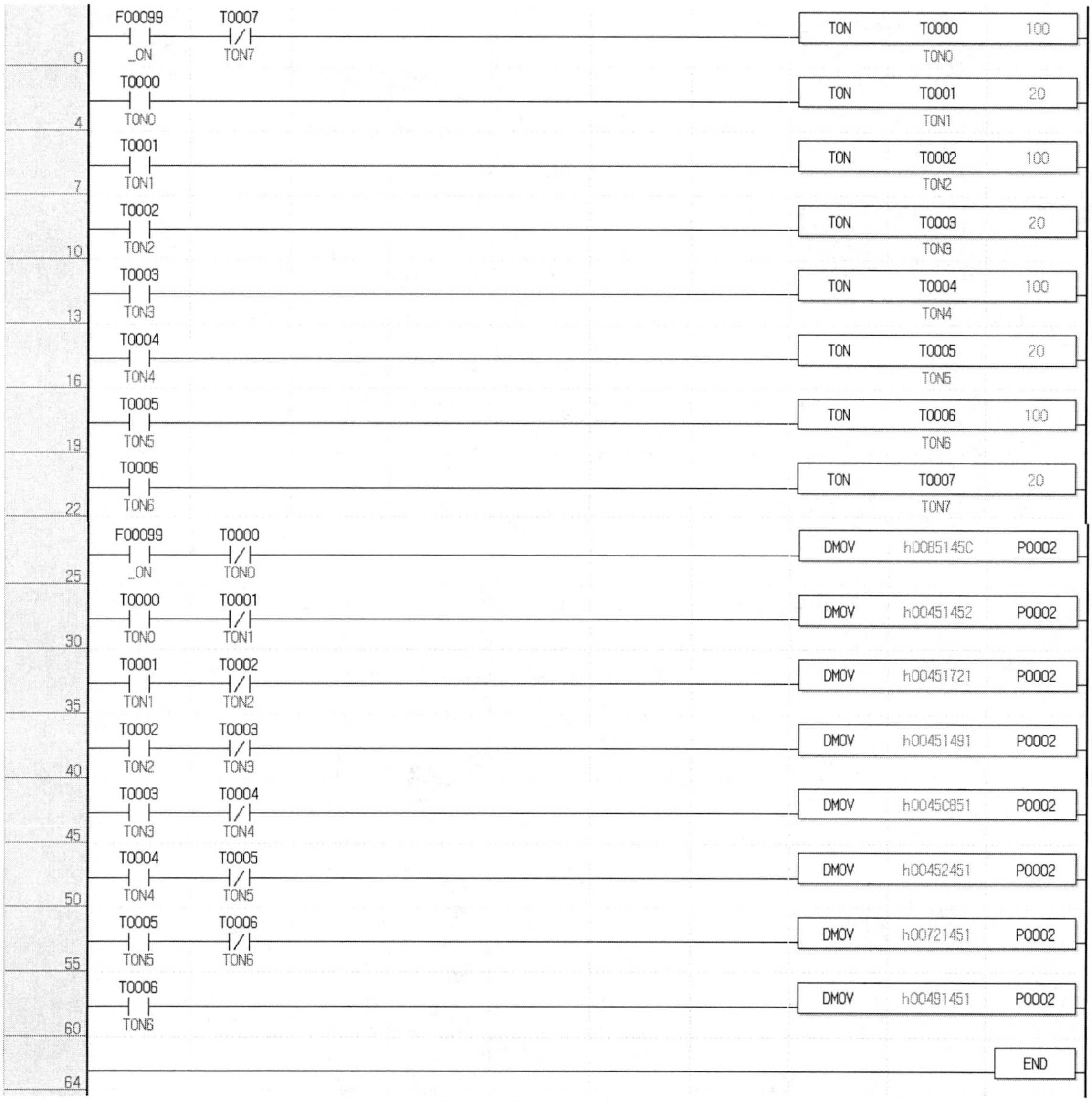

※ 16비트/32비트 데이터 전송 명령어

MOV h000C P0002 : 16비트 데이터 전송 명령어, h000C → P0002

DMOV h0085145C P0002 : 32비트 데이터 전송 명령어, h0085145C → P0003 P0002

(4) XP-Builder을 이용한 신호등 제어용 화면 작화

① XP-Builder 실행

② 메뉴/프로젝트/새로 만들기/

현재 사용하고 있는 터치판넬 규격 입력 또는 시뮬레이션만 할 경우는 임의로 입력

시리즈 : iXP2 Series,   모델 : iXP2-1500(15 inch, 1024×768)

연결제어기 제조사 : LS, 제품 : LS XGK(Ethernet) 또는 XGK(CPU)

√ PLC 시뮬레이터 이용

③ 메뉴/프로젝트/다른 이름으로 저장/XGK_PANEL_12.xpd

④ 신호등 제어용 화면 작화 및 램프 주소 입력

- 도구상자/도형/문자열/문자입력 : 상태 천이표를 이용한 교차로의 신호등 제어
- 도구상자/오브젝트/비트램프/보행자 및 차량 제어용 램프 그리기

  기본/디바이스 주소 입력 : P20~P2F, P30~P37

  표시/on, off 이미지 선택 @ 라이브러리

그림 6.10 교차로 신호등 설비의 터치판넬 화면 작화

(5) PLC LD, XP-Builder 시뮬레이터 실행 및 동작 결과 분석

① XG5000 시뮬레이션 : 메뉴/도구/시뮬레이터 시작

② XP-Builder 시뮬레이션 : 메뉴/도구/시뮬레이션

③ 교차로의 신호등 동작 결과 분석

(평가문제) 교차로의 신호등을 그림 6.9 교차로의 신호등 설비와 그림 6.10 교차로 신호등 설비의 터치판넬 화면 작화와 같이 배치한다. 1, 3번 도로는 차량 통행량이 많고, 2, 4번 도로는 차량 통행량이 적은 것으로 본다.

신호등 램프의 주소는 표 6.6 교차로의 신호등 제어 동작 상태 천이표와 같고, 보행자 및 차량의 동작 상태를 요약하면 다음과 같다.

- 상태 1 : 10초, 1번 도로 차량 직, 좌, 4번 도로 보행자 횡단
- 상태 2 : 2초, 1번 도로 황색 점등, 모든 횡단보도 정지
- 상태 3 : 5초, 1번, 3번 도로 직진, 모든 횡단보도 정지
- 상태 4 : 2초, 1번, 3번 도로 황색 점등, 모든 횡단보도 정지
- 상태 5 : 10초, 2번 도로 차량 직, 좌, 1번 도로 보행자 횡단
- 상태 6 : 2초, 2번 도로 황색 점등, 모든 횡단보도 정지
- 상태 7 : 10초, 3번 도로 차량 직, 좌, 2번 도로 보행자 횡단
- 상태 8 : 2초, 3번 도로 황색 점등, 모든 횡단보도 정지
- 상태 9 : 5초, 1번, 3번 도로 직진, 모든 횡단보도 정지
- 상태 10 : 2초, 1번, 3번 도로 황색 점등, 모든 횡단보도 정지
- 상태 11 : 10초, 4번 도로 차량 직, 좌, 3번 도로 보행자 횡단
- 상태 12 : 2초, 4번 도로 황색 점등, 모든 횡단보도 정지

다음과 같은 교차로의 신호등 제어 동작 상태 천이표를 작성하고, PLC LD 프로그램을 작성하시오. 그리고 신호등 설비의 동작 타임차트를 작성하고, 동작 결과 분석 및 실습보고서를 작성하시오.

램프 \ 동작상태			상태 1	상태 2	상태 3	상태 4	상태 5	상태 6	상태 7	상태 8	상태 9	상태 10	상태 11	상태 12	램프주소
1번 도로	차량	R													P20
		Y													P21
		←													P22
		G													P23
	보행자	R													P24
		G													P25
2번 도로	차량	R													P26
		Y													P27
		←													P28
		G													P29
	보행자	R													P2A
		G													P2B
3번 도로	차량	R													P2C
		Y													P2D
		←													P2E
		G													P2F
	보행자	R													P30
		G													P31
4번 도로	차량	R													P32
		Y													P33
		←													P34
		G													P35
	보행자	R													P36
		G													P37
상태 값(16진수)															

상태 1 :
상태 2 :
상태 3 :
상태 4 :
상태 5 :
상태 6 :
상태 7 :
상태 8 :
상태 9 :
상태 10 :
상태 11 :
상태 12 :

※ 램프 비트주소 : Slot2 P00020~P0002F, 워드주소 : P0002
Slot 3 P00030~P0003F, 워드주소 : P0003

제 7 장

XGK PLC 아날로그 입출력제어 실습

7.1 ADC 및 DAC의 기초

자동화시스템은 제어 대상이나 제어기능이 차이가 있어도 시스템을 구성하고 있는 기본적인 개념은 매우 비슷하며, 이를 센서계측 및 제어시스템이라고 할 수 있다. 앞의 그림 1.1 센서계측 및 제어시스템의 개념도에서 아날로그 입력 및 출력장치를 요약하면 그림 7.1과 같다.

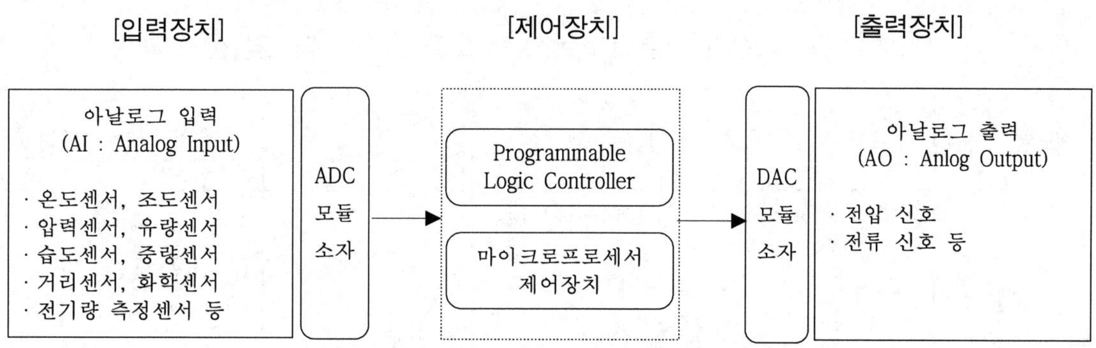

그림 7.1 센서계측 및 제어시스템의 아날로그 입력 및 출력장치

온도, 조도, 습도 및 중량 등을 측정하기 위한 센서들의 출력은 전기적인 아날로그 물리량이고, 전압, 전류, 주파수 등의 전기량 신호 등을 측정하기 위한 각종 트랜듀서의 출력도 전기적인 아날로그 물리량이다. 이러한 아날로그 전기신호는 전압 출력과 전류 출력이 있고, 이를 PLC나 마이크로콘트롤러에 입력하기 위해서는 2진수의 디지털 정보로 변환하는 ADC(Analog to Digital Converter) 회로가 필요로 한다. 그리고 PLC 또는 마이크로콘트롤러에서 다양한 디지털 값을 설정하면 여기에 상응하는 전압이나 전류의 전기적 신호로 변환

하는 DAC(Digital to Analog Converter) 회로가 필요하다.

그림 7.1의 센서계측 시스템을 설계시에는 다음의 사항을 충분히 고려하여야 한다.

· 센서의 검출범위 및 정밀성, 응답 속도, 내환경성, 유지 보수성 등
· ADC, DAC 모듈 또는 소자의 분해능(Resolution)과 변환 속도(Conversion Speed)
· 외부 신호원과의 절연(Isolation)
· 고주파 통과 필터, 저주파 통과 필터 적용으로 노이즈 제거
· 절연케이블(Shield Cable), 꼬임케이블(Twisted-pair Cable)의 사용

7.2 XGK PLC 아날로그 입출력 모듈 규격 및 입출력 결선

본 실습에서 사용하고 있는 XGK PLC의 아날로그 입력 및 출력 모듈은 XGF-AH6A 혼합 모듈로서 슬롯 4에 설치되어 있고, 표 7.1과 같이 구성되어 있다. 그리고 XGK PLC의 아날로그 입출력 모듈 결선도는 그림 7.2와 같다.

표 7.2~표 7.8에는 XGF-AH6A 혼합 모듈의 상세한 입력부 및 출력부 규격과 데이터 변환 특성들이 나타나 있다.

표 7.1 XGK PLC의 아날로그 입출력 모듈 규격(요약) 및 설치 개요

모듈 구분	규격(요약)	Slot 번호 및 I/O 주소	입 · 출력 기기
아날로그 입 · 출력 혼합 (AI & AO)	XGF-AH6A 아날로그 입력(4채널) 및 출력(2채널) 혼합 모듈 · 입출력 전압신호 및 변환 값 DC 0~10V, 0~8000 · 입출력 전류신호 및 변환 값 DC 4~20mA, 0~8000 · 입출력 분해능 전압 : 1.25mV 전류 : 2.0μA	Slot 4 P40~P4F	0~10V 가변저항 VR1, VR2 0~10V 디지털 전압계 Volt Meter 1 Volt Meter 2

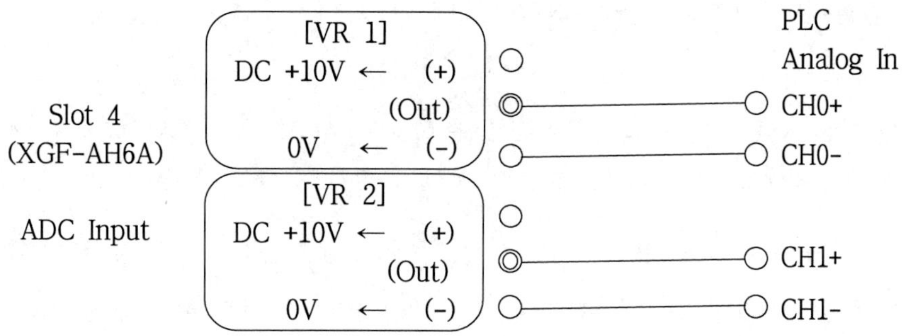

[ADC 모듈]

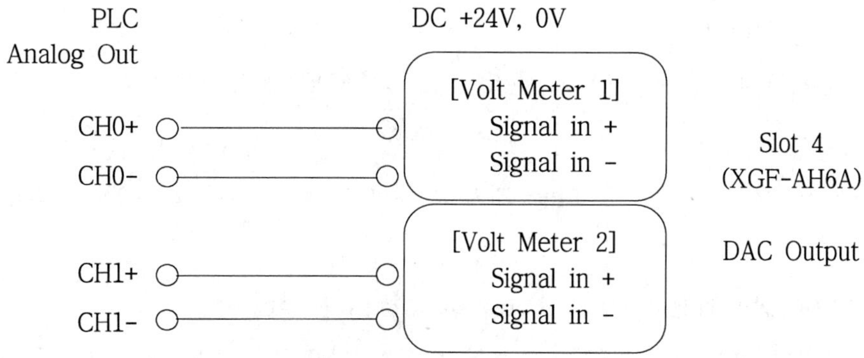

[DAC 모듈]

그림 7.2 XGK PLC의 아날로그 입출력 모듈 결선도

그림 7.2 XGK PLC의 아날로그 입출력 모듈 결선도에서 실습용 장비의 Slot 4에 아날로그 입력모듈(AI)과 0~10V 가변저항 VR1, VR2 연결은 다음과 같다. 만일, XGK PLC 및 아날로그 입출력 모듈의 실습용 장비 구성이 그림 7.2와 다를 경우는 본 교재에서 설명하는 개념을 참고하여 실습장비의 결선을 시행한다.

① 흑색선 바나나 케이블을 이용하여 DC 0V와 VR1 (-), VR2 (-) 단자와 연결

② 적색선 바나나 케이블을 이용하여 DC +10V와 VR1 (+), VR2 (+) 단자와 연결

③ 황색선 바나나 케이블을 이용하여 PLC ANALOG IN CH0의 V0+ 단자와 VR1 전압 출력단자, CH1의 V1+ 단자와 VR2 전압 출력단자의 연결

④ 흑색선 바나나 케이블을 이용하여 PLC ANALOG IN CH0의 V0- 단자와 VR1 (-) 단자, CH1의 V1- 단자와 VR2 (-) 단자의 연결

⑤ 아날로그 전압계나 디지털 멀티미터를 이용하여 가변저항 VR1, VR2의 출력 전압을 측정

XGK PLC 실습용 장비 Slot 4의 아날로그 출력모듈(AO)과 0~10V 디지털 전압계 Volt Meter 1, Volt Meter 2 연결은 다음과 같다.

① 흑색선 바나나 케이블을 이용하여 PLC ANALOG OUT CH0의 V0- 단자와 디지털 전압계 Volt Meter 1의 Signal In (-) 단자, CH1의 V1- 단자와 디지털 전압계 Volt Meter 2의 Signal In (-) 단자의 연결
② 적색선 바나나 케이블을 이용하여 PLC ANALOG OUT CH0의 V0+ 단자와 디지털 전압계 Volt Meter 1의 Signal In (+) 단자, CH1의 V1+ 단자와 디지털 전압계 Volt Meter 2의 Signal In (+) 단자의 연결
③ 디지털 전압계 Volt Meter 1, Volt Meter 2 구동용 DC +24V, 0V 연결

XG5000에서 XGK PLC LD를 작성할 경우 슬롯별 입출력 모듈의 선택은 다음과 같다. 만일, 실습 장비의 구성이 본 교재와 다를 경우 슬롯에 설치된 입출력 모듈의 타입을 선택한다.

프로젝트창/LSPLC/파라미터/I/O 파라미터 항목을 더블 클릭
Slot 00/모듈/디지털 모듈 리스트/입력모듈/XGI-D22A P00000~P0000F
Slot 01/모듈/디지털 모듈 리스트/입력모듈/XGI-D22A P00010~P0001F
Slot 02/모듈/디지털 모듈 리스트/출력모듈/XGQ-RY2A P00020~P0002F
Slot 03/모듈/디지털 모듈 리스트/출력모듈/XGQ-RY2A P00030~P0003F
Slot 04/모듈/특수 모듈 리스트/아날로그 입출력모듈/XGF-AH6A
(AD 4CH, DA 2CH) P00040~P0004F

표 7.2 XGF-AH6A 혼합 모듈의 입력부 규격

<table>
<tr><th rowspan="2">항 목</th><th colspan="2">입력부 성능 규격</th></tr>
<tr><th>전압</th><th>전류</th></tr>
<tr><td>입력 채널 수</td><td colspan="2">4 채널</td></tr>
<tr><td rowspan="2">아날로그
입력범위</td><td>DC 1 ~ 5V
DC 0 ~ 5V
DC 0 ~ 10V
DC -10 ~ 10V
입력저항 :1MΩ이상</td><td>DC 4 ~ 20mA 입력저항 :250Ω</td></tr>
<tr><td colspan="2">전압 입력 시 해당 채널의 V+ 와 COM 단자를 사용하고,
전류 입력 시 V+ 와 I+ 단자를 연결 후 I+ 와 COM단자를 사용합니다.</td></tr>
<tr><td>디지털
데이터</td><td colspan="2">
<table>
<tr><td>전압 입력</td><td>1 ~ 5V</td><td>0 ~ 5V</td><td>0 ~ 10V</td><td>-10 ~ 10V</td></tr>
<tr><td>부호없는 값</td><td colspan="4">0 ~ 8000</td></tr>
<tr><td>부호있는 값</td><td colspan="4">-4000 ~ 4000</td></tr>
<tr><td>정규값</td><td>1000 ~ 5000</td><td>0 ~ 5000</td><td>0 ~ 10000</td><td>-10000 ~ 10000</td></tr>
<tr><td>백분위 값</td><td colspan="4">0 ~ 10000</td></tr>
</table>
<table>
<tr><td>전류 입력</td><td>4 ~ 20mA</td></tr>
<tr><td>부호없는 값</td><td>0 ~ 8000</td></tr>
<tr><td>부호있는 값</td><td>-4000 ~ 4000</td></tr>
<tr><td>정규값</td><td>4000 ~ 20000</td></tr>
<tr><td>백분위 값</td><td>0 ~ 10000</td></tr>
</table>
XG5000의 IO 파라미터나 사용자 프로그램을 통해서 각 채널 별 입력 종류와 범위의 선택이 가능</td></tr>
<tr><td>입력
분해능</td><td colspan="2">1/8000 (각 입력 범위에 대하여)
<table>
<tr><td>1~5 V</td><td>0.5 mV</td><td rowspan="4">4~20 mA</td><td rowspan="4">2.0 μA</td></tr>
<tr><td>0~5 V</td><td>0.625 mV</td></tr>
<tr><td>0~10 V</td><td>1.25 mV</td></tr>
<tr><td>±10 V</td><td>2.5 mV</td></tr>
</table></td></tr>
<tr><td>입력
정밀도</td><td colspan="2">±0.2%이하 (주위 온도 25 ℃ ±5 ℃일 때)
±0.3%이하 (주위 온도 0 ℃ ~ 55 ℃일 때)</td></tr>
<tr><td>변환 속도</td><td colspan="2">500μs/채널</td></tr>
<tr><td>절대 최대 입력</td><td>±15 V</td><td>±30 mA</td></tr>
<tr><td>절연방식</td><td colspan="2">아날로그 입/출력 및 채널간 비절연
입/출력단자와 PLC 전원간 i-Coupler 절연</td></tr>
<tr><td>접속 단자</td><td colspan="2">18점 단자대 (입력 12점, 출력 6점)</td></tr>
<tr><td>입출력 점유점수</td><td colspan="2">가변식: 16점, 고정식: 64점</td></tr>
<tr><td>소비 전류</td><td colspan="2">770 mA</td></tr>
<tr><td>중 량</td><td colspan="2">140 g</td></tr>
</table>

표 7.3 XGF-AH6A 혼합 모듈의 출력부 규격

<table>
<tr><th rowspan="2">항 목</th><th colspan="4">출력부 성능 규격</th></tr>
<tr><th colspan="2">전압</th><th colspan="2">전류</th></tr>
<tr><td>출력 채널 수</td><td colspan="4">2 채널</td></tr>
<tr><td rowspan="2">아날로그
출력범위</td><td colspan="2">DC 1 ~ 5V
DC 0 ~ 5V
DC 0 ~ 10V
DC -10 ~ 10V
} 부하저항 :1kΩ이상</td><td colspan="2">DC 4 ~ 20mA 부하저항 :600Ω이하</td></tr>
<tr><td colspan="4">전압 출력 시 해당 채널의 V+ 단자와 COM 단자를 사용하고,
전류 출력 시 해당 채널의 I+ 단자와 COM 단자를 사용합니다.</td></tr>
<tr><td>디지털
데이터</td><td colspan="4">
<table>
<tr><th>전압 출력</th><th>1 ~ 5V</th><th>0 ~ 5V</th><th>0 ~ 10V</th><th>-10 ~ 10V</th></tr>
<tr><td>부호없는 값</td><td colspan="4">0 ~ 8000</td></tr>
<tr><td>부호있는 값</td><td colspan="4">-4000 ~ 4000</td></tr>
<tr><td>정규값</td><td>1000 ~ 5000</td><td>0 ~ 5000</td><td>0 ~ 10000</td><td>-10000 ~ 10000</td></tr>
<tr><td>백분위 값</td><td colspan="4">0 ~ 10000</td></tr>
</table>
<table>
<tr><th>전류 출력</th><th>4 ~ 20mA</th></tr>
<tr><td>부호없는 값</td><td>0 ~ 8000</td></tr>
<tr><td>부호있는 값</td><td>-4000 ~ 4000</td></tr>
<tr><td>정규값</td><td>4000 ~ 20000</td></tr>
<tr><td>백분위 값</td><td>0 ~ 10000</td></tr>
</table>
XG5000의 IO 파라미터나 사용자 프로그램을 통해서 각 채널 별 출력 종류와 범위의 선택이 가능</td></tr>
<tr><td rowspan="5">출력
분해능</td><td colspan="4">1/8000 (각 출력 범위에 대하여)</td></tr>
<tr><td>1~5 V</td><td>0.5 mV</td><td rowspan="4">4~20 mA</td><td rowspan="4">2.0 μA</td></tr>
<tr><td>0~5 V</td><td>0.625 mV</td></tr>
<tr><td>0~10 V</td><td>1.25 mV</td></tr>
<tr><td>±10 V</td><td>2.5 mV</td></tr>
<tr><td>출력
정밀도</td><td colspan="4">±0.2%이하 (주위 온도 25 ℃ ±5 ℃일 때)
±0.3%이하 (주위 온도 0 ℃ ~ 55 ℃일 때)</td></tr>
<tr><td>변환 속도</td><td colspan="4">500μs/채널</td></tr>
<tr><td>절대 최대 출력</td><td colspan="2">±15 V</td><td colspan="2">24 mA</td></tr>
<tr><td>절연방식</td><td colspan="4">아날로그 입/출력 및 채널간 비절연
입/출력단자와 PLC 전원간 i-Coupler 절연</td></tr>
<tr><td>접속 단자</td><td colspan="4">18점 단자대 (입력 12점, 출력 6점)</td></tr>
<tr><td>입출력 점유점수</td><td colspan="4">가변식: 16점, 고정식: 64점</td></tr>
</table>

표 7.4 XGF-AH6A 혼합 모듈의 단자대 명칭

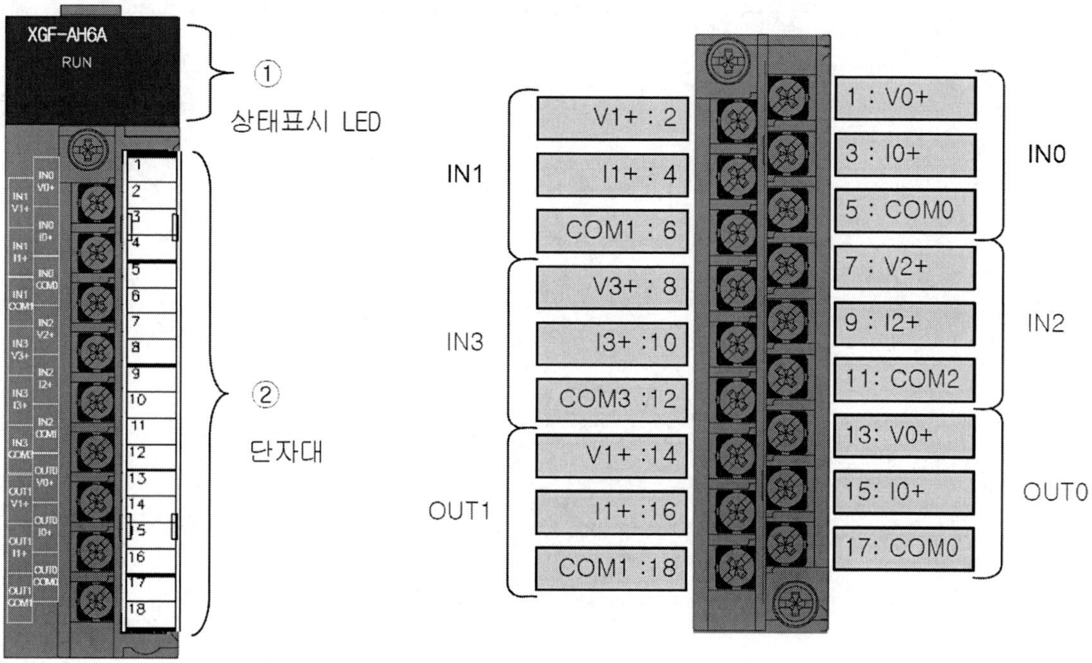

번호	명칭	내용	
①	상태표시 LED	On	정상 동작
		Off	설치 불량
		점멸	비정상 상태
②	단자대	1 : IN0 V0+	채널 0 전압 입력
		2 : IN0 V1+	채널 1 전압 입력
		3 : IN0 I0+	채널 0 전류 입력, IN0 V0과 연결 후 사용
		4 : IN1 I1+	채널 1 전류 입력, IN1 V1과 연결 후 사용
		5 : IN0 COM0	채널 0 전압/전류 입력 공통 GROUND
		6 : IN1 COM1	채널 1 전압/전류 입력 공통 GROUND
		7 : IN2 V2+	채널 2 전압 입력
		8 : IN3 V3+	채널 3 전압 입력
		9 : IN2 I2+	채널 2 전류 입력, IN2 V2와 연결 후 사용
		10: IN3 I3+	채널 3 전류 입력, IN3 V3과 연결 후 사용
		11: IN2 COM2	채널 2 전압/전류 공통 GROUND
		12: IN3 COM3	채널 3 전압/전류 공통 GROUND
		13: OUT0 V0+	채널 0 전압 출력
		14: OUT1 V1+	채널 1 전압 출력
		15: OUT0 I0+	채널 0 전류 출력
		16: OUT1 I1+	채널 1 전류 출력
		17: OUT0 COM0	채널 0 전압/전류 출력 공통 GROUND
		18: OUT1 COM1	채널 1 전압/전류 출력 공통 GROUND

표 7.5 XGF-AH6A 혼합 모듈의 입력 데이터 변환 특성(DC 4~20mA)

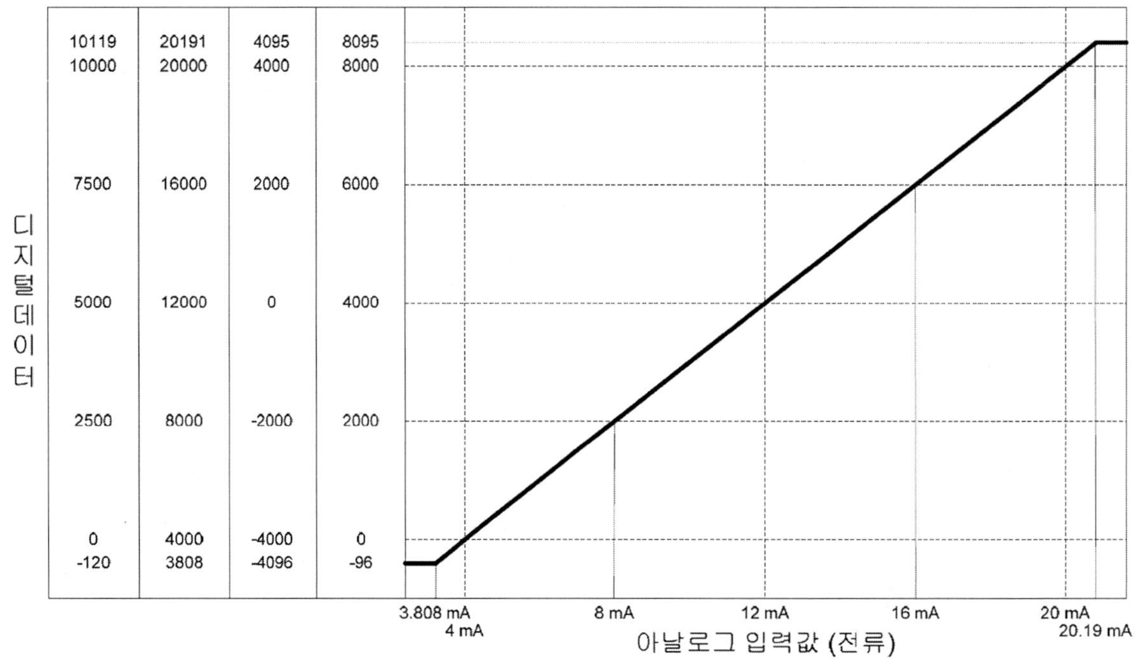

표 7.6 XGF-AH6A 혼합 모듈의 입력 데이터 변환 특성(DC 0~10V)

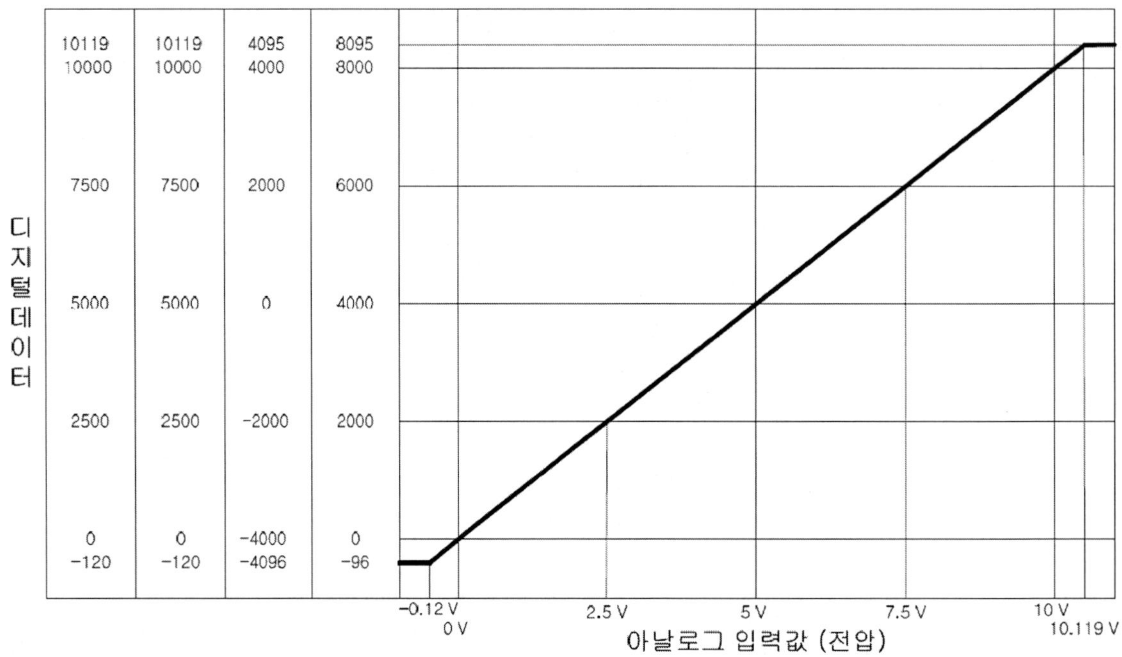

표 7.7 XGF-AH6A 혼합 모듈의 출력 데이터 변환 특성(DC 4~20mA)

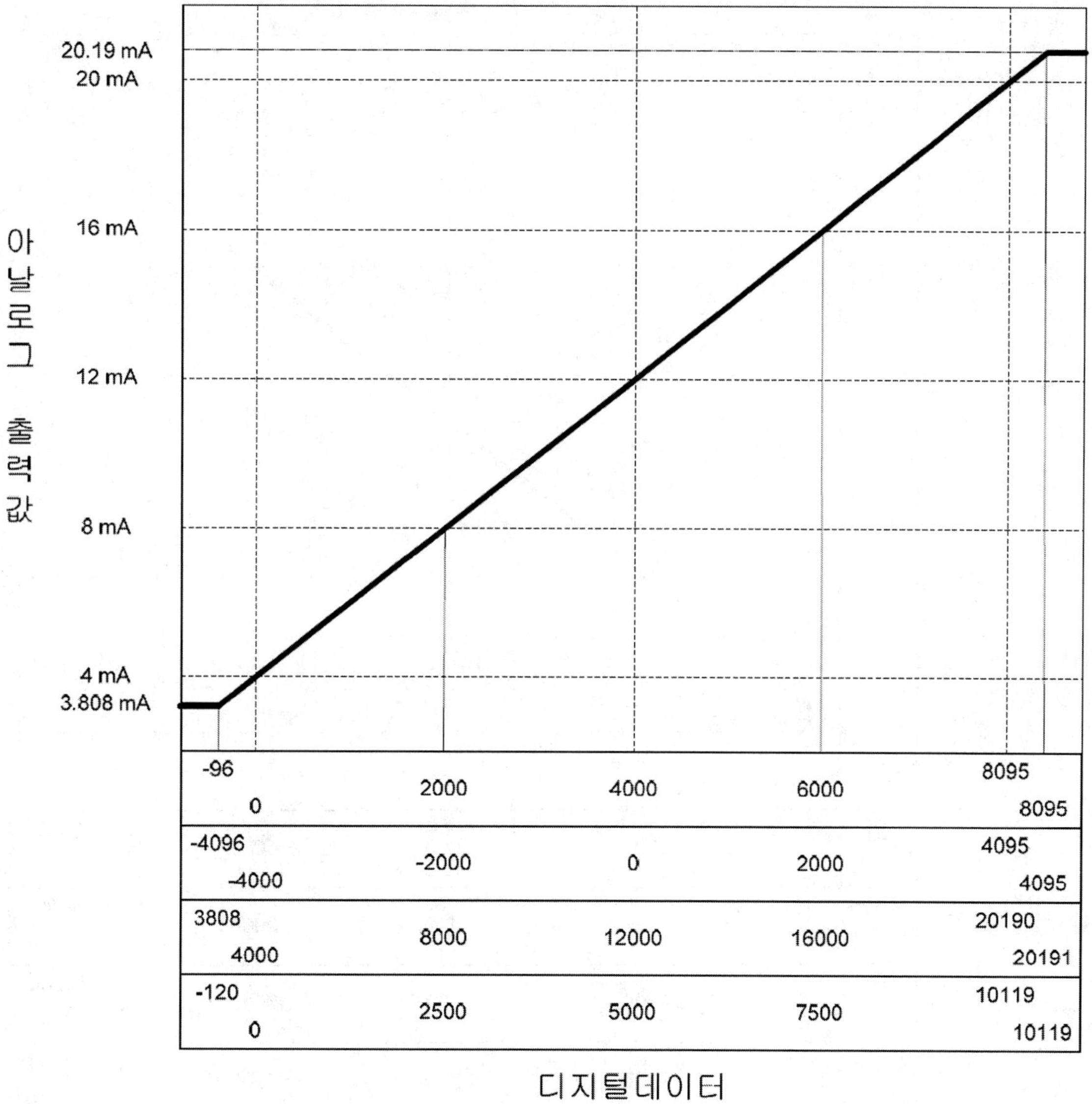

표 7.8 XGF-AH6A 혼합 모듈의 출력 데이터 변환 특성(DC 0~10V)

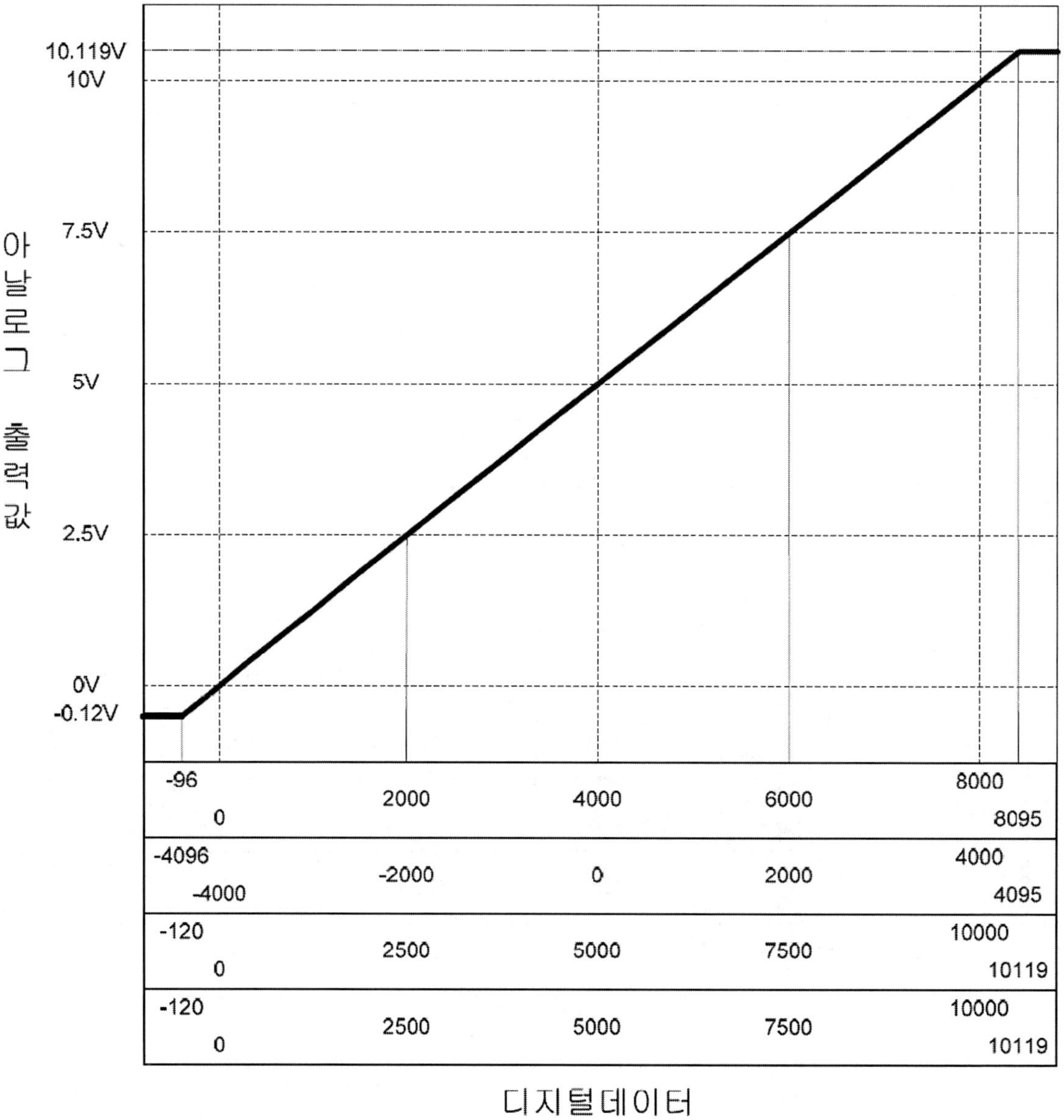

표 7.9 및 표 7.10에는 XGF-AH6A 혼합 모듈의 입력 및 출력 기능들이 나타나 있다.

표 7.9 XGF-AH6A 혼합 모듈의 입력 기능

기능 항목	내 용
운전 채널 설정	(1) 아날로그 입력 변환을 수행할 채널의 운전/정지 지정함. (2) 사용하지 않는 채널을 정지로 설정하면 아날로그 입력 시간을 단축할 수 있으며 출력 시간에는 영향을 미치지 않음.
입력 전압(전류) 범위 설정	(1) 사용하고자 하는 아날로그 입력 범위를 지정함. (2) 전류 입력 1 종 제공 (a) 4~20 mA (3) 전압 입력 4 종 제공 (a) 1~5 V (b) 0~5 V (c) 0~10 V (d) -10~10 V
출력 데이터 타입 설정	(1) 디지털 출력 형태를 지정함. (2) 출력 데이터 타입 4 종 제공 (a) 0~8000 (b) -4000~4000 (c) 입력별 정규값 (d) 0~10000
평균 처리 설정	(1) 샘플링 처리 A/D 변환 방식을 지정하지 않았을 때 평균처리를 하지 않고 샘플링마다 출력 데이터를 생성함. (2) 평균 처리 (a) 시간 평균 A/D 변환 값을 설정한 시간 동안 평균하여 출력함. (b) 횟수 평균 A/D 변환 값을 설정한 횟수 동안 평균하여 출력함. (c) 가중 평균 입력된 A/D 변환 값의 급격한 변동을 지연시킴.
입력 단선 검출 기능	(1) 4~20 mA 와 1~5 V 범위의 아날로그 입력이 단선된 경우 사용자 프로그램에서 이를 검출할 수 있음.

표 7.10 XGF-AH6A 혼합 모듈의 출력 기능

기능 항목	내 용
운전 채널 설정	(1) 아날로그 출력 변환을 수행할 채널의 운전/정지 지정함. (2) 사용하지 않는 채널을 정지로 설정하면 아날로그 출력 시간을 단축할 수 있으며 입력 시간에는 영향을 미치지 않음.
출력 전압(전류) 범위 설정	(1) 사용하고자 하는 아날로그 출력 채널 범위를 지정함. (2) 전류 출력 1 종 제공 (a) 4~20 mA (3) 전압 출력 4 종 제공 (a) 1~5 V (b) 0~5 V (c) 0~10 V (d) -10~10 V
입력 데이터 타입 설정	(1) 디지털 입력 데이터 형태를 지정함. (2) 입력 데이터 타입 4 종 제공 (a) 0~8000 (b) -4000~4000 (c) 출력별 정규값 (d) 0~10000
채널 출력 상태 설정	(1) PLC 시스템 및 입출력 혼합 모듈의 동작이 정상적이지 않을 때의 출력 상태를 지징함. (2) 출력 상태로서 다음의 4 가지 출력 상태를 제공함. (a) 이전값 정상적으로 운전된 마지막 출력값을 유지함. (b) 최소 출력 범위별 최소값을 출력함. (c) 중간 출력 범위별 중간값을 출력함. (d) 최대 출력 범위별 최대값을 출력함.

XG5000에서는 사용자 편의성을 높이기 위해 표 7.11과 같은 아날로그 입출력 모듈의 운전 파라미터를 GUI(Graphical User Interface) 방식으로 설정할 수 있는 기능을 제공하고 있다.

표 7.11 XG5000에서 XGF-AH6A 혼합 모듈의 운전 파라미터

항목	내용
입력 파라미터	(1) 아날로그 입력 채널의 운전/정지 설정 (2) 아날로그 입력 범위 설정 (3) 디지털 출력 데이터 타입 설정 (4) 평균 처리 종류 설정 (5) 평균값 설정
출력 파라미터	(1) 이날로그 출력 채널의 운전/정지 설정 (2) 아날로그 출력 범위 설정 (3) 디지털 입력 데이터 타입 설정 (4) 채널 출력 상태 설정

GUI 방식의 운전 파라미터의 설정은 아래와 같이 XG5000의 프로젝트 창에 있는 I/O 파라미터를 통해 설정하며, 그림 7.3과 같다. 여기에서 전 채널을 동일한 설정 값으로 바꾸고자 할 때는 파라미터 항의 운전채널 라디오 버튼을 클릭하여 체크하고 입력하면 전 채널의 파라미터가 동일하게 적용이 된다.

- XG5000/프로젝트 창/I/O 파라미터 더블 클릭
- 아날로그 입출력 모듈이 설치된 베이스 슬롯 클릭/XGF-AH6A 혼합 모듈 선택
- 채널별 입력 및 출력 파라미터 설정

그림 7.3 XG5000의 채널별 입력 및 출력 파라미터 설정

그리고 PLC LD를 실행하고 메뉴/모니터/특수모듈 모니터 기능을 이용하면 XGF-AH6A 혼합 모듈의 동작 상태를 체크할 수 있으며, 그림 7.4와 같다.

그림 7.4 XG5000의 특수모듈 모니터

아날로그 입출력 혼합 모듈의 내부 입출력 메모리 영역은 표 7.12와 같고, PLC LD에서 이 메모리 디바이스 명을 이용하여 아날로그 입출력 모듈을 제어한다.

표 7.12 XGF-AH6A 혼합 모듈의 내부 입출력 메모리 영역

디바이스	변수	설명
UXY.00.0	_XY_AD0_ERR	입력 채널0 에러 (R)
UXY.00.1	_XY_AD1_ERR	입력 채널1 에러 (R)
UXY.00.2	_XY_AD2_ERR	입력 채널2 에러 (R)
UXY.00.3	_XY_AD3_ERR	입력 채널3 에러 (R)
UXY.00.4	_XY_DA0_ERR	출력 채널0 에러 (R)
UXY.00.5	_XY_DA1_ERR	출력 채널1 에러 (R)
UXY.00.F	_XY_RDY	모듈 Ready (R)
UXY.01.0	_XY_AD0_ACT	입력 채널0 운전중 (R)
UXY.01.1	_XY_AD1_ACT	입력 채널1 운전중 (R)
UXY.01.2	_XY_AD2_ACT	입력 채널2 운전중 (R)
UXY.01.3	_XY_AD3_ACT	입력 채널3 운전중 (R)
UXY.01.4	_XY_DA0_ACT	출력 채널0 운전중 (R)
UXY.01.5	_XY_DA1_ACT	출력 채널1 운전중 (R)
UXY.06.0	_XY_AD0_IDD	입력 채널0 단선검출 (R)
UXY.06.1	_XY_AD1_IDD	입력 채널1 단선검출 (R)
UXY.06.2	_XY_AD2_IDD	입력 채널2 단선검출 (R)
UXY.06.3	_XY_AD3_IDD	입력 채널3 단선검출 (R)
UXY.07.0	_XY_ERR_CLR	에러 클리어 요청 (W)
UXY.08.0	_XY_DA0_OUTEN	채널0 출력상태설정 (W)
UXY.08.1	_XY_DA1_OUTEN	채널1 출력상태설정 (W)
UXY.02	_XY_AD0_DATA	입력 채널0 변환값 (W)
UXY.03	_XY_AD0_DATA	입력 채널1 변환값 (W)
UXY.04	_XY_AD0_DATA	입력 채널2 변환값 (W)
UXY.05	_XY_AD0_DATA	입력 채널3 변환값 (W)
UXY.09	_XY_DA0_DATA	출력 채널0 변환값 (W)
UXY.10	_XY_DA1_DATA	출력 채널1 변환값 (W)

디바이스 할당에서 X는 아날로그 입출력 혼합 모듈이 장착된 베이스 번호, Y는 모듈이 장착된 슬롯 번호를 의미하고, 사용 예를 소개하면 다음과 같다.

(예 1) U04 . 03 : 디바이스 타입=U, 베이스 번호 X=0 , 슬롯 번호 Y=4 03 = 입력 채널 1의 아날로그 입력 변환값

(예 2) U01 . 09 : 디바이스 타입 = U, 베이스 번호 X=0 , 슬롯 번호 Y=1 09 = 출력 채널 0의 디지털 출력 변환값

7.3 ADC 실습

7.3.1 ADC 기초 실습

(1) 동작기능

그림 7.2 XGK PLC의 아날로그 입출력 모듈 결선도에 나타난 아날로그 입력 채널 0, 1에 연결된 가변 저항 VR1, VR2를 이용하여 0~10V 전압 입력을 하고, 이를 0~8,000 디지털 변환을 하여 데이터 메모리 D00000, D00001에 각각 저장을 한다. 디바이스 모니터와 특수모듈 모니터를 이용하여 데이터 메모리 영역을 읽고, XGF-AH6A 혼합 모듈의 동작 상태를 파악한다.

그리고 PB0을 누르면 4 Digits BCD 출력기에 D00000, PB1을 누르면 4 Digits BCD 출력기에 D00001을 표시하고, DC 전압계를 이용하여 가변 저항 VR1, VR2의 입력 전압을 측정한다.

XGF-AH6A 혼합 모듈을 Base 0과 Slot 4에 장착하고 ADC 채널 0, 1에 0~10V VR1과 VR2를 연결하여 표 7.12 XGF-AH6A 혼합 모듈의 내부 입출력 메모리 영역에 나타난 디바이스명을 이용하여 디지털 변환을 한다. 여기에서는 최소한의 아날로그 입출력 변환을 위한 과정을 소개한다.

U04 : XGF-AH6A 혼합 모듈 Base 0 Slot 4 장착

U04.00.F : 모듈 Ready
U04.01.0 : 입력채널 0 운전중
U04.00.0 : 입력채널 0 에러
U04.02 : 입력채널 0 변환값

U04.00.F : 모듈 Ready
U04.01.1 : 입력채널 1 운전중
U04.00.1 : 입력채널 1 에러
U04.03 : 입력채널 1 변환값

(2) PLC 입출력 주소 할당

구분	변수명	I/O 주소	비고
입력	PB0	P00000	ADC 채널 0의 디지털 값 선택
	PB1	P00001	ADC 채널 1의 디지털 값 선택
제어			
출력	BCD_OUTPUT	P0003	워드주소, 아날로그 입력 채널의 디지털 값 표시

(3) PLC LD 작성

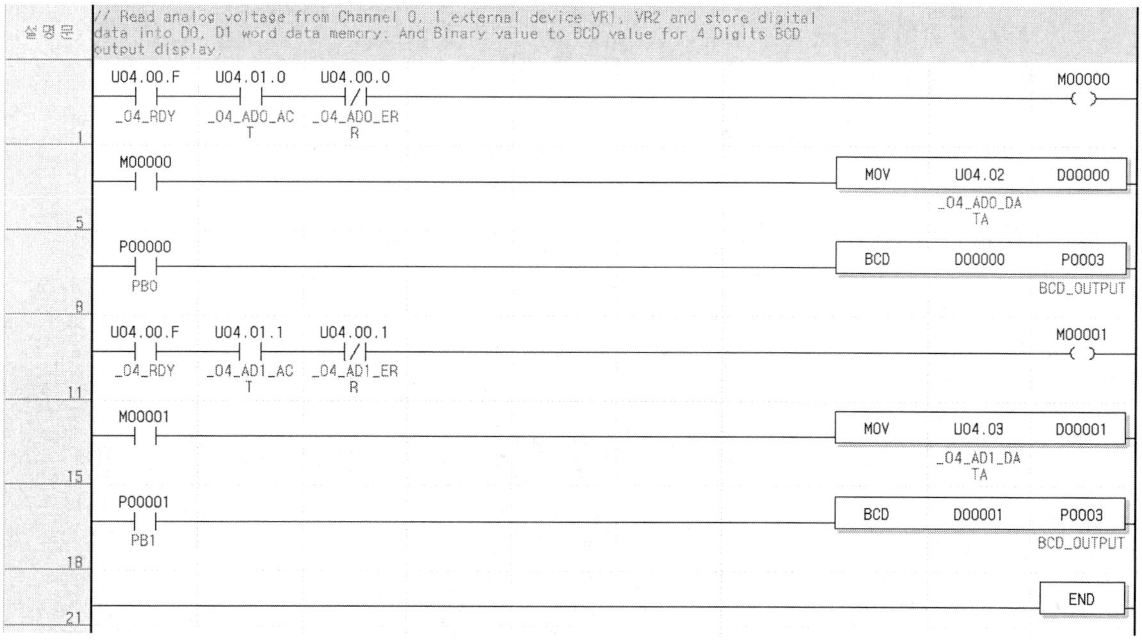

※ XGF-AH6A 아날로그 입력 혼합모듈의 파라미터 설정

· 프로젝트창/파라미터/I/O파라미터 더블클릭
· XGF-AH6A 설치된 슬롯/더블클릭
· 입력 파라미터 입력

XGF-AH6A (입출력, 4/2채널)

입력파라미터	채널0	채널1	채널2	채널3
□ 운전 채널	운전	운전	정지	정지
□ 입력 전압(전류) 범위	0~10V	0~10V	4~20mA	4~20mA
출력 데이터 타입	0~8000	0~8000	0~8000	0~8000
□ 평균 처리	횟수평균	횟수평균	샘플링처리	샘플링처리
평균값	1000	1000	0	0

출력파라미터	채널0	채널1
□ 운전 채널	운전	운전
□ 출력 전압(전류)범위	0~10V	0~10V
입력 데이터 타입	0~8000	0~8000
□ 채널 출력 상태	이전값	이전값

※ 디바이스 모니터를 이용하여 데이터 메모리 영역 읽기

· 메뉴/모니터/디바이스 모니터
· 디바이스 정보 창/D 선택
· 디바이스 모니터 메뉴/보기/보기 옵션/부호 있는 10진수 선택
· 데이터 메모리 D 값 확인

※ 특수모듈 모니터를 이용하여 XGF-AH6A 혼합 모듈의 동작 상태 파악

· 메뉴/모니터/특수모듈 모니터
· 설치된 베이스 및 슬롯 번호 선택 및 모니터 시작

7.3.2 ADC 및 BCD 출력기를 이용한 디지털 전압계 실습

(1) 동작기능

센서는 자연 상태의 아날로그 물리량을 전기적인 신호로 변환하는 소자로서 온도센서, 조도센서, 습도센서, 중량 및 초음파 거리 센서, 전기량 변환용 트랜듀서 등 매우 다양하다. 센서의 출력은 전압과 전류 형태가 있고, ADC 디지털 변환 및 환산 연산을 하여 아날로그 입력 값을 알 수 있다.

그림 7.2 XGK PLC의 아날로그 입출력 모듈 결선도에 나타난 아날로그 입력 채널 0에 연결된 가변 저항 VR1을 이용하여 0~10V 전압 입력을 한다. 이를 표 7.13과 같이 0~8,000 디지털 변환 및 산술연산 명령어를 이용하여 0~10V 환산을 하고, 4 Digits BCD 출력기에 표시를 하는 간이 디지털 전압계를 구현한다.

그리고 DC 전압계를 이용하여 가변 저항 VR1의 입력 전압을 측정하여 4 Digits BCD 출력기에 표시된 전압 값과 비교를 한다.

표 7.13 VR 가변에 따른 아날로그 입력 및 디지털 변환

아날로그 입력	디지털 변환 값	아날로그 환산을 위한 변환 식
0V	0	Y = aX X : 디지털 변환 값, Y : 아날로그 환산 값 a= (10-0)/(8,000-0) = 1/800 Y = (1/800) * X
5V	4,000	
10V	8,000	

(2) PLC 입출력 주소 할당

구분	변수명	I/O 주소	비고
입력			
제어			
출력	BCD_OUTPUT	P0003	워드주소, 0~10V 전압 값 표시

(3) PLC LD 작성

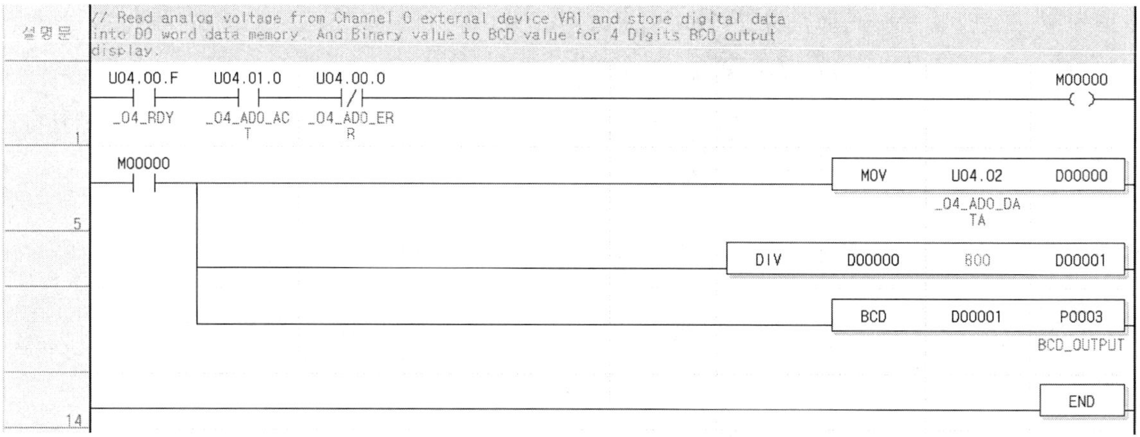

7.4 DAC 실습

7.4.1 DAC 기초 실습-1

(1) 동작기능

PB을 on/off하면 디지털 값을 아래와 같이 입력하고, DAC 채널 0에서 0~10V 아날로그 전압을 출력한다. 아날로그 출력단에 DC 전압계를 연결하여 DAC 출력결과를 확인한다.

PB0 → 디지털 값 0 입력 → DAC 채널 0에서 0V 출력

PB1 → 디지털 값 4,000 입력 → DAC 채널 0에서 5V 출력

PB2 → 디지털 값 8,000 입력 → DAC 채널 0에서 10V 출력

XGF-AH6A 혼합 모듈을 Base 0과 Slot 4에 장착하고, DAC 채널 0, 1에서 아날로그 전압 0~10V을 출력하기 위해 표 7.12 XGF-AH6A 혼합 모듈의 내부 입출력 메모리 영역에 나타난 디바이스명을 이용하여 아날로그 전압 출력을 하는 과정은 다음과 같다.

U04 : XGF-AH6A 혼합 모듈 Base 0 Slot 4 장착

U04.00.F : 모듈 Ready

U04.01.4 : 출력채널 0 운전중

U04.00.4 : 출력채널 0 에러

U04.08.0 : 채널 0 출력상태 설정
U04.09 : 출력채널 0 변환값

U04.00.F : 모듈 Ready
U04.01.5 : 출력채널 1 운전중
U04.00.5 : 출력채널 1 에러
U04.08.1 : 채널 1 출력상태 설정
U04.10 : 출력채널 1 변환값

(2) PLC 입출력 주소 할당

구분	변수명	I/O 주소	비고
입력	PB0	P00000	
	PB1	P00001	
	PB2	P00002	
제어			
출력			

(3) PLC LD 작성

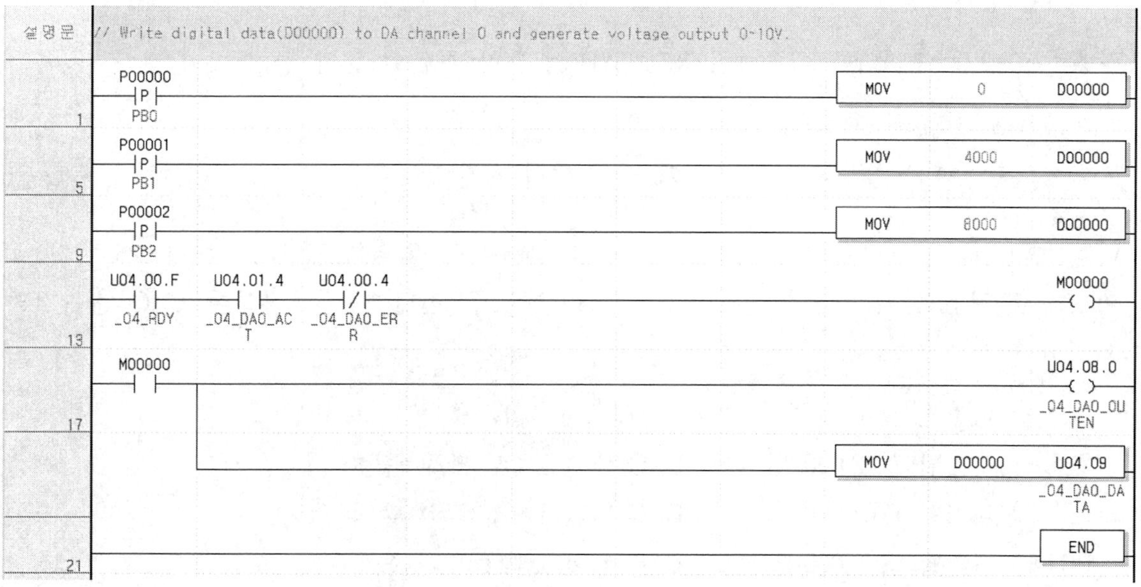

※ XGF-AH6A 아날로그 출력 혼합모듈의 파라미터 설정

- 프로젝트창/파라미터/I/O파라미터 더블클릭
- XGF-AH6A 설치된 슬롯/더블클릭
- 출력 파라미터 입력

XGF-AH6A (입출력, 4/2채널)

XGF-AH6A (입출력, 4/2채널)

입력파라미터	채널0	채널1	채널2	채널3
☐ 운전 채널	운전	운전	정지	정지
☐ 입력 전압(전류) 범위	0~10V	0~10V	4~20mA	4~20mA
출력 데이터 타입	0~8000	0~8000	0~8000	0~8000
☐ 평균 처리	횟수평균	횟수평균	샘플링처리	샘플링처리
평균값	1000	1000	0	0
출력파라미터	채널0		채널1	
☐ 운전 채널	운전		운전	
☐ 출력 전압(전류)범위	0~10V		0~10V	
입력 데이터 타입	0~8000		0~8000	
☐ 채널 출력 상태	이전값		이전값	

확 인 | 취 소

※ 디바이스 모니터를 이용하여 데이터 메모리 영역 읽기

- 메뉴/모니터/디바이스 모니터
- 디바이스 정보 창/D 선택
- 디바이스 모니터 메뉴/보기/보기 옵션/부호 있는 10진수 선택
- 데이터 메모리 D 값 확인

※ 특수모듈 모니터를 이용하여 XGF-AH6A 혼합 모듈의 동작 상태 파악

- 메뉴/모니터/특수모듈 모니터
- 설치된 베이스 및 슬롯 번호 선택 및 모니터 시작

(평가문제) PB을 on/off하면 디지털 값을 아래와 같이 입력하고, DAC 채널 1에서 0~10V 아날로그 전압을 출력한다. 아날로그 출력단에 DC 전압계를 연결하여 DAC 출력결과를 확인한다.

PB0 → 디지털 값 0 입력 → DAC 채널 1에서 0V 출력
PB1 → 디지털 값 2,000 입력 → DAC 채널 1에서 2.5V 출력
PB2 → 디지털 값 6,000 입력 → DAC 채널 1에서 7.5V 출력
PB3 → 디지털 값 8,000 입력 → DAC 채널 1에서 10V 출력

U04 : XGF-AH6A 혼합 모듈 Base 0 Slot 4 장착

U04.00.F : 모듈 Ready

U04.01.5 : 출력채널 1 운전중

U04.00.5 : 출력채널 1 에러

U04.08.1 : 채널 1 출력상태 설정

U04.10 : 출력채널 1 변환값

동작 결과를 분석하고, 실습보고서를 작성하시오.

7.4.2 DAC 기초 실습-2

(1) 동작기능

4 Digits BCD 입력기를 이용하여 0000~8,000 디지털 값을 입력하고, PB0을 on/off하면 DAC 채널 0에서 0~10V 아날로그 전압을 출력한다. 아날로그 출력단에 DC 전압계를 연결하여 DAC 출력결과를 확인한다.

(2) PLC 입출력 주소 할당

구분	변수명	I/O 주소	비고
입력	PB0	P00000	
	BCD_INPUT	P0001	워드주소, 0000~8,000 디지털 값 입력
제어		M00000	
출력			

(3) PLC LD 작성

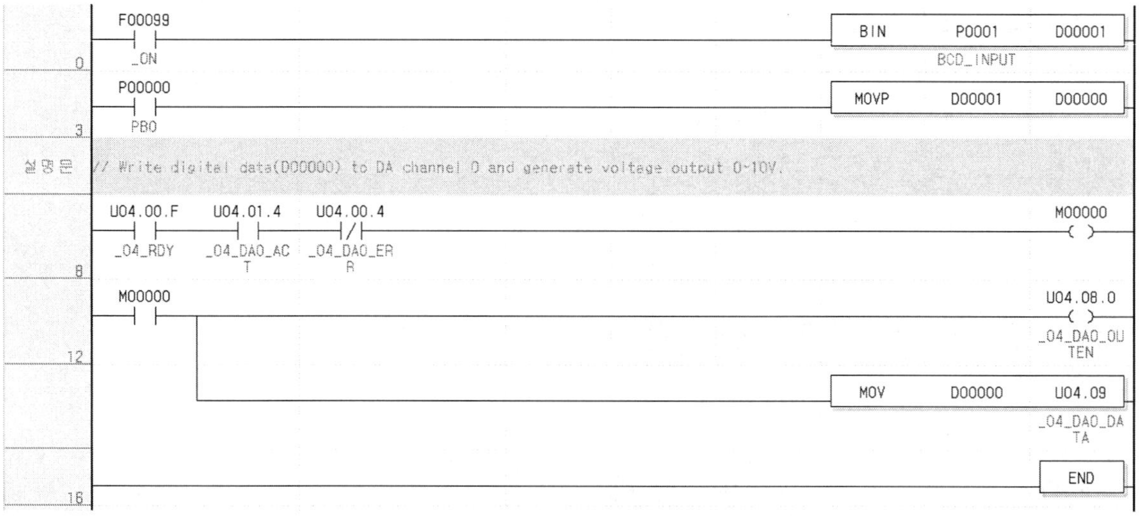

(평가문제) 4 Digits BCD 입력기를 이용하여 0000~8,000 디지털 값을 입력하고, PB0을 on/off하면 DAC 채널 1에서 0~10V 아날로그 전압을 출력한다. 아날로그 출력단에 DC 전압계를 연결하여 DAC 출력결과를 확인한다.

동작 결과를 분석하고, 실습보고서를 작성하시오.

7.4.3 ADC 및 DAC 연계 실습

(1) 동작기능

ADC 채널 0측에 0~10V VR1 및 DC 전압계를 연결한다. VR1을 가변하고 AD 변환을 하여 데이터 메모리 D0에 저장을 한다. D0을 표 7.14와 같은 변환 식을 이용하여 DC 전압 값으로 환산하고 D1에 저장을 하며, 4 Digits BCD 출력기에 표시를 한다.

표 7.14 VR 가변에 따른 DC 전압 값 변환

아날로그 입력	디지털 변환 값	DC 전압 값 환산 식
0V	0	Y = aX X : 디지털 변환 값, Y : DC 전압 환산 값 a= (10-0)/(8,000-0) = 1/800 Y = (1/800) * X
5V	4,000	
10V	8,000	

그리고 D0의 값을 DAC 변환을 하여 DAC 채널 0측에 0~10V 아날로그 전압을 출력하고, 출력단에 DC 전압계를 연결하여 측정을 한다.

U04 : XGF-AH6A 혼합 모듈 Base 0 Slot 4 장착

U04.00.F : 모듈 Ready
U04.01.0 : 입력채널 0 운전중
U04.00.0 : 입력채널 0 에러
U04.02 : 입력채널 0 변환값

U04.00.F : 모듈 Ready
U04.01.1 : 입력채널 1 운전중
U04.00.1 : 입력채널 1 에러
U04.03 : 입력채널 1 변환값

U04.00.F : 모듈 Ready
U04.01.4 : 출력채널 0 운전중
U04.00.4 : 출력채널 0 에러
U04.08.0 : 채널 0 출력상태 설정
U04.09 : 출력채널 0 변환값

U04.00.F : 모듈 Ready
U04.01.5 : 출력채널 1 운전중
U04.00.5 : 출력채널 1 에러
U04.08.1 : 채널 1 출력상태 설정
U04.10 : 출력채널 1 변환값

(2) PLC 입출력 주소 할당

구분	변수명	I/O 주소	비고
입력			
제어			
출력	BCD_OUTPUT	P0003	워드주소, 환산된 DC 전압 값 표시

(3) PLC LD 작성

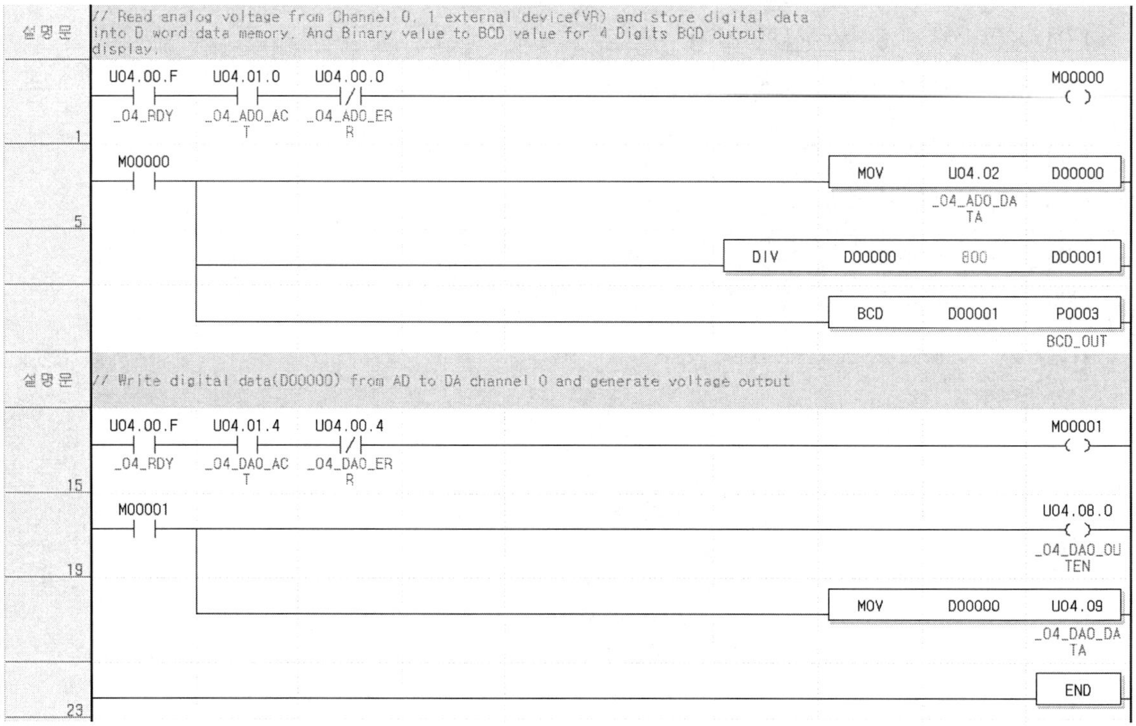

(평가문제) ADC 채널 1측에 0~10V VR1 및 DC 전압계를 연결한다. VR1을 가변하고 AD 변환을 하여 데이터 메모리 D0에 저장을 한다. D0을 표 7.14 VR 가변에 따른 DC 전압 값 변환을 참조하여 DC 전압 값으로 환산하고 D1에 저장을 하며, 4 Digits BCD 출력기에 표시를 한다.

그리고 D0의 값을 DAC 변환을 하여 DAC 채널 1측에 0~10V 아날로그 전압을 출력하고, 출력단에 DC 전압계를 연결하여 측정을 한다.

동작 결과를 분석하고, 실습보고서를 작성하시오.

제 8 장

3상 유도전동기의 인버터 속도제어 실습

8.1 인버터 속도제어 개요

전동기는 전기 에너지를 기계 에너지로 변환하는 회전 장치로서 표 8.1과 같이 분류가 된다.

표 8.1 전동기의 분류

직류전동기	브러시 부착 전동기	자여자시 권선형 계자전동기 : 직권, 분권, 복권
		영구자석형 전동기
	브러시레스 전동기 : 콘트롤러로서 전자 스위칭 기술 적용, 브러시와 커뮤테이터가 없음.	
교류전동기	유도전동기	단상 : 분상기동형, 콘덴서기동형, 세이딩코일형
		삼상 : 농형, 권선형
	동기전동기	단상
		삼상

산업현장의 공작기계, 양수 및 배수펌프, 공조 설비, 방적기 등과 같이 큰 기계장치를 움직이는 동력원으로서 유도전동기를 많이 사용하고 있다. 그리고 빌딩이나 고층 아파트의 승강기, 가정용으로 선풍기, 에어컨, 냉장고 등의 동력원 역시 유도전동기가 주류를 이루고 있다. 이는 교류전원을 생활 주변에서 쉽게 얻을 수 있다는 것과 전동기의 구조가 튼튼하고, 가격이 싸며, 취급과 운전이 쉬워 다른 형태의 전동기에 비해 매우 편리하게 사용할 수 있기 때문이다.

유도전동기의 회전 원리는 아라고 원판(Arago's Disk)의 회전으로서 그림 8.1과 같다.

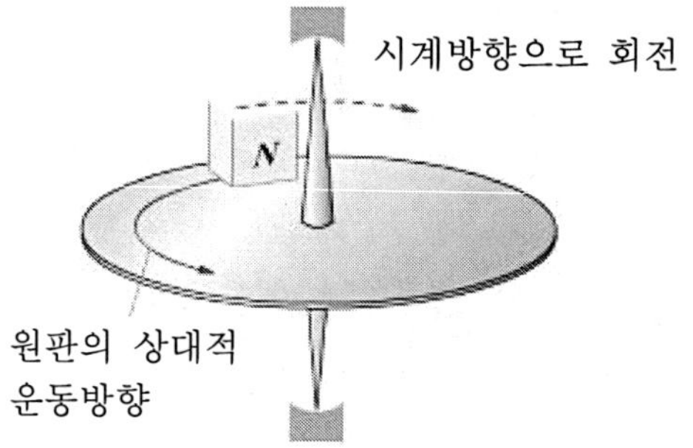

그림 8.1 아라고 원판의 회전

아라고 원판은 동 또는 알루미늄으로 만들고, 원판의 중심을 축으로 지지하여 회전할 수 있는 구조로 한다. 그리고 이 원판의 주위에 강한 자석을 급속히 회전하면 원판이 회전하게 된다. N, S극이 회전하면서 원판에는 기전력이 유기되고 이로 인하여 맴돌이 전류(Eddy Current)가 발생하며, 플레밍의 왼손법칙에 따라 전류, 자력선에 의하여 원판이 회전하게 되며, 이것이 유도전동기의 회전원리이다.

유도전동기는 자석을 회전시키는 대신에 3상 교류로 회전 자기장을 만들어 주고, 같은 원리로 원판을 회전시키며, 슬립을 발생시킨다.

유도전동기의 회전자 속도는 회전 자기장 주파수, 극수, 슬립에 의하여 다음과 같이 계산이 된다.

- 동기속도 : Ns = 120f/P [rpm]
- 회전자 속도 : N = Ns(1-S) [rpm]

  f : 공급 주파수, P : 극수, S : 슬립

유도전동기의 속도제어는 슬립, 극수, 주파수 등의 3가지 중에서 어느 하나를 변화시키면 속도제어가 이루어진다. 2차 저항 가감법을 이용한 슬립제어는 간단한 방법이나 효율이 나쁘고, 속도 조정범위가 적다. 극수 변환법은 고정자 극수를 변환시켜 제어를 하는 방법이나 구조가 복잡하다. 전동기 속도는 공급 주파수에 비례하므로 공급전압의 주파수를 가변시키면 속도 제어가 가능하고, 효율이 매우 양호하다. 이 방법이 인버터 제어방식으로서 반도체에 의한 인버터 소자의 개발로 대용량 전동기에도 많이 이용되어지고 있다.

유도전동기의 속도제어용 인버터의 개념도가 그림 8.2에 나타나 있다.

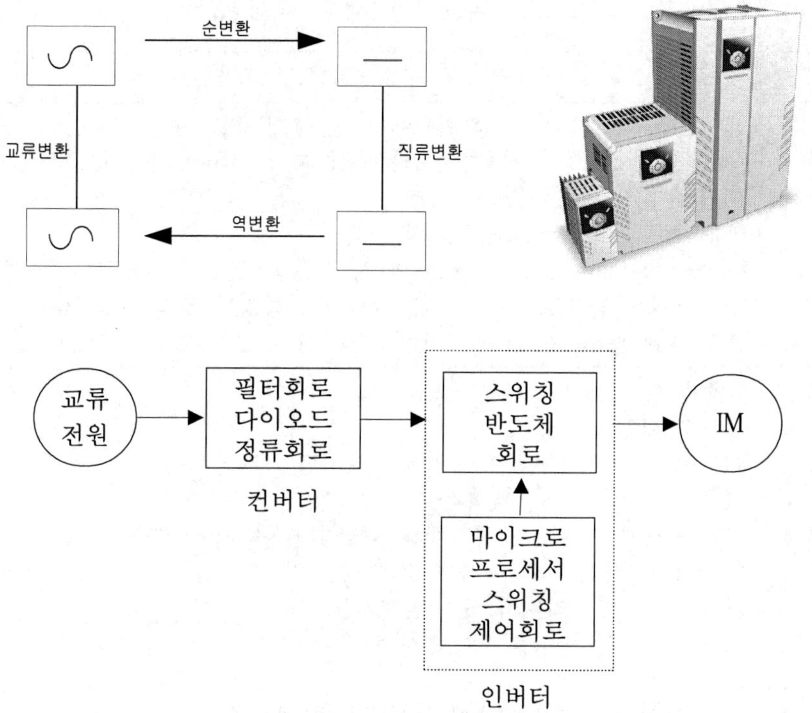

그림 8.2 유도전동기의 속도제어용 인버터의 개념도

3상 유도전동기는 교류 60[Hz]를 입력 받아서 구동이 된다. 만일, 속도를 제어하고 주파수를 가변하기 위해서는 교류를 직류로 변환을 하여야 하고, 이것이 다이오드 정류회로인 순변환 장치로서 컨버터이다. 그리고 직류를 임의의 주파수를 가지는 3상 교류를 만들기 위해서는 전력용 스위칭 반도체를 이용한 역변환 장치 회로를 이용하고, 이것이 인버터로서 가변 주파수를 발생시킨다.

인버터는 여러 회사에서 생산이 되며, 일반적으로 인버터 제품의 특징을 요약하면 표 8.2와 같다.

표 8.2 범용 인버터의 특징 요약

기능	특징
부하제어	·센서리스 벡터제어 : 부하변동에 다른 모터 속도 변동 개선 ·Auto Tuning기능 : 정확한 모터 특성 파악, 저속에서 토크 개선, 최적의 모터제어 ·PNP, NPN 듀얼 컨트롤 Signal 출력 ·PID제어 : Plant 또는 Process의 상태(유량, 온도, 압력 등)를 제어하기 위한 인버터의 기능으로, 설정 값과 센서에서 특정된 검출 신호 값을 비교하여 비례, 적분, 미분 동작을 통하여 제어
입력신호	·운전방식 : 로더/단자대 ·주파수 설정 아날로그 : 0~10V / 0~20mA, 디지털 : 로더 사용 ·시동 신호 : 정회전, 역회전 ·다단속 선택 : 다기능 단자대 이용, 최대 8속 설정 가능 ·다단 감속 시간 : 8단까지 설정 가능 ·가감속 패턴 : 리니어, S자 선택가능 ·비상정지 : 인버터 출력을 순시 차단 ·조그 : 조그 운전 ·고장 리셋 : 보호기능 동작시 트립상태 해제
표시	·운전정보 : 출력주파수, 출력전류, 출력전압, 주파수 설정값, 운전속도, 직류전압 ·트립정보 : 보호 기능 동작시 이상 내용을 표시, 고장이력 기억
보호기능	·인버터 트립 : 과전압, 저전압, 과전류, 지락 보호, 인버터 과열, 전자써멀, 출력 결상, 과부하보호, ·인버터 경보 : 과부하 경보 ·순시 정전시 자동 재시동 기능

유도전동기의 속도제어용인 인버터는 산업현장에서 많이 사용되어지고 있으며, 응용분야는 표 8.3과 같다.

표 8.3 유도전동기 속도제어용 인버터의 산업현장 응용분야

설비명	기계장치	인버터 적용 효과
펌프설비	양배수펌프 분수장치 공조 및 냉동 급유기 염색 및 도장 콤프레셔	· 속도 조정에 의하여 에너지 절약 · 정밀한 유량제어 · 제품의 품질 향상
팬 블로어	공조설비 냉각탑 건조로 열풍로 해산물 건조 반도체 장비	· 노내 상황에 맞는 풍량을 자유로 제어하여 공급 · 속도 조정에 의하여 에너지 절약 가능 · 정밀한 풍량, 유량제어 · 제품의 품질 향상
운반설비	제빵기 제과기 슬라이서 병, 캔 등 운반	· 원재료의 크기. 재질에 의하여 컨베이어의 속도를 제어하여 균일한 품질 보증 · 균일한 슬라이스의 길이 유지 · 운반 중 제품이 넘어지지 않도록 부드러운 기동 및 정지
혼합설비	교반기	· 재료의 변화에 따라서 회전수를 제어하고, 쾌적한 교반 조건을 설정
포장설비	포장기	· 정밀한 컨베이어 속도 제어로 제품 양의 균일화가 가능 · 반송 컨베이어의 정위치 제어가 가능
기타	제면기	· 면의 굵기를 자유로이 변화 가능

인버터에 의한 유도전동기의 속도제어 효과를 보면 다음과 같다.

· 제품 품질의 향상
· 생산성의 향상
· 유지보수성의 향상으로 보수비 절감
· 설비의 소형화
· 저 소음화 및 쾌적한 환경의 조성
· 에너지의 절약 등

8.2 인버터 제어용 단자대 및 운전 파라미터의 설정

3상 유도전동기의 속도제어용 인버터 제품은 LS Electric사의 경우 SV-iG5A, S100, H100, G100 등 매우 다양하며, iG5A가 최대 판매 모델로 평가되고 있다. 본 실습에서는 iG5A 모델을 위주로 하여 설명을 한다.

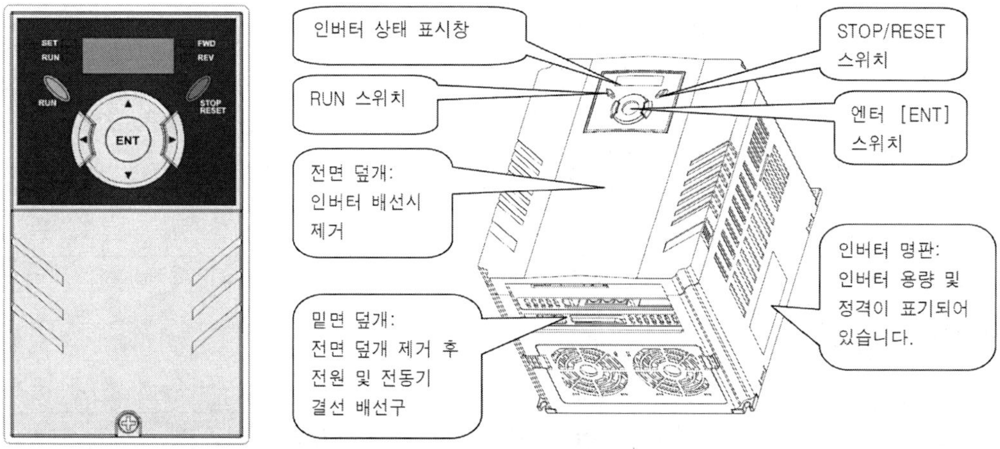

표시부		
FWD	정방향 운전 시 점등	고장 시 점멸
REV	역방향 운전 시 점등	
RUN	운전 시 점등	
SET	파라미터 설정 시 점등	
7-세그먼트	운전 상태 및 파라미터 정보 표시	

키		
RUN		운전 지령
STOP/RESET		STOP : 운전 시 정지 지령, RESET : 고장 시 리셋 지령
▲	업	코드를 이동하거나 파라미터 설정 값을 증가시킬 때 사용
▼	다운	코드를 이동하거나 파라미터 설정 값을 감소시킬 때 사용
◀	좌 시프트	그룹간의 이동이나 파라미터 설정 시 자리 수를 좌측으로 이동할 때 사용
▶	우 시프트	그룹간의 이동이나 파라미터 설정 시 자리 수를 우측으로 이동할 때 사용
●	엔터[ENT]	파라미터 값을 변경할 때나 변경된 파라미터를 저장하고자 할 때 사용

그림 8.3 SV-iG5A 인버터의 외관과 구동용 키

iG5A 인버터의 외관과 구동용 키는 그림 8.3과 같고, 인버터 제어용 단자대 및 기능은 그림 8.4와 같다.

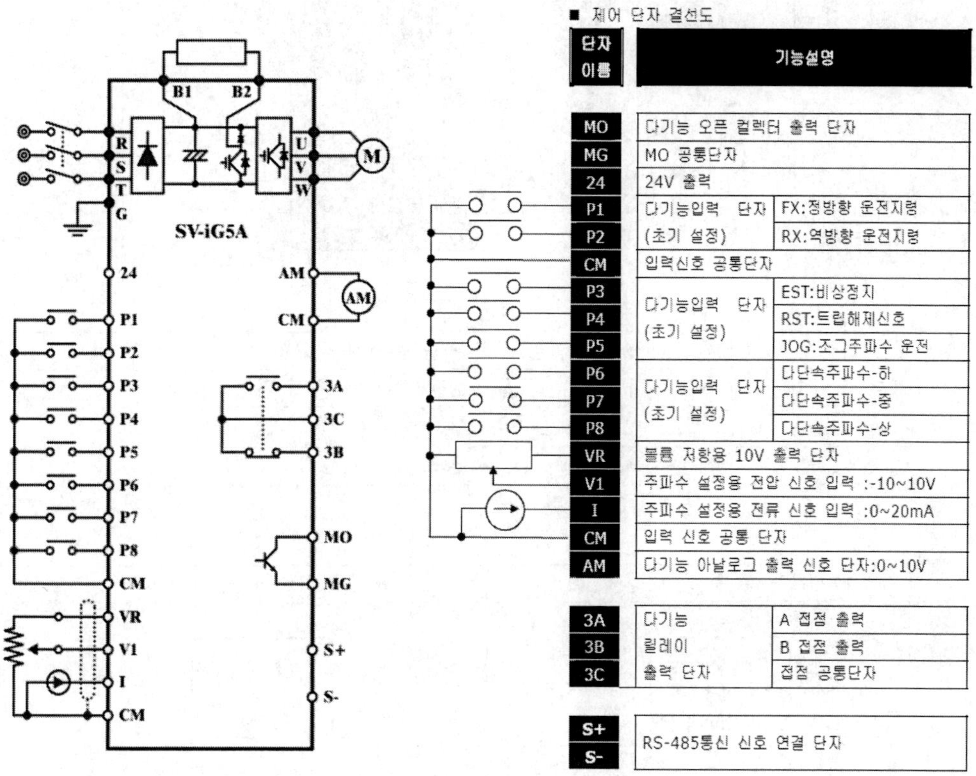

그림 8.4 인버터 제어용 단자대 및 기능

인버터의 속도제어 방법은 로더와 런/스톱키 운전, 다단속 단자대 운전, 아날로그 전압/전류 연속 운전, RS485 통신 운전 등 다양하다.

iG5A 인버터의 파라미터 그룹은 그림 8.5와 같이 4개로 이루어지며, 각 그룹별 파라미터들을 운전 매뉴얼에 의거하여 설정한다. 다른 모델의 인버터 결선과 운전 파라미터 그룹 및 설정 절차도 유사하다.

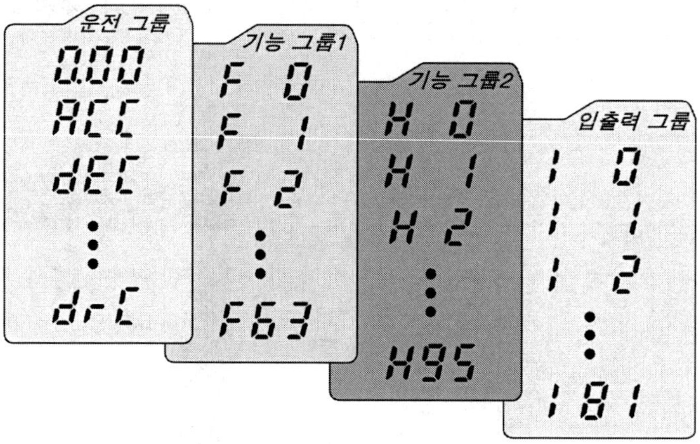

운전 그룹	목표 주파수, 가, 감속 시간 등 운전에 필요한 가장 기본적인 파라미터
기능 그룹 1	출력 주파수 및 전압을 조정할 수 있는 기본 기능 파라미터
기능 그룹 2	PID운전 및 제2 전동기 설정 등 응용 기능 파라미터
입출력 그룹	다기능 단자 설정 등 시퀀스 구성에 필요한 파라미터

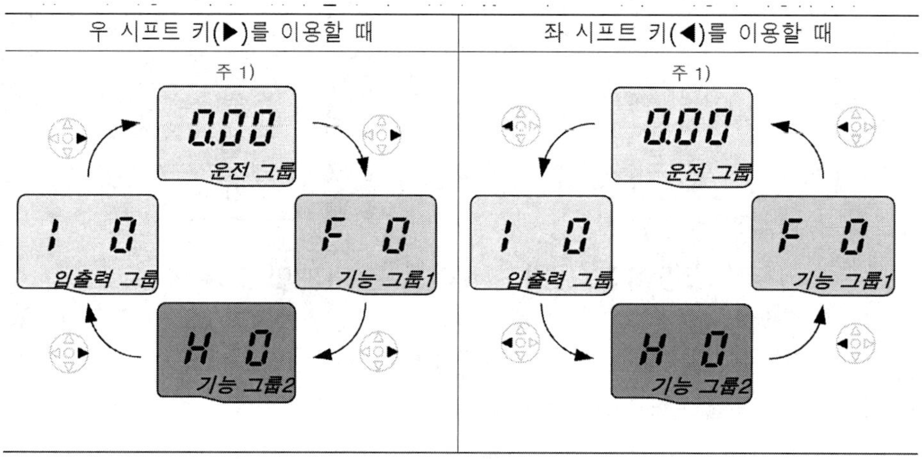

그림 8.5 iG5A 인버터의 파라미터 그룹

iG5A 인버터의 파라미터 그룹 4개에서 본 실습에 필요한 파라미터를 소개하면 표 8.4~표 8.9와 같고, 나머지 파라미터들의 세부 내용은 제작사의 운전 매뉴얼을 참조하기 바란다.

표 8.4 iG5A 인버터의 파라미터 운전 그룹 요약-1

표시	통신용 번지	명 칭	설정 범위	설 명	공장 출하치	운전 중 변경	페이지
0.00	A100	지령주파수	0 ~ 400 [Hz]	운전 주파수를 설정할 수 있습니다. 정지 중에는 지령 주파수를 표시하며, 운전 중에는 출력 주파수를 표시합니다. 다 단속 운전이면 0속 주파수가 됩니다. 기능 그룹 1의 최대 주파수(F 21) 이상으로 설정할 수 없습니다. *고효율 승인품이면 최대주파수 설정에 따라 50Hz/55Hz까지만 설정할 수 있습니다.	0.00	O	7-1
ACC	A101	가속시간	0 ~ 6000 [초]	다단 가-감속 사용 시 0번 가•감속 시간이 됩니다.	5.0	O	7-12
dEC	A102	감속시간			10.0	O	7-12
drv	A103	운전 지령 방법	0 ~ 3	0: 로더의 런키와 스톱키로 운전	1	X	7-8
				1: 단자대 운전 — FX : 정방향 운전 지령 RX : 역방향 운전 지령			7-8
				2: 단자대 운전 — FX : 운전, 정지 지령 RX : 역회전 방향 선택			
				3: RS-485통신으로 운전			7-9
				4: Field Bus 통신으로 설정[1]			-
Frq	A104	주파수 설정방법	0 ~ 8	0: 디지털 — 로더 디지털 주파수 설정1	0	X	7-1
				1: 디지털 — 로더 디지털 주파수 설정2			7-1
				2: 아날로그 — 단자대의 V1 단자 설정 1 : -10 ~ +10 [V]			7-2
				3: 아날로그 — 단자대의 V1 단자 설정 2 : 0 ~ +10 [V]			7-3
				4: 아날로그 — 단자대의 I 단자 : 0 ~ 20 [mA]			7-4
				5: 아날로그 — 단자대 V1 단자 설정1+ 단자대 I			7-5
				6: 아날로그 — 단자대 V1 단자 설정2+ 단자대 I			7-6
				7: RS-485 통신으로 설정			7-5
				8: 업-다운(Digital Volume) 운전			7-6
				9: Field Bus 통신으로 설정[1]			-
St1	A105	다단속 주파수1	0 ~ 400 [Hz]	다 단속 운전 시 1속 주파수 설정	10.00	O	7-7
St2	A106	다단속 주파수2		다 단속 운전 시 2속 주파수 설정	20.00	O	7-7
St3	A107	다단속 주파수3		다 단속 운전 시 3속 주파수 설정	30.00	O	7-7
CUr	A108	출력전류		출력 전류 표시	-	-	9-1
rPM	A109	전동기 회전수		전동기 회전수(rPM) 표시	-	-	9-1
dCL	A10A	인버터 직류전압		인버터 내부의 직류링크 전압(V) 표시	-	-	9-1

[1] : iG5A 통신 옵션 보드를 사용할 경우 기능이 지원 됩니다.

표 8.5 iG5A 인버터의 파라미터 운전 그룹 요약-2

표시	통신용 번지	명 칭	설정 범위	설 명	공장 출하치	운전중 변경	페이지
vOL	A10B	사용자 선택표시		모니터 항목 선택(H73)에서 설정된 항목을 표시합니다. vOL 출력 전압 POr 출력 파워 tOr 토크	vOL	-	9-2
nOn	A10C	현재 고장 표시		트립의 종류 및 트립 순간의 주파수, 전류, 운전 상태를 표시	-	-	9-4
drC	A10D	회전 방향 선택	F, r	운전 지령 방법(drv)을 0번으로 설정하였을 때 전동기의 회전 방향을 선택 F 정방향 운전 r 역방향 운전	F	O	7-8
drv2 [1)]	A10E	운전지령 방법	0 ~ 3	0 로더의 런키와 스톱키로 운전 1 단자대 운전 FX : 정방향 운전 지령 RX : 역방향 운전 지령 2 단자대 운전 FX : 운전, 정지 지령 RX : 역회전 방향 선택 3 RS-485통신으로 운전 4 Field Bus 통신으로 설정[3)]	1	X	8-24
Frq2 [1)]	A10F	주파수 설정방법	0 ~ 7	0 디지털 로더 디지털 주파수 설정1 1 디지털 로더 디지털 주파수 설정2 2 아날로그 단자대의 V1 단자 설정 1 : -10 ~ +10 [V] 3 아날로그 단지대의 V1 단자 설정 2 : 0 ~ +10 [V] 4 아날로그 단자대의 I 단자 : 0 ~ 20 [mA] 5 아날로그 단자대 V1 단자 설정1+단자대 I 6 아날로그 단자대 V1 단자 설정2+단자대 I 7 RS-485 통신으로 설정 8 업-다운(Digital Volume) 운전 9 Field Bus 통신으로 설정[3)]	0	X	8-24
rEF [2)]	A110	PID 제어 기준 값 설정	0~400 [Hz] 또는 0~100 [%]	PID 제어에서 H58이 0번으로 설정 하면 기준 주파수, 1번으로 설정하면 기준 백분율로 설정할 수 있습니다. 주파수 설정 시에는 최대 주파수 (F21) 이상으로 설정할 수 없습니다. 백분율로 설정 시 100%는 최대 주파수에 해당합니다.	0.00	0	8-11
Fbk [2)]	A111	PID 제어 피드백량		PID 제어에서의 피드백량을 표시합니다. H58이 0번이면 주파수를, 1이면 백분율을 표시합니다.	-	-	8-11

1) : I17~I24중 22번으로 설정해야 표시됩니다.
2) : H49(PID제어선택)을 1번으로 설정해야 표시됩니다.
3) : iG5A 통신 옵션 보드를 사용할 경우 기능이 지원 됩니다.

표 8.6 iG5A 인버터의 파라미터 기능 그룹 1 요약

표시	통신용 번지	명 칭	설정 범위	설 명	공장 출하치	운전 중 변경	페이지
F 0	A200	점프코드	0 ~ 71	이동할 코드 번호를 설정	1	O	4-5
F 1	A201	정 · 역회전 금지	0 ~ 2	0 정 · 역방향 모두 회전 가능 1 정방향 회전 금지 2 역방향 회전 금지	0	X	7-10
		고효율	역방향 회전 금지(2)로 설정되어 있으며 변경할 수 없습니다.				
F 2	A202	가속패턴	0 ~ 1	0 리니어 패턴 운전 1 S자 패턴 운전	0	X	7-15
F 3	A203	감속패턴					
F 4	A204	정지방법 선택	0 ~ 3	0 감속 정지 1 직류 제동 정지 2 프리 런 정지 3 Power Braking 정지	0	X	7-20 8-26
F 8[1]	A208	직류제동 주파수	0.1 ~ 60 [Hz]	직류 제동을 시작하는 주파수입니다. 시작 주파수(F23) 이하로 설정할 수 없습니다.	5.00	X	8-1
F 9	A209	직류제동 동작 전 출력차단 시간	0 ~ 60 [초]	직류 제동 주파수에 도달하면 설정된 시간 동안 출력을 차단하고 나서 직류 제동을 시작합니다.	0.1	X	
F10	A20A	직류 제동량	0 ~ 200 [%]	전동기에 인가되는 직류 전류의 크기입니다. 전동기 정격 전류(H33) 기준입니다.	50	X	
F11	A20B	직류제동 시간	0 ~ 60 [초]	전동기에 직류가 인가되는 시간입니다.	1.0	X	
F12	A20C	시동 시 직류 제동량	0 ~ 200 [%]	전동기가 회전하기 전에 인가되는 직류 전류의 크기 입니다. 전동기 정격 전류(H33) 기준입니다.	50	X	8-2
F13	A20D	시동 시 직류 제동시간	0 ~ 60 [초]	시동 시 설정된 시간 동안 직류 전류를 전동기에 인가합니다.	0	X	
F14	A20E	전동기 여자시간	0 ~ 60 [초]	센서리스 벡터 제어 운전시 가속을 시작하기 전에 설정된 시간 동안 전동기에 여자 전류를 공급합니다.	0.1	X	8-15
F20	A214	조그 주파수	0 ~ 400 [Hz]	조그 운전 주파수를 설정할 수 있습니다. 최대 주파수(F21) 이상 설정할 수 없습니다.	10.00	O	8-3
F21[2]	A215	최대 주파수	40 ~ 400 [Hz]	주파수 설정과 관련 된 파라미터의 상한 값입니다. 가 · 감속 기울기의 기준 주파수가 됩니다. (H70 참조) ⚠ 주 의 **최대 주파수 값을 변경하면, F22 (기저 주파수)를 제외한 주파수단위 (Hz)의 모든 파라미터 값들이 최대 주파수 이상일 때 변경된 최대 주파수로 바뀌게 됩니다.**	60.00	X	7-21
		고효율	최대주파수를 최대 50Hz/55Hz까지만 설정할 수 있습니다.				
F22	A216	기저 주파수	30 ~ 400 [Hz]	인버터 출력이 전동기 정격 전압이 될 때의 출력 주파수 입니다.	60.00	X	7-17
F23	A217	시작 주파수	0.1 ~ 10 [Hz]	전압을 출력하기 시작하는 주파수 입니다. 주파수 단위(Hz) 파라미터의 하한 값입니다.	0.50	X	7-21

1) : F4를 1번 (직류 제동 정지)으로 설정해야 표시됩니다.
2) : H40 (제어 방식 선택)을 3번 (센서리스 제어)으로 선택하면 최대 주파수는 300Hz까지 설정할 수 있습니다.

표 8.7 iG5A 인버터의 파라미터 입출력 그룹 요약-1

표시	통신용 번지	명 칭	설정 범위	설 명	공장 출하치	운전 중 변경	페이지
I 0	A400	점프 코드	0 ~ 87	이동할 코드 번호를 설정	1	O	4-5
I 2	A402	NV 입력 최소 전압	0 ~ -10 [V]	V1 단자의 부(-)입력 (-10V~0V)의 최소 값을 설정할 수 있습니다.	0.00	O	
I 3	A403	NV 입력 최소 전압에 대응되는 주파수	0 ~ 400[Hz]	V1 단자의 부(-)입력 (-10V~0V)이 최소 값일 때는 (I2)의 주파수입니다.	0.00	O	
I 4	A404	NV 입력 최대 전압	0 ~ -10 [V]	V1 단자의 부(-)입력 (-10V~0V)의 최대 값을 설정할 수 있습니다.	10.0	O	7-2
		고효율	공장 출하치가 8.3V/9.1V로 되어 있습니다.				
I 5	A405	NV 입력 최대 전압에 대응되는 주파수	0 ~ 400 [Hz]	V1 단자의 부(-)입력 (-10V~0V)이 최대 값일 때는 (I4)의 주파수입니다.	60.00	O	
		고효율	최대주파수 설정에 따라 50Hz/55Hz까지만 설정할 수 있습니다.				
I 6	A406	V1 입력 필터시정수	0 ~ 9999	전압입력 운전 시 입력 응답성을 조정합니다. (V1 단자의 정(+) 입력 (0 ~ +10V)	10	O	
I 7	A407	V1 입력 최소 전압	0 ~ 10 [V]	전압입력 운전 시 입력되는 전압의 최소값을 설정합니다.	0	O	
I 8	A408	V1 입력 최소 전압에 대응되는 주파수	0 ~ 400 [Hz]	전압입력 운전 시 입력 전압이 최소 전압일 때의 주파수입니다.	0.00	O	
I 9	A409	V1 입력 최대 전압	0 ~ 10 [V]	전압입력 운전 시 입력되는 전압의 최대값을 설정합니다.	10	O	7-2
		고효율	공장 출하치가 8.3V/9.1V로 되어 있습니다.				
I10	A40A	V1 입력 최대 전압에 대응되는 주파수	0 ~ 400 [Hz]	전압입력 운전 시 입력 전압이 최대 전압일 때의 주파수입니다.	60.00	O	
		고효율	최대주파수 설정에 따라 50Hz/55Hz까지만 설정할 수 있습니다.				
I11	A40B	I 입력 필터시정수	0 ~ 9999	전류입력 운전 시 입력 응답성을 조정합니다.	10	O	
I12	A40C	I 입력 최소전류	0 ~ 20 [mA]	전류입력 운전 시 입력되는 전류의 최소값을 설정합니다.	4.00	O	
I13	A40D	I 입력 최소전류에 대응 되는 주파수	0 ~ 400 [Hz]	전류입력 운전 시 입력 전류가 최소 전류일 때의 주파수입니다.	0.00	O	
I14	A40E	I 입력 최대전류	0 ~ 20 [mA]	전류입력 운전 시 입력되는 전류의 최대값을 설정합니다.	20.00	O	7-4
		고효율	공장 출하치가 17.20mA/18.50mA로 되어 있습니다.				
I15	A40F	I 입력 최대 전류에 대응 되는 주파수	0 ~ 400 [Hz]	전류 입력 운전 시 입력 전류가 최대 전류일 때의 주파수입니다.	60.00	O	
		고효율	최대주파수 설정에 따라 50Hz/55Hz까지만 설정할 수 있습니다.				
I16	A410	아날로그 속도 지령의 상실 기준 선택	0 ~ 2	0:동작 안 함 1:설정된 값의 절반 이하에서 동작 2:설정된 값 이하에서 동작	0	O	10-7

표 8.8 iG5A 인버터의 파라미터 입출력 그룹 요약-2

표시	통신용 번지	명 칭	설정 범위	설 명		공장 출하치	운전 중 변경	페이지
I17	A411	다기능입력 단자 P1기능 선택	0 ~ 27	0	정방향 운전 지령(FX)	0	O	7-8
				1	역방향 운전 지령(RX)			
I18	A412	다기능입력 단자 P2기능 선택		2	비상정지(Emergency Stop Trip)	1	O	-
				3	고장 시 리셋 (RESET)			-
I19	A413	다기능입력 단자 P3기능 선택		4	조그 운전 지령 (JOG)	2	O	8-3
				5	다단속 주파수 - 하			7-7
I20	A414	다기능입력 단자 P4기능 선택		6	다단속 주파수 - 중	3	O	
				7	다단속 주파수 - 상			
I21	A415	다기능입력 단자 P5기능 선택		8	다단 가•감속 - 하	4	O	7-14
				9	다단 가•감속 - 중			
I22	A416	다기능입력 단자 P6기능 선택		10	다단 가•감속 - 상	5	O	
				11	정지 중 직류 제동 지령			8-2
I23	A417	다기능입력 단자 P7기능 선택		12	제 2 전동기 선택	6	O	8-21
				13	-Reserved-			-
I24	A418	다기능입력 단자 P8기능 선택		14	-Reserved-	7	O	-
				15	업-다운 운전 기능 / 주파수 증가 지령(UP)			8-4
				16	업-다운 운전 기능 / 주파수 감소 지령(DOWN)			
				17	3 와이어(wire) 운전			8-7
				18	외부트립 신호 입력: A접점(EtA)			10-5
				19	외부트립 신호 입력: B접점(EtB)			
				20	자기진단 기능			8-22
				21	PID 운전 중 일반 운전으로 절체			8-10
				22	2nd Source			8-24
				23	아날로그 지령 주파수 고정			7-6
				24	가•감속 중지 지령			7-16
				25	업-다운 주파수 저장 초기화			8-4
				26	조그 정방향 운전 지령 (JOG-FX)			8-3
				27	조그 역방향 운전 지령 (JOG-RX)			

표시	통신용 번지	명 칭									공장 출하치	운전 중 변경	페이지
I25	A419	입력 단자대 상태 표시	BIT 7	BIT 6	BIT 5	BIT 4	BIT 3	BIT 2	BIT 1	BIT 0	-	-	9-3
			P8	P7	P6	P5	P4	P3	P2	P1			
I26	A41A	출력 단자대 상태 표시	BIT1				BIT0				-	-	9-3
			3AC				MO						

I17~I24 중 외부 트립 신호 입력의 표시는 "제 12장 이상대책 및 점검"을 참고하십시오.
2개 이상의 다기능 입력단자를 같은 기능으로 설정하여 사용하지 않도록 주의하십시오.

표 8.9 iG5A 인버터의 파라미터 입출력 그룹 요약-3

<table>
<tr><th>표시</th><th>통신용 번지</th><th>명 칭</th><th>설정 범위</th><th colspan="4">설 명</th><th>공장 출하치</th><th>운전 중 변경</th><th>페이지</th></tr>
<tr><td>I27</td><td>A41B</td><td>다기능입력 단자 필터 시정수</td><td>1 ~ 15</td><td colspan="4">설정값이 클수록 입력 단자대의 응답성이 느려집니다.</td><td>4</td><td>O</td><td>-</td></tr>
<tr><td>I30</td><td>A41E</td><td>다단속 주파수 4</td><td rowspan="4">0 ~ 400 [Hz]</td><td colspan="4" rowspan="4">최대 주파수(F21) 이상으로 설정할 수 없습니다.</td><td>30.00</td><td>O</td><td rowspan="4">7-7</td></tr>
<tr><td>I31</td><td>A41F</td><td>다단속 주파수 5</td><td>25.00</td><td>O</td></tr>
<tr><td>I32</td><td>A420</td><td>다단속 주파수 6</td><td>20.00</td><td>O</td></tr>
<tr><td>I33</td><td>A421</td><td>다단속 주파수 7</td><td>15.00</td><td>O</td></tr>
<tr><td>I34</td><td>A422</td><td>다단 가속시간 1</td><td rowspan="14">0 ~ 6000 [초]</td><td colspan="4" rowspan="14"></td><td>3.0</td><td></td><td rowspan="14">7-14</td></tr>
<tr><td>I35</td><td>A423</td><td>다단 감속시간 1</td><td>3.0</td><td></td></tr>
<tr><td>I36</td><td>A424</td><td>다단 가속시간 2</td><td>4.0</td><td></td></tr>
<tr><td>I37</td><td>A425</td><td>다단 감속시간 2</td><td>4.0</td><td></td></tr>
<tr><td>I38</td><td>A426</td><td>다단 가속시간 3</td><td>5.0</td><td></td></tr>
<tr><td>I39</td><td>A427</td><td>다단 감속시간 3</td><td>5.0</td><td></td></tr>
<tr><td>I40</td><td>A428</td><td>다단 가속시간 4</td><td>6.0</td><td></td></tr>
<tr><td>I41</td><td>A429</td><td>다단 감속시간 4</td><td>6.0</td><td></td></tr>
<tr><td>I42</td><td>A42A</td><td>다단 가속시간 5</td><td>7.0</td><td></td></tr>
<tr><td>I43</td><td>A42B</td><td>다단 감속시간 5</td><td>7.0</td><td></td></tr>
<tr><td>I44</td><td>A42C</td><td>다단 가속시간 6</td><td>8.0</td><td></td></tr>
<tr><td>I45</td><td>A42D</td><td>다단 감속시간 6</td><td>8.0</td><td></td></tr>
<tr><td>I46</td><td>A42E</td><td>다단 가속시간 7</td><td>9.0</td><td></td></tr>
<tr><td>I47</td><td>A42F</td><td>다단 감속시간 7</td><td>9.0</td><td></td></tr>
<tr><td rowspan="6">I50</td><td rowspan="6">A432</td><td rowspan="6">아날로그 출력 항목 선택</td><td rowspan="6">0 ~ 3</td><td rowspan="2"></td><td rowspan="2">출력 항목</td><td colspan="2">10[V]에 대응되는 출력량</td><td rowspan="6">0</td><td rowspan="6">O</td><td rowspan="6">9-6</td></tr>
<tr><td>200V 급</td><td>400V 급</td></tr>
<tr><td>0</td><td>출력주파수</td><td colspan="2">최대주파수</td></tr>
<tr><td>1</td><td>출력 전류</td><td>150 %</td><td></td></tr>
<tr><td>2</td><td>출력 전압</td><td>AC 282V</td><td>AC 564V</td></tr>
<tr><td>3</td><td>인버터 직류 전압</td><td>DC 400V</td><td>DC 800V</td></tr>
<tr><td rowspan="2">I51</td><td rowspan="2">A433</td><td>아날로그 출력 레벨 조정</td><td>10 ~ 200[%]</td><td colspan="4">10V 기준입니다.</td><td>100</td><td rowspan="2">O</td><td rowspan="2">9-6</td></tr>
<tr><td>고효율</td><td colspan="6">공장 출하치가 83%/91%로 되어 있습니다.</td></tr>
<tr><td>I52</td><td>A434</td><td>검출 주파수</td><td rowspan="2">0 ~ 400 [Hz]</td><td colspan="4" rowspan="2">단자대의 다기능 출력 단자(I54)나 릴레이 출력(I55) 단자의 기능을 0~4번으로 선택할 때 사용합니다. 최대 주파수(F21) 이상으로 설정할 수 없습니다.</td><td>30.00</td><td>O</td><td rowspan="2">9-7</td></tr>
<tr><td>I53</td><td>A435</td><td>검출 주파수 폭</td><td>10.00</td><td>O</td></tr>
</table>

8.3 인버터 제어 실습

인버터 제어실습시 주의사항
· 인버터 실습 교육장비를 사용시 반드시 안전을 위하여 지도 강사의 지시와 실습 절차를 준수하도록 한다. · 실습장비의 입력전원은 교류 상용전원으로서 전원결선에 유의하고, 오결선으로 인한 기기 손상 및 전기 감전 등의 안전사고를 방지하여야 한다. · 장비의 결선은 전원을 차단한 후 절차서에 의하여 실시하고, 결선의 정확성을 확인한 후 전원을 투입하도록 한다. · 임의로 결선을 하지 않도록 하고, 실습장비를 분해하거나 변경시키지 않도록 한다.

인버터를 이용한 유도전동기 속도제어는 로더와 런/스톱키 운전, Push Button 및 PLC 출력단을 이용한 다단속 단자대 운전, 아날로그 전압/전류 연속 운전, RS485 통신 운전 등 다양하다. PLC 제어기를 사용하면 터치판넬이나 컴퓨터 HMI 프로그램을 이용한 다양한 제어가 가능하다.

8.3.1 인버터 로더, 다기능 입력 단자대 및 가변저항을 이용한 속도 제어

인버터 로더, 다기능 입력 단자대 및 가변저항을 이용한 속도 제어를 위해서 인버터 제어용 다기능 입력 단자대와 Push Button, 0～10V VR 전압신호의 연결은 그림 8.6과 같다.

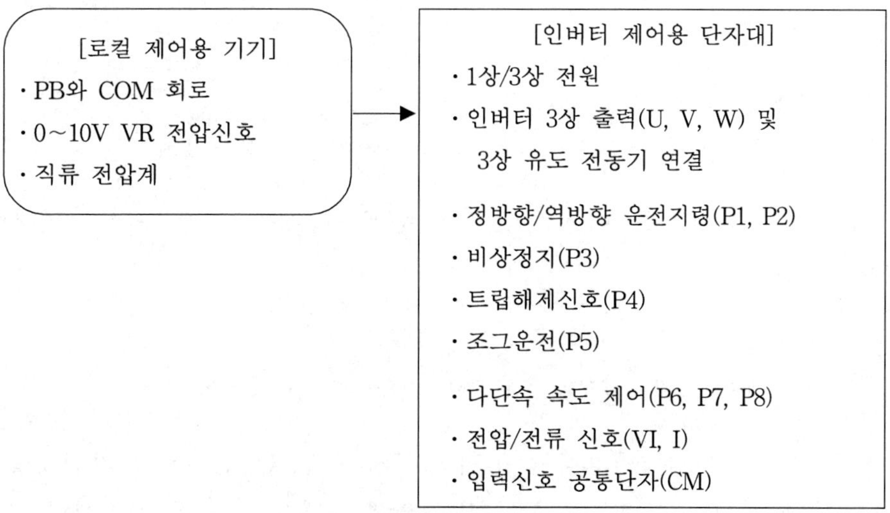

그림 8.6 인버터 로더, 다기능 입력 단자대 및 가변저항을 이용한 속도 제어

결선작업을 시행하기 전에 반드시 전원 스위치를 차단한 후 아래와 같이 작업을 하고, 결선의 정확성을 검토한 후에 전원을 투입하도록 한다. 만일, 인버터 실습용 장비의 구성이 그림 8.6과 다를 경우는 본 교재에서 설명하는 개념을 참고하여 실습장비의 결선을 시행한다.

① 단상/3상 주 전원 스위치 차단

② 인버터 3상 출력(U, V, W) 및 3상 유도전동기 연결

③ 인버터 입력신호 공통단자 CM과 PB 입력신호 공통단자 COM 연결

④ 인버터측 다기능 입력 단자와 PB측 8개 단자 연결
정방향과 역방향 운전지령 단자(P1, P2), 비상정지(P3), 트립해제신호(P4), 조그운전(P5), 상중하 다단속 주파수 제어에 의한 속도 제어용 입력 단자(P6, P7, P8)

⑤ 아날로그 볼륨 3개 단자(+, OUT, -)와 인버터측의 3개 단자(VR 10V, V1 전압입력, CM)의 연결

⑥ 아날로그 볼륨 2개 단자(OUT, -)와 DC 전압계 연결

⑦ 결선 확인 및 주 전원 투입

⑧ 인버터 파리미터의 설정 및 로더의 실습

그림 8.3 iG5A 인버터의 외관과 구동용 키 및 그림 8.5 iG5A 인버터의 파라미터 그룹의 이동에 설명된 좌 시프트, 우 시프트, 업 및 다운 키, ENTER 키, RUN/STOP 키를 이용하여 인버터 운전용 파라미터를 설정한다.

※ 기능 그룹 2 H93=1 : 4개 그룹 모두 초기화 기능

[실습 1] 로더 RUN/STOP를 이용하여 정회전/정지 운전지령을 하고, 로더를 이용하여 30[Hz] 속도를 설정한다.

· 파라미터 설정
운전그룹 파라미터 설정 : drv=0 frq=0 drc=F 0.00→30.00

[실습 2] 로더 RUN/STOP를 이용하여 역회전/정지 운전지령을 하고, 로더를 이용하여 30[Hz] 속도를 설정한다.

· 파라미터 설정
운전그룹 파라미터 설정 : drv=0 frq=0 drc=r 0.00→30.00

[실습 3] 로더 RUN/STOP를 이용하여 정회전/정지 운전지령을 하고, 가변저항을 인버터의 전압 신호 VI에 연결하여 아날로그 0~10V 전압 입력으로 속도를 설정한다.

단, 아날로그 0~10V 전압 입력으로 속도를 제어할 경우 안전 관리상 최대전압에 대응되는 주파수를 30[Hz]로 변경한다.

· 파라미터 설정

운전그룹 파라미터 설정 : drv=0 frq=3 drc=F

입출력 그룹 파라미터 설정 : I10=60.00→30.00

[실습 4] 로더 RUN/STOP를 이용하여 정회전/정지 운전지령을 하고, 로더를 이용한 30[Hz] 속도제어, 단자대 P5(JOG)를 이용하여 주파수 20[Hz]로 조그 운전을 한다.

※ 조그 운전 : 조그용 입력 버튼을 누르면 현재 운전 주파수에 우선하여 설정된 조그 주파수로 운전을 하고, 조그 버튼을 떼면 현재의 운전 주파수로 복귀하여 운전을 함.

· 파라미터 설정

운전그룹 파라미터 설정 : drv=0 frq=0 drc=F 0.00→30.00

기능그룹 1 파라미터 설정 : F20=10.00→20.00

[실습 5] 단자대 P1(FX) 및 P2(RX)를 이용하여 각각 정회전 및 정지, 역회전 및 정지의 운전지령을 하고, 로더를 이용하여 30[Hz] 속도를 설정한다.

· 파라미터 설정

운전그룹 파라미터 설정 : drv=1 frq=0 0.00→30.00

[실습 6] 단자대 P1(FX) 및 P2(RX)를 이용하여 각각 정회전 및 정지, 역회전 및 정지의 운전지령을 하고, 가변저항을 인버터의 전압 신호 VI에 연결하여 아날로그 0~10V 전압 입력으로 속도를 설정한다.

단, 아날로그 0~10V 전압 입력으로 속도를 제어할 경우 안전 관리상 최대전압에 대응되는 주파수를 30[Hz]로 변경한다.

· 파라미터 설정

운전그룹 파라미터 설정 : drv=1 frq=3

입출력 그룹 파라미터 설정 : I10=60.00→30.00

[실습 7] 단자대 P1(FX) 및 P2(RX)를 이용하여 각각 정회전 및 정지, 역회전 및 정지의 운전지령을 하고, P6, P7, P8을 이용하여 아래와 같이 다단속 0속~7속 운전을 한다.

<table>
<tr><th rowspan="2">구분</th><th rowspan="2">운전 속도</th><th colspan="3">다단속 입력단자</th><th colspan="2" rowspan="2">관련 파라미터</th></tr>
<tr><th>P8</th><th>P7</th><th>P6</th></tr>
<tr><td>다단속 운전 0속 주파수</td><td>0Hz</td><td>0</td><td>0</td><td>0</td><td colspan="2">drv=1 Frq=0 0.00</td></tr>
<tr><td>다단속 운전 1속 주파수</td><td>10Hz</td><td>0</td><td>0</td><td>1</td><td>St1</td><td rowspan="3">표 8.7 iG5A 인버터의 파라미터 운전 그룹 요약-1</td></tr>
<tr><td>다단속 운전 2속 주파수</td><td>20Hz</td><td>0</td><td>1</td><td>0</td><td>St2</td></tr>
<tr><td>다단속 운전 3속 주파수</td><td>30Hz</td><td>0</td><td>1</td><td>1</td><td>St3</td></tr>
<tr><td>다단속 운전 4속 주파수</td><td>30Hz</td><td>1</td><td>0</td><td>0</td><td>I30</td><td rowspan="4">표 8.8 iG5A 인버터의 파라미터 입출력 그룹 요약-2</td></tr>
<tr><td>다단속 운전 5속 주파수</td><td>25Hz</td><td>1</td><td>0</td><td>1</td><td>I31</td></tr>
<tr><td>다단속 운전 6속 주파수</td><td>20Hz</td><td>1</td><td>1</td><td>0</td><td>I32</td></tr>
<tr><td>다단속 운전 7속 주파수</td><td>15Hz</td><td>1</td><td>1</td><td>1</td><td>I33</td></tr>
</table>

단자대 P3(EST) 비상정지 버튼을 이용하여 비상정지 동작과 단자대 P5(JOG)를 이용하여 주파수 20[Hz] 조그 동작을 하도록 한다.

※ 조그 운전 : 조그용 입력 버튼을 누르면 현재 운전 주파수에 우선하여 설정된 조그 주파수로 운전을 하고, 조그 버튼을 떼면 현새의 운전 주파수로 복귀하여 운전을 함.

단, 다단속 운전 0속 주파수 설정은 단자대 P1, P2 정역 운전, 로더 디지털 주파수 설정 및 정지 0.00[Hz]로 한다.

· 파라미터 설정

운전그룹 파라미터 설정 : drv=1 frq=0 0.00 St1=10/St2=20/St3=30

입출력 그룹 파라미터 설정 : I30=30/I31=25/I32=20/I33=15

기능그룹 1 파라미터 설정 : F20=10.00→20.00

[실습 8] 단자대 P1(FX) 및 P2(RX)를 이용하여 각각 정회전 및 정지, 역회전 및 정지의 운전지령을 하고, P6, P7, P8을 이용하여 아래와 같이 다단속 0속~7속 운전을 한다.

<table>
<tr><th rowspan="2">구분</th><th rowspan="2">운전 속도</th><th colspan="3">다단속 입력단자</th><th rowspan="2" colspan="2">관련 파라미터</th></tr>
<tr><th>P8</th><th>P7</th><th>P6</th></tr>
<tr><td>다단속 운전 0속 주파수</td><td>0~10V 가변</td><td>0</td><td>0</td><td>0</td><td colspan="2">drv=1 Frq=3</td></tr>
<tr><td>다단속 운전 1속 주파수</td><td>10Hz</td><td>0</td><td>0</td><td>1</td><td>St1</td><td rowspan="3">표 8.7 iG5A 인버터의 파라미터 운전 그룹 요약-1</td></tr>
<tr><td>다단속 운전 2속 주파수</td><td>20Hz</td><td>0</td><td>1</td><td>0</td><td>St2</td></tr>
<tr><td>다단속 운전 3속 주파수</td><td>30Hz</td><td>0</td><td>1</td><td>1</td><td>St3</td></tr>
<tr><td>다단속 운전 4속 주파수</td><td>30Hz</td><td>1</td><td>0</td><td>0</td><td>I30</td><td rowspan="4">표 8.8 iG5A 인버터의 파라미터 입출력 그룹 요약-2</td></tr>
<tr><td>다단속 운전 5속 주파수</td><td>25Hz</td><td>1</td><td>0</td><td>1</td><td>I31</td></tr>
<tr><td>다단속 운전 6속 주파수</td><td>20Hz</td><td>1</td><td>1</td><td>0</td><td>I32</td></tr>
<tr><td>다단속 운전 7속 주파수</td><td>15Hz</td><td>1</td><td>1</td><td>1</td><td>I33</td></tr>
</table>

단자대 P3(EST) 비상정지 버튼을 이용하여 비상정지 동작과 단자대 P5(JOG)를 이용하여 주파수 20[Hz] 조그 동작을 하도록 한다.

단, 다단속 운전 0속 주파수 설정은 단자대 P1, P2 정역 운전, 가변저항을 이용하여 아날로그 전압 입력(0~10V)으로 한다. 아날로그 0~10V 전압 입력으로 속도를 제어할 경우 안전 관리상 최대전압에 대응되는 주파수를 30[Hz]로 변경한다.

· 파라미터 설정

운전그룹 파라미터 설정 : drv=1 frq=3 St1=10/St2=20/St3=30

입출력 그룹 파라미터 설정 : I30=30/I31=25/I32=20/I33=15

I10=60.00→30.00

기능그룹 1 파라미터 설정 : F20=10.00→20.00

[실습 9] 단자대 P1(FX) 및 P2(RX)를 이용하여 각각 정회전 및 정지, 역회전 및 정지의 운전지령을 하고, 로더를 이용한 30[Hz] 속도제어, 단자대 P5(JOG)를 이용하여 주파수 20[Hz]로 조그 운전을 실습한다.

· 파라미터 설정

운전그룹 파라미터 설정 : drv=1 frq=0 0.00→30.00

기능그룹 1 파라미터 설정 : F20=10.00→20.00

(평가문제 1) 로더 RUN/STOP를 이용하여 정회전/정지 운전지령을 하고, 로더를 이용하여 15[Hz] 속도를 설정한다.

(평가문제 2) 로더 RUN/STOP를 이용하여 역회전/정지 운전지령을 하고, 로더를 이용하여 15[Hz] 속도를 설정한다.

(평가문제 3) 로더 RUN/STOP를 이용하여 역회전/정지 운전지령을 하고, 가변저항을 인버터의 전압 신호 VI에 연결하여 아날로그 0～10V 전압 입력으로 속도를 설정한다.

단, 아날로그 0～10V 전압 입력으로 속도를 제어할 경우 안전 관리상 최대전압에 대응되는 주파수를 30[Hz]로 변경한다.

(평가문제 4) 로더 RUN/STOP를 이용하여 정회전/정지 운전지령을 하고, 로더를 이용한 15[Hz] 속도제어, 단자대 P5(JOG)를 이용하여 주파수 10[Hz]로 조그 운전을 실습한다.

(평가문제 5) 단자대 P1(FX) 및 P2(RX)를 이용하여 각각 정회전 및 정지, 역회전 및 정지의 운전지령을 하고, 로더를 이용하여 15[Hz] 속도를 설정한다.

(평가문제 6) 단자대 P1(FX) 및 P2(RX)를 이용하여 각각 정회전 및 정지, 역회전 및 정지의 운전지령을 하고, P6, P7, P8을 이용하여 아래와 같이 다단속 0속～7속 운전을 한다.

<table>
<tr><th rowspan="2">구분</th><th rowspan="2">운전 속도</th><th colspan="3">다단속 입력단자</th><th rowspan="2" colspan="2">관련 파라미터</th></tr>
<tr><th>P8</th><th>P7</th><th>P6</th></tr>
<tr><td>다단속 운전 0속 주파수</td><td>0Hz</td><td>0</td><td>0</td><td>0</td><td colspan="2">drv=1 Frq=0 0.00</td></tr>
<tr><td>다단속 운전 1속 주파수</td><td>15Hz</td><td>0</td><td>0</td><td>1</td><td>St1</td><td rowspan="3">표 8.7 iG5A 인버터의 파라미터 운전 그룹 요약-1</td></tr>
<tr><td>다단속 운전 2속 주파수</td><td>25Hz</td><td>0</td><td>1</td><td>0</td><td>St2</td></tr>
<tr><td>다단속 운전 3속 주파수</td><td>35Hz</td><td>0</td><td>1</td><td>1</td><td>St3</td></tr>
<tr><td>다단속 운전 4속 주파수</td><td>35Hz</td><td>1</td><td>0</td><td>0</td><td>I30</td><td rowspan="4">표 8.8 iG5A 인버터의 파라미터 입출력 그룹 요약-2</td></tr>
<tr><td>다단속 운전 5속 주파수</td><td>20Hz</td><td>1</td><td>0</td><td>1</td><td>I31</td></tr>
<tr><td>다단속 운전 6속 주파수</td><td>15Hz</td><td>1</td><td>1</td><td>0</td><td>I32</td></tr>
<tr><td>다단속 운전 7속 주파수</td><td>10Hz</td><td>1</td><td>1</td><td>1</td><td>I33</td></tr>
</table>

단자대 P3(EST) 비상정지 버튼을 이용하여 비상정지 동작과 단자대 P5(JOG)를 이용하여 주파수 10[Hz] 조그 동작을 하도록 한다.

단, 다단속 운전 0속 주파수 설정은 단자대 P1, P2 정역 운전, 로더 디지털 주파수 설정 및 정지 0.00[Hz]로 한다.

(평가문제 7) 단자대 P1(FX) 및 P2(RX)를 이용하여 각각 정회전 및 정지, 역회전 및 정지의 운전지령을 하고, P6, P7, P8을 이용하여 아래와 같이 다단속 0속~7속 운전을 한다.

구분	운전 속도	다단속 입력단자			관련 파라미터	
		P8	P7	P6		
다단속 운전 0속 주파수	0~10V 가변	0	0	0	drv=1 Frq=3	
다단속 운전 1속 주파수	15Hz	0	0	1	St1	표 8.7 iG5A 인버터의 파라미터 운전 그룹 요약-1
다단속 운전 2속 주파수	25Hz	0	1	0	St2	
다단속 운전 3속 주파수	35Hz	0	1	1	St3	
다단속 운전 4속 주파수	35Hz	1	0	0	I30	표 8.8 iG5A 인버터의 파라미터 입출력 그룹 요약-2
다단속 운전 5속 주파수	20Hz	1	0	1	I31	
다단속 운전 6속 주파수	15Hz	1	1	0	I32	
다단속 운전 7속 주파수	10Hz	1	1	1	I33	

단자대 P3(EST) 비상정지 버튼을 이용하여 비상정지 동작과 단자대 P5(JOG)를 이용하여 주파수 10[Hz] 조그 동작을 하도록 한다.

단, 다단속 운전 0속 주파수 설정은 단자대 P1, P2 정역 운전, 가변저항을 이용하여 아날로그 전압 입력(0~10V)으로 한다. 아날로그 0~10V 전압 입력으로 속도를 제어할 경우 안전 관리상 최대전압에 대응되는 주파수를 30[Hz]로 변경한다.

(평가문제 8) 단자대 P1(FX) 및 P2(RX)를 이용하여 각각 정회전 및 정지, 역회전 및 정지의 운전지령을 하고, 로더를 이용한 20[Hz] 속도제어, 단자대 P5(JOG)를 이용하여 주파수 10[Hz]로 조그 운전을 실습한다.

8.3.2 PLC 출력단, ADC 및 DAC를 이용한 인버터 속도 제어

PLC를 이용한 인버터 속도 제어를 위해서 입력단의 Push Button 연결, 출력단과 인버터 다기능 입력 단자대의 연결, 0~10V VR 전압신호의 ADC 및 DAC의 연결은 그림 8.7과 같다. PLC를 이용할 경우에는 터치판넬이나 컴퓨터 HMI 프로그램에 의하여 다양한 속도 제어가 가능하다.

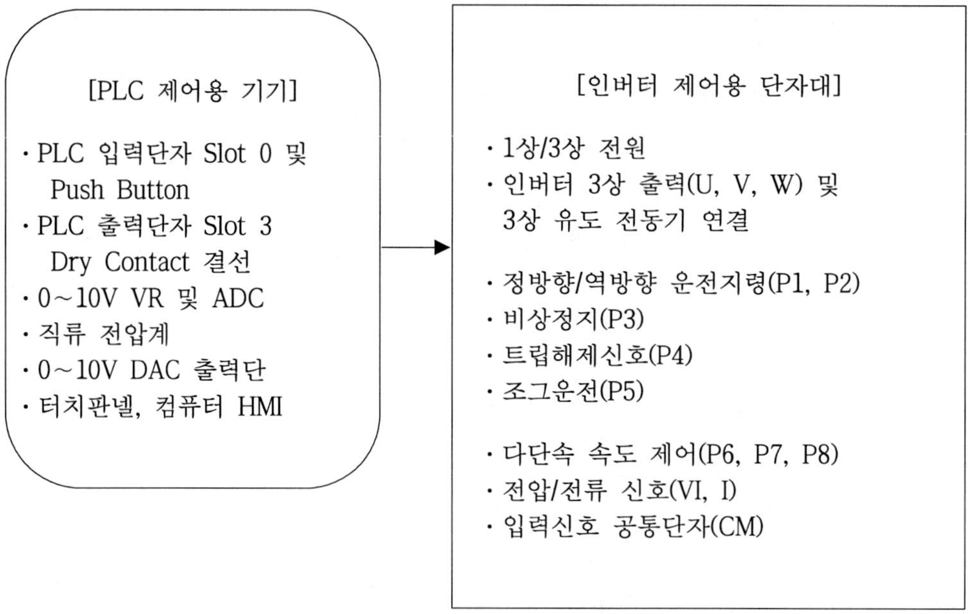

그림 8.7 PLC 출력단, ADC 및 DAC를 이용한 인버터 속도 제어

결선작업을 하기 전에 반드시 인버터 및 PLC의 전원 스위치를 차단한 후 아래와 같이 시행하고, 결선의 정확성을 검토한 후에 전원을 투입하도록 한다. 만일, XGK PLC 및 인버터 실습용 장비의 구성이 그림 8.7과 다를 경우는 본 교재에서 설명하는 개념을 참고하여 실습 장비의 결선을 시행한다.

① 인버터 단상/3상 및 PLC 주 전원 스위치 차단

② 인버터 3상 출력(U, V, W) 및 3상 유도전동기 연결

③ PLC 입력측 Slot 0과 Push Button의 연결(표 8.10 PLC 입출력 주소 할당 참조)

④ PLC 출력측 Slot 3과 인버터 다기능 입력 단자의 연결(표 8.10 PLC 입출력 주소 할당 참조)

※ Slot 3에 연결하여 실습하였던 BCD 출력기는 반드시 분리할 것.

※ PLC 출력단 접점과 COM 접점을 인버터 다기능 입력 접점 및 COM 접점과 결선시에는 반드시 전원없이 결선을 하는 Dry Contact 형태로 할 것.

⑤ 아날로그 볼륨 3개 단자(+, OUT, -)와 PLC측 ADC 입력 CH0에 연결, PLC측 DAC 출력 CH0과 인버터측의 2개 단자(V1 전압입력, CM)에 연결

※ 그림 7.2 XGK PLC의 아날로그 입출력 모듈 결선도 참조

⑥ 아날로그 볼륨 2개 단자(OUT, -)와 DC 전압계 연결

⑦ 결선 확인 및 주 전원 투입

⑧ 인버터 파리미터의 설정 및 PLC의 실습

그림 8.3 iG5A 인버터의 외관과 구동용 키 및 그림 8.5 iG5A 인버터의 파라미터 그룹의 이동에 설명된 좌 시프트, 우 시프트, 업 및 다운 키, ENTER 키, RUN/STOP 키를 이용하여 인버터 운전용 파라미터를 설정한다.

※ 기능 그룹 2 H93=1 : 4개 그룹 모두 초기화 기능

표 8.10 인버터 제어를 위한 PLC 입출력 주소 할당

구 분		변수 명	I/O 주소	
			PLC	TP/HMI
입력단	정회전용 PB	FX_PB	P00000	M*****
	역회전용 PB	RX_PB	P00001	M*****
	비상정지용 PB	EST_PB	P00002	M*****
	리셋용 PB	RST_PB	P00003	M*****
	조그 운전용 PB	JOG_PB	P00004	M*****
	저속 운전용 PB	LS_PB	P00005	M*****
	중속 운전용 PB	MS_PB	P00006	M*****
	고속 운전용 PB	HS_PB	P00007	M*****
	인버터 기동용 PB	START_PB	P00008	M*****
	인버터 정지용 PB	STOP_PB	P00009	M*****
	인버터 속도 상승용 PB	SPD_UP_PB	P0000A	M*****
	인버터 속도 하강용 PB	SPD_DN_PB	P0000B	M*****
출력단 (Dry Contact 결선)	정회전용 RY 접점(P1)	FX_OUT	P00030	P00030
	역회전용 RY 접점(P2)	RX_OUT	P00031	P00031
	비상정지용 RY 접점(P3)	EST_OUT	P00032	P00032
	리셋용 RY 접점(P4)	RST_OUT	P00033	P00033
	조그 운전용 RY 접점(P5)	JOG_OUT	P00034	P00034
	저속 운전용 RY 접점(P6)	LS_OUT	P00035	P00035
	중속 운전용 RY 접점(P7)	MS_OUT	P00036	P00036
	고속 운전용 RY 접점(P8)	HS_OUT	P00037	P00037

※ Slot 3에 연결하여 실습하였던 BCD 출력기는 반드시 분리할 것.

※ PLC 출력단 접점과 COM 접점을 인버터 다기능 입력 접점 및 COM 접점과 결선시에

는 반드시 전원없이 결선을 하는 Dry Contact 형태로 할 것.

[실습 1] 정회전용 PB와 단자대 P1(FX) 및 역회전용 PB와 P2(RX)를 이용하여 각각 정회전 및 정지, 역회전 및 정지의 운전지령을 한다. 로더를 이용하여 30[Hz] 주파수 설정을 하고, 비상정지용 PB 및 비상정지 단자대 P3(EST)을 이용하여 비상정지 동작을 하도록 한다. 그리고 리셋용 PB와 리셋용 단자대 P4(RST)를 이용하여 리셋 동작을 한다.

단, 인버터의 정회전과 역회전은 인터록 동작을 하도록 한다.

- 파라미터 설정

  운전그룹 파라미터 설정 : drv=1 frq=0 0.00→30.00
- PLC LD 작성

[실습 2] 정회전용 PB와 단자대 P1(FX) 및 역회전용 PB와 P2(RX)를 이용하여 각각 정회전 및 정지, 역회전 및 정지의 운전지령을 한다. 로더를 이용하여 30[Hz] 주파수 설정을 하고, 비상정지용 PB 및 비상정지 단자대 P3(EST)을 이용하여 비상정지 동작을 하도록 한다.

그리고 조그 운전용 PB와 조그 운전용 단자대 P5(JOG)를 이용하여 주파수 20[Hz] 조그 동작을 하고, 리셋용 PB와 리셋용 단자대 P4(RST)를 이용하여 리셋 동작을 한다.

단, PLC의 정회전용 PB와 역회전용 PB를 누르면 자기유지 기능이 되도록 하고, 인버터의 정지용 PB를 사용하여 동작을 정지한다. 그리고 인버터의 정회전과 역회전은 인터록 동작을 하도록 한다.

※ 조그 운전 : 조그용 입력 버튼을 누르면 현재 운전 주파수에 우선하여 설정된 조그 주파수로 운전을 하고, 조그 버튼을 떼면 현재의 운전 주파수로 복귀하여 운전을 함.

· 파라미터 설정

운전그룹 파라미터 설정 : drv=1 frq=0 0.00→30.00

기능그룹 1 파라미터 설정 : F20=10.00→20.00

· PLC LD 작성

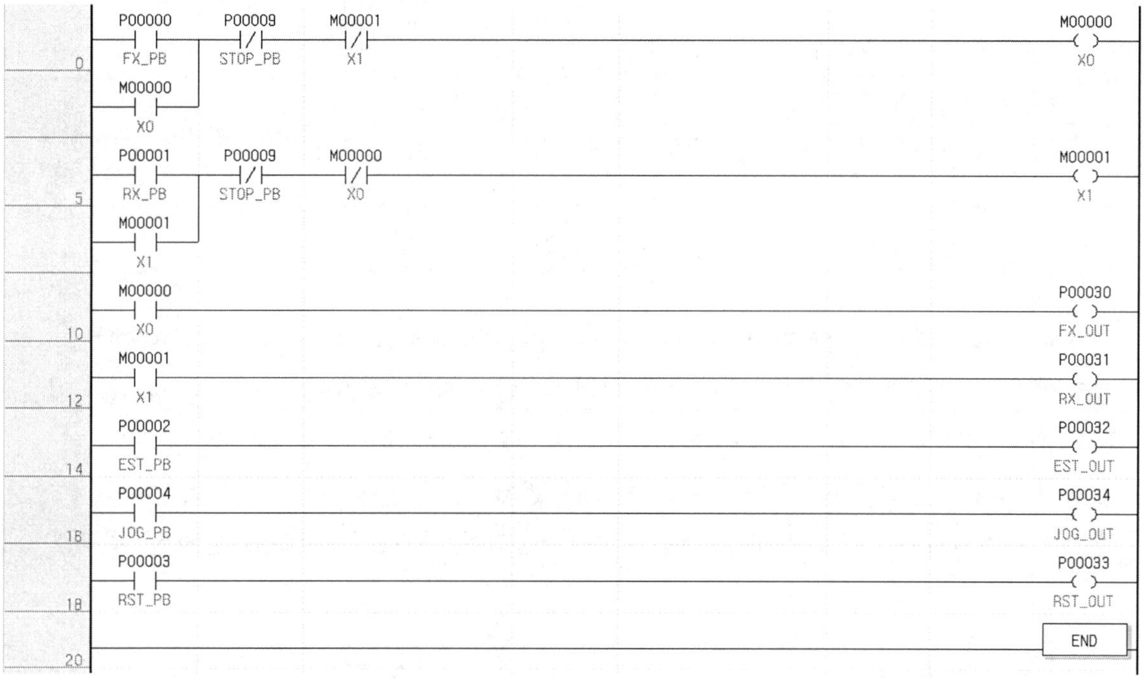

[실습 3] PLC 입력측의 정회전용 PB와 단자대 P1(FX) 및 역회전용 PB와 P2(RX)를 이용하여 각각 정회전 및 정지, 역회전 및 정지의 운전지령을 한다. 정회전용 PB와 역회전용 PB를 누르면 자기유지 기능이 되도록 하며, 인버터의 정지용 PB를 사용하여 동작을 정지한다. 그리고 인버터의 정회전과 역회전은 인터록 동작을 하도록 한다.

저속 운전용 PB와 저속 운전용 단자대 P6(LS), 중속 운전용 PB와 중속 운전용 단자대 P7(MS), 고속 운전용 PB와 고속 운전용 단자대 P7(HS)을 이용하여 아래와 같이 다단속 0속~7속 운전을 한다. 다단속 운전 0속 주파수 설정은 단자대 P1, P2 정역 운전, 로더 디지털 주파수 설정 및 정지 0.00[Hz]로 한다.

<table>
<tr><th rowspan="2">구분</th><th rowspan="2">운전 속도</th><th colspan="3">다단속 입력단자</th><th rowspan="2" colspan="2">관련 파라미터</th></tr>
<tr><th>P8</th><th>P7</th><th>P6</th></tr>
<tr><td>다단속 운전 0속 주파수</td><td>0Hz</td><td>0</td><td>0</td><td>0</td><td colspan="2">drv=1 Frq=0 0.00</td></tr>
<tr><td>다단속 운전 1속 주파수</td><td>10Hz</td><td>0</td><td>0</td><td>1</td><td>St1</td><td rowspan="3">표 8.7 iG5A 인버터의 파라미터 운전 그룹 요약-1</td></tr>
<tr><td>다단속 운전 2속 주파수</td><td>20Hz</td><td>0</td><td>1</td><td>0</td><td>St2</td></tr>
<tr><td>다단속 운전 3속 주파수</td><td>30Hz</td><td>0</td><td>1</td><td>1</td><td>St3</td></tr>
<tr><td>다단속 운전 4속 주파수</td><td>30Hz</td><td>1</td><td>0</td><td>0</td><td>I30</td><td rowspan="4">표 8.8 iG5A 인버터의 파라미터 입출력 그룹 요약-2</td></tr>
<tr><td>다단속 운전 5속 주파수</td><td>25Hz</td><td>1</td><td>0</td><td>1</td><td>I31</td></tr>
<tr><td>다단속 운전 6속 주파수</td><td>20Hz</td><td>1</td><td>1</td><td>0</td><td>I32</td></tr>
<tr><td>다단속 운전 7속 주파수</td><td>15Hz</td><td>1</td><td>1</td><td>1</td><td>I33</td></tr>
</table>

비상정지용 PB 및 비상정지 단자대 P3(EST)을 이용하여 비상정지 동작을 하도록 한다. 그리고 조그 운전용 PB와 조그 운전용 단자대 P5(JOG)를 이용하여 주파수 20[Hz] 조그 동작을 하고, 리셋용 PB와 리셋용 단자대 P4(RST)를 이용하여 리셋 동작을 한다.

※ 조그 운전 : 조그용 입력 버튼을 누르면 현재 운전 주파수에 우선하여 설정된 조그 주파수로 운전을 하고, 조그 버튼을 떼면 현재의 운전 주파수로 복귀하여 운전을 함.

- 파라미터 설정

  운전그룹 파라미터 설정 : drv=1 frq=0 0.00 St1=10/St2=20/St3=30

  입출력 그룹 파라미터 설정 : I30=30/I31=25/I32=20/I33=15

  기능그룹 1 파라미터 설정 : F20=10.00→20.00

· PLC LD 작성

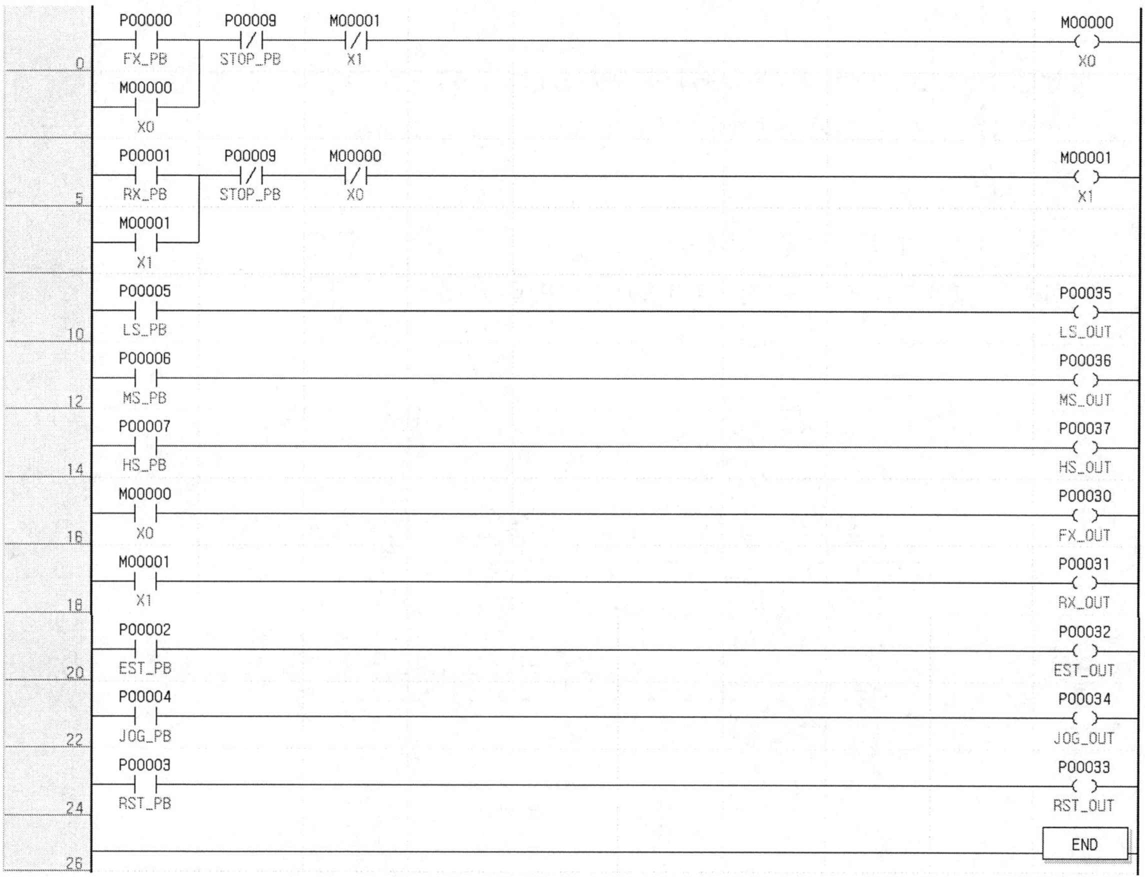

[실습 4] PLC 입력측의 정회전용 PB와 단자대 P1(FX) 및 역회전용 PB와 P2(RX)를 이용하여 각각 정회전 및 정지, 역회전 및 정지의 운전지령을 한다. 정회전용 PB와 역회전용 PB를 누르면 자기유지 기능이 되도록 하며, 인버터의 정지용 PB를 사용하여 동작을 정지한다. 그리고 인버터의 정회전과 역회전은 인터록 동작을 하도록 한다.

저속 운전용 PB, 중속 운전용 PB, 고속 운전용 PB로 각각 아래와 같이 DAC CH0에 입출력을 하고, 인버터에서 3가지 속도로 운전을 한다.

입력 PB	DAC CH0 입력	DAC CH0 출력	인버터 속도	비고
저속 운전용 PB	1600	2[V]	6[Hz]	DAC 0~8000 입력, 0~10V 출력 → 인버터 0~30[Hz] 속도 운전
중속 운전용 PB	4800	6[V]	18[Hz]	
고속 운전용 PB	8000	10[V]	30[Hz]	

인버터측 전압 단자에 직류 전압계를 연결하여 측정한다. 그리고 아날로그 0~10V 전압 입력으로 속도를 제어할 경우 안전 관리상 최대전압에 대응되는 주파수를 30[Hz]로 변경한다.

비상정지용 PB 및 비상정지 단자대 P3(EST)을 이용하여 비상정지 동작을 하도록 하고, 리셋용 PB와 리셋용 단자대 P4(RST)를 이용하여 리셋 동작을 한다.

- 파라미터 설정
  운전그룹 파라미터 설정 : drv=1　　frq=3
  입출력 그룹 파라미터 설정 : I10=60.00→30.00
- PLC LD 작성

XGF-AH6A (입출력, 4/2채널)

XGF-AH6A (입출력, 4/2채널)

입력파라미터	채널0	채널1	채널2	채널3
☐ 운전 채널	운전	운전	정지	정지
☐ 입력 전압(전류) 범위	0~10V	0~10V	4~20mA	4~20mA
출력 데이터 타입	0~8000	0~8000	0~8000	0~8000
☐ 평균 처리	횟수평균	횟수평균	샘플링처리	샘플링처리
평균값	1000	1000	0	0
출력파라미터	채널0		채널1	
☐ 운전 채널	운전		운전	
☐ 출력 전압(전류)범위	0~10V		0~10V	
입력 데이터 타입	0~8000		0~8000	
☐ 채널 출력 상태	이전값		이전값	

확 인　취 소

U04 : XGF-AH6A 혼합 모듈 Base 0 Slot 4 장착

U04.00.F : 모듈 Ready

U04.01.0 : 입력채널 0 운전중

U04.00.0 : 입력채널 0 에러

U04.02　: 입력채널 0 변환값

U04.00.F : 모듈 Ready

U04.01.1 : 입력채널 1 운전중

U04.00.1 : 입력채널 1 에러

U04.03　: 입력채널 1 변환값

U04 : XGF-AH6A 혼합 모듈 Base 0 Slot 4 장착

U04.00.F : 모듈 Ready

U04.01.4 : 출력채널 0 운전중
U04.00.4 : 출력채널 0 에러
U04.08.0 : 채널 0 출력상태 설정
U04.09 : 출력채널 0 변환값

U04.00.F : 모듈 Ready
U04.01.5 : 출력채널 1 운전중
U04.00.5 : 출력채널 1 에러
U04.08.1 : 채널 1 출력상태 설정
U04.10 : 출력채널 1 변환값

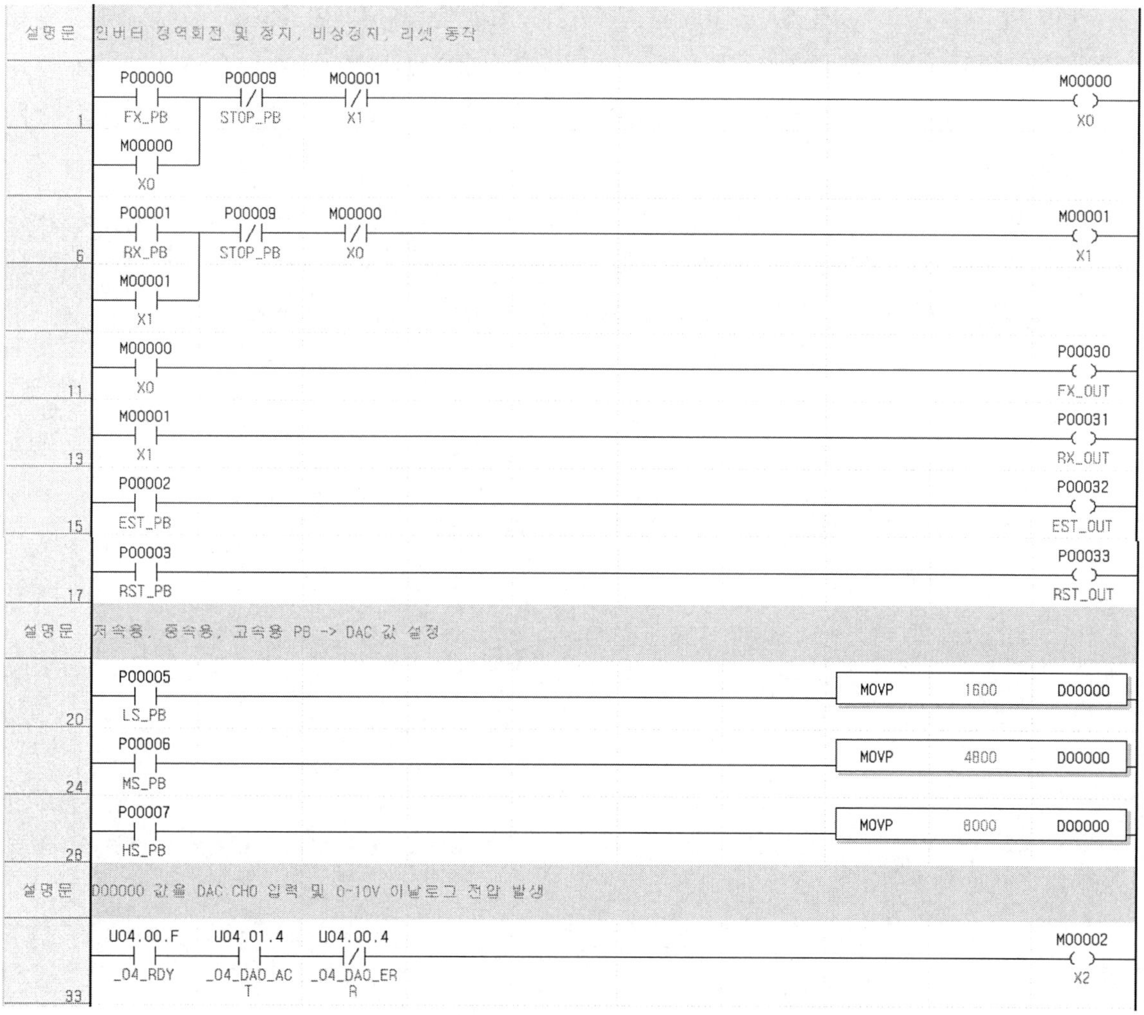

[실습 5] PLC 입력측의 정회전용 PB와 단자대 P1(FX) 및 역회전용 PB와 P2(RX)를 이용하여 각각 정회전 및 정지, 역회전 및 정지의 운전지령을 한다. 정회전용 PB와 역회전용 PB를 누르면 자기유지 기능이 되도록 하며, 인버터의 정지용 PB를 사용하여 동작을 정지한다. 그리고 인버터의 정회전과 역회전은 인터록 동작을 하도록 한다.

PLC 입력측 ADC CH0에 0~10V 가변저항 VR의 출력단을 연결하고, DAC CH0 출력을 인버터의 전압 신호 VI에 연결하여 가변저항 VR의 아날로그 0~10V 전압으로 속도를 조정한다. PLC측의 가변저항 출력단과 인버터측 전압 단자에 각각 직류 전압계를 연결하여 측정한다.

그리고 아날로그 0~10V 전압 입력으로 속도를 제어할 경우 안전 관리상 최대전압에 대응되는 주파수를 30[Hz]로 변경한다.

비상정지용 PB 및 비상정지 단자대 P3(EST)을 이용하여 비상정지 동작을 하도록 하고, 리셋용 PB와 리셋용 단자대 P4(RST)를 이용하여 리셋 동작을 한다.

- 파라미터 설정

  운전그룹 파라미터 설정 : drv=1 frq=3

  입출력 그룹 파라미터 설정 : I10=60.00→30.00

· PLC LD 작성

XGF-AH6A (입출력, 4/2채널)

XGF-AH6A (입출력, 4/2채널)

입력파라미터	채널0	채널1	채널2	채널3
□ 운전 채널	운전	운전	정지	정지
□ 입력 전압(전류) 범위	0~10V	0~10V	4~20mA	4~20mA
출력 데이터 타입	0~8000	0~8000	0~8000	0~8000
□ 평균 처리	횟수평균	횟수평균	샘플링처리	샘플링처리
평균값	1000	1000	0	0

출력파라미터	채널0	채널1
□ 운전 채널	운전	운전
□ 출력 전압(전류)범위	0~10V	0~10V
입력 데이터 타입	0~8000	0~8000
□ 채널 출력 상태	이전값	이전값

확 인 취 소

U04 : XGF-AH6A 혼합 모듈 Base 0 Slot 4 장착

U04.00.F : 모듈 Ready

U04.01.0 : 입력채널 0 운전중

U04.00.0 : 입력채널 0 에러

U04.02 : 입력채널 0 변환값

U04.00.F : 모듈 Ready

U04.01.1 : 입력채널 1 운전중

U04.00.1 : 입력채널 1 에러

U04.03 : 입력채널 1 변환값

U04 : XGF-AH6A 혼합 모듈 Base 0 Slot 4 장착

U04.00.F : 모듈 Ready

U04.01.4 : 출력채널 0 운전중

U04.00.4 : 출력채널 0 에러

U04.08.0 : 채널 0 출력상태 설정

U04.09 : 출력채널 0 변환값

U04.00.F : 모듈 Ready

U04.01.5 : 출력채널 1 운전중

U04.00.5 : 출력채널 1 에러

U04.08.1 : 채널 1 출력상태 설정

U04.10 : 출력채널 1 변환값

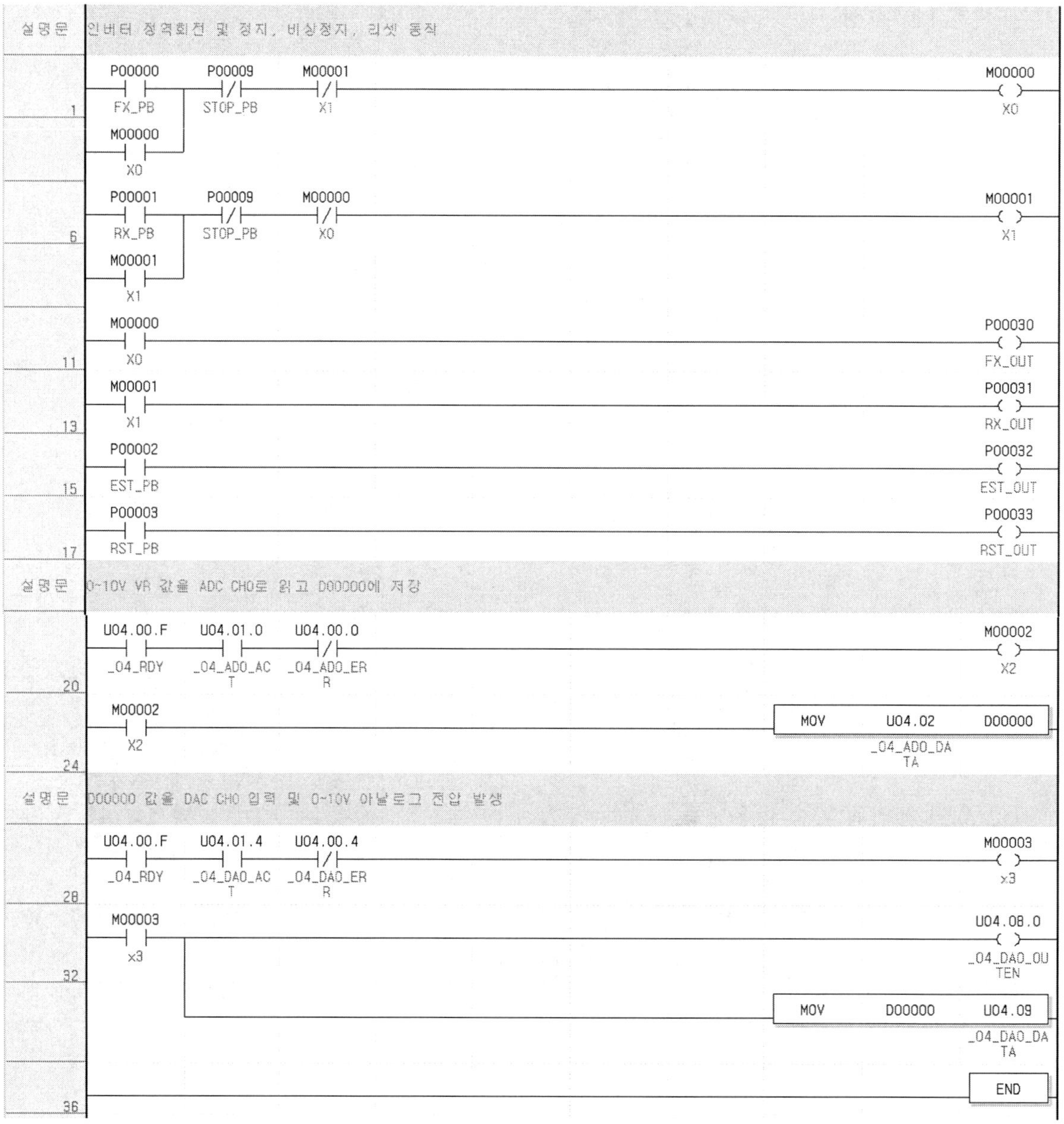
설명문 인버터 정역회전 및 정지, 비상정지, 리셋 동작
1
P00000 FX_PB
P00009 STOP_PB
M00001 X1
M00000 X0
6
P00001 RX_PB
P00009 STOP_PB
M00000 X0
M00001 X1
11
M00000 X0
P00030 FX_OUT
13
M00001 X1
P00031 RX_OUT
15
P00002 EST_PB
P00032 EST_OUT
17
P00003 RST_PB
P00033 RST_OUT
설명문 0~10V VR 값을 ADC CH0로 읽고 D00000에 저장
20
U04.00.F _04_RDY
U04.01.0 _04_AD0_ACT
U04.00.0 _04_AD0_ERR
M00002 X2
24
M00002 X2
MOV U04.02 D00000
_04_AD0_DATA
설명문 D00000 값을 DAC CH0 입력 및 0~10V 아날로그 전압 발생
28
U04.00.F _04_RDY
U04.01.4 _04_DA0_ACT
U04.00.4 _04_DA0_ERR
M00003 x3
32
M00003 x3
U04.08.0 _04_DA0_OUTEN
MOV D00000 U04.09
_04_DA0_DATA
36
END

(평가문제) PLC 입력측의 정회전용 PB와 단자대 P1(FX) 및 역회전용 PB와 P2(RX)를 이용하여 각각 정회전 및 정지, 역회전 및 정지의 운전지령을 한다. 정회전용 PB와 역회전용 PB를 누르면 자기유지 기능이 되도록 하며, 인버터의 정지용 PB를 사용하여 동작을 정지한다. 그리고 인버터의 정회전과 역회전은 인터록 동작을 하도록 한다.

인버터 속도 상승용 PB와 인버터 속도 하강용 PB를 이용하여 인버터 속도를 0~30[Hz] 범위에서 가감 운전을 한다. DAC CH0의 입력 데이터 가감은 산술연산 명령어 ADDP, SUBP, 증감 명령어, 비교 명령어 등을 활용하여 프로그램을 작성한다. 그리고 아날로그 0~10V 전압 입력으로 속도를 제어할 경우 안전 관리상 최대전압에 대응되는 주파수를 30[Hz]로 변경한다.

※ DAC CH0 0~8000 입력 → 0~10V 출력 → 인버터 0~30[Hz] 속도 운전

※ 비교 명령어로 DAC 입력값이 8000 초과시에는 8000으로 하고, 0 이하이면 0으로 설정

비상정지용 PB 및 비상정지 단자대 P3(EST)을 이용하여 비상정지 동작을 하도록 하고, 리셋용 PB와 리셋용 단자대 P4(RST)를 이용하여 리셋 동작을 한다.

· 파라미터 설정

운전그룹 파라미터 설정 : drv=1 frq=3

입출력 그룹 파라미터 설정 : I10=60.00→30.00

동작 결과를 분석하고, 실습보고서를 작성하시오.

제 9 장

CIMON HMI 실습

9.1 HMI 개요 및 CIMON 프로그램의 설치

산업 현장의 자동화시스템은 제어 대상이나 제어기능이 차이가 있어도 시스템을 구성하고 있는 기본적인 개념은 매우 비슷하며, 그림 1.1 센서계측 및 제어시스템의 개념도에 설명이 되어 있다. 이 시스템은 필요한 정보를 입력하는 장치, 정보를 처리하는 제어장치, 처리된 결과를 출력하는 출력장치 그리고 외부와 통신하기 위한 통신장치와 인간과 기계장치와의 정보 전달 및 연결 요소인 HMI(Human Machine Interface) 프로그램으로 구성이 된다.

고성능 컴퓨터나 서버 등에 설치한 HMI 시스템을 이용하여 중앙제어실에서 원격지 현장의 각종 장치 및 센서들의 동작 상태들을 파악할 수 있고 제어를 할 수 있으며, 또한 각종 데이터의 관리 및 분석을 할 수 있다. 표 9.1에는 농업기반설비의 원격 계측 및 제어설비인 TMTC(Tele-Metering and Tele-Control) 시스템의 HMI 주요 기능이 나타나 있다.

원격계측 및 제어시스템의 중요한 기능을 수행하는 HMI 프로그램은 Autobase, InfoU, CIMON 등 다양한 제품들이 있으며, 본 교재에서는 CIMON을 중심으로 설명한다.

CIMON 프로그램은 다음과 같이 제작사의 홈페이지에서 다운이 가능하며, 설치 후 실행 프로그램은 2가지가 있다.

- CIMON사 홈페이지(2023년 9월 기준) : https://www.cimon.co.kr/회원가입
- 고객지원/다운로드센터/CIMON-SCADA Software V3.90 (R190522) [한글]

CIMOND : 프로젝트 작화 및 편집을 위한 프로그램

CIMONX : 제작된 프로젝트를 실행하기 위한 프로그램

CimonX을 구동하면 다음과 같은 메시지가 나타나고, 공공기관, 교육기관을 포함한 기업체 등에서는 반드시 라이센스가 필요하다.

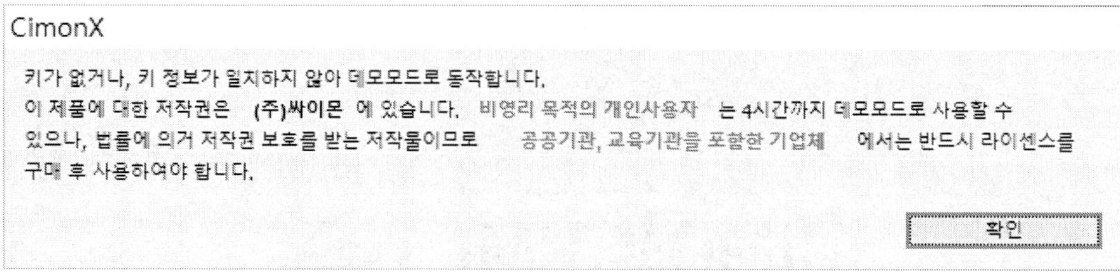

표 9.1 TMTC 시스템의 HMI 주요 기능

구 분	세부 기능
원격 감시 (Digital Data Input)	· 각종 기기 및 차단기 켜짐/꺼짐 상태 감시 · 각종 전기 스위치 상태 감시 · 펌프 및 전동기의 운전 상태 감시 · 밸브, 수문의 정상작동 여부, 개폐 상태 감시 · 원격소 장치(RTU)의 문 열림 상태 감시 · 기타 원격소 장치의 접점 상태 감시 대상의 정보
원격 측정 (Analog Data Input)	· 밸브, 수문 개도율 측정 · 수위, 압력, 유량 측정 · 강우량, 기온 및 습도 등의 기상 관측요소 측정 · 전동기, 펌프 등의 설비 온도 측정 · 전압, 전류, 전력 및 전력량, 역률 등 측정 · 센서의 전압(0～5V) 및 전류(4～20mA) 값 측정 · 기타 원격소 장치의 아날로그 정보
원격 제어 (Digital Data Output)	· 밸브, 수문의 수동제어 및 자동제어 · 수위 또는 유량에 의한 수문, 밸브, 펌프 등의 제어 · 모터 제어
기록 기능 (Logging & Report)	· 정기적 자료 통계 기록(시간별, 일별, 주간별, 월별, 년도별) · 경보 발생시 실시간 관련 내용 기록 · 기기 조작시 내용 및 실시간 기록
경보 발생 기능 (Alarm & Event)	· 밸브, 수문 등의 상태 변화 · 아날로그 값의 상, 하한 초과, 미달시 · 장치 이상 및 감시 요소의 상태 이상시
계산 데이터	· 수량, 수위, 압력, 유량 · 전압, 전류, 전력, 역률
데이터베이스 관리 기능	· 데이터베이스 생성 및 변경 · 리포트, 로그 생성 및 변경 · 디스플레이 생성 및 변경

9.2 CIMON HMI를 이용한 PLC 제어

CIMON의 작화 기능을 이용하여 필요한 오브젝트와 도형 등의 요소들을 작성하고, PLC 및 통신장치를 통하여 원격지에서 현장의 기기를 감시하고 제어할 수 있다. CIMON HMI를 이용한 PLC 제어의 개념도는 그림 9.1과 같다.

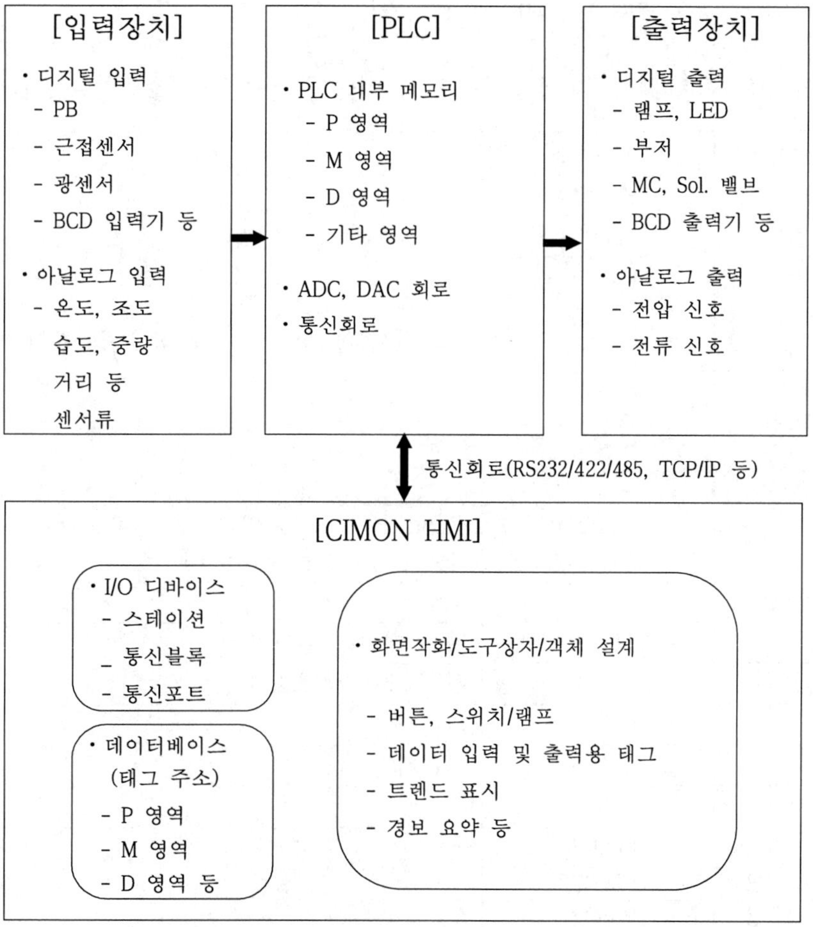

그림 9.1 CIMON HMI를 이용한 PLC 제어의 개념도

그림 9.1에서 I/O 디바이스 설정은 CIMON과 PLC간 통신 환경을 설정하는 것으로서 I/O 디바이스(PLC 기종) 및 통신 방법 선택, 스테이션, 통신블록 설계 및 통신포트 설정을 한다.

데이터베이스는 PLC 메모리와의 연계를 위한 CIMON 태그의 생성, I/O 디바이스 및 메모리 P, M, D 등의 영역 주소를 설정하는 것이다. 그리고 CIMON의 도구상자 및 객체를 이용하여 화면작화를 하고, PLC를 제어한다.

CIMON HMI를 이용한 PLC를 제어하기 위해서는 먼저 PLC 입출력 주소 할당 및 LD 프로그램을 작성하고, CIMON HMI 화면을 작화한다. CIMON HMI의 도구상자에 있는 다양한 객체들과 그래픽 기능을 이용하여 산업 현장의 다양한 제어 기능을 구현할 수 있으며, 여기에서는 가장 기본적인 CIMON HMI 화면 작화 및 PLC 제어 절차를 소개한다.

표 9.2 및 표 9.3에는 본 실습에서 사용하는 XGK PLC 실습용 장비 및 3상 유도전동기 인버터 제어 시스템의 입출력 주소가 나타나 있다.

표 9.2 CIMON HMI 및 XGK PLC 실습용 장비의 입출력 주소 할당

<table>
<tr><th>구분</th><th>변수명</th><th>I/O 주소</th><th>비고</th></tr>
<tr><td rowspan="11">입력</td><td>PB0</td><td>P00000</td><td rowspan="9">Push Button Switch Slot 0, 1 Bit Address</td></tr>
<tr><td>PB1</td><td>P00001</td></tr>
<tr><td>PB2</td><td>P00002</td></tr>
<tr><td>PB3</td><td>P00003</td></tr>
<tr><td>PB4</td><td>P00004</td></tr>
<tr><td>PB5</td><td>P00005</td></tr>
<tr><td>PB6</td><td>P00006</td></tr>
<tr><td>PB7</td><td>P00007</td></tr>
<tr><td>…</td><td>…</td></tr>
<tr><td>BCD_IN</td><td>P0001
(P00010~P0001F)</td><td>4 Bits BCD 숫자 입력기(Digital Switch)
Slot 1, 16 Bits Word Address</td></tr>
<tr><td>Analog In</td><td></td><td>Slot 4</td></tr>
<tr><td rowspan="4">제어</td><td></td><td>M00000~</td><td>비트 데이터 메모리</td></tr>
<tr><td></td><td>D00000~</td><td>워드 데이터 메모리</td></tr>
<tr><td></td><td>T00~</td><td>타이머</td></tr>
<tr><td></td><td>C00~</td><td>카운터</td></tr>
<tr><td rowspan="11">출력</td><td>LAMP0</td><td>P00020</td><td></td></tr>
<tr><td>LAMP1</td><td>P00021</td><td rowspan="8">LED LAMP
Slot 2, 1 Bit Address</td></tr>
<tr><td>LAMP2</td><td>P00022</td></tr>
<tr><td>LAMP3</td><td>P00023</td></tr>
<tr><td>LAMP4</td><td>P00024</td></tr>
<tr><td>LAMP5</td><td>P00025</td></tr>
<tr><td>PAMP6</td><td>P00026</td></tr>
<tr><td>LAMP7</td><td>P00027</td></tr>
<tr><td>…</td><td>…</td></tr>
<tr><td>BCD_OUT</td><td>P0003
(P00030~P0003F)</td><td>4 Bits BCD 숫자 출력기(FND)
Slot 3, 16 Bits Word Address</td></tr>
<tr><td>Anlog Out</td><td></td><td>Slot 4</td></tr>
</table>

표 9.3 인버터 운전을 위한 CIMON HMI 및 XGK PLC 입출력 주소 할당

구 분		변수 명	I/O 주소		비고
			PLC	TP/HMI	
입력	정회전용 PB	FX_PB	P00000	M00000	
	역회전용 PB	RX_PB	P00001	M00001	
	비상정지용 PB	EST_PB	P00002	M00002	
	리셋용 PB	RST_PB	P00003	M00003	
	조그 운전용 PB	JOG_PB	P00004	M00004	
	저속 운전용 PB	LS_PB	P00005	M00006	
	중속 운전용 PB	MS_PB	P00006	M00007	
	고속 운전용 PB	HS_PB	P00007	M00008	
	인버터 기동용 PB	START_PB	P00008	M00009	
	인버터 정지용 PB	STOP_PB	P00009	M0000A	
	인버터 속도 상승용 PB	SPD_UP_PB	P0000A	M0000B	
	인버터 속도 하강용 PB	SPD_DN_PB	P0000B	M0000C	
제어			M00100~	M00100~	
			D00000~	D00000~	
출력	정회전용 RY 접점(P1)	FX_OUT	P00030	P00030	Dry Contact 결선
	역회전용 RY 접점(P2)	RX_OUT	P00031	P00031	
	비상정지용 RY 접점(P3)	EST_OUT	P00032	P00032	
	리셋용 RY 접점(P4)	RST_OUT	P00033	P00033	
	조그 운전용 RY 접점(P5)	JOG_OUT	P00034	P00034	
	저속 운전용 RY 접점(P6)	LS_OUT	P00035	P00035	
	중속 운전용 RY 접점(P7)	MS_OUT	P00036	P00036	
	고속 운전용 RY 접점(P8)	HS_OUT	P00037	P00037	

CIMON HMI의 프로젝트 창 및 도구상자의 객체들을 이용하여 기본적인 CIMON HMI 화면 작화 절차는 다음과 같다.

(스텝 1) CIMOND 실행 및 프로젝트 생성

(스텝 2) I/O 디바이스 설정 : CIMON과 PLC간 통신 환경의 설정

I/O 디바이스(PLC 기종) 및 통신 방법 선택

스테이션, 통신블록 설계 및 통신포트 설정

※ 통신블록 설계와 관련한 CIMON M 메모리 영역 워드 주소 설정과 XGK PLC M 메모

리 비트 주소 관계

CIMON 통신블록	XGK PLC M 비트 주소	비고
M 0000, 10 워드	M 0000 0 ~ 0000 F (1 워드) M 0001 0 ~ 0001 F (1 워드) … M 0009 0 ~ 0009 F (1 워드)	표 3.9 XGK PLC 데이터 메모리의 주소 표기 표 3.10 XGK-CPUS 데이터 메모리의 비트 데이터 영역의 크기와 주소
M 0010, 10 워드	M 0010 0 ~ 0010 F (1 워드) M 0011 0 ~ 0011 F (1 워드) … M 0019 0 ~ 0019 F (1 워드)	

(스텝 3) 데이터베이스 설계 : PLC 메모리와의 연계를 위한 CIMON 태그의 주소 지정 태그 생성, I/O 디바이스 및 주소(메모리 M, D, P 등) 설정

(스텝 4) CIMON 도구상자 및 객체를 이용한 화면작화
실행 화면의 크기 설정
도구상자의 객체 : 문자, 버튼, 스위치/램프, 데이터 표시용 및 입력용 태그, 트렌드 표시, 경보요약 등
스크립트 작성

(스텝 5) CIMON HMI 프로그램의 실행
메뉴/도구/CimonX 환경설정/윈도우 형태/초기화면 : 화면 번호 선택(PAGE 1.PGX)
메뉴/도구/CimonX 실행 또는 CimonX 아이콘 클릭

(스텝 6) XG5000 PLC LD 프로그램의 다운로딩 및 실행
※ PLC LD가 정상적으로 실행이 되고 CimonX가 네트워크에 연결이 되면 하단의 CIMON 상태바에 파란 램프가 점등이 된다.
메뉴/보기/네트워크/네트워크 상태1/정상으로 표시

(스텝 7) 결과 분석 및 보고서 작성

9.3 CIMON HMI를 이용한 디지털 입력 및 출력 실습

(1) 동작기능

PLC 및 CIMON HMI에서 PB0, PB1을 누르면 각각 LAMP0, LAM1이 on이 된다. 단, 자기유지회로를 구성하고 PB2를 누르면 off가 된다.

(2) PLC 입출력 주소 할당

구분	변수명	I/O 주소	비고
입력	PB0	P00000	Push Button Switch Slot 0, 1 Bit Address
	PB1	P00001	
	PB2	P00002	
제어		M00100	PB0 자기유지 보조점점
		M00101	PB1 자기유지 보조점점
		M00000	CIMON PB0 자기유지 보조점점, 병렬연결
		M00001	CIMON PB1 자기유지 보조점점, 병렬연결
		M00002	CIMON PB2 정지용 보조점점, 직렬연결
출력	LAMP0	P00020	LED LAMP Slot 2, 1 Bit Address
	LAMP1	P00021	

(3) PLC LD 작성

· CIMON PB0 자기유지 보조점점 M0→PB0 병렬연결

· CIMON PB1 자기유지 보조점점 M1→PB1 병렬연결

· CIMON PB2 정지용 보조점점 M2→PB2 직렬연결

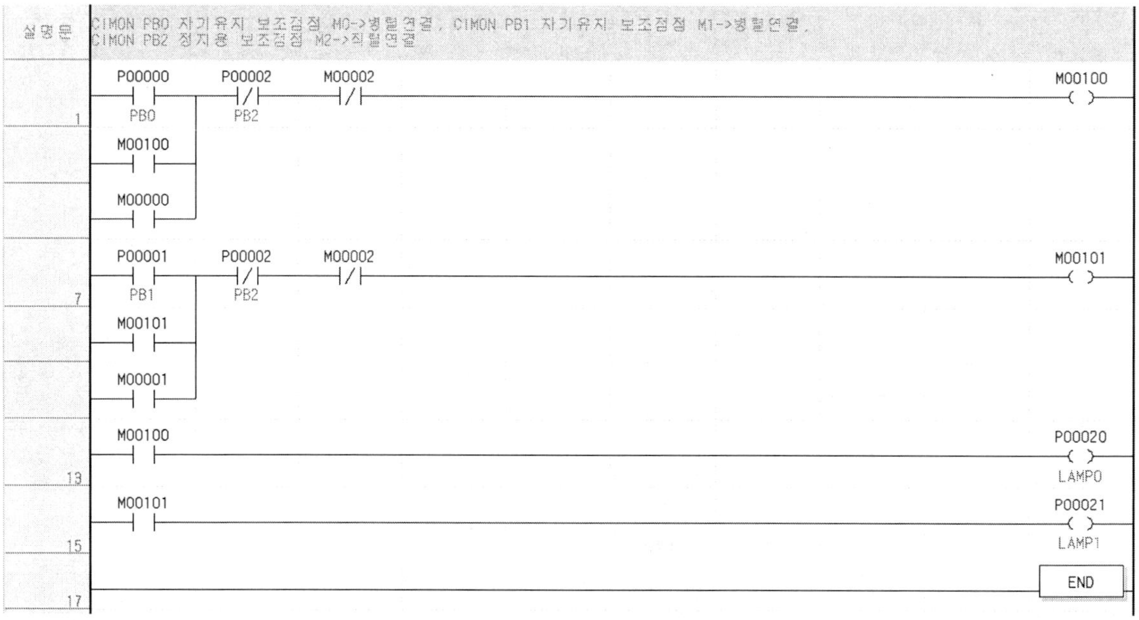

(4) CIMON HMI 화면 작화 및 실행

(스텝 1) CIMOND 실행 및 프로젝트 파일 생성

① CIMOND 실행

② 메뉴/파일/새프로젝트

프로젝트 이름 : CIMON_11

작업경로 : 작업 폴더 지정

생성

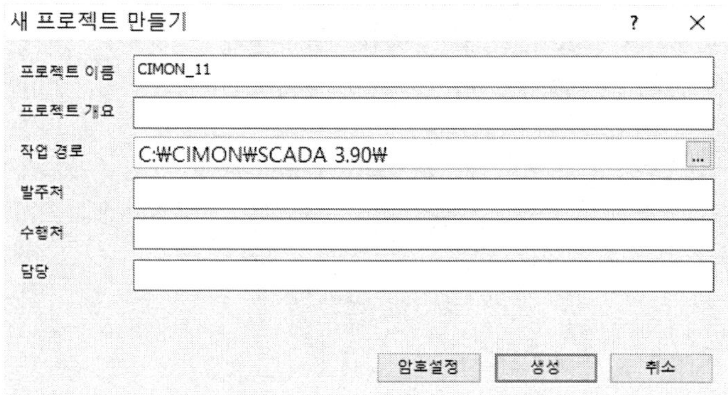

(스텝 2) I/O 디바이스 설정 : CIMON과 PLC간 통신 환경의 설정 및 PLC 기종 선택

① 프로젝트 창/I/O 디바이스/CIMON_11/새디바이스 버튼 클릭

디바이스 이름 : LS_PLC

컴퓨터의 CIMON과 연결할 PLC 기종 및 통신 방식 선택

LS산전 XGK/XGB PLC Loader Port : CPU Loader Port RS232 사용시

LS산전 XGK/XGB PLC Ethernet : PLC Ethernet 모듈 사용시

LS산전 XGK/XGB PLC Serial : PLC RS232/422/485 통신 모듈 사용시

확인

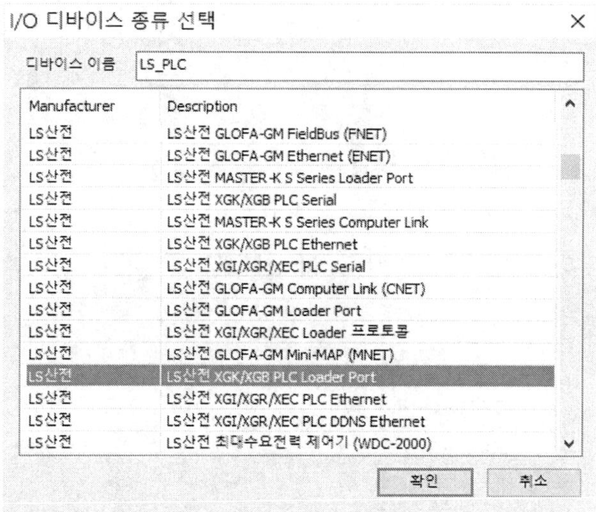

② 스테이션 탭 클릭 및 스테이션, 통신블록 추가

스테이션 추가 : 스테이션은 본 교재의 실습 장비 XGK-CPUS로 설정

※ 표 3.1 XGK-XGT PLC CPU 모듈의 종류 및 성능규격(1), 표 5.4 LS Electrics사 XGK PLC 및 XBC PLC의 CPU 종류 참조

스테이션 이름 : XGK_CPUS

PLC CPU 종류 : CPUS

등록

통신블록 추가

어드레스 : M0000(시작번지) 워드 수 : 10 통신주기 : 1초

등록

통신블록 추가

어드레스 : D0000(시작번지) 워드 수 : 10 통신주기 : 1초
등록

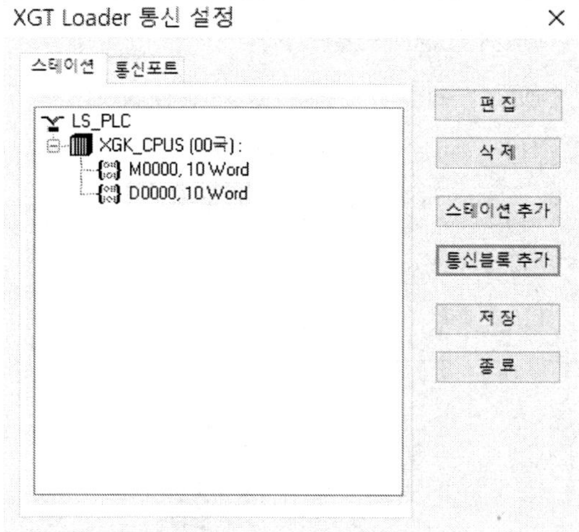

③ 통신포트 탭 클릭

통신포트 : 컴퓨터의 직렬포트 지정/COM*,115200

저장

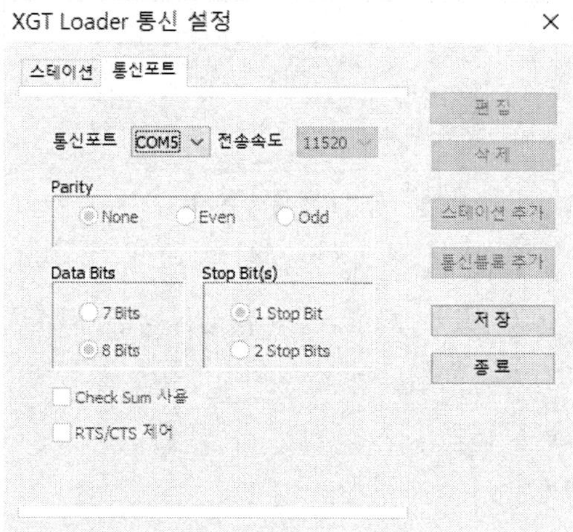

※ 컴퓨터/제어판/하드웨어 및 소리/장치 및 프린터/장치관리자/
포트(COM & LPT)/COM* 또는 USB Serial Port(COM*)/
마우스 우측/속성/포트설정/115200BPS, N/8/1

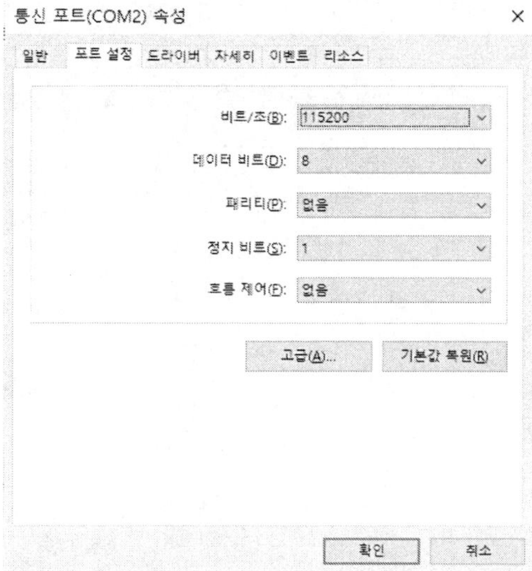

저장, 종료, 닫기

(스텝 3) 데이터베이스 설계 : PLC 메모리와의 연계를 위한 CIMON 태그의 주소 지정

프로젝트 창/데이터베이스/CIMON_11/(+) 새태크 아이콘 클릭/태그편집

이름	종류	일반설정			비고
		실태그/가상태그	I/O디바이스	I/O어드레스	
PB0	디지털	실태그	LS_PLC.XGK_CPUS	M0	
PB1	디지털	실태그	LS_PLC.XGK_CPUS	M1	
PB2	디지털	실태그	LS_PLC.XGK_CPUS	M2	
LAMP0	디지털	실태그	LS_PLC.XGK_CPUS	P20	
LAMP1	디지털	실태그	LS_PLC.XGK_CPUS	P21	

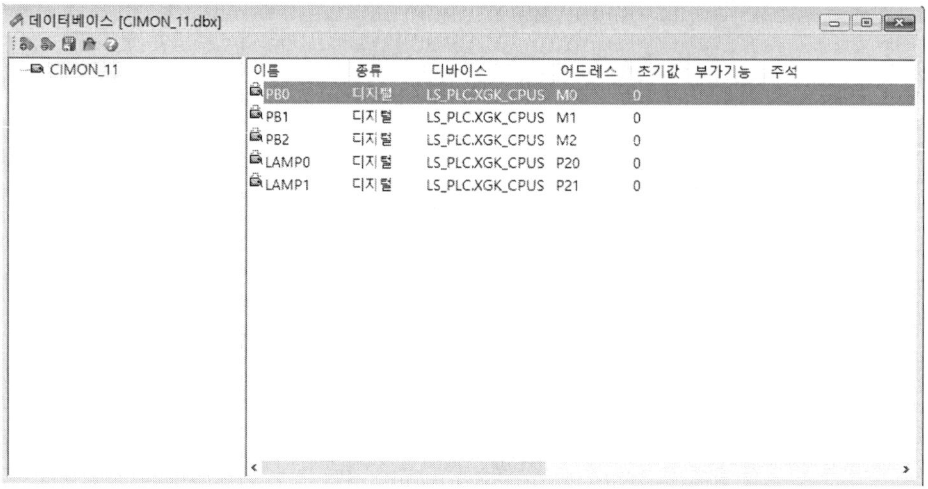

(스텝 4) CIMON 도구상자 및 객체를 이용한 화면작화

① 실행 화면의 크기 설정

페이지 바탕화면 더블 클릭/페이지 환경설정/

기본구성/제목 : CIMON TEST_11

위치설정/화면에 보일 페이지의 크기 및 위치 값 지정

위치 : 가로 100, 세로 50

크기 : 너비 1280 높이 800(사용자의 모니터를 고려하여 화면 사이즈 설정함.)

적용, 확인

② 도구상자를 이용한 버튼 작화

도구상자/기본/문자 아이콘 클릭 및 화면 클릭

"CIMON HMI를 이용한 디지털 입력 및 출력 실습"

문자 클릭 및 드래그하면서 문자 크기 설정

도구상자/고급/버튼 아이콘 클릭 및 화면 위치 지정

제목 : PB0

다음/동작정의/동작/순간값쓰기

태그이름 : PB0

쓰기값 : Down → 1 Up → 0

등록

도구상자/고급/버튼 아이콘 클릭 및 화면 위치 지정

제목 : PB1

다음/동작정의/동작/순간값쓰기

태그이름 : PB1

쓰기값 : Down → 1 Up → 0

등록

도구상자/고급/버튼 아이콘 클릭 및 화면 위치 지정

제목 : PB2

다음/동작정의/동작/순간값쓰기

태그이름 : PB2

쓰기값 : Down → 1 Up → 0

등록

③ 도구상자를 이용한 램프 작화

도구상자/고급/스위치램프 아이콘 클릭 및 화면 위치 지정/램프설정 탭/

√램프기능사용, 램프종류 : 비트램프, 태그 1 : LAMP0

모양선택/상태0/열기/라이브러리/리스트 박스 클릭 및 스크롤/원형램프/Sky Color(No.2) 램프 선택/열기

모양선택/상태1/열기/라이브러리/리스트 박스 클릭 및 스크롤/원형램프/Red Color(No.26) 램프 선택/열기

확인

기본/문자/LAMP0 문자 입력

도구상자/고급/스위치램프 아이콘 클릭 및 화면 위치 지정/램프설정 탭/

√램프기능사용, 램프종류 : 비트램프, 태그 1 : LAMP1

모양선택/상태0/열기/라이브러리/리스트 박스 클릭 및 스크롤/원형램프/Sky Color(No.2) 램프 선택/열기

모양선택/상태1/열기/라이브러리/리스트 박스 클릭 및 스크롤/원형램프/Red Color(No.26) 램프 선택/열기

확인

기본/문자/LAMP1 문자 입력

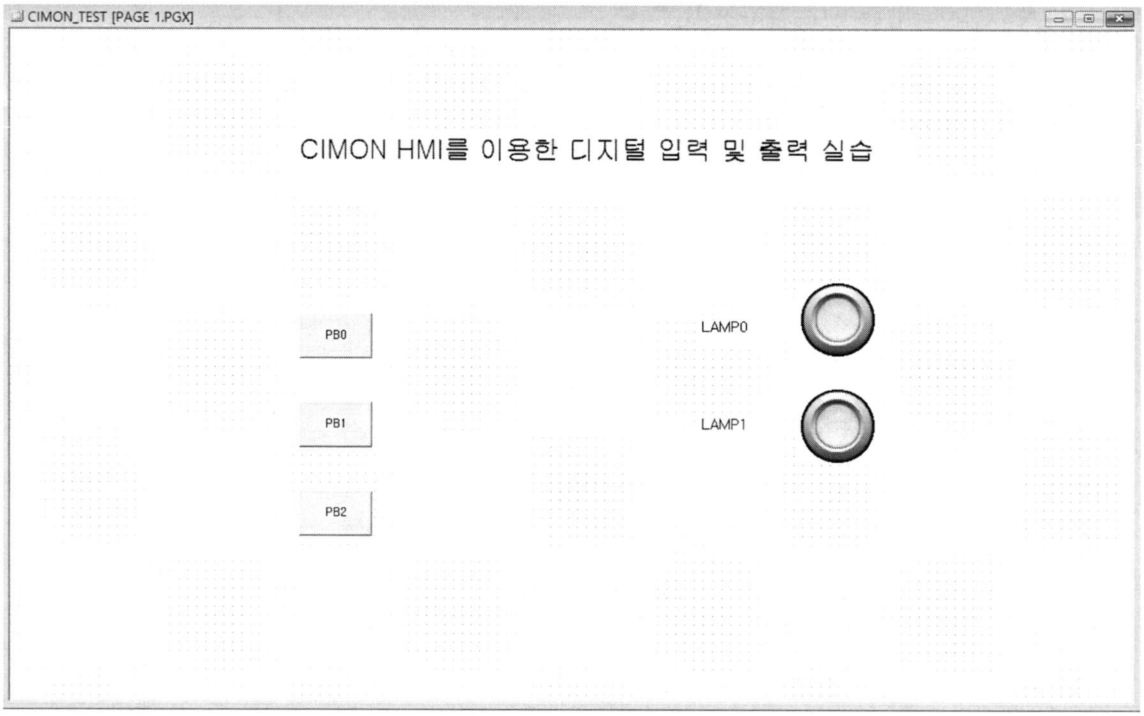

(스텝 5) CIMON HMI 프로그램의 실행

메뉴/도구/CimonX 환경설정/윈도우 형태/초기화면 : 화면 번호 선택(PAGE 1.PGX)
메뉴/도구/CimonX 실행 또는 CimonX 아이콘 클릭

(스텝 6) XG5000 PLC LD 프로그램의 다운로딩 및 실행

(스텝 7) 결과 분석 및 보고서 작성

(평가문제) PLC 및 CIMON HMI에서 아래와 같이 PB를 누르면 LAMP가 on/off가 된다. 단, 자기유지회로를 구성한다.

PB0 → LAMP0 on
PB1 → LAMP1 on
PB2 → LAMP2 on
PB3 → LAMP3 on
PB4 → LAMP0~3 off

PLC LD 및 CIMON HMI 화면을 작화하고 실행하시오. 그리고 동작 결과를 분석하고, 실습보고서를 작성하시오.

9.4 CIMON HMI를 이용한 아날로그 입력 및 출력 실습

(1) 동작기능

PLC측의 0~10V VR을 ADC CH0에 연결하고, CIMON HMI 태그에 0~8000을 표시한다. CIMON HMI 태그에서 0~8000을 입력하면 PLC측의 DAC CH0에 입력하고 0~10V 아날로그 전압을 출력한다.

직류 전압계를 PLC측의 ADC CH0 전압 입력 단자 및 DAC CH0 전압 출력 단자에 연결하여 전압의 변화를 관찰한다.

(2) PLC 입출력 주소 할당

구분	변수명	I/O 주소	비고
입력			
제어		M00100	ADC CH0 동작 완료 태그
		M00101	DAC CH0 동작 완료 태그
		D00000	ADC CH0 디지털 변환 값 및 CIMON 태그로 송신
		D00001	DAC CH0 디지털 입력 값 및 CIMON 태그에서 수신
출력			

(3) PLC LD 작성

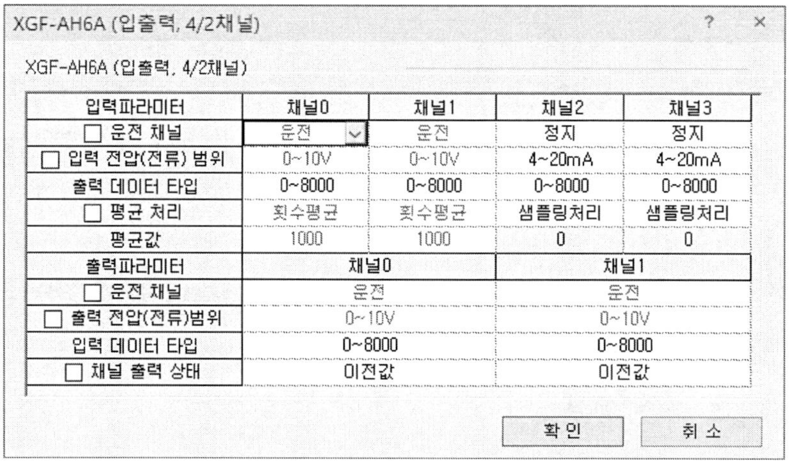

U04 : XGF-AH6A 혼합 모듈 Base 0 Slot 4 장착
U04.00.F : 모듈 Ready
U04.01.0 : 입력채널 0 운전중
U04.00.0 : 입력채널 0 에러
U04.02 : 입력채널 0 변환값

U04.00.F : 모듈 Ready
U04.01.1 : 입력채널 1 운전중
U04.00.1 : 입력채널 1 에러
U04.03 : 입력채널 1 변환값

U04 : XGF-AH6A 혼합 모듈 Base 0 Slot 4 장착
U04.00.F : 모듈 Ready
U04.01.4 : 출력채널 0 운전중
U04.00.4 : 출력채널 0 에러
U04.08.0 : 채널 0 출력상태 설정
U04.09 : 출력채널 0 변환값

U04.00.F : 모듈 Ready
U04.01.5 : 출력채널 1 운전중
U04.00.5 : 출력채널 1 에러
U04.08.1 : 채널 1 출력상태 설정
U04.10 : 출력채널 1 변환값

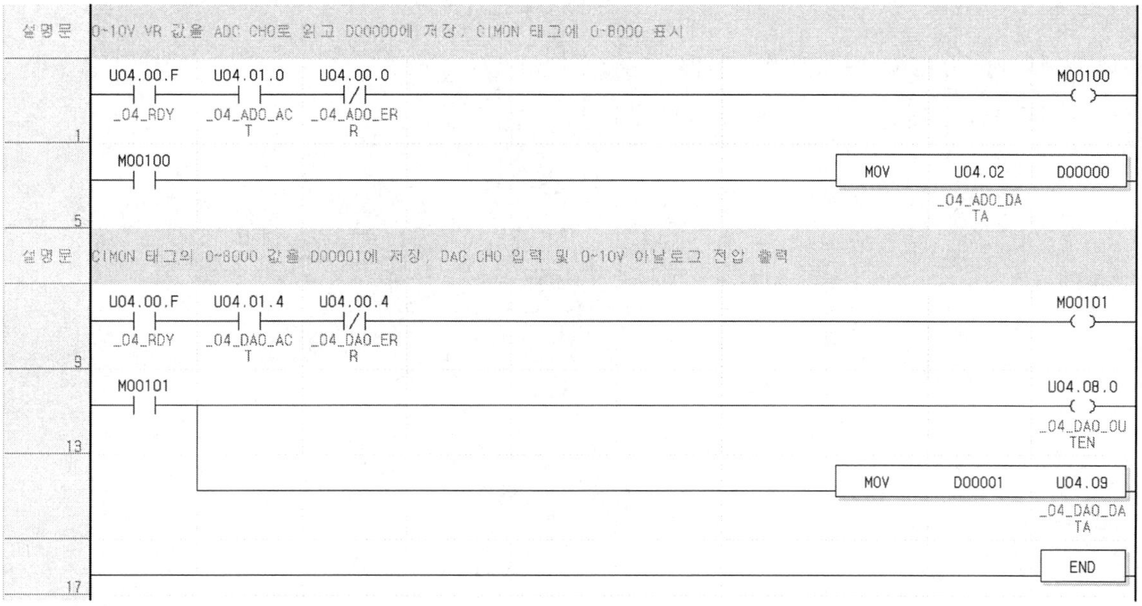

(4) CIMON HMI 화면 작화 및 실행

(스텝 1) CIMOND 실행 및 프로젝트 파일 생성

(스텝 2) I/O 디바이스 설정 : CIMON과 PLC간 통신 환경의 설정 및 PLC 기종 선택

(스텝 3) 데이터베이스 설계 : PLC 메모리와의 연계를 위한 CIMON 태그의 주소 지정
프로젝트 창/데이터베이스/CIMON_11/(+) 새태크 아이콘 클릭/태그편집

이름	종류	일반설정			비고
		실태그/가상태그	I/O디바이스	I/O어드레스	
AD0	아날로그	실태그	LS_PLC.XGK_CPUS	D0	
DA0	아날로그	실태그	LS_PLC.XGK_CPUS	D1	

※ PLC 0~10V VR ADC의 디지털 변환 값을 CIMON 태그 AD0에서 0~8000 → 0~10V로 자동 변환하는 방법

고급설정/
내부데이터(CIMON) 최소값:0, 최대값:10
실데이터(PLC) 최소값:0, 최대값:8000

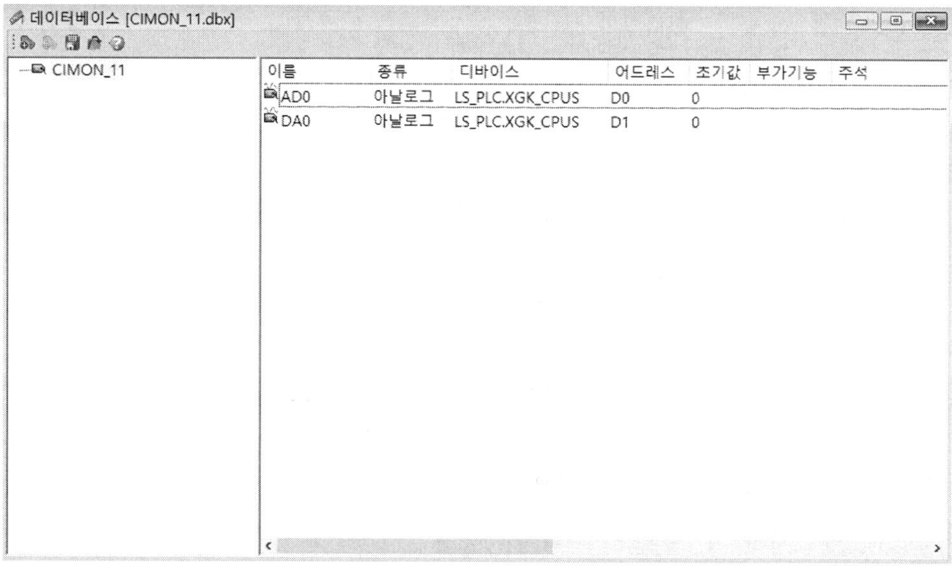

(스텝 4) CIMON 도구상자 및 객체를 이용한 화면작화

① 실행 화면의 크기 설정
페이지 바탕화면 더블 클릭/페이지 환경설정/
기본구성/제목 : CIMON TEST_11
위치설정/화면에 보일 페이지의 크기 및 위치 값 지정
위치 : 가로 100, 세로 50
크기 : 너비 1280, 높이 800(사용자의 모니터를 고려하여 화면 사이즈 설정함.)
적용, 확인

② 도구상자를 이용한 AD0, DA0의 태그 작성
도구상자/기본/문자 아이콘 클릭 및 화면 클릭
"CIMON HMI를 이용한 아날로그 입력 및 출력 실습"
문자 클릭 및 드래그하면서 문자 크기 설정

도구상자/고급/태그값 아이콘 클릭 및 화면 위치 지정
태그이름 : AD0
화면표시방법 : ####.0

등록

클릭 및 드래그하여서 화면 표시 크기 및 위치 조정 또는 더블 클릭/그림구성/위치 및 크기 조정

도구상자/기본/문자 아이콘 클릭 및 화면 클릭/“ADC CH0 AD0” 문자 입력

도구상자/고급/태그값 아이콘 클릭 및 화면 위치 지정

태그이름 : DA0

화면표시방법 : ####.0

등록

더블 클릭/그림 설정/데이터 입력 버튼 클릭/동작정의/

동작 : 수치형태

수치 데이터입력/태그이름 : DA0, 입력최소값 : 0, 입력최대값 : 8000

등록

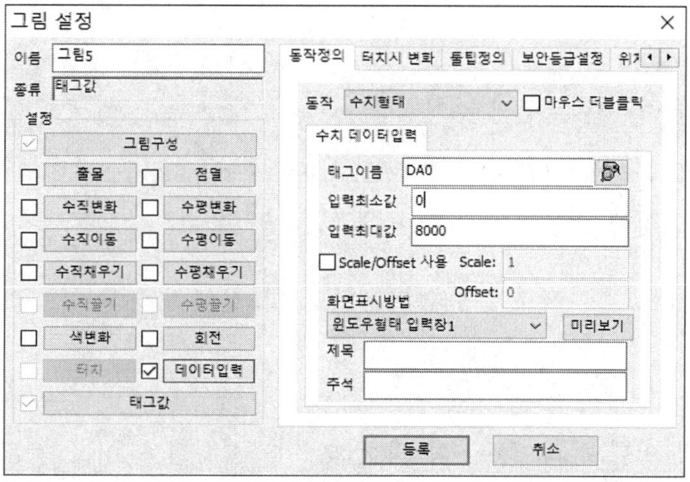

클릭 및 드래그하여서 화면 표시 크기 및 위치 조정 또는 더블 클릭/그림구성/위치 및 크기 조정

도구상자/기본/문자 아이콘 클릭 및 화면 클릭/ “DAC CH0 DA0” 문자 입력

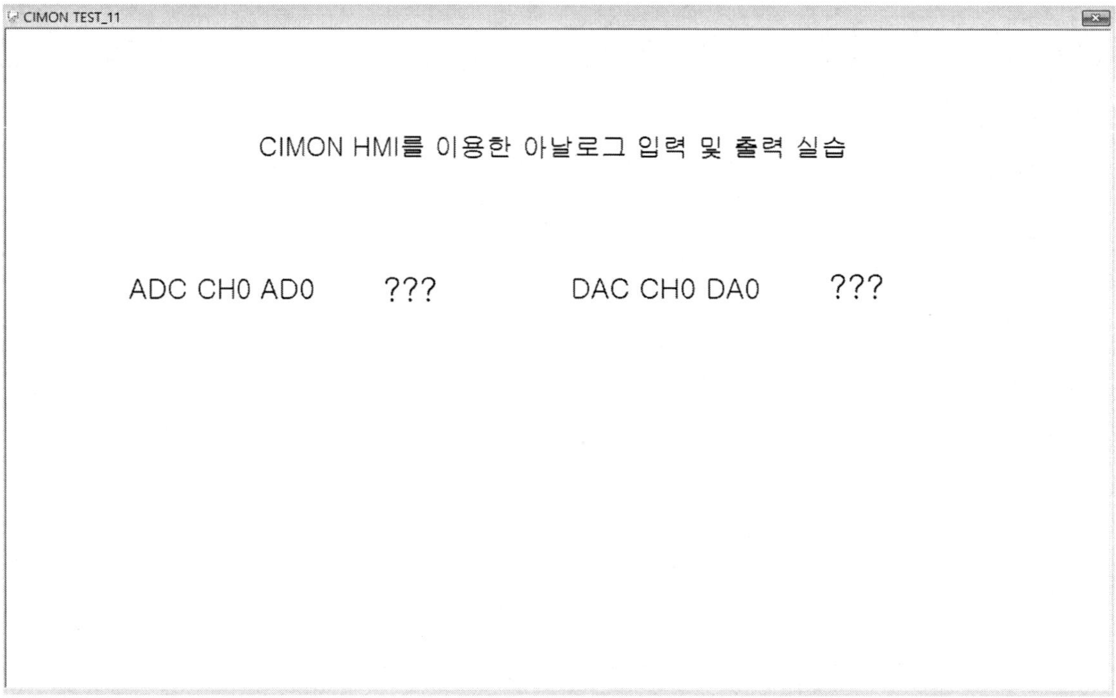

(스텝 5) CIMON HMI 프로그램의 실행

메뉴/도구/CimonX 환경설정/윈도우 형태/초기화면 : 화면 번호 선택(PAGE 1.PGX)
메뉴/도구/CimonX 실행 또는 CimonX 아이콘 클릭

(스텝 6) XG5000 PLC LD 프로그램의 다운로딩 및 실행

(스텝 7) 결과 분석 및 보고서 작성

(참고사항) 그래픽 이미지 라이브러리 및 실태그를 이용한 데이터 출력의 동적 표현 방법

- 메뉴/그림/라이브러리 또는 도구상자/기타/라이브러리
- 그래픽 이미지 선택 및 더블 클릭, 화면 배치
- 그래픽 이미지 더블 클릭/그림설정/필요한 동작(출몰, 점멸, 수직변화, 수평변화, 수직이동, 수평이동, 수직채우기, 수평채우기, 회전, 데이터입력 등) 선택 및 태그 이름, 데이터 변화 영역 등 관련 파라미터의 입력

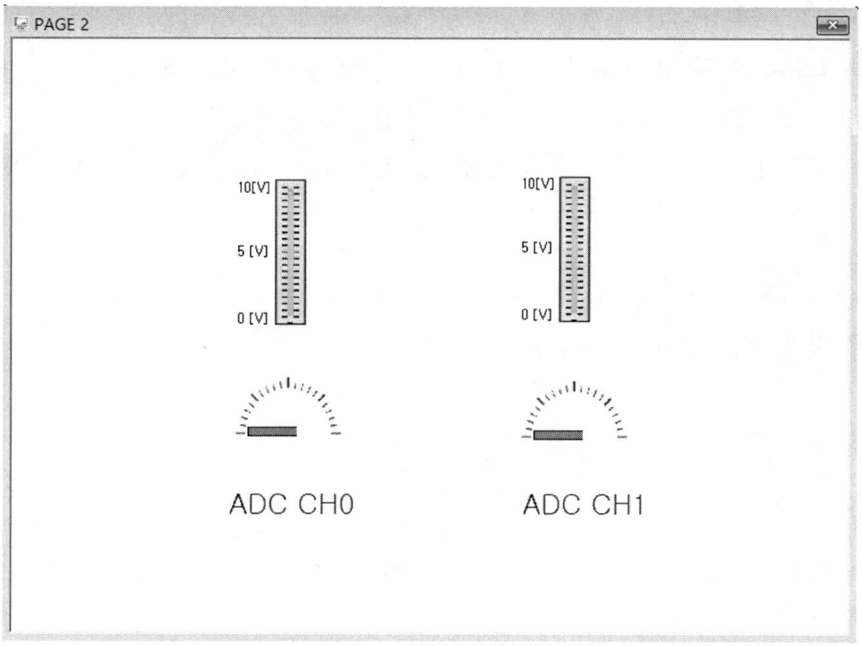
PAGE 2
10[V]
5 [V]
0 [V]
10[V]
5 [V]
0 [V]
ADC CH0
ADC CH1

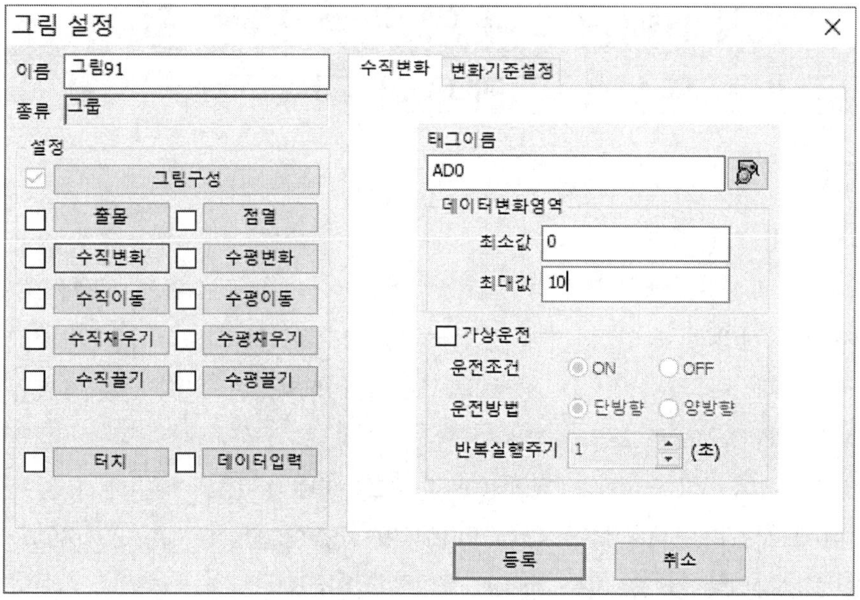
그림 설정
이름 그림91
종류 그룹
설정
그림구성
출몰
점멸
수직변화
수평변화
수직이동
수평이동
수직채우기
수평채우기
수직끌기
수평끌기
터치
데이터입력
수직변화
변화기준설정
태그이름
AD0
데이터변화영역
최소값 0
최대값 10
가상운전
운전조건 ON OFF
운전방법 단방향 양방향
반복실행주기 1 (초)
등록
취소

(평가문제) PLC측의 0~10V VR을 ADC CH1에 연결하고, CIMON HMI 태그 AD0에서 0~8000을 0~10으로 자동 변환하여 표시한다. CIMON HMI DA0 태그에서 0~8000을 입력하면 PLC측의 DAC CH1에 입력하고, 0~10V 아날로그 전압을 출력한다.

직류 전압계를 PLC측의 ADC CH1 전압 입력 단자 및 DAC CH1 전압 출력 단자에 연결하여 전압의 변화를 관찰한다.

※ PLC 0~10V VR ADC의 디지털 변환 값을 CIMON 태그 AD0에서 0~8000 → 0~10V로 자동 변환하는 방법

고급설정/
내부데이터(CIMON) 최소값:0, 최대값:10
실데이터(PLC) 최소값:0, 최대값:8000

PLC LD 및 CIMON HMI 화면을 작화하고 실행하시오. 그리고 동작 결과를 분석하고, 실습 보고서를 작성하시오.

9.5 CIMON HMI를 이용한 경보 발생 및 트렌드 표시용 그래프의 작성

(1) 동작기능

① CIMON HMI 경보 발생 기능

차단기의 보조접점, 수문의 상하한 위치 검출용 리미트 스위치, 물체 검출용 근접센서 또는 투과형 광센서 등의 접점이 동작되면 경보로 인식하고, 이를 감시하는 CIMON 화면을 작성한다. 본 실습에서는 경보용 접점을 PB3과 LAMP3, PB4와 LAMP4로 간주하고 PLC LD와 CIMON 프로그램을 작성한다.

PLC측의 0~10V VR을 ADC CH0에 연결하고, CIMON HMI 화면에서 0~10V(0~8000)로 환산하여 표시한다. DAC 환산 값이 8V(6400)~10V(8000), 0V(0)~2V(1600)이면 경보로 인식하고, CIMON 화면에 표시를 한다.

직류 전압계를 PLC측의 ADC CH0 전압 입력 단자에 연결하여 전압의 변화와 CIMON에서 경보의 발생을 관찰한다.

② CIMON HMI 트렌드 표시용 그래프의 작성 기능

PLC측의 0~10V VR ADC CH0 값이 변하는 상태를 CIMON HMI 화면에서 0~10V(0~8000) 트렌드 표시용 그래프로 나타나게 한다.

(2) PLC 입출력 주소 할당

구분	변수명	I/O 주소	비고
입력	PB3	P00003	경보 1 검출용 접점
	PB4	P00004	경보 2 검출용 접점
제어		M00100	ADC CH0 동작 완료 태그
		D00000	ADC CH0 디지털 변환 값 및 CIMON 태그로 송신
출력	LAMP3	P00023	경보 1 검출 표시용 램프
	LAMP4	P00024	경보 2 검출 표시용 램프

(3) PLC LD 작성

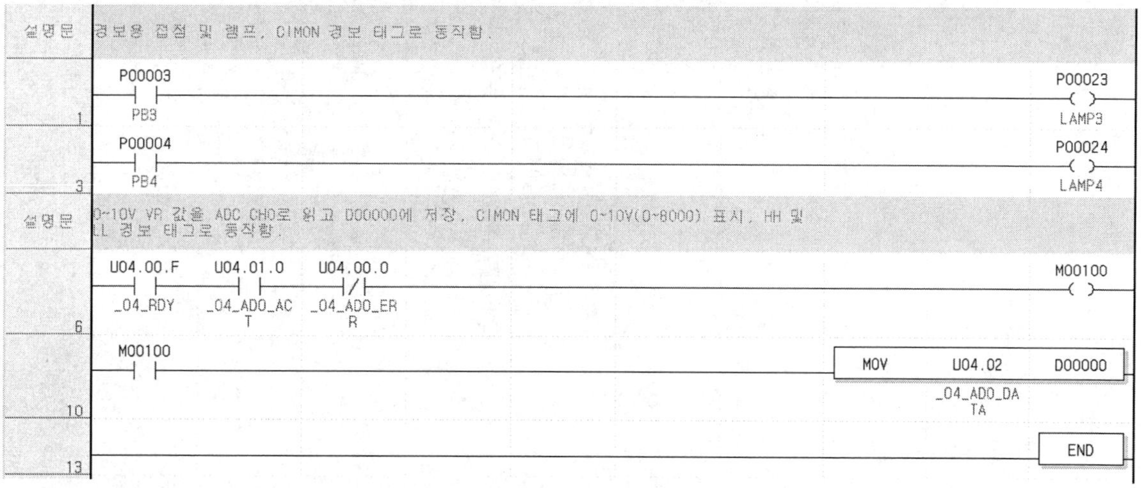

(4) CIMON HMI 화면 작화 및 실행

(스텝 1) CIMOND 실행 및 프로젝트 파일 생성

(스텝 2) I/O 디바이스 설정 : CIMON과 PLC간 통신 환경의 설정 및 PLC 기종 선택

(스텝 3) 데이터베이스 설계 : PLC 메모리와의 연계를 위한 CIMON 태그의 주소 지정

프로젝트 창/데이터베이스/CIMON_11/(+) 새태그 아이콘 클릭/태그편집

이름	종류	일반설정			비고
		실태그/가상태그	I/O디바이스	I/O어드레스	
LAMP3	디지털	실태그	LS_PLC.XGK_CPUS	P23	경보태그 지정
LAMP4	디지털	실태그	LS_PLC.XGK_CPUS	P24	경보태그 지정
AD0	아날로그	실태그	LS_PLC.XGK_CPUS	D0	경보태그 지정

① LAMP3/LAMP4 경보 태그로 지정

일반설정 탭/실태그

I/O 디바이스 및 어드레스 : LS_PLC.XGK_CPUS P23/P24

√경보태그로 지정

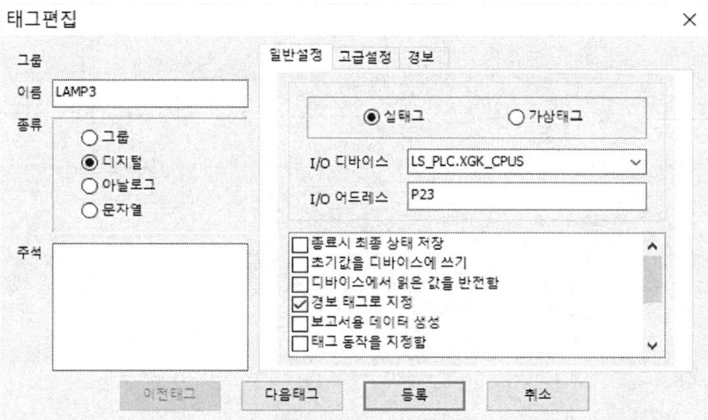

경보 탭/

경보종류: OFF->ON

경보발생/발생표시 : 경보용 접점 1/2 동작

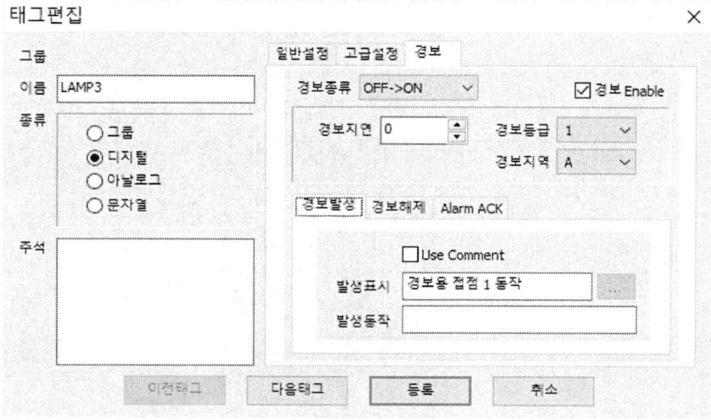

경보해제/해제표시 : 경보용 접점 1/2 해제

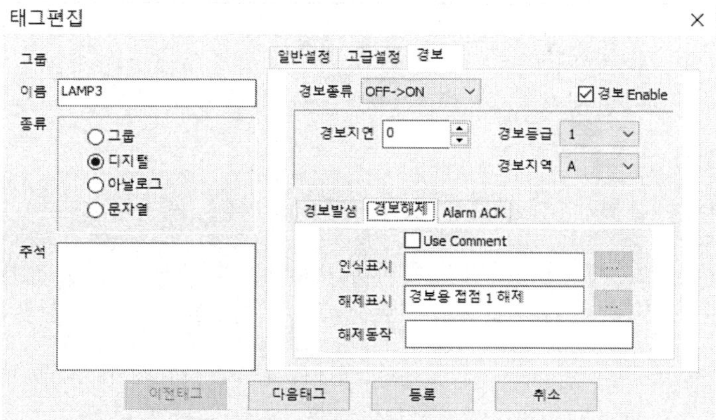

② AD0 경보태그로 지정

일반설정 탭/실태그

I/O 디바이스 및 어드레스 : LS_PLC.XGK_CPUS D0

√경보태그로 지정

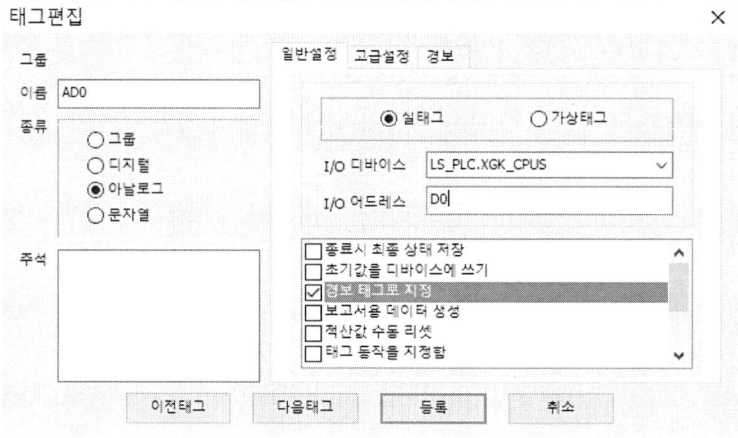

경보 탭/

경보종류: 경계값

HiHi/HiHi 값 : 8 발생표시 : 8[V] 초과

LoLo/LoLo 값 : 2 발생표시 : 2[V] 이하

경보해제/해제표시 : 해제완료

※ 경보용 경계 값의 종류 : Max.~HiHi~Hi~Lo~LoLo~Min.

③ AD0 실데이터(PLC)와 내부데이터(CIMON) 값의 변환 : PLC 0~10V VR ADC의 디지털 변환 값을 CIMON 태그 AD0에서 0~8000 → 0~10V로 자동 변환하는 기능

고급설정 탭/

내부데이터(CIMON)/최소값:0, 최대값:10

실데이터(PLC)/최소값:0, 최대값:8000

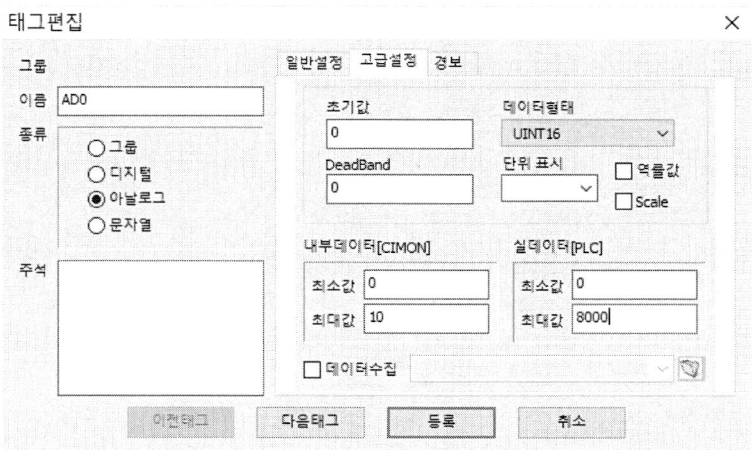

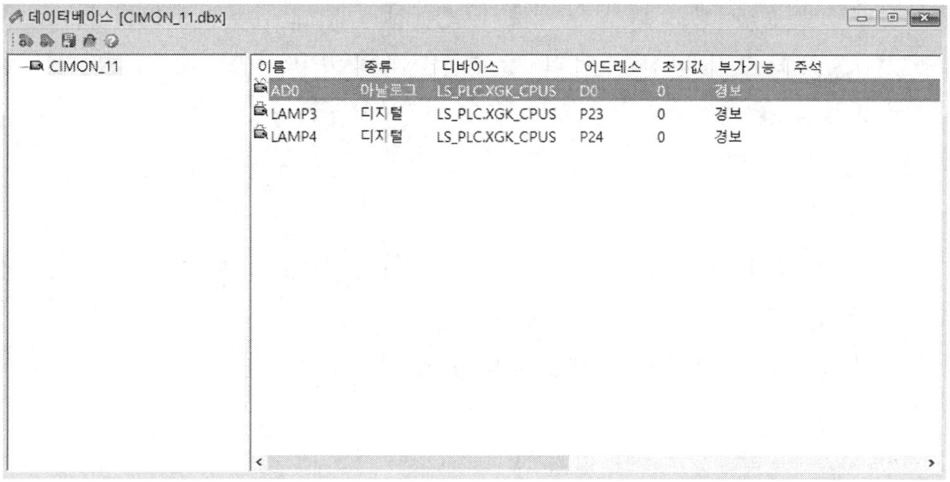

(스텝 4) CIMON 도구상자 및 객체를 이용한 화면작화

① 실행 화면의 크기 설정

페이지 바탕화면 더블 클릭/페이지 환경설정/

기본구성/제목 : CIMON TEST_11

위치설정/화면에 보일 페이지의 크기 및 위치 값 지정

위치 : 가로 100, 세로 50

크기 : 너비 1280, 높이 800(사용자의 모니터를 고려하여 화면 사이즈 설정함.)

적용, 확인

② 도구상자를 이용한 경보 발생 표시용 램프 작화

도구상자/기본/문자 아이콘 클릭 및 화면 클릭

"CIMON HMI를 이용한 경보 발생 및 트렌드 표시용 그래프의 작성"

문자 클릭 및 드래그하면서 문자 크기 설정

도구상자/고급/스위치램프 아이콘 클릭 및 화면 위치 지정/램프설정 탭/

√램프기능사용, 램프종류 : 비트램프, 태그 1 : LAMP3/LAMP4

모양선택/상태0/열기/라이브러리/리스트 박스 클릭 및 스크롤/원형램프/Sky Color(No.2) 램프 선택/열기

모양선택/상태1/열기/라이브러리/리스트 박스 클릭 및 스크롤/원형램프/Red Color (No.26) 램프 선택/열기

확인

기본/문자/ "경보 발생 표시용 LAMP3/LAMP4" 문자 입력

③ 도구상자를 이용한 경보 발생 표시용 ADC CH0 태그값(0~10V) 작화

도구상자/고급/태그값 아이콘 클릭 및 화면 위치 지정

태그 이름 : AD0

화면표시방법 : ####.0

등록

클릭 및 드래그하여서 화면 표시 크기 및 위치 조정 또는 더블 클릭/그림구성/위치 및 크기 조정

도구상자/기본/문자 아이콘 클릭 및 화면 클릭/ "경보 발생 표시용 ADC CH0" 문자 입력

④ 도구상자를 이용한 경보요약 작화

도구상자/고급/경보요약 아이콘 클릭 및 등록

클릭 및 드래그하여서 화면 표시 크기 및 위치 조정

경보요약 화면 더블클릭/표시형태 탭/출력되는 항목: "시각, 태그이름, 태그값, 경보상태", 경보주석 추가 >>/등록

⑤ 도구상자를 이용한 트렌드 작화

도구상자/고급/트렌드 아이콘 클릭

Trend 설정/

이름: AD0 Trend Display

최대 감시 시간 : 2분, 데이터 수집 주기 : 1초

Trend 종류 : YT

펜설정/태그이름 : AD0 펜색 : 노랑색

Y축데이터표시 : √왼쪽값 표시

X축데이터표시 : √아래시간 표시

클릭 및 드래그하여서 화면 표시 크기 및 위치 조정

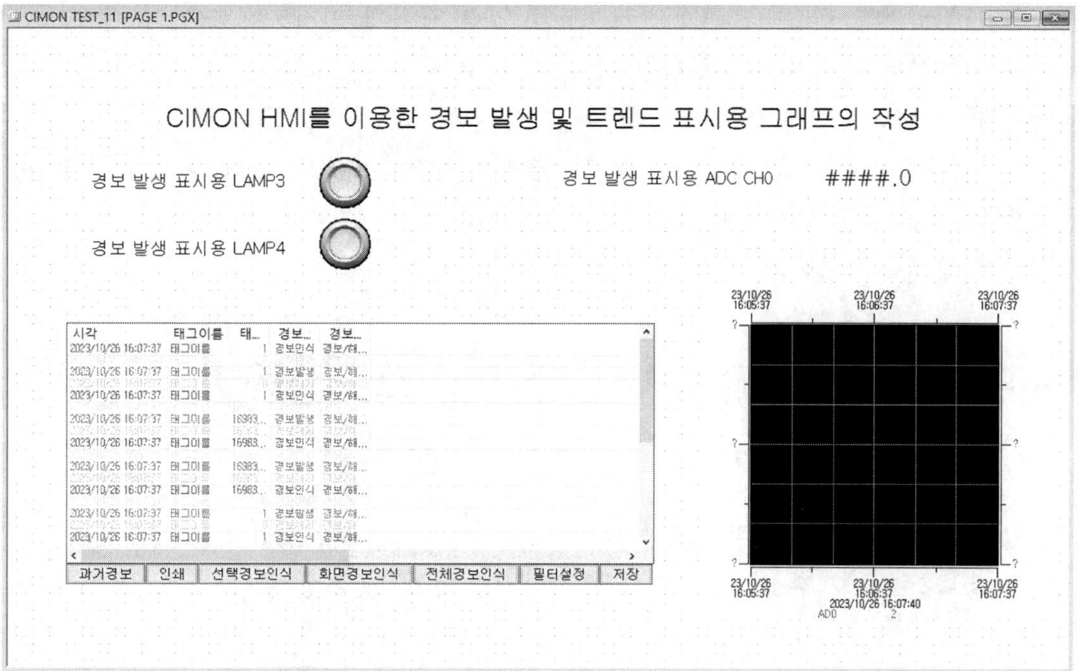

(스텝 5) CIMON HMI 프로그램의 실행

메뉴/도구/CimonX 환경설정/윈도우 형태/초기화면 : 화면 번호 선택(PAGE 1.PGX)
메뉴/도구/CimonX 실행 또는 CimonX 아이콘 클릭

(스텝 6) XG5000 PLC LD 프로그램의 다운로딩 및 실행

(스텝 7) 결과 분석 및 보고서 작성

(평가문제) 다음의 디지털 및 아날로그값 경보 발생용 PLC LD 및 CIMON HMI 화면을 작화하고 실행하시오.

① CIMON HMI 경보 발생 기능

차단기의 보조접점, 수문의 상하한 위치 검출용 리미트 스위치, 물체 검출용 근접센서 또는 투과형 광센서 등의 접점이 동작되면 경보로 인식하고, 이를 감시하는 CIMON 화면을 작성한다. 본 실습에서는 경보용 접점을 PB3과 LAMP3, PB4와 LAMP4, PB5와 LAMP5로 간주하고 PLC LD와 CIMON 프로그램을 작성한다.

PLC측의 0～10V VR을 ADC CH1에 연결하고, CIMON HMI 화면에서 0～10V(0～8000)로 환산하여 표시한다. DAC 환산 값이 6V(4800)～10V(8000), 0V(0)～4V(3200)이면 경보로 인식하고, CIMON 화면에 표시를 한다.

직류 전압계를 PLC측의 ADC CH1 전압 입력 단자에 연결하여 전압의 변화와 CIMON 에서 경보의 발생을 관찰한다.

② CIMON HMI 트렌드 표시용 그래프의 작성 기능

PLC측의 0~10V VR ADC CH1 값이 변하는 상태를 CIMON HMI 화면에서 0~10V(0~8000) 트렌드 표시용 그래프로 나타나게 한다.

동작 결과를 분석하고, 실습보고서를 작성하시오.

9.6 CIMON HMI를 이용한 3상 유도전동기 인버터 속도제어

산업현장의 공작기계, 양수 및 배수펌프, 공조 설비, 방적기 등과 같이 큰 기계장치를 움직이는 동력원으로서 유도전동기를 많이 사용하고 있다. 그리고 빌딩이나 고층 아파트의 승강기, 가정용으로 선풍기, 에어컨, 냉장고 등의 동력원 역시 유도전동기가 주류를 이루고 있다. 이러한 유도전동기의 속도제어 방법으로서 공급전압의 주파수를 가변시키는 인버터 제어방식이 널리 사용되어지고 있다.

3상 유도전동기의 속도제어용 인버터를 사용하기 위해서는 정방향 및 역방향의 방향 설정, 회전 속도를 결정하는 주파수 등 운전 파라미터들을 결정하여야 한다. iG5A 인버터의 외관과 구동용 키는 그림 8.3과 같고, 인버터 제어용 단자대 및 기능은 그림 8.4와 같다. 인버터의 파라미터 그룹은 4개로 이루어지며, 그림 8.5에 나타나 있다.

PLC를 이용한 인버터 속도 제어를 위해서 입력단의 Push Button 연결, 출력단과 인버터 다기능 입력 단자대의 연결, 0~10V VR 전압신호의 ADC 및 DAC의 연결은 그림 8.7에 나타나 있다.

결선작업을 하기 전에 반드시 인버터 및 PLC의 전원 스위치를 차단한 후 시행하고, 결선의 정확성을 검토한 후에 전원을 투입하여야 한다. "8.3.2 PLC 출력단, ADC 및 DAC를 이용한 인버터 속도 제어" 편에 단계별 절차가 설명되어져 있다.

(1) 동작기능

PLC 입력측의 정회전용 PB와 단자대 P1(FX) 및 역회전용 PB와 P2(RX)를 이용하여 각각 정회전 및 정지, 역회전 및 정지의 운전지령을 한다. 정회전용 PB와 역회전용 PB를 누르면 자기유지 기능이 되도록 하며, 인버터의 정지용 PB를 사용하여 동작을 정지한다. 그리고 인버터의 정회전과 역회전은 인터록 동작을 하도록 한다.

저속 운전용 PB, 중속 운전용 PB, 고속 운전용 PB로 각각 아래와 같이 DAC CH0에 입출력을 하고, 인버터에서 3가지 속도로 운전을 한다.

입력 PB	DAC CH0 입력	DAC CH0 출력	인버터 속도	비고
저속 운전용 PB	1600	2[V]	6[Hz]	DAC 0~8000 입력, 0~10V 출력 → 인버터 0~30[Hz] 속도 운전
중속 운전용 PB	4800	6[V]	18[Hz]	
고속 운전용 PB	8000	10[V]	30[Hz]	

인버터측 전압 단자에 직류 전압계를 연결하여 측정한다. 그리고 아날로그 0~10V 전압입력으로 속도를 제어할 경우 안전 관리상 최대전압에 대응되는 주파수를 30[Hz]로 변경한다.

비상정지용 PB 및 비상정지 단자대 P3(EST)을 이용하여 비상정지 동작을 하도록 하고, 리셋용 PB와 리셋용 단자대 P4(RST)를 이용하여 리셋 동작을 한다.

그리고 CIMON HMI 화면에 정회전 및 역회전, 정지 버튼, 비상정지, 리셋 버튼을 작화하고, 저속용, 중속용 및 고속용 버튼을 작화하여 인버터의 속도를 제어한다. 화면에 인버터의 회전속도[Hz]를 표시하도록 한다,

· 파라미터 설정

운전그룹 파라미터 설정 : drv=1 frq=3

입출력 그룹 파라미터 설정 : I10=60.00→30.00

(2) PLC 입출력 주소 할당

구 분		변수 명	I/O 주소		비고
			PLC	TP/HMI	
입력	정회전용 PB	FX_PB	P00000	M00000	M접점 병렬연결
	역회전용 PB	RX_PB	P00001	M00001	〃
	비상정지용 PB	EST_PB	P00002	M00002	M접점 직렬연결
	리셋용 PB	RST_PB	P00003	M00003	M접점 병렬연결
	조그 운전용 PB	JOG_PB	P00004	M00004	〃
	저속 운전용 PB	LS_PB	P00005	M00005	〃
	중속 운전용 PB	MS_PB	P00006	M00006	〃
	고속 운전용 PB	HS_PB	P00007	M00007	〃
	인버터 기동용 PB	START_PB	P00008	M00008	〃
	인버터 정지용 PB	STOP_PB	P00009	M00009	M접점 직렬연결
	인버터 속도 상승용 PB	SPD_UP_PB	P0000A	M0000A	M접점 병렬연결
	인버터 속도 하강용 PB	SPD_DN_PB	P0000B	M0000B	〃
제어			M00100		FX 자기유지 보조접점
			M00101		RX 자기유지 보조접점
			M00102		DAC CH0 동작 완료 태그
			D00000		DAC CH0 디지털 입력 값
출력	정회전용 RY 접점(P1)	FX_OUT	P00030	P00030	Dry Contact 결선
	역회전용 RY 접점(P2)	RX_OUT	P00031	P00031	
	비상정지용 RY 접점(P3)	EST_OUT	P00032	P00032	
	리셋용 RY 접점(P4)	RST_OUT	P00033	P00033	
	조그 운전용 RY 접점(P5)	JOG_OUT	P00034	P00034	
	저속 운전용 RY 접점(P6)	LS_OUT	P00035	P00035	
	중속 운전용 RY 접점(P7)	MS_OUT	P00036	P00036	
	고속 운전용 RY 접점(P8)	HS_OUT	P00037	P00037	

(3) PLC LD 작성

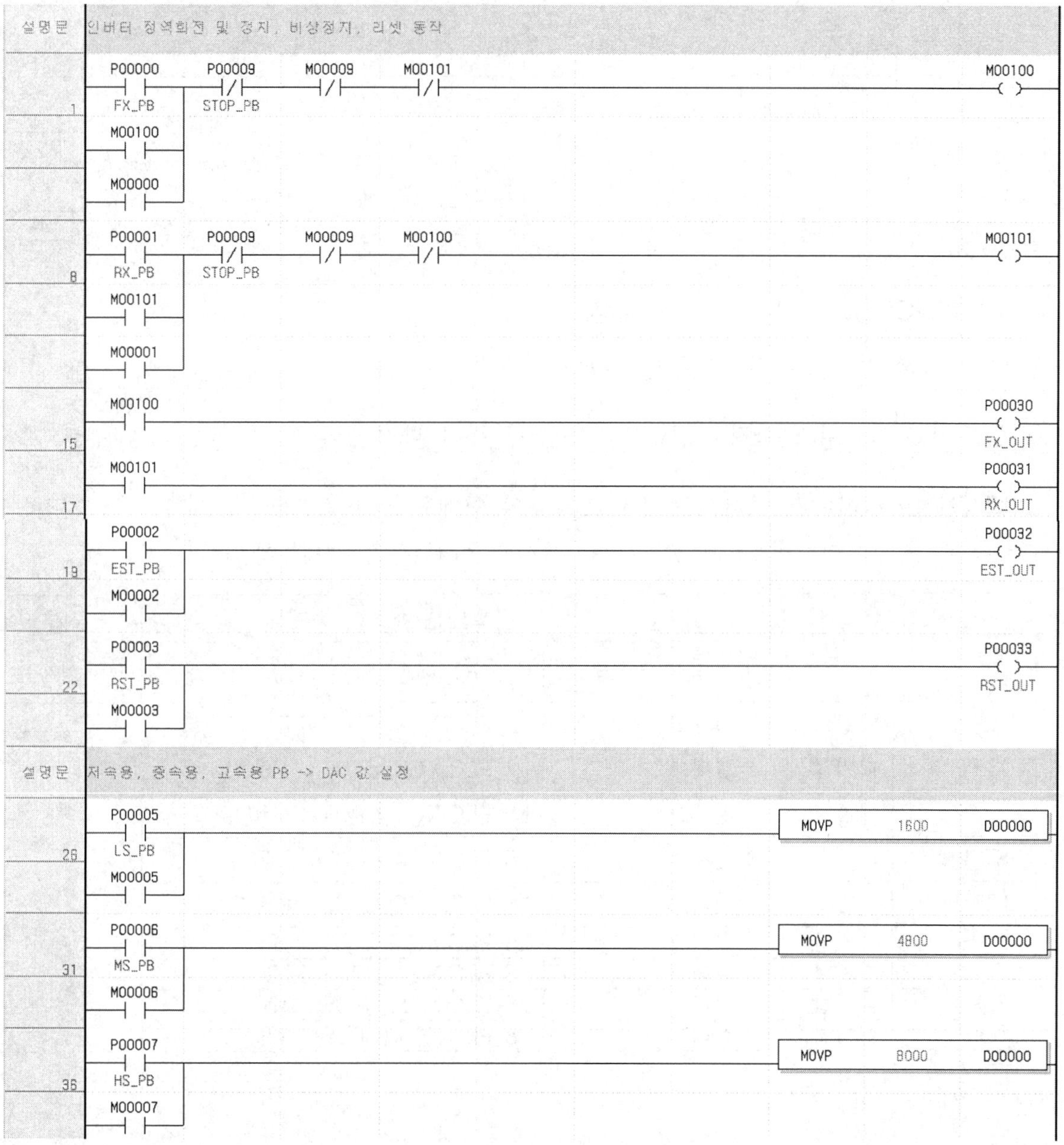

설명문 인버터 정역회전 및 정지, 비상정지, 리셋 동작
1
P00000
FX_PB
P00009
STOP_PB
M00009
M00101
M00100
M00100
M00000
8
P00001
RX_PB
P00009
STOP_PB
M00009
M00100
M00101
M00101
M00001
15
M00100
P00030
FX_OUT
17
M00101
P00031
RX_OUT
19
P00002
EST_PB
M00002
P00032
EST_OUT
22
P00003
RST_PB
M00003
P00033
RST_OUT
설명문 저속용, 중속용, 고속용 PB -> DAC 값 설정
26
P00005
LS_PB
M00005
MOVP 1600 D00000
31
P00006
MS_PB
M00006
MOVP 4800 D00000
36
P00007
HS_PB
M00007
MOVP 8000 D00000

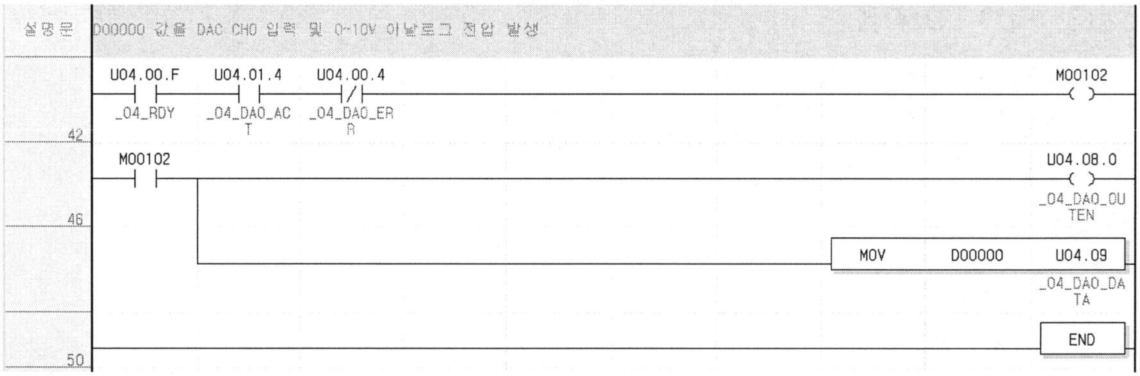

(4) CIMON HMI 화면 작화 및 실행

(스텝 1) CIMOND 실행 및 프로젝트 파일 생성

(스텝 2) I/O 디바이스 설정 : CIMON과 PLC간 통신 환경의 설정 및 PLC 기종 선택

(스텝 3) 데이터베이스 설계 : PLC 메모리와의 연계를 위한 CIMON 태그의 주소 지정
프로젝트 창/데이터베이스/CIMON_11/(+) 새태그 아이콘 클릭/태그편집

이름	종류	일반설정			비고
		실태그/가상태그	I/O디바이스	I/O어드레스	
DA0	아날로그	실태그	LS_PLC.XGK_CPUS	D0	
FX_PB	디지털	실태그	LS_PLC.XGK_CPUS	M0	
RX_PB	디지털	실태그	LS_PLC.XGK_CPUS	M1	
EST_PB	디지털	실태그	LS_PLC.XGK_CPUS	M2	
RST_PB	디지털	실태그	LS_PLC.XGK_CPUS	M3	
LS_PB	디지털	실태그	LS_PLC.XGK_CPUS	M5	
MS_PB	디지털	실태그	LS_PLC.XGK_CPUS	M6	
HS_PB	디지털	실태그	LS_PLC.XGK_CPUS	M7	
STOP_PB	디지털	실태그	LS_PLC.XGK_CPUS	M9	

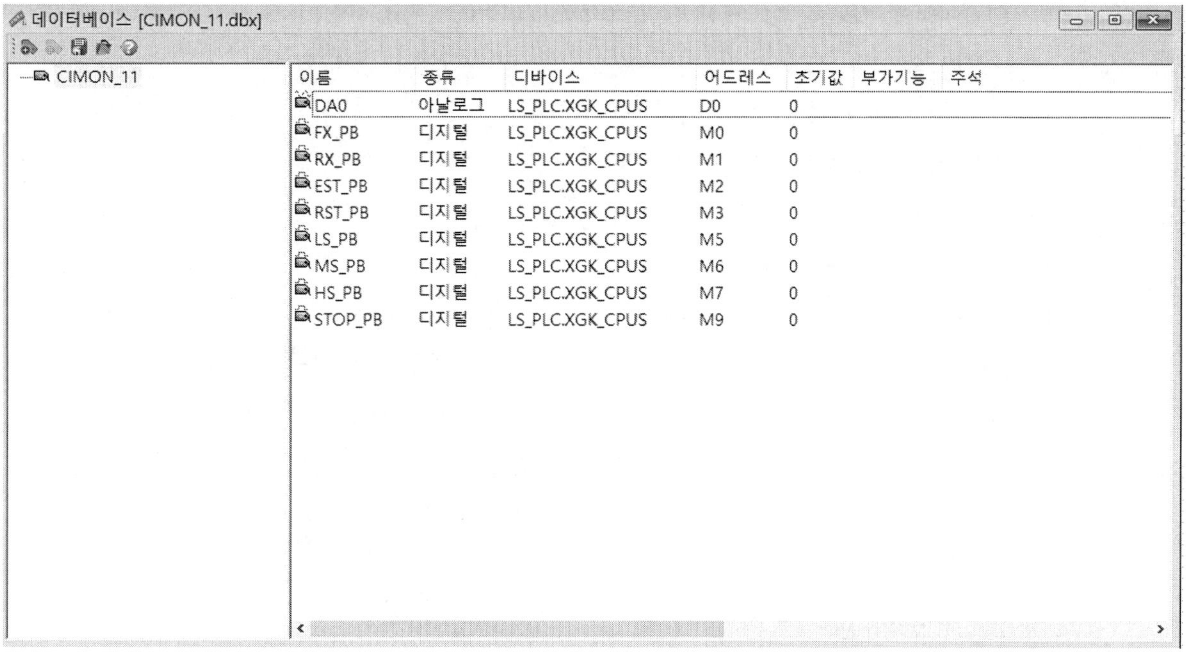

※ DA0 실데이터(PLC)와 내부데이터(CIMON) 값의 변환 : PLC 0~8000 디지털 입력 값을 CIMON 태그 DA0에서 0~8000 → 0~10[V] → 0~30[Hz]V로 자동 변환하는 기능

고급설정 탭/

내부데이터(CIMON)/최소값:0, 최대값:30

실데이터(PLC)/최소값:0, 최대값:8000

(스텝 4) CIMON 도구상자 및 객체를 이용한 화면작화

① 실행 화면의 크기 설정

페이지 바탕화면 더블 클릭/페이지 환경설정/

기본구성/제목 : CIMON TEST_11

위치설정/화면에 보일 페이지의 크기 및 위치 값 지정

위치 : 가로 100, 세로 50

크기 : 너비 1280, 높이 800(사용자의 모니터를 고려하여 화면 사이즈 설정함.)

적용, 확인

② 도구상자를 이용한 버튼 작화

도구상자/기본/문자 아이콘 클릭 및 화면 클릭

"CIMON HMI를 이용한 3상 유도 전동기 인버터 속도제어"

문자 클릭 및 드래그하면서 문자 크기 설정

도구상자/고급/버튼 아이콘 클릭 및 화면 위치 지정

제목 : FX_PB/RX_PB/STOP_PB/EST_PB/RST_PB/LS_PB/MS_PB/HS_PB

다음/동작정의/동작/순간값쓰기

태그이름 : FX_PB/RX_PB/STOP_PB/EST_PB/RST_PB/LS_PB/MS_PB/HS_PB

쓰기값 : Down → 1 Up → 0

등록

기본/문자/ "정회전/역회전/.../고속운전" 문자 입력

③ 도구상자를 이용한 DA0의 태그 작성

도구상자/고급/태그값 아이콘 클릭 및 화면 위치 지정

태그이름 : DA0

화면표시방법 : ####.0

등록

클릭 및 드래그하여서 화면 표시 크기 및 위치 조정 또는 더블 클릭/그림구성/위치 및 크기 조정

도구상자/기본/문자 아이콘 클릭 및 화면 클릭/ "인버터 회전속도[Hz]" 문자 입력

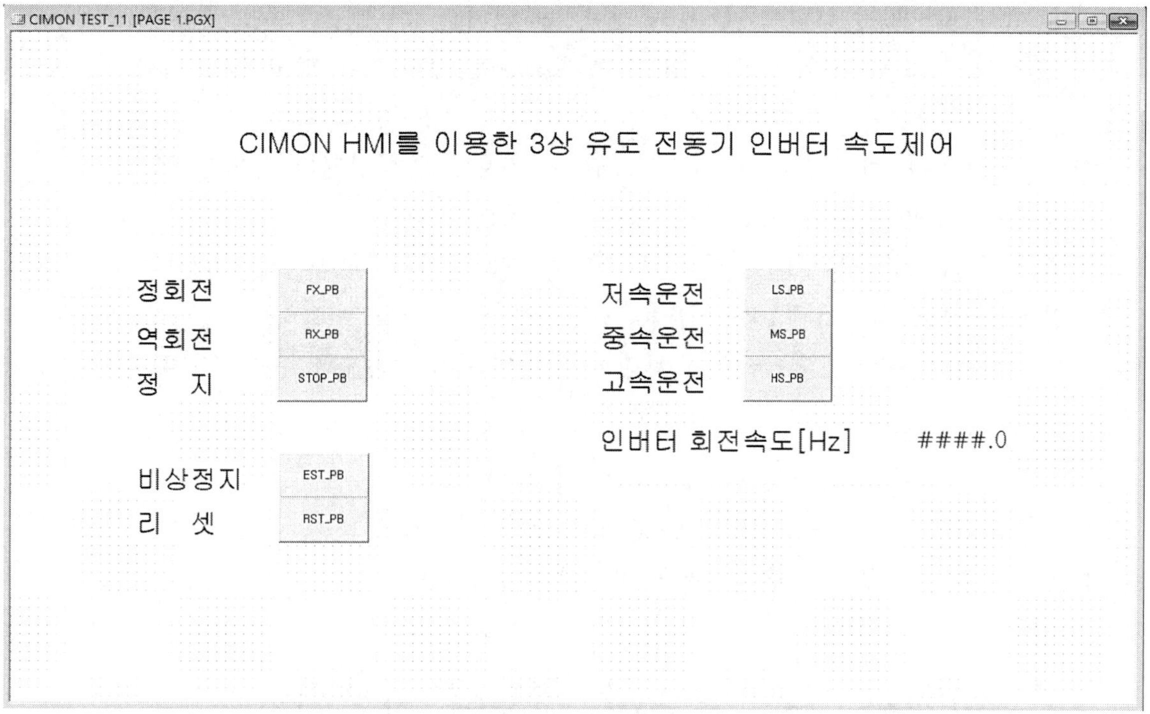

(스텝 5) CIMON HMI 프로그램의 실행

메뉴/도구/CimonX 환경설정/윈도우 형태/초기화면 : 화면 번호 선택(PAGE 1.PGX)
메뉴/도구/CimonX 실행 또는 CimonX 아이콘 클릭

(스텝 6) XG5000 PLC LD 프로그램의 다운로딩 및 실행

(스텝 7) 결과 분석 및 보고서 작성

(평가문제) PLC 입력측의 정회전용 PB와 단자대 P1(FX) 및 역회전용 PB와 P2(RX)를 이용하여 각각 정회전 및 정지, 역회전 및 정지의 운전지령을 한다. 정회전용 PB와 역회전용 PB를 누르면 자기유지 기능이 되도록 하며, 인버터의 정지용 PB를 사용하여 동작을 정지한다. 그리고 인버터의 정회전과 역회전은 인터록 동작을 하도록 한다.
인버터 속도 상승용 PB와 인버터 속도 하강용 PB를 이용하여 인버터 속도를 0~30[Hz] 범위에서 가감 운전을 한다. DAC CH0의 입력 데이터 가감은 산술연산 명령어 ADDP, SUBP, 증감 명령어, 비교 명령어 등을 활용하여 프로그램을 작성한다. 그리고 아날로그 0~10V 전압 입력으로 속도를 제어할 경우 안전 관리상 최대전압에 대응되는 주파수를 30[Hz]로 변경한다.

※ DAC CH0 0~8000 입력 → 0~10V 출력 → 인버터 0~30[Hz] 속도 운전
※ 비교 명령어로 DAC 입력 값이 8000 초과 시에는 8000으로 하고, 0 이하이면 0으로 설정

비상정지용 PB 및 비상정지 단자대 P3(EST)을 이용하여 비상정지 동작을 하도록 하고, 리셋용 PB와 리셋용 단자대 P4(RST)를 이용하여 리셋 동작을 한다.

그리고 CIMON HMI 화면에 정회전 및 역회전, 정지 버튼, 비상정지, 리셋 버튼을 작화하고, 인버터 속도 상승용 PB와 인버터 속도 하강용 PB를 이용하여 인버터 속도를 0~30[Hz] 범위에서 가감 운전을 한다. 화면에 인버터의 회전속도를 표시하도록 한다,

· 파라미터 설정
  운전그룹 파라미터 설정 : drv=1　　frq=3
  입출력 그룹 파라미터 설정 : I10=60.00→30.00

동작 결과를 분석하고, 실습보고서를 작성하시오.

9.7 CIMON HMI 및 XGK PLC를 이용한 TMTC 수문제어 실습

9.7.1 ADC 및 BCD 출력기를 이용한 디지털 개도계의 개폐율 측정 실습

(1) 동작기능

농업기반설비의 TMTC(Tele-Metering and Tele-Control) 시스템은 현장의 수원부 및 평야부 설비들을 원격지에서 운용하기 위한 센서계측 및 제어시스템이다.

수문 제어용 설비의 PLC 및 제어판넬에는 그림 9.2와 같이 수문 제어용 스위치와 개폐율(%) 표시 장치들이 있고, 수문에는 상승 및 하강 안전장치로서 상·하한 검출용 리미트 스위치나 센서들이 설치되어 있다. 수로의 수문을 개폐하기 위하여 일반적으로 교류 전동기를 사용하고, 본 실습에서는 직류 전동기 및 릴레이를 이용한 정역회로를 구성하여 동작원리를 이해하는 것으로 한다.

개폐 상태를 측정하기 위하여 개도계 센서를 사용하며, 일반적으로 직선변위와 회전변위를 전기저항의 변화로 바꾸는 가변저항기인 0~10V 포텐셔미터(Potentiometer)를 사용한다.

(TMTC 수문제어의 개념도)

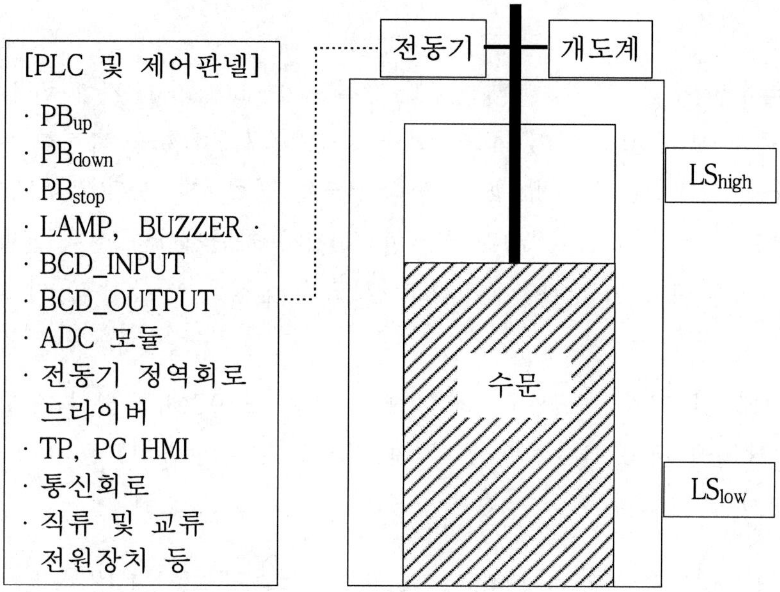

(PLC 입출력, 직류 전동기 정역회로 및 리미트 스위치 결선도)

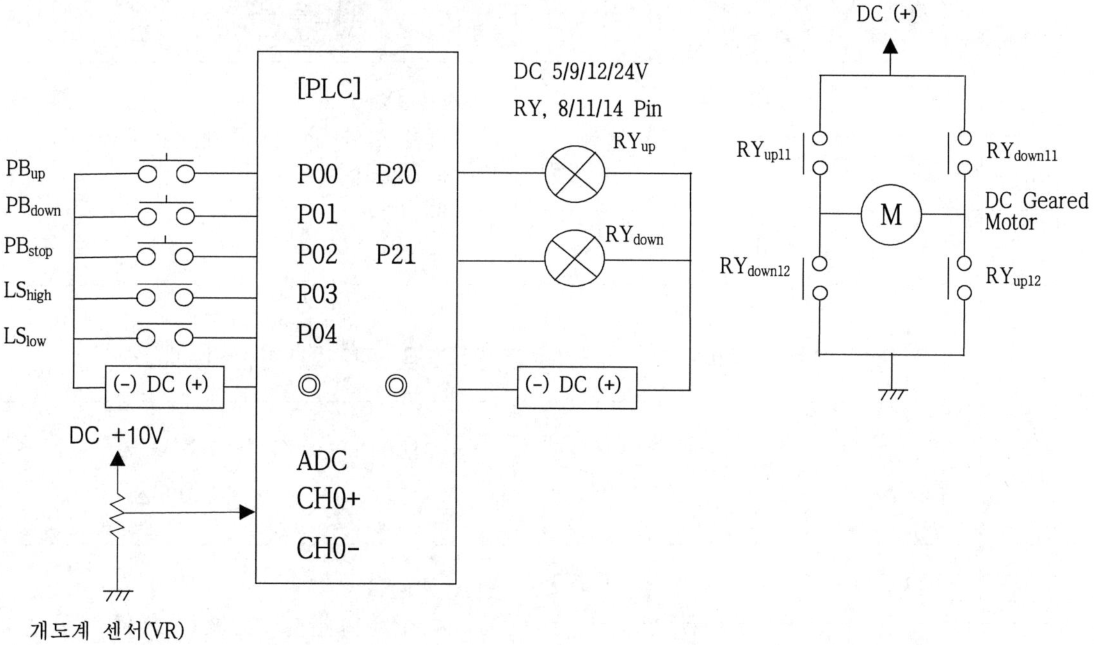

※ BCD_INPUT, BCD_OUTPUT은 슬롯1(P0001), 슬롯3(P0003)에 결선함.

그림 9.2 농업기반설비의 TMTC 수문제어용 개도계 및 제어 시스템(예)

여기에서는 ADC 및 BCD 출력기를 이용한 디지털 개도계의 개폐율 측정을 다음과 같이 한다.

- 본 실습장비의 아날로그 입력 채널 0에 연결된 0～10V 가변 저항 VR1을 개도계 센서인 포텐셔미터로 보고 ADC를 이용하여 현재의 수문 개폐율(%)을 측정함.
- 측정한 수문 개폐율을 4 Digits BCD 출력기(또는 터치판넬, CIOMON HMI)에 표시함.
- 수문 개폐에 따른 최고점(100%)과 최저점(0%)에서 가변저항의 실제 전압 값과 ADC 변환 값을 직류 전압계를 이용하여 측정하고, 개도율 산정식 Y=aX+b의 기울기 a와 절편 b를 구함.

아날로그 입력 및 디지털 변환의 예가 표 9.4 및 표 9.5에 나타나 있고, 본 실습에서는 "표 9.4 수문 개폐에 따른 아날로그 입력 및 디지털 변환의 예(1)"을 적용하여 PLC LD 프로그램을 작성한다.

표 9.4 수문 개폐에 따른 아날로그 입력 및 디지털 변환의 예(1)

수문 개폐 상태	개폐율 (%)	개도계 센서 출력-아날로그 입력 측정값 (V)	디지털 변환 값	PLC LD에서 개폐율(%) 환산을 위한 변환 식
최고점 Close	100	10	8,000	Y(%) = aX+b X:디지털 변환 값, Y(%):개폐율 환산 값 100=8000a+b, 0=0a+b a=1/80, b=0 Y = (1/80) * X
1/2	50	5	4,000	
최저점 Open	0	0	0	

표 9.5 수문 개폐에 따른 아날로그 입력 및 디지털 변환의 예(2)

수문 개폐 상태	개폐율 (%)	개도계 센서 출력-아날로그 입력 측정값 (V)	디지털 변환 값	PLC LD에서 개폐율(%) 환산을 위한 변환 식
최고점 Close	100	8	6,400	Y(%) = aX+b X : 디지털 변환 값, Y(%) : 개폐율 환산 값 100=6400a+b, 0=1600a+b a=1/48, b=-100/3 Y = (1/48) * X-(100/3)
1/2	50	5	4,000	
최저점 Open	0	2	1,600	

(2) PLC 입출력 주소 할당

구분	변수명	I/O 주소	비고
입력			
제어			
출력	BCD_OUTPUT	P0003	워드주소, 현재의 수문 개폐율(%) 표시

(3) PLC LD 작성

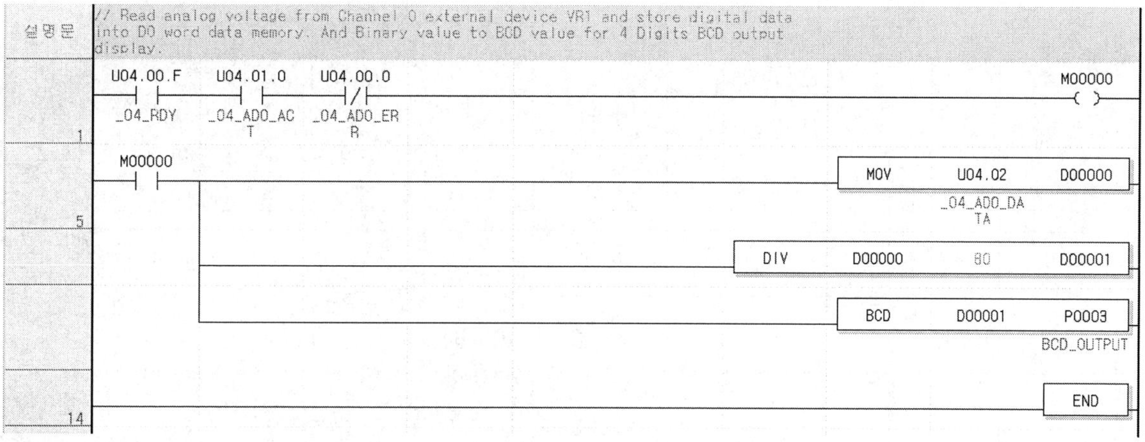

(평가문제 1) 농업기반설비의 TMTC 시스템에서 저수지의 수위를 측정하기 위하여 0~10V 전압을 출력하는 초음파 거리센서를 사용한다. ADC를 이용하여 수위를 측정하고, 4 Digits BCD 출력기에 표시를 한다.

수위에 따른 아날로그 입력 및 디지털 변환의 예는 다음과 같다.

수위 (m)	초음파 거리센서 출력-아날로그 입력 측정값 (V)	디지털 변환 값	PLC LD에서 수위(m) 환산을 위한 변환 식
0	0	0	Y = aX X : 디지털 변환 값, Y : 수위 환산 값(m) a= (20-0)/(8,000-0) = 1/80 Y = (1/400) * X
10	5	4,000	
20	10	8,000	

본 실습장비의 아날로그 입력 채널 0에 연결된 0~10V 가변 저항 VR1을 초음파 거리센서로 보고 실습을 한다.

동작 결과를 분석하고, 실습보고서를 작성하시오.

(평가문제 2) “9.7.1 ADC 및 BCD 출력기를 이용한 디지털 개도계의 개폐율 측정 실습” 편에서 수문 개폐에 따른 아날로그 입력 및 디지털 변환의 예를 아래와 같이 적용하여 프로그램을 작성한다.

수문 개폐 상태	개폐율 (%)	개도계 센서 출력-아날로그 입력 측정값 (V)	디지털 변환 값	PLC LD에서 개폐율(%) 환산을 위한 변환 식
최고점 Close	100	8	6,400	Y(%) = aX+b X : 디지털 변환 값, Y(%) : 개폐율 환산 값 100=6400a+b, 0=1600a+b a=1/48, b=-100/3 Y = (1/48) * X-(100/3)
1/2	50	5	4,000	
최저점 Open	0	2	1,600	

※ PLC LD에서 DIV, SUB 산술함수를 이용하여 개폐율(%)을 구함.

본 실습장비의 아날로그 입력 채널 0에 연결된 0~10V 가변 저항 VR1을 개도계 센서인 포텐셔미터로 보고 ADC를 이용하여 현재의 수문 개폐율(%)을 측정한다.

동작 결과를 분석하고, 실습보고서를 작성하시오.

9.7.2 ADC 및 BCD 입출력기를 이용한 디지털 개도계의 개폐율 측정 및 제어 실습

(1) 동작기능

앞의 "9.7.1 ADC 및 BCD 출력기를 이용한 디지털 개도계의 개폐율 측정 실습" 편에서 설명한 내용에 수문 제어의 목표 개폐율 0~100(%)을 4 Digits BCD 입력기(또는 터치판넬, CIOMON HMI)에 입력하고, 수문 상승 또는 수문 하강 스위치를 누르면 현재의 개폐율(%)이 목표율(%)과 일치하면 수문이 정지하는 실습을 한다.

여기에서 ADC CH0 및 BCD 입출력기를 이용한 디지털 개도계의 개폐율 측정과 제어 실습을 위한 설계 조건과 구동 조건은 다음과 같다.

① 본 실습장비의 아날로그 입력 채널 0에 연결된 0~10V 가변 저항 VR1을 개도계 센서인 포텐셔미터로 보고 ADC CH0을 이용하여 현재의 수문 개폐율(%)을 측정한다.

② 측정한 수문 개폐율을 4 Digits BCD 출력기(또는 터치판넬, CIMON HMI)에 표시한다.

③ 수문 제어의 목표 개폐율 0~100(%)을 4 Digits BCD 입력기(또는 터치판넬, CIMON HMI)에 입력한다.

④ 수문 상승 또는 수문 하강 스위치를 누르면 표 9.6과 같이 수문 동작 정지 및 금지 조건을 만족하면 수문 상승 또는 하강 동작을 한다.

표 9.6 수문의 동작 정지 및 금지 조건

조건	내용
수문 동작 정지 조건	(1) 현재의 수문 개폐율(%) = 수문 제어의 목표 개폐율(%) (2) 수문 제어의 목표 개폐율(%)-α < 현재의 수문 개폐율(%) < 수문 제어의 목표 개폐율(%)+α α : 목표 개폐율(%)의 상·하한치 여유 값으로서 수문 정지 동작의 안정성 확보
수문 동작 금지 조건	(1) 수문 상승 스위치 on ∩ (현재의 수문 개폐율(%) > 수문 제어의 목표 개폐율(%)) (2) 수문 하강 스위치 on ∩ (현재의 수문 개폐율(%) < 수문 제어의 목표 개폐율(%))

⑤ 수문 상승 및 하강용 3상 유도전동기의 정역운전은 3상 중에서 2개 상을 바꾸면 가능하고, 직류전동기는 (+), (-) 극을 바꾸면 가능함. PLC 출력단의 LAMP0, LAMP1을 전동기 상승 및 하강용 구동 릴레이 RYup, RYdown으로 간주한다.

⑥ 수문 개폐에 따른 아날로그 입력 및 디지털 변환을 표 9.7과 같이 시행한다.

표 9.7 수문 개폐에 따른 아날로그 입력 및 디지털 변환의 예

수문 개폐 상태	개폐율 (%)	개도계 센서 출력-아날로그 입력 측정값 (V)	디지털 변환 값	PLC LD에서 개폐율(%) 환산을 위한 변환 식
최고점 Close	100	10	8,000	Y(%) = aX+b X:디지털 변환 값, Y(%):개폐율 환산 값 100=8000a+b, 0=0a+b a=1/80, b=0 Y = (1/80) * X
1/2	50	5	4,000	
최저점 Open	0	0	0	

(2) PLC 입출력 주소 할당

구분	변수명	I/O 주소	비고
입력	PB0(PB_{up})	P00000	수문 상승 스위치
	PB1(PB_{down})	P00001	수문 하강 스위치
	PB2(PB_{stop})	P00002	수문 정지 스위치, 비상 스위치
	PB3(LS_{high})	P00003	수문 상승 상한 리미트 스위치
	PB4(LS_{low})	P00004	수문 하강 하한 리미트 스위치
	BCD_INPUT	P0001	워드주소, 수문 제어의 목표 개폐율(%) 입력
제어		M00000~	
		T0000, T0001	100mS × 10 → 1초 타이머
출력	LAMP0(RY_{up})	P00020	수문 상승용 전동기 구동 릴레이
	LAMP1(RY_{down})	P00021	수문 하강용 전동기 구동 릴레이
	BCD_OUTPUT	P0003	워드주소, 현재의 수문 개폐율(%) 표시

(3) PLC LD 작성

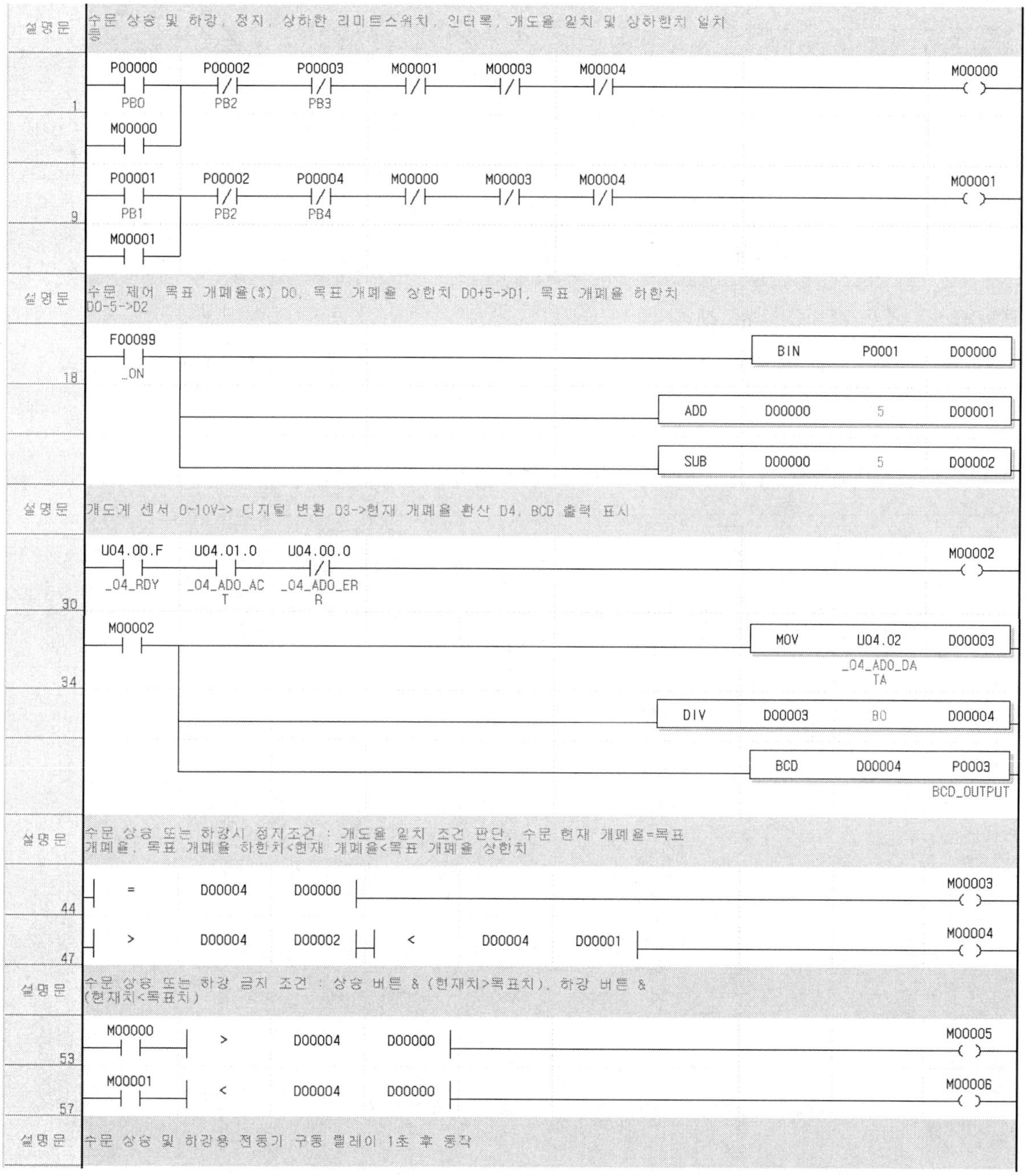
설명문
수문 상승 및 하강, 정지, 상하한 리미트스위치, 인터록, 개도율 일치 및 상하한치 일치 등
1
P00000 PB0
P00002 PB2
P00003 PB3
M00001
M00003
M00004
M00000
9
P00001 PB1
P00002 PB2
P00004 PB4
M00000
M00003
M00004
M00001
설명문
수문 제어 목표 개폐율(%) D0, 목표 개폐율 상한치 D0+5->D1, 목표 개폐율 하한치 D0-5->D2
18
F00099 _ON
BIN P0001 D00000
ADD D00000 5 D00001
SUB D00000 5 D00002
설명문
개도계 센서 0~10V-> 디지털 변환 D3->현재 개폐율 환산 D4, BCD 출력 표시
30
U04.00.F _04_RDY
U04.01.0 _04_ADO_ACT
U04.00.0 _04_ADO_ERR
M00002
34
M00002
MOV U04.02 D00003
_04_ADO_DATA
DIV D00003 80 D00004
BCD D00004 P0003
BCD_OUTPUT
설명문
수문 상승 또는 하강시 정지조건 : 개도율 일치 조건 판단, 수문 현재 개폐율=목표 개폐율, 목표 개폐율 하한치<현재 개폐율<목표 개폐율 상한치
44
= D00004 D00000
M00003
47
> D00004 D00002
< D00004 D00001
M00004
설명문
수문 상승 또는 하강 금지 조건 : 상승 버튼 & (현재치>목표치), 하강 버튼 & (현재치<목표치)
53
M00000
> D00004 D00000
M00005
57
M00001
< D00004 D00000
M00006
설명문
수문 상승 및 하강용 전동기 구동 릴레이 1초 후 동작

※ 수문 동작시 개도율 일치 감도 조절 방법

(방법 1) PLC LD에서 α 값 조절

″ 목표 개폐율(%) 하한치 D2(D0-α)″ <″ 수문 제어 목표 개폐율(%) D0″ <″ 목표 개폐율(%) 상한치 D1(D0+α)″

(방법 2) XGF-AH6A 입력 파라미터/평균처리 방법, 평균값 변경

기능 항목	내 용
평균 처리 설정	(1) 샘플링 처리 A/D 변환 방식을 지정하지 않았을 때 평균처리를 하지 않고 샘플링마다 출력 데이터를 생성함. (2) 평균 처리 (a) 시간 평균 A/D 변환 값을 설정한 시간 동안 평균하여 출력함. (b) 횟수 평균 A/D 변환 값을 설정한 횟수 동안 평균하여 출력함. (c) 가중 평균 입력된 A/D 변환 값의 급격한 변동을 지연시킴.

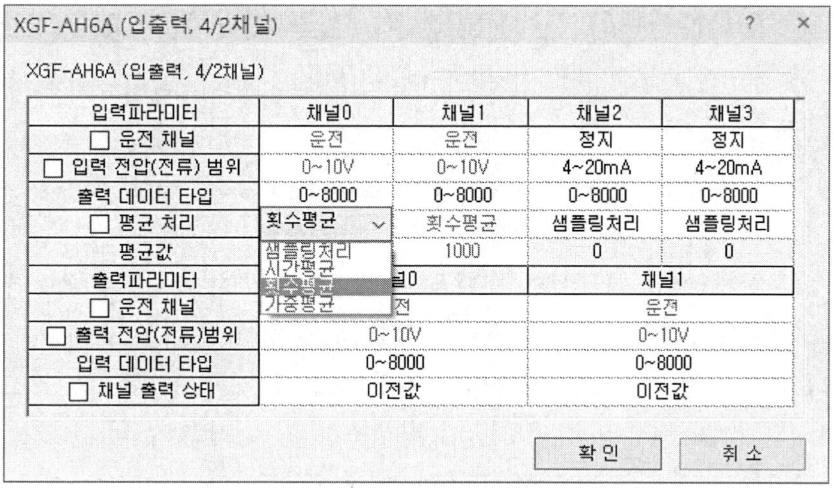

※ 횟수평균 : 1000→100으로 변경하면 ADC 변환 속도가 증가함. 전동기의 회전 속도 및 수문의 상하 이동 행정 속도를 고려하여 적절히 설정함.

(평가문제) "9.7.2 ADC 및 BCD 입출력기를 이용한 디지털 개도계의 개폐율 측정 및 제어 실습" 편에서 수문 개폐에 따른 아날로그 입력 및 디지털 변환의 예를 다음과 같이 가정하여 프로그램을 작성한다.

수문 개폐 상태	개폐율 (%)	개도계 센서 출력-아날로그 입력 측정값 (V)	디지털 변환 값	PLC LD에서 개폐율(%) 환산을 위한 변환 식
최고점 Close	100	8	6,400	Y(%) = aX+b X : 디지털 변환 값, Y(%) : 개폐율 환산 값 100=6400a+b, 0=1600a+b a=1/48, b=-100/3 Y = (1/48) * X-(100/3)
1/2	50	5	4,000	
최저점 Open	0	2	1,600	

※ PLC LD에서 DIV, SUB 산술함수를 이용하여 개폐율(%)을 구함.

본 실습장비의 아날로그 입력 채널 0에 연결된 0~10V 가변 저항 VR1을 개도계 센서인 포텐셔미터로 보고 ADC를 이용하여 현재의 수문 개폐율(%)을 측정한다.

동작 결과를 분석하고, 실습보고서를 작성하시오.

9.7.3 CIMON HMI 및 XGK PLC를 이용한 TMTC 수문제어

(1) 동작기능

농업기반설비의 TMTC 수문 개도율 제어 실습의 구성도, 동작 절차와 원리들은 "9.7.1 ADC 및 BCD 출력기를 이용한 디지털 개도계의 개폐율 측정 실습"과 "9.7.2 ADC 및 BCD 입출력기를 이용한 디지털 개도계의 개폐율 측정 및 제어 실습" 편에 설명되어 있다. 본 실습에서는 CIMON HMI 및 PLC를 이용한 TMTC 수문제어를 하는 것이다.

PLC 기종은 XGK 및 아날로그 입출력 혼합형 모듈 XGF-AH6A를 중심으로 설명을 하고, 프로젝트 실습의 작품 제작을 위해서는 소형 XBC-XGB PLC 및 아날로그 입출력 혼합형 모듈 XBF-AH04A를 사용한다. XGB PLC는 입출력 포인트가 소규모이므로 이를 감안하여 입출력을 설계하여야 한다.

본 실습에서 CIMON HMI를 이용한 TMTC 수문제어의 화면 설계는 다음과 같다.

[화면 1] 메인화면 - 화면 선택 및 이동, 종료 버튼
[화면 2] 수문 개도율 측정 및 제어 - 메인화면 이동 및 종료 버튼
[화면 3] 경보 발생 및 수문 개도율 그래프 표시 실습 - 메인화면 이동 및 종료 버튼

화면 2에서 ADC CH0 및 CIMON 숫자 입력용 태그를 이용한 디지털 개도계의 개도율 측정과 제어 실습을 위한 설계 조건과 구동 조건은 다음과 같다.

① 본 실습장비의 아날로그 입력 채널 0에 연결된 0~10V 가변 저항 VR1을 개도계 센서인 포텐셔미터로 보고 ADC CH0을 이용하여 현재의 수문 개폐율(%)을 측정한다.

② 측정한 수문 개폐율을 CIMON 숫자 표시용 태그에 표시한다.

③ 수문 제어의 목표 개폐율 0~100(%)을 CIMON 숫자 입력용 태그에 입력한다.

④ 수문 상승 또는 수문 하강 스위치를 누르면 아래와 같이 수문 동작 정지 및 금지 조건을 만족하면 수문 상승 또는 하강 동작을 한다.

조건	내용
수문 동작 정지 조건	(1) 현재의 수문 개폐율(%) = 수문 제어의 목표 개폐율(%) (2) 수문 제어의 목표 개폐율(%)-α < 현재의 수문 개폐율(%) < 수문 제어의 목표 개폐율(%)+α α : 목표 개폐율(%)의 상·하한치 여유 값으로서 수문 정지 동작의 안정성 확보
수문 동작 금지 조건	(1) 수문 상승 스위치 on ∩ (현재의 수문 개폐율(%) > 수문 제어의 목표 개폐율(%)) (2) 수문 하강 스위치 on ∩ (현재의 수문 개폐율(%) < 수문 제어의 목표 개폐율(%))

⑤ 수문 상승 및 하강용 3상 유도전동기의 정역운전은 3상 중에서 2개 상을 바꾸면 가능하고, 직류전동기는 (+), (-) 극을 바꾸면 가능함. PLC 출력단의 LAMP0, LAMP1을 전동기 상승 및 하강용 구동 릴레이 RY_{up}, RY_{down}으로 간주한다.

⑥ 수문 개폐에 따른 아날로그 입력 및 디지털 변환을 다음과 같이 시행한다.

수문 개폐 상태	개폐율 (%)	개도계 센서 출력-아날로그 입력 측정값 (V)	디지털 변환 값	PLC LD에서 개폐율(%) 환산을 위한 변환 식
최고점 Close	100	10	8,000	Y(%) = aX+b X:디지털 변환 값, Y(%):개폐율 환산 값 100=8000a+b, 0=0a+b a=1/80, b=0 Y = (1/80) * X
1/2	50	5	4,000	
최저점 Open	0	0	0	

화면 3에서 경보 발생 및 수문 개도율 그래프 표시 실습은 다음과 같다.

① CIMON HMI 경보 발생 기능

차단기의 보조접점, 수문의 상하한 위치 검출용 리미트 스위치, 물체 검출용 근접센서 또는 투과형 광센서 등의 접점이 동작되면 경보로 인식하고, 이를 감시하는 CIMON 화면을 작성한다. 본 실습에서는 경보용 접점을 PB5와 LAMP2, PB6과 LAMP3으로 간주하고 PLC LD와 CIMON 프로그램을 작성한다.

PLC측의 개도계 센서 0～10V VR을 ADC CH0에 연결하고, CIMON HMI 화면에서 0～10V(0～8000)로 환산하여 표시한다. DAC 환산 값이 8V(6400)～10V(8000), 0V(0)～2V(1600)이면 경보로 인식하고, CIMON 화면에 표시를 한다.

직류 전압계를 PLC측의 ADC CH0 전압 입력 단자에 연결하여 전압의 변화와 CIMON 에서 경보의 발생을 관찰한다.

② CIMON HMI 트렌드 표시용 그래프의 작성 기능

PLC측의 개도계 센서 0~10V VR ADC CH0 값이 변하는 상태를 CIMON HMI 화면에서 0~10V(0~8000) 트렌드 표시용 그래프로 나타나게 한다.

(2) PLC 입출력 주소 할당

구분	변수명	I/O 주소		비고
		PLC	TP/HMI	
입력	PB0(PB_{up})	P00000	M00000	수문 상승 스위치, M접점 병렬연결
	PB1(PB_{down})	P00001	M00001	수문 하강 스위치, M접점 병렬연결
	PB2(PB_{stop})	P00002	M00002	수문 정지 및 비상 스위치, M접점 직렬연결
	PB3(LS_{high})	P00003		수문 상승 상한 리미트 스위치
	PB4(LS_{low})	P00004		수문 하강 하한 리미트 스위치
	PB5	P00005		경보 1 검출용 접점
	PB6	P00006		경보 2 검출용 접점
제어		M00100~		보조 릴레이 접점
		T0000, T0001		100mS × 10 → 1초 타이머
		D00000		CIMON 수문 제어의 목표 개폐율(%) 입력
		D00001		CIMON 현재의 수문 개폐율(%) 표시
		D00100~		보조 데이터 메모리
출력	LAMP0(RY_{up})	P00020		수문 상승용 전동기 구동 릴레이
	LAMP1(RY_{down})	P00021		수문 하강용 전동기 구동 릴레이
	LAMP2(ALM_1)	P00022		경보 1 검출 표시용 램프
	LAMP3(ALM_2)	P00023		경보 2 검출 표시용 램프

(3) PLC LD 작성

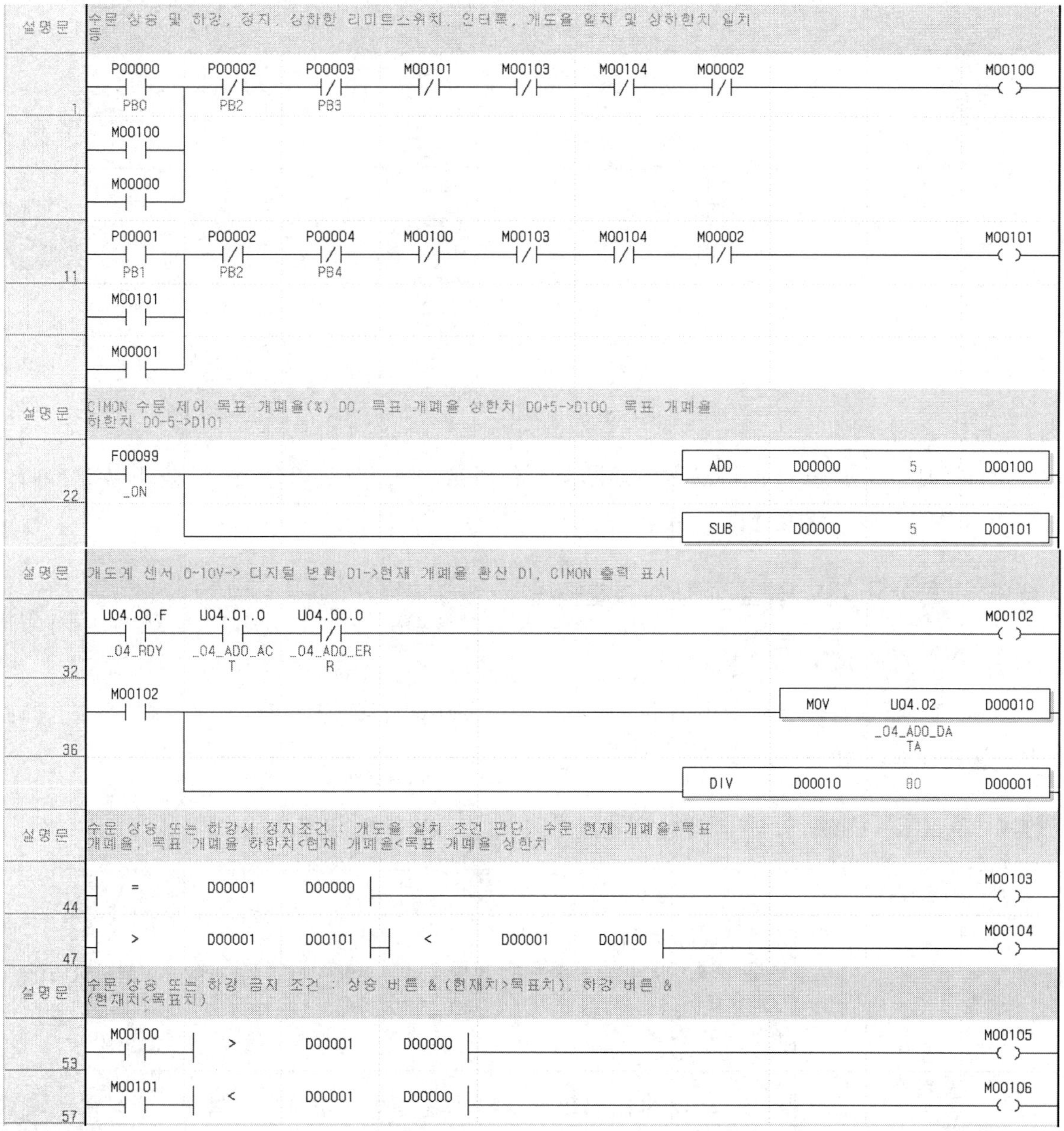
설명문
수문 상승 및 하강, 정지, 상하한 리미트스위치, 인터록, 개도율 일치 및 상하한치 일치 등
1
P00000 PB0
P00002 PB2
P00003 PB3
M00101
M00103
M00104
M00002
M00100
M00100
M00000
11
P00001 PB1
P00002 PB2
P00004 PB4
M00100
M00103
M00104
M00002
M00101
M00101
M00001
설명문
CIMON 수문 제어 목표 개폐율(%) D0, 목표 개폐율 상한치 D0+5->D100, 목표 개폐율 하한치 D0-5->D101
22
F00099 _ON
ADD D00000 5 D00100
SUB D00000 5 D00101
설명문
개도계 센서 0~10V-> 디지털 변환 D1->현재 개폐율 환산 D1, CIMON 출력 표시
32
U04.00.F _04_RDY
U04.01.0 _04_ADO_ACT
U04.00.0 _04_ADO_ERR
M00102
36
M00102
MOV U04.02 D00010
_04_ADO_DATA
DIV D00010 80 D00001
설명문
수문 상승 또는 하강시 정지조건 : 개도율 일치 조건 판단, 수문 현재 개폐율=목표 개폐율, 목표 개폐율 하한치<현재 개폐율<목표 개폐율 상한치
44
= D00001 D00000
M00103
47
> D00001 D00101
< D00001 D00100
M00104
설명문
수문 상승 또는 하강 금지 조건 : 상승 버튼 & (현재치>목표치), 하강 버튼 & (현재치<목표치)
53
M00100
> D00001 D00000
M00105
57
M00101
< D00001 D00000
M00106

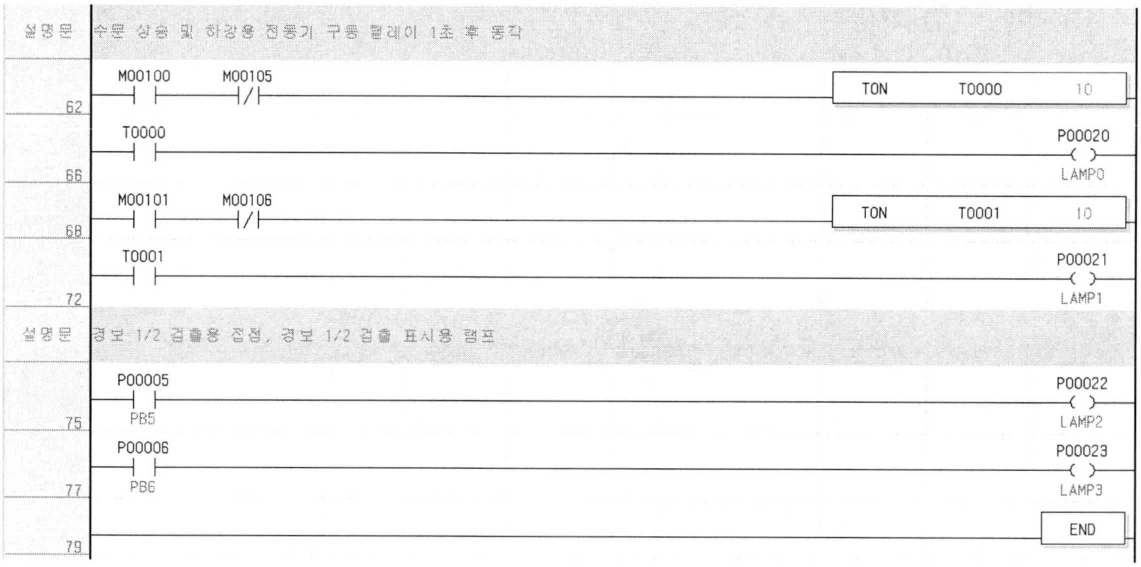

※ 경보 1/2 검출 표시용 램프는 CIMON에서 경보 태그로 동작하고, 현재의 수문 개폐율(%)은 CIMON에서 HiHi, LoLo 경보 태그로 동작함.

※ 수문 동작시 개도율 일치 감도 조절 방법

(방법 1) PLC LD에서 α 값 조절

″ 목표 개폐율(%) 하한치 D101(D0-α)″ <″ 수문 제어 목표 개폐율(%) D0″ <″ 목표 개폐율(%) 상한치 D100(D0+α)″

(방법 2) XGF-AH6A 입력 파라미터/평균처리 방법, 평균값 변경

기능 항목	내 용
평균 처리 설정	(1) 샘플링 처리 A/D 변환 방식을 지정하지 않았을 때 평균처리를 하지 않고 샘플링마다 출력 데이터를 생성함. (2) 평균 처리 (a) 시간 평균 A/D 변환 값을 설정한 시간 동안 평균하여 출력함. (b) 횟수 평균 A/D 변환 값을 설정한 횟수 동안 평균하여 출력함. (c) 가중 평균 입력된 A/D 변환 값의 급격한 변동을 지연시킴.

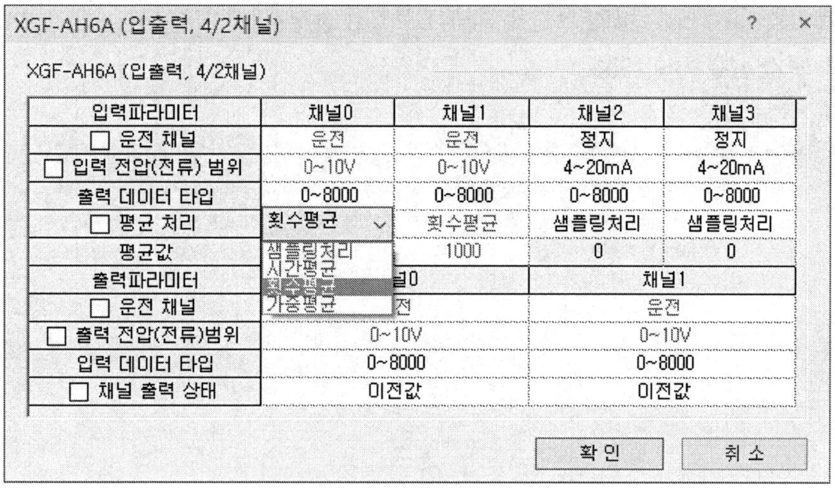

※ 횟수평균 : 1000→100으로 변경하면 ADC 변환 속도가 증가함. 전동기의 회전 속도 및 수문의 상하 이동 행정 속도를 고려하여 적절히 설정함.

(4) CIMON HMI 화면 작화 및 실행

(스텝 1) CIMOND 실행 및 프로젝트 파일 생성

(스텝 2) I/O 디바이스 설정 : CIMON과 PLC간 통신 환경의 설정 및 PLC 기종 선택

(스텝 3) 데이터베이스 설계 : PLC 메모리와의 연계를 위한 CIMON 태그의 주소 지정
프로젝트 창/데이터베이스/CIMON_11/(+) 새태그 아이콘 클릭/태그편집

이름	종류	일반설정			비고
		실태그/가상태그	I/O 디바이스	I/O 어드레스	
GATE_TARGET_RATE	아날로그	실태그	LS_PLC.XGK_CPUS	D0	
GATE_CURRENT_RATE	아날로그	실태그	LS_PLC.XGK_CPUS	D1 (0~100 %)	고급설정/내부데이터 최고값:0 최대값:100 경보태그
PB_UP	디지털	실태그	LS_PLC.XGK_CPUS	M0	
PB_DOWN	디지털	실태그	LS_PLC.XGK_CPUS	M1	
PB_STOP	디지털	실태그	LS_PLC.XGK_CPUS	M2	
ALM_1	디지털	실태그	LS_PLC.XGK_CPUS	P22	경보태그
ALM_2	디지털	실태그	LS_PLC.XGK_CPUS	P23	경보태그

※ 데이터베이스/GATE_CURRENT_RATE(D1)/고급설정/내부데이터/
최소값:0, 최대값:100 (0~100%)

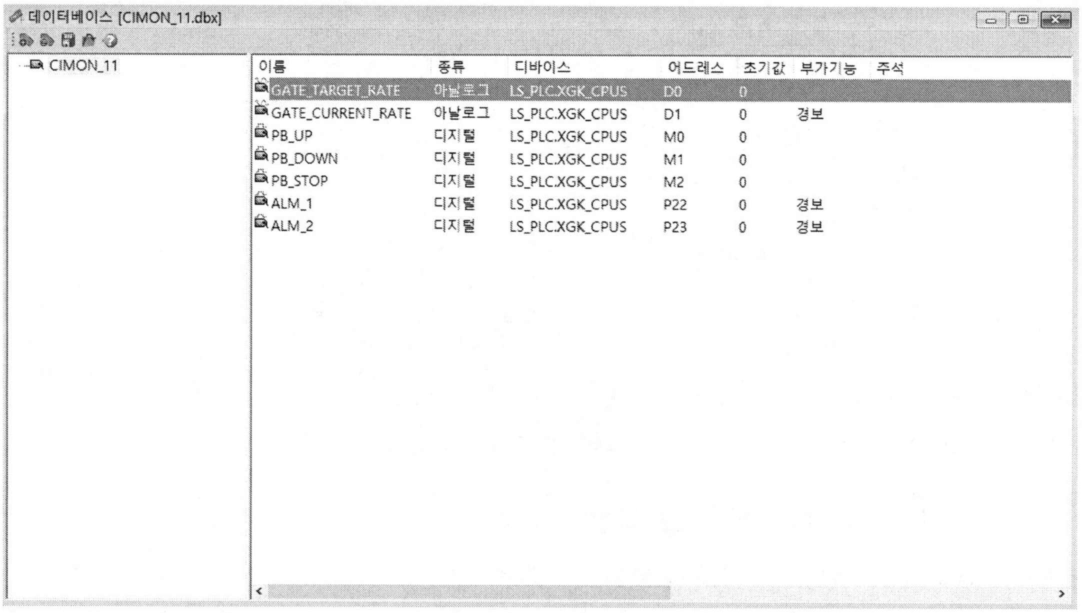

① ALM_1/ALM_2 경보 태그로 지정

일반설정 탭/실태그

I/O 디바이스 및 어드레스 : LS_PLC.XGK_CPUS P22/P23

√경보태그로 지정

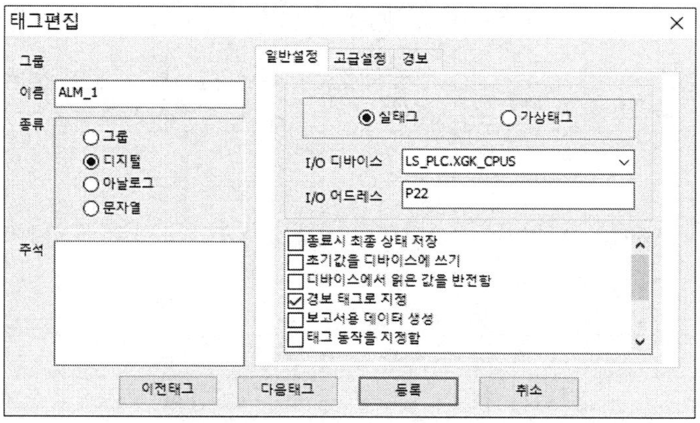

경보 탭/

경보종류: OFF->ON

경보발생/발생표시 : 경보용 접점 1/2 동작

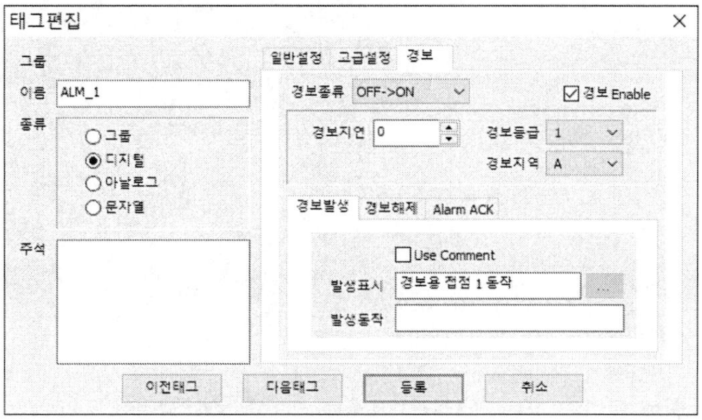

경보해제/해제표시 : 경보용 접점 1/2 해제

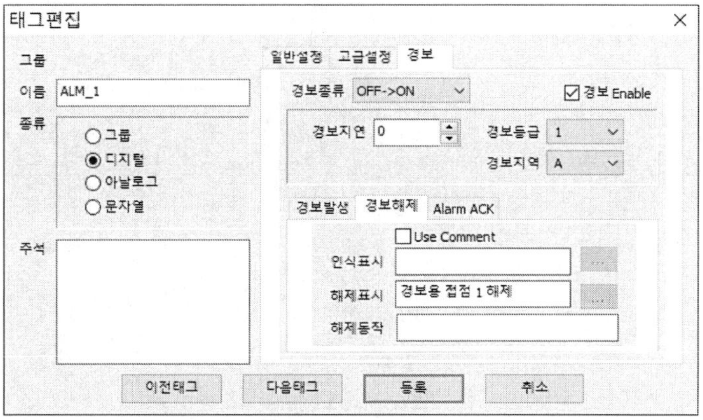

② 현재 수문 개폐율(%) GATE_CURRENT_RATE의 경보태그로 지정

일반설정 탭/실태그

I/O 디바이스 및 어드레스 : LS_PLC.XGK_CPUS D1

√경보태그로 지정

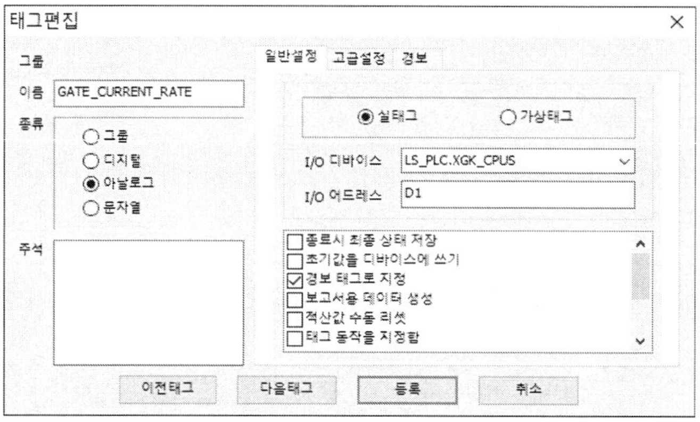

경보 탭/

경보종류: 경계값

HiHi/HiHi 값 : 80　발생표시 : 80[%] 초과

LoLo/LoLo 값 : 20　발생표시 : 20[%] 이하

경보해제/해제표시 : 해제완료

※ 경보용 경계 값의 종류 : Max. ~ HiHi ~ Hi ~ Lo ~ LoLo ~ Min.

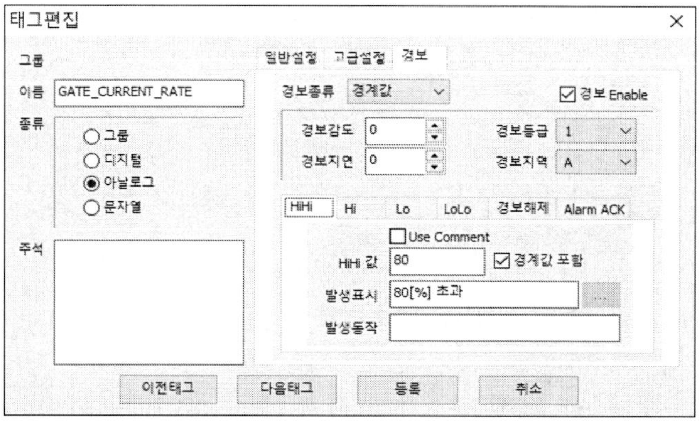

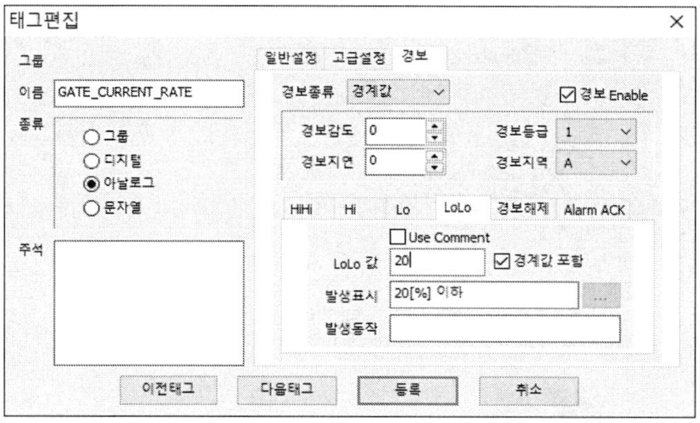

(스텝 4) CIMON 도구상자 및 객체를 이용한 화면작화

① CIMON 페이지 설계 및 실행 화면의 크기 설정

본 실습에서 CIMON HMI를 이용한 TMTC 수문제어의 화면 설계는 다음과 같다.

[화면 1] 메인화면(MAIN_11.PGX) - 화면 선택 및 이동, 종료 버튼 [화면 2] 수문 개도율 측정 및 제어(GATE_11.PGX) - 메인화면 이동 및 종료 버튼 [화면 3] 경보 발생 및 수문 개도율 그래프 표시 실습(ALARM_GRAPH_11.PGX) - 메인 화면 이동 및 종료 버튼

메뉴/파일/새페이지 3개 생성/Page No., ...

메뉴/파일/다른 이름으로 저장/MAIN_11.PGX, GATE_11.PGX, ALARM_GRAPH_11.PGX

페이지 바탕화면 더블 클릭/페이지 환경설정/

기본구성/제목 : Main Screen/Gate Screen/Alarm and Graph Screen

위치설정/화면에 보일 페이지의 크기 및 위치 값 지정

위치 : 가로 100, 세로 50

크기 : 너비 1280 높이 800(사용자의 모니터를 고려하여 화면 사이즈 설정함.)

적용, 확인

② 도구상자를 이용한 화면 작화

㉮ 메인화면(MAIN_11.PGX)의 작화 - 화면 선택 및 이동, 종료 버튼

· 도구상자/기본/문자/ “CIMON HMI를 이용한 TMTC 수문제어 실습”

· 도구상자/기본/문자/ “O 수문 개도율 측정 및 제어”

도구상자/고급/버튼/제목/GATE

동작정의/동작/페이지열기/페이지이름/GATE_11

· 도구상자/기본/문자/ “O 경보 발생 및 수문 개도율 그래프 표시”

도구상자/고급/버튼/제목/ALARM_GRAPH

동작정의/동작/페이지열기/페이지이름/ALARM_GRAPH_11

· 도구상자/고급/버튼/제목/종료(EXIT)

동작정의/동작/명령식/명령식 Down/exit()

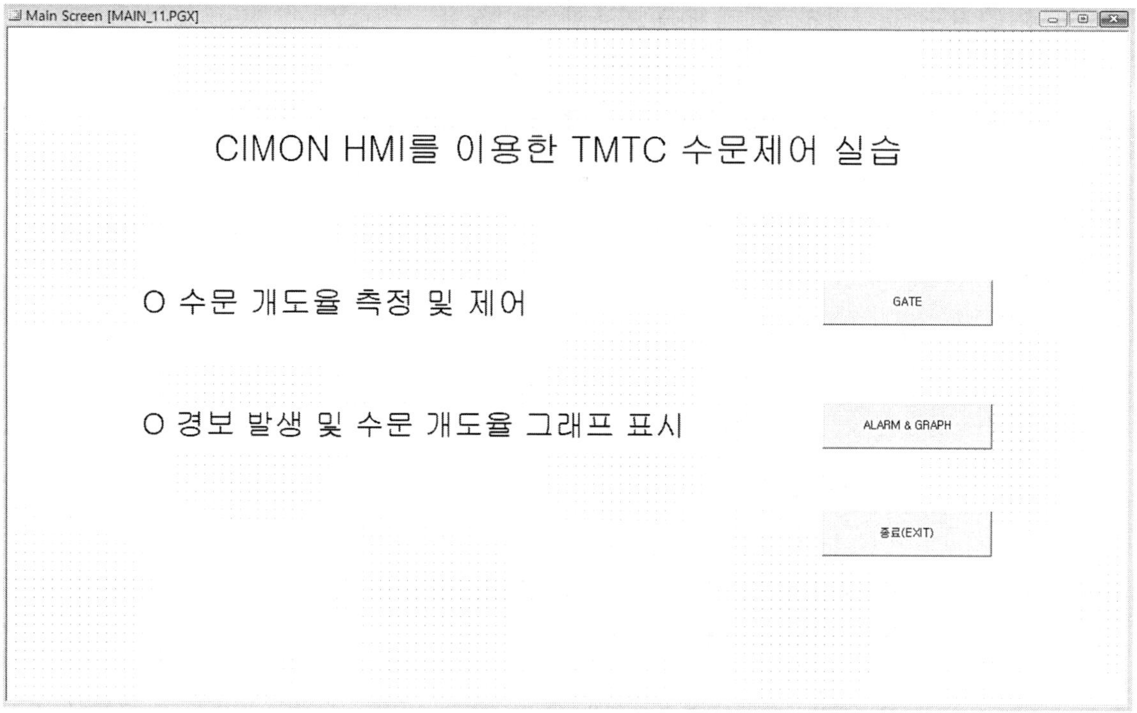

㉯ 수문 개도율 측정 및 제어(GATE_11.PGX)의 작화 - 메인화면 이동 및 종료 버튼

- 도구상자/기본/문자/ "수문 개도율 측정 및 제어"
- 도구상자/기본/문자/ "O 수문 상승"
  도구상자/고급/버튼/제목/PB_UP
  동작정의/동작/순간값쓰기/태그이름/PB_UP
  쓰기값/Down → 1 Up → 0
- 도구상자/기본/문자/ "O 수문 하강"
  도구상자/고급/버튼/제목/PB_DOWN
  동작정의/동작/순간값쓰기/태그이름/PB_DOWN
  쓰기값/Down → 1 Up → 0
- 도구상자/기본/문자/ "O 수문 정지"
  도구상자/고급/버튼/제목/PB_STOP
  동작정의/동작/순간값쓰기/태그이름/PB_STOP
  쓰기값/Down → 1 Up → 0
- 도구상자/기본/문자/ "O 수문제어 목표 개폐율(%)"
  도구상자/고급/태그값/태그이름/GATE_TARGET_RATE
  화면표시방법/####

태그 더블 클릭/그림설정/데이터 입력 버튼 클릭/동작정의/동작/수치형태
수치 데이터입력/태그이름 : GATE_TARGET_RATE, 입력최소값 : 0, 입력최대값 : 100

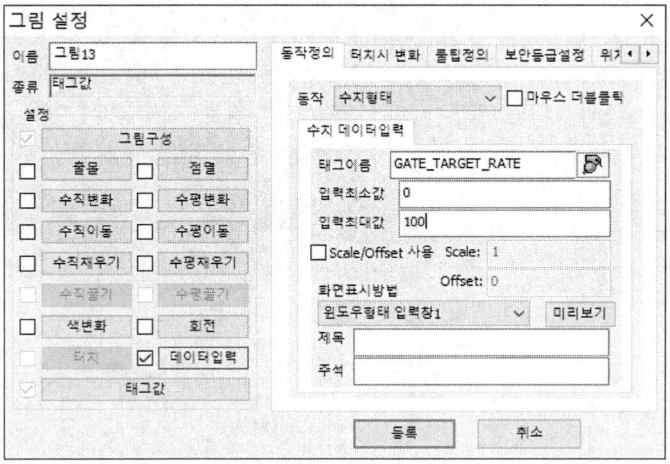

- 도구상자/기본/문자/ "O 수문제어 현재 개폐율(%)"
  도구상자/고급/태그값/태그이름/GATE_CURRENT_RATE
  화면표시방법/####
- 도구상자/고급/버튼/제목/MAIN
  동작정의/동작/페이지열기/페이지이름/MAIN_11
- 도구상자/고급/버튼/제목/종료(EXIT)
  동작정의/동작/명령식/명령식 Down/exit()

(참고사항) 그래픽 이미지 라이브러리 또는 도형 등과 실태그를 이용한 수문의 동적 표현

- 도구상자/기본/사각형 선택 및 그리기/더블클릭/그림설정/그림구성/선채우기/배경색 선택 수직변화/태그이름/GATE_CURRENT_RATE/수직변화:최소값0 최대값100, 변화기준설정:아래

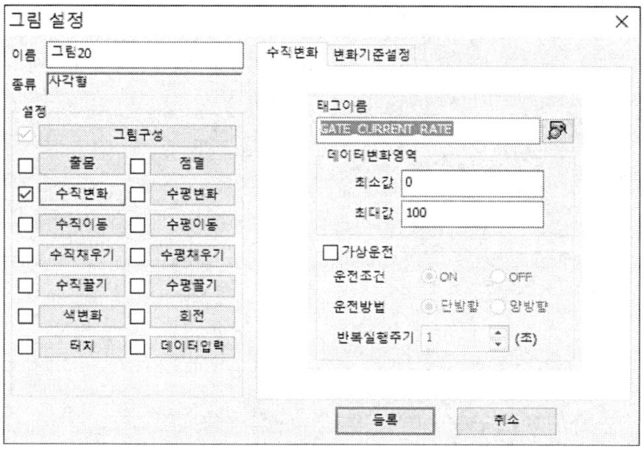

㉰ 경보 발생 및 수문 개도율 그래프 표시 실습(ALARM_GRAPH_11.PGX)의 작화 - 메인 화면 이동 및 종료 버튼

· 도구상자/기본/문자/ "경보 발생 및 수문 개도율 그래프 표시"

· 도구상자/기본/문자/ "경보 1 검출 표시용 램프"
도구상자/고급/스위치_램프/램프설정 탭/
√램프기능사용, 램프종류 : 비트램프, 태그 1 : ALM_1
모양선택/상태0/열기/라이브러리/리스트 박스 클릭 및 스크롤/원형램프/Sky Color(No.2) 램프 선택
모양선택/상태1/열기/라이브러리/리스트 박스 클릭 및 스크롤/원형램프/Red Color (No.26) 램프 선택

· 도구상자/기본/문자/ "경보 2 검출 표시용 램프"
도구상자/고급/스위치_램프/램프설정 탭/
√램프기능사용, 램프종류 : 비트램프, 태그 1 : ALM_2
모양선택/상태0/열기/라이브러리/리스트 박스 클릭 및 스크롤/원형램프/Sky Color(No.2) 램프 선택
모양선택/상태1/열기/라이브러리/리스트 박스 클릭 및 스크롤/원형램프/Red Color (No.26) 램프 선택

· 도구상자/기본/문자/ "경보 발생 표시용 수문제어 현재 개폐율(%)- ADC CH0"
도구상자/고급/태그값 아이콘 클릭 및 화면 위치 지정
태그 이름 : GATE_CURRENT_RATE
화면표시방법 : ####

· 도구상자/고급/경보요약 아이콘 클릭 및 등록
클릭 및 드래그하여서 화면 표시 크기 및 위치 조정
경보요약 화면 더블클릭/표시형태 탭/출력되는 항목: "시각, 태그이름, 태그값, 경보상태", 경보주석 추가 >>/등록

· 도구상자/고급/트렌드 아이콘 클릭
Trend 설정/
이름: Gate Current Rate Trend Display
최대 감시 시간 : 2분, 데이터 수집 주기 : 1초
Trend 종류 : YT
펜설정/태그이름 : GATE_CURRENT_RATE 펜색 : 갈색

Y축 데이터표시 : √왼쪽값 표시

X축 데이터표시 : √아래시간 표시

· 도구상자/고급/버튼/제목/MAIN

동작정의/동작/페이지 열기/페이지 이름/MAIN_11

· 도구상자/고급/버튼/제목/종료(EXIT)

동작정의/동작/명령식/명령식 Down/exit()

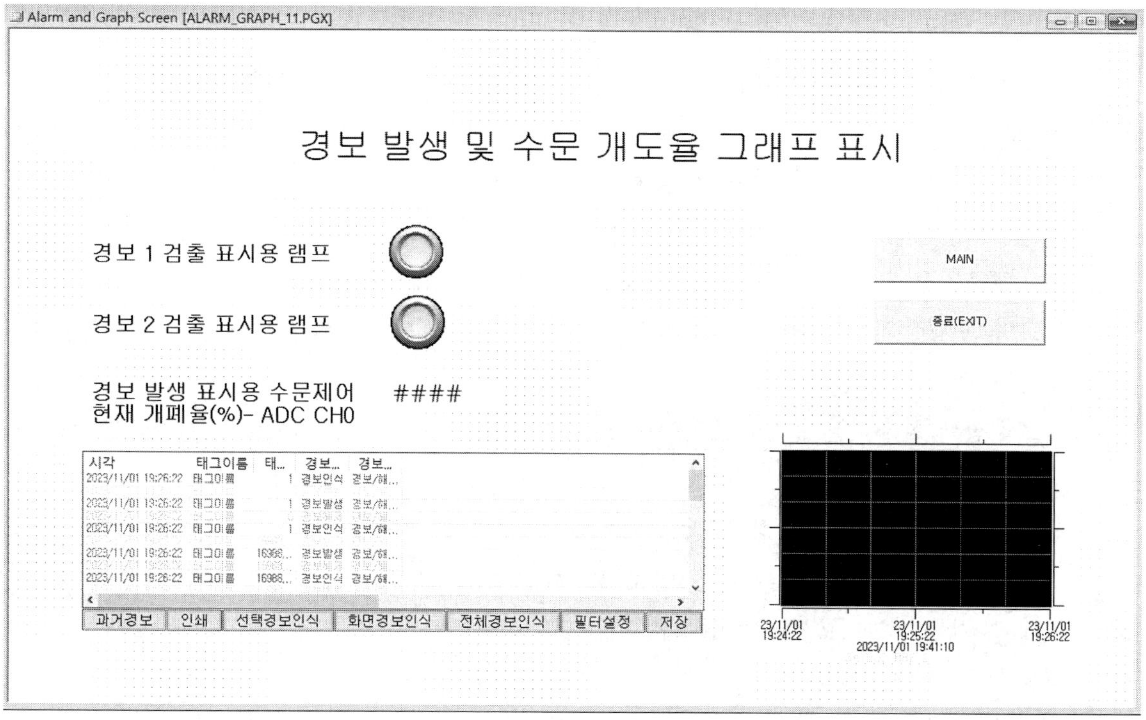

(스텝 5) CIMON HMI 프로그램의 실행

메뉴/도구/CimonX 환경설정/윈도우 형태/초기화면 : 화면 번호 선택(PAGE 1.PGX)

메뉴/도구/CimonX 실행 또는 CimonX 아이콘 클릭

(스텝 6) XG5000 PLC LD 프로그램의 다운로딩 및 실행

(스텝 7) 결과 분석 및 보고서 작성

(평가문제) “9.7.3 CIMON HMI 및 XGK PLC를 이용한 TMTC 수문제어 실습“ 편에서 수문 개폐에 따른 아날로그 입력 및 디지털 변환의 예를 다음과 같이 가정하여 PLC LD 및 CIMON HMI 프로그램을 작성한다.

수문 개폐 상태	개폐율 (%)	개도계 센서 출력-아날로그 입력 측정값 (V)	디지털 변환 값	PLC LD에서 개폐율(%) 환산을 위한 변환 식
최고점 Close	100	8	6,400	Y(%) = aX+b X : 디지털 변환 값, Y(%) : 개폐율 환산 값 100=6400a+b, 0=1600a+b a=1/48, b=-100/3 Y = (1/48) * X-(100/3)
1/2	50	5	4,000	
최저점 Open	0	2	1,600	

※ PLC LD에서 DIV, SUB 산술함수를 이용하여 개폐율(%)을 구함.

본 실습장비의 아날로그 입력 채널 0에 연결된 0~10V 가변 저항 VR1을 개도계 센서인 포텐셔미터로 보고 ADC를 이용하여 현재의 수문 개폐율(%)을 측정한다..

동작 결과를 분석하고, 실습보고서를 작성하시오.

9.8 CIMON HMI 및 XGB PLC를 이용한 TMTC 수문제어 실습-프로젝트 작품

9.8.1 XGB PLC의 종류 및 성능 규격

CIMON HMI를 이용한 TMTC 수문제어의 PLC 기종으로서 앞에서는 XGK 및 아날로그 입출력 혼합형 모듈 XGF-AH6A를 중심으로 설명하였고, 여기에서는 프로젝트 실습의 작품 제작을 위해서 소형 XBC-DR20SU/XGB PLC 및 아날로그 입출력 혼합형 모듈 XBF-AH04A를 사용할 경우에 대하여 설명을 한다.

소규모 제어장치인 XBC-XGB PLC의 CPU는 LS PLC 전용 MK 언어를 지원하고, 데이터 영역의 입출력 접점, 타이머 및 카운터 접점수가 소용량으로서 블럭형으로 설계되어 있으며, 구성도는 그림 9.3과 같다.

XBC-XGB는 경제형(E), 표준형(SU), 고급형(H)으로 구분이 되고, 주요 성능 규격은 표 9.8~표 9.15와 같다.

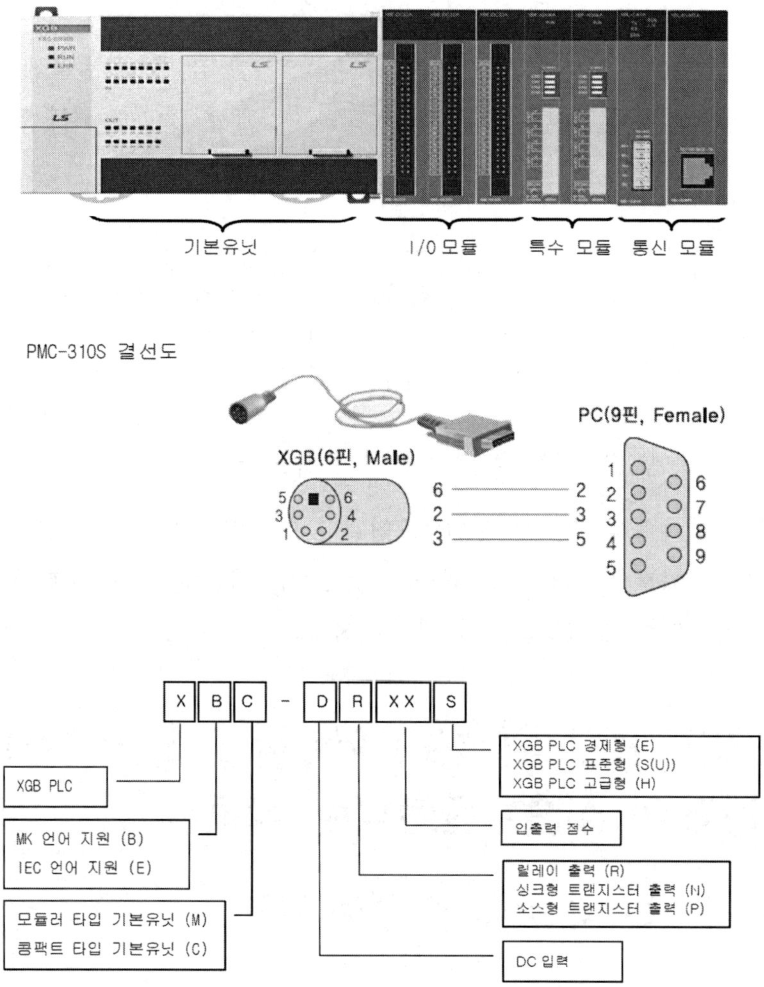

그림 9.3 XBC-XGB PLC 기본 유닛 및 확장도

표 9.8 XBC-XGB PLC의 종류 및 성능

항 목			내 용
입출력 구성 점수			• XBC-DxxxS(U) (" S(U)" 타입) : 20 ~ 284 점
			• XBC-DxxxE (" E" 타입) : 10 ~ 38 점
증설 모듈 접속 가능 대수		디지털 입출력모듈	• " S(U)" 타입: 최대 7 대
		특수 모듈	• " S(U)" 타입: 최대 7 대
		통신 모듈	• " S(U)" 타입: 최대 2 대
		옵션 모듈	• " S(U)" 타입: 최대 2 대
			• " E" 타입: 최대 2 대 (10/14 점의 경우 1 개 장착 가능)
구성 제품	기본 유닛	"S" 타입	• XBC-DR20/30/40/60SU • XBC-DN20/30S • XBC-DN20/30/40/60SU • XBC-DP20/30/40/60SU
		"E" 타입	• XBC-DR10/14/20/30E • XBC-DN10/14/20/30E • XBC-DP10/14/20/30E
	증설 모듈	디지털 입출력 모듈	• XBE-DC08A/B/16/32A • XBE-TN08/16/32A • XBE-RY08A/B/16A • XBE-TP08/16/32A • XBE-DR16A
		특수 모듈	• XBF-AD04A • XBF-DV04A • XBF-DC04A • XBF-AH04A • XBF-RD04A • XBF-TC04S • XBF-AD08A • XBF-PD02A • XBF-HO02A • XBF-HD02A • XBF-AD04C • XBF-DV04C • XBF-DC04C
		통신모듈	• XBL-C41A • XBL-C21A • XBL-EMTA • XBL-EIPT • XBL-EIMT/F/H • XBL-CMEA • XBL-CSEA
	옵션 모듈	디지털 입출력 모듈	• XBO-DC04A(고속카운터는 " S(U)" 타입에서만 지원) • XBO-TN04A(위치결정(10kpps)은 " S(U)" 타입 9 슬롯에서만 지원)
		특수 모듈	• XBO-AD02A • XBO-DA02A • XBO-AH02A • XBO-RD01A • XBO-TC02A
		RTC 모듈	• XBO-RTCA(9 슬롯에만 장착가능)
		메모리 모듈	• XBO-M2MB

표 9.9 XBC-XGB 경제형(E)의 각 부 명칭 및 주요 기능

"E" 타입

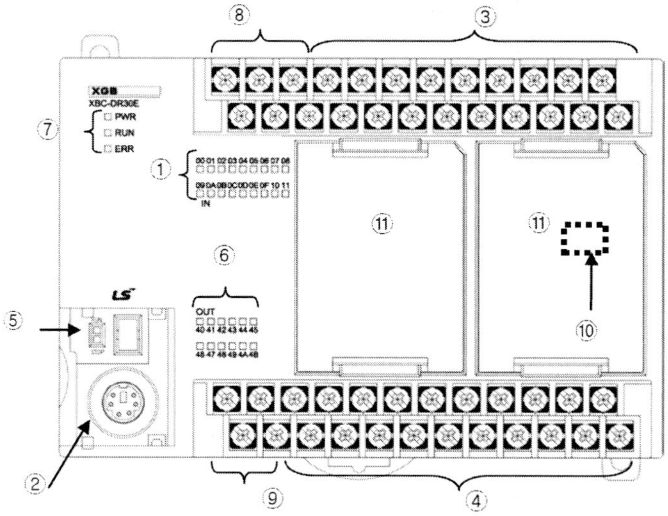

No	명 칭	용 도
①	입력 표시용 LED	■ 입력 접점의 On/Off 상태를 표시합니다.
②	PADT 접속용 커넥터	■ XG5000과 접속하기 위한 커넥터 • RS-232C 1채널
③	입력 단자대	■ 실제 입력신호를 입력받는 단자대
④	출력 단자대	■ 실제 출력신호를 출력하는 단자대
⑤	RUN/STOP 모드스위치	■ 기본 유닛의 운전모드를 설정합니다. • STOP → RUN : 프로그램의 연산 실행. • RUN → STOP : 프로그램의 연산 정지. (STOP인 경우 리모트 모드변경 가능)
⑥	출력 표시용 LED	■ 출력 접점의 On/Off 상태를 표시합니다
⑦	상태 표시 LED	■ 기본 유닛의 동작 상태를 나타냅니다 • PWR(적색점등) : 전원이 공급되고 있음을 표시. • RUN(녹색점등) : RUN 모드로 운전 중을 표시. • ERR(적색점멸) : PLC 운전 중 에러 발생을 표시.
⑧	내장 통신 접속 단자대	■ 내장 RS-232C/485 통신 접속용 단자대
⑨	전원 단자대	■ 전원 공급용 단자대 (AC 100 ~ 240V)
⑩	O/S 모드 딥스위치	■ 동작 또는 O/S 다운로드 모드 설정용 딥 스위치 • On: 부트(BOOT) 모드로 O/S 다운로드 가능 • Off: 사용자 모드로 PADT를 이용하여 프로그램 다운로드 가능
⑪	옵션 보드 홀더	■ 옵션 보드 장착용

표 9.10 XBC-XGB 표준형(SU)의 각 부 명칭 및 주요 기능

"SU" 타입

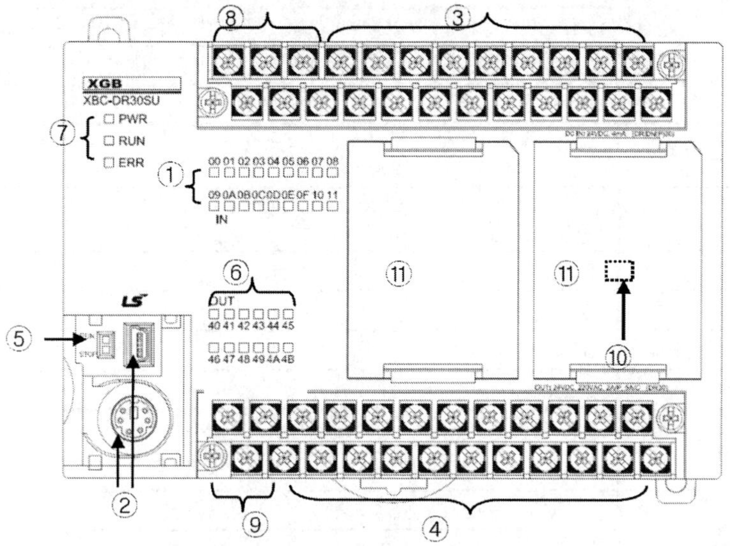

No	명 칭	용 도
①	입력 표시용 LED	■ 입력 접점의 On/Off 상태를 표시합니다.
②	PADT 접속용 커넥터	■ XG5000 과 접속하기 위한 커넥터 • RS-232C 1 채널, USB 1 채널
③	입력 단자대	■ 실제 입력신호를 입력받는 단자대
④	출력 단자대	■ 실제 출력신호를 출력하는 단자대
⑤	RUN/STOP 모드스위치	■ 기본 유닛의 운전모드를 설정합니다. • STOP → RUN : 프로그램의 연산 실행. • RUN → STOP : 프로그램의 연산 정지. (STOP 인 경우 리모트 모드변경 가능)
⑥	출력 표시용 LED	■ 출력 접점의 On/Off 상태를 표시합니다
⑦	상태 표시 LED	■ 기본 유닛의 동작 상태를 나타냅니다 • PWR(적색점등) : 전원이 공급되고 있음을 표시. • RUN(녹색점등) : RUN 모드로 운전 중을 표시. • ERR(적색점멸) : PLC 운전 중 에러 발생을 표시.
⑧	내장 통신 접속 단자대	■ 내장 RS-232C/485 통신 접속용 단자대
⑨	전원 단자대	■ 전원 공급용 단자대 (AC 100 ~ 240V)
⑩	O/S 모드 딥스위치	■ 동작 또는 O/S 다운로드 모드 설정용 딥 스위치 • On: 부트(BOOT) 모드로 O/S 다운로드 가능 • Off: 사용자 모드로 PADT 를 이용하여 프로그램 다운로드 가능
⑪	옵션 보드 홀더	■ 옵션 보드 장착용

표 9.11 XBC-XGB 경제형(E)의 주요 성능 규격

<table>
<tr><th colspan="2" rowspan="4">항 목</th><th colspan="4">규 격 ("E" 타입)</th><th rowspan="4">비고</th></tr>
<tr><th>XBC-DR10E</th><th>XBC-DR14E</th><th>XBC-DR20E</th><th>XBC-DR30E</th></tr>
<tr><th>XBC-DN10E</th><th>XBC-DN14E</th><th>XBC-DN20E</th><th>XBC-DN30E</th></tr>
<tr><th>XBC-DP10E</th><th>XBC-DP14E</th><th>XBC-DP20E</th><th>XBC-DP30E</th></tr>
<tr><td colspan="2">연산 방식</td><td colspan="4">반복 연산, 정주기 연산, 인터럽트 연산, 고정주기 스캔</td><td></td></tr>
<tr><td colspan="2">입출력 제어 방식</td><td colspan="4">스캔 동기 일괄처리 방식 (리프레시 방식),
명령어에 의한 다이렉트 방식</td><td></td></tr>
<tr><td colspan="2">프로그램 언어</td><td colspan="4">래더 다이어그램 (Ladder Diagram)
명령 리스트 (Instruction List)</td><td></td></tr>
<tr><td rowspan="2">명령어 수</td><td>기본 명령</td><td colspan="4">28 종</td><td></td></tr>
<tr><td>응용 명령</td><td colspan="4">677 종</td><td></td></tr>
<tr><td colspan="2">연산 속도(기본 명령)</td><td colspan="4">0.24 ㎲/step</td><td></td></tr>
<tr><td colspan="2">프로그램 메모리 용량</td><td colspan="4">4kstep</td><td></td></tr>
<tr><td colspan="2">최대 입출력 점수</td><td>14 점
(기본 +옵션 1 단)</td><td>18 점
(기본 +옵션 1 단)</td><td>28 점
(기본 +옵션 2 단)</td><td>38 점
(기본 +옵션 2 단)</td><td></td></tr>
<tr><td rowspan="11">데이터 영역</td><td>P</td><td colspan="4">P0000 ~ P127F (2,048 점)</td><td></td></tr>
<tr><td>M</td><td colspan="4">M0000 ~ M255F (4,096 점)</td><td></td></tr>
<tr><td>K</td><td colspan="4">K00000 ~ K2559F(특수 영역 : K2600~2559F) (40,960 점)</td><td></td></tr>
<tr><td>L</td><td colspan="4">L00000 ~ L1279F (20,480 점)</td><td></td></tr>
<tr><td>F</td><td colspan="4">F000 ~ F255F (4,096 점)</td><td></td></tr>
<tr><td>T</td><td colspan="4">100ms, 10ms, 1ms : T000 ~ T255 (256 점)
(파라미터 설정에 의해 영역 변경이 가능함)</td><td></td></tr>
<tr><td>C</td><td colspan="4">C000 ~ C255 (256 점)</td><td></td></tr>
<tr><td>S</td><td colspan="4">S00.00 ~ S127.99</td><td></td></tr>
<tr><td>D</td><td colspan="4">D0000 ~ D5119 (5120 워드)</td><td>워드</td></tr>
<tr><td>U</td><td colspan="4">U00.00 ~ U0A.31 (256 워드, 아날로그 데이터 리프레시 영역)</td><td>워드</td></tr>
<tr><td>Z</td><td colspan="4">Z000~Z127 (128 워드)</td><td>워드</td></tr>
<tr><td colspan="2">총 프로그램 수</td><td colspan="4">128 개</td><td></td></tr>
<tr><td colspan="2">초기화 태스크</td><td colspan="4">1 개</td><td></td></tr>
<tr><td colspan="2">정주기 태스크</td><td colspan="4">최대 8 개</td><td></td></tr>
<tr><td colspan="2">외부 접점 태스크</td><td colspan="4">최대 4 개</td><td></td></tr>
<tr><td colspan="2">내부 디바이스 태스크</td><td colspan="4">최대 8 개</td><td></td></tr>
<tr><td colspan="2">운전 모드</td><td colspan="4">RUN, STOP</td><td></td></tr>
<tr><td colspan="2">자기 진단 기능</td><td colspan="4">연산 지연 감시, 메모리 이상, 입출력 이상</td><td></td></tr>
<tr><td colspan="2">프로그램 포트</td><td colspan="4">RS-232C(Loader)</td><td></td></tr>
<tr><td colspan="2">정전 시 데이터 보존방법</td><td colspan="4">기본 파라미터에서 래치 영역 설정</td><td></td></tr>
</table>

표 9.12 XBC-XGB 표준형(SU)의 주요 성능 규격

항 목		규 격("SU" 타입)				비 고
		XBC-DR20SU	XBC-DR30SU	XBC-DR40SU	XBC-DR60SU	
		XBC-DN20SU	XBC-DN30SU	XBC-DN40SU	XBC-DN60SU	
		XBC-DP20SU	XBC-DP30SU	XBC-DP40SU	XBC-DP60SU	
연산 방식		반복 연산, 정주기 연산, 인터럽트 연산, 고정주기 스캔				
입출력 제어 방식		스캔 동기 일괄처리 방식 (리프레시 방식), 명령어에 의한 다이렉트 방식				
프로그램 언어		래더 다이어그램 (Ladder Diagram) 명령 리스트 (Instruction List)				
명령어 수	기본 명령	28 종				
	응용 명령	687 종				
연산 속도(기본 명령)		94 ㎱/step				
프로그램 메모리 용량		15kstep				
최대 입출력 점수		244 점 (기본+증설 7 단)	254 점 (기본+증설 7 단)	264 점 (기본+증설 7 단)	284 점 (기본+증설 7 단)	
데이터 영역	P	P0000 ~ P1023F (16,384 점)				
	M	M0000 ~ M1023F (16,384 점)				
	K	K0000 ~ K4095F (65,536 점)				
	L	L0000 ~ L2047F (32,768 점)				
	F	F0000 ~ F1023F (16,384 점)				
	T	100 ㎳, 10 ㎳, 1 ㎳: T0000 – T1023 (1,024 점) (파라미터 설정에 의해 영역 변경이 가능함)				
	C	C0000 ~ C1023 (1,024 점)				
	S	S00.00 ~ S127.99				
	D	D0000 ~ D10239 (10,240 워드)				워드
	U	U0.0 ~ U0A.31 (352 워드, 아날로그 데이터 리프레시 영역)				워드
	Z	Z000~Z127 (128 워드)				워드
	R	R0000~R10239(10,240 워드)				워드
총 프로그램 수		128 개				
초기화 태스크		1 개				
정주기 태스크		최대 8 개				
외부 접점 태스크		최대 8 개				
내부 디바이스 태스크		최대 8 개				
운전 모드		RUN, STOP, DEBUG				
자기 진단 기능		연산 지연 감시, 메모리 이상, 입출력 이상				
프로그램 포트		RS-232C 1 채널, USB 1 채널 지원				
정전시데이터 보존방법		기본 파라미터에서 래치 영역 설정				
내부 소비 전류		478 mA	626 mA	684 mA	942 mA	
		252 mA	310 mA	288 mA	340 mA	
		305 mA	352 mA	355 mA	394 mA	
중 량		514g	528g	594g	804g	
		475g	476g	578g	636g	
		442g	446g	544g	717g	

표 9.13 XBC-XGB 경제형(E) 및 표준형(SU)의 특수 기능

항 목			규 격		비 고
			"E" 타입	"S(U)" 타입	
내장 기능	PID 제어기능		명령어에 의한 제어, 오토 튜닝, PWM 출력 기능 강제 출력, 연산 스캔시간 설정, Anti Windup Delta MV 기능, SV-Ramp 기능		"S(U)"타입만 지원함
	Cnet I/F 기능		전용 프로토콜 지원 모드버스 프로토콜 지원 사용자 정의 프로토콜 지원		
			RS-232C 1 포트, RS-485 1 포트 중 파라미터에 의해 1 포트 선택	RS-232C 1 포트, RS-485 1 포트 각각 지원	
	고속카운터기능	성 능	1 상 : 4 ㎑ 4 채널 2 상 : 2 ㎑ 2 채널	1 상 : 100 ㎑ 2 채널, 20 ㎑ 6 채널 2 상 : 50 ㎑ 1 채널, 8 ㎑ 3 채널	
		카운터 모드	입력 펄스와 가·감산 방식에 따라 4 가지의 카운터 모드 지원 • 1 상 펄스 입력 시 가·감산 카운터 • 1 상 펄스 입력 시 B 상 입력에 의한 가·감산 카운터 • 2 상 펄스 입력 시 가·감산 펄스 입력 카운터		
			• 2 상 펄스 입력 시 상승 펄스 위상차에 의한 가·감산 카운터	• 2 상 펄스 입력시 상승/하강펄스 위상차에 의한 가·감산카운터	
		부가 기능	• 내부/외부 프리셋 기능 • 래치 카운터 기능 • 비교 출력 기능 • 단위시간당 회전수 기능		
	위치결정 기능	기본 기능	제어축수 : 2 축 제어방식 : 위치/속도제어 제어단위 : 펄스 위치 결정 데이터 :각 축마다 80 개 데이터 선택 (운전 스텝 번호:1 ~ 80) 운전 모드 : 종료, 계속, 연속운전 운전 방식 : 단독, 반복운전		"S(U)" 타입 TR 출력 타입만 지원
		위치 결정	위치 결정 방식 : 엡설루트(Absolute) 방식 / 인크리멘털(Incremental)방식 위치 어드레스 범위 : -2,147,483,648 ~ 2,147,483,647 속도 : 최대 100kpps(설정 속도 범위: 1 ~ 100,000pps) 가/감속 처리 (운전 패턴 : 사다리꼴 방식)		
		원점 복귀 방법	근사 원점 신호(Off)와 원점 신호에 의한 방법 근사 원점 신호(On)와 원점 신호에 의한 방법 근사 원점 신호에 의한 방법		
		조그 운전	설정 속도 범위: 1 ~ 100,000pps(고속/저속)		
		부가 기능	인칭운전, 속도동기운전, 위치동기운전, 직선보간운전 등		
	펄스 캐치		50 ㎲ 4 점(P0000 ~ P0003)	10 ㎲ 2 점(P0000~P0001), 50 ㎲ 6 점 (P0002 ~ P0007)	
	외부접점 인터럽트		4 점 : 50 ㎲ (P0000 ~ P0003)	10 ㎲ 2 점(P0000~P0001), 50 ㎲ 6 점 (P0002 ~ P0007)	
	입력 필터		1,3,5,10,20,70,100 ㎳중 선택(모듈별 선택 가능)		

표 9.14 XBC-DR20SU/DN20SU/DP20SU 12점 DC24V 입력부(소스/싱크 타입)

규격 \ 형 명		기본 유닛		
		XBC-DR20SU	XBC-DN20SU	XBC-DP20SU
입력 점수		12 점		
절연 방식		포토 커플러 절연		
정격 입력 전압		DC24V		
정격 입력 전류		약 4 mA (접점 0~1: 약 16 mA, 접점 2~7: 약 10 mA,)		
사용 전압 범위		DC20.4~28.8V (리플률 5% 이내)		
On 전압 / On 전류		DC19V 이상 / 3 mA 이상		
Off 전압 / Off 전류		DC6V 이하 / 1 mA 이하		
입력 저항		약 5.6 kΩ (P00~P01: 약 1.5 kΩ, P02~P07: 약 2.7 kΩ)		
응답 시간	Off → On On → Off	1/3/5/10/20/70/100 ms (I/O 파라미터로 설정) 초기값: 3 ms		
절연 내압		AC560Vrms / 3 사이클 (표고 2000m)		
절연 저항		절연 저항계로 10 MΩ 이상		
코먼 방식		12 점 / COM		
적합 전선 사이즈		0.3 ㎟		
동작 표시		입력 On 시 LED 점등		
외부 접속 방식		24 점 단자대 커넥터 (M3 X 6 나사)		
중량		514g	475g	475g

회로 구성

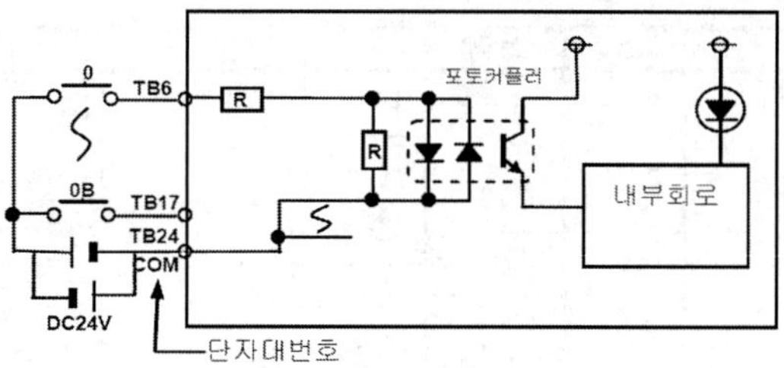

No.	접점	No.	접점
		TB1	RX
TB2	485+	TB3	TX
TB4	485-	TB5	SG
TB6	00	TB7	01
TB8	02	TB9	03
TB10	04	TB11	05
TB12	06	TB13	07
TB14	08	TB15	09
TB16	0A	TB17	0B
TB18	NC	TB19	NC
TB20	NC	TB21	NC
TB22	NC	TB23	NC
TB24	COM		

형 태

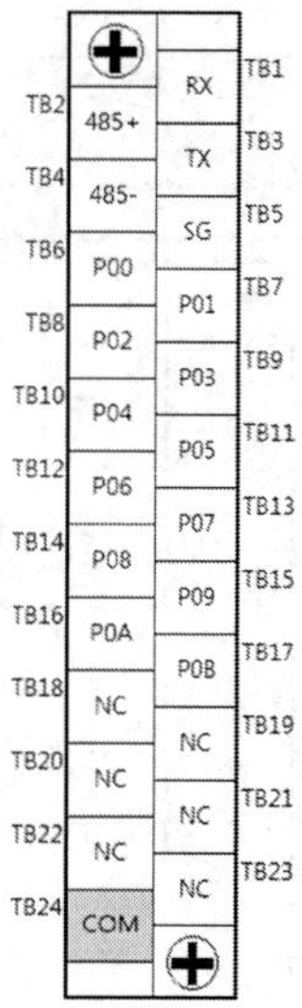

표 9.15 XBC-DR20SU 8점 릴레이 출력부

형 명 / 규 격		기본 유닛 XBC-DR20SU
출력 점수		8 점
절연 방식		릴레이 절연
정격 부하 전압 / 전류		DC24V 2A (저항부하) / AC220V 2A (COSΦ = 1), 5A/COM
최소 부하 전압 / 전류		DC5V / 1 mA
최대 부하 전압		AC250V, DC125V
Off 시 누설전류		0.1 mA (AC220V, 60 Hz)
최대 개폐 빈도		3,600 회 / 시간
서지 킬러		없음
수 명	기 계 적	2,000 만회 이상
	전 기 적	정격 부하 전압 / 전류 10 만회 이상
		AC200V / 1.5A, AC240V / 1A (COSΦ = 0.7) 10 만회 이상
		AC200V / 1A, AC240V / 0.5A (COSΦ = 0.35) 10 만회 이상
		DC24V / 1A, DC100V / 0.1A (L / R = 7 ms) 10 만회 이상
응답시간	Off → On	10 ms 이하
	On → Off	12 ms 이하
코먼 방식		4 점 / COM (P40,P41: 1 점/COM),(P42 P43: 2 점/COM)
적합 전선 사이즈		연선 0.3~0.75 ㎟ (외경 2.8 mm 이하)
동작 표시		출력 On 시 LED 점등
외부 접속 방식		42 점 단자대 커넥터 (M3 X 6 나사)
중량		514g

회 로 구 성

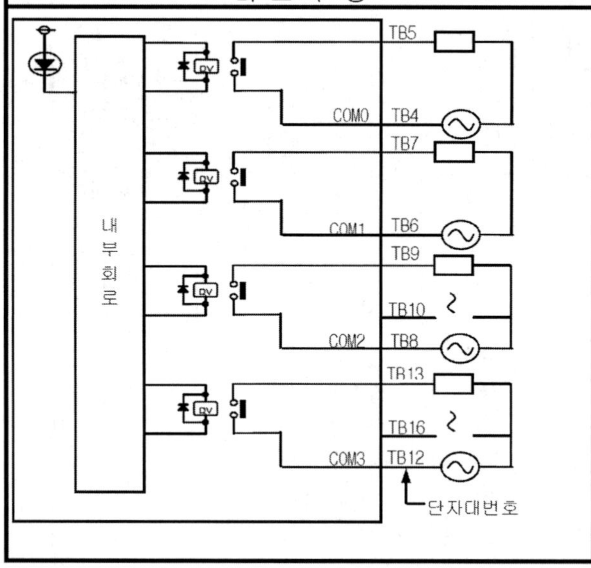

No.	접점	No.	접점
		TB1	AC100 ~240V
TB2	PE	TB3	
TB4	COM0	TB5	40
TB6	COM1	TB7	41
TB8	COM2	TB9	42
TB10	43	TB11	NC
TB12	COM3	TB13	44
TB14	45	TB15	46
TB16	47	TB17	NC
TB18	NC	TB19	NC
TB20	NC	TB21	NC
TB22	NC	TB23	24V
TB24	24G		

형 태

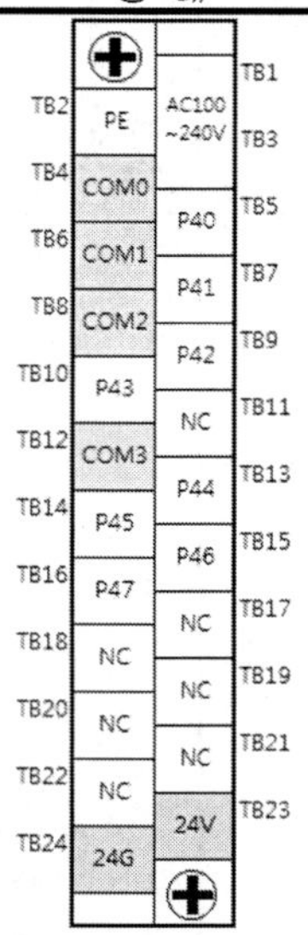

표 9.16, 표 9.17 및 그림 9.4, 그림 9.5에는 XBC "E" 타입 및 "SU" 타입 데이터 메모리의 비트 데이터 영역과 워드 데이터 영역의 크기와 주소가 나타나 있다.

표 9.16 XBC "E" 타입 및 "SU" 타입 데이터 메모리의 비트 데이터 영역의 크기와 주소

디바이스 별 영역 표시		디바이스 특징	용 도
"E" 타입	"S(U)" 타입		
P0000 ~ P127f	P0000 ~ P1023f	입출력 접점 "P"	입출력 접점의 상태를 저장하는 이미지 영역 입니다. 입력 모듈의 상태를 읽어 해당 대응되는 P 영역에 저장하고 연산 결과가 저장된 P 영역 데이터를 출력 모듈로 저장합니다
M0000 ~ M255f	M0000 ~ M1023f	내부 접점 "M"	프로그램에서 비트 데이터를 저장할 수 있도록 제공되는 내부 메모리 입니다.
L0000 ~ L1279f	L0000 ~ L2047f	통신 접점 "L"	통신 모듈의 고속링크/P2P 서비스 상태정보를 표시하는 디바이스 입니다.
K00000 ~ K2559f	K00000 ~ K4095f	정전 유지 접점 "K"	정전 시 데이터를 유지하는 디바이스 영역으로 별도로 정전 유지 파라미터를 설정하지 않고 사용할 수 있습니다. (특수 영역(K2600~2559F) 으로 쓰기 사용시는 주의하여 주십시오. 내장기능이 정상적으로 동작하지 않게 됩니다.)
F0000 ~ F255f	F0000 ~ F1023f	특수 접점 "F"	시스템 플래그 영역으로 PLC 에서 시스템 운영에 필요한 플래그를 관리하는 영역입니다.
T0000 ~ T255	T0000 ~ T1023	타이머 접점 "T"	타이머 접점/현재값/설정값의 상태를 저장하는 영역입니다.
C0000 ~ C255	C0000 ~ C1023	카운터 접점 "C"	카운터 접점/현재값/설정값의 상태를 저장하는 영역입니다.
S00.00 ~ S127.99	S00.00 ~ S127.99	스텝 컨트롤러 "S"	스텝 제어용 릴레이 입니다.

표 9.17 XBC "E" 타입 및 "SU" 타입 데이터 메모리의 워드 데이터 영역의 크기와 주소

디바이스 별 영역 표시		디바이스 특징	용 도
"E" 타입	"S(U)" 타입		
D0000 ~ D5119	D0000 ~ D10239	데이터 레지스터 "D"	내부 데이터를 보관하는 영역. 비트 표현 가능.(D0000.0)
U00.00 ~ U0A.31	U00.00 ~ U0A.31	아날로그 데이터 레지스터 "U"	슬롯에 장착된 특수모듈로부터 데이터를 읽어오는데 사용되는 레지스터.(비트 표현 가능)
Z000 ~ Z127	Z000 ~ Z127	인덱스 레지스터 "Z"	인덱스 기능 사용을 위한 전용 디바이스 비트 표현 불가능
T0000 ~ T255	T0000 ~ T1023	타이머 현재치 레지스터 "T"	타이머의 현재값을 나타내는 영역
C0000 ~ C255	C0000 ~ C1023	카운터 현재치 레지스터 "C"	카운터의 현재값을 나타내는 영역
-	R0000 ~ R10239	파일 레지스터 "R"	파일 저장용 레지스터 비트 표현 가능.(F0000.0)

그림 9.4 XBC ' E " 타입 데이터 메모리의 비트 데이터 영역과 워드 데이터 영역의 크기와 주소

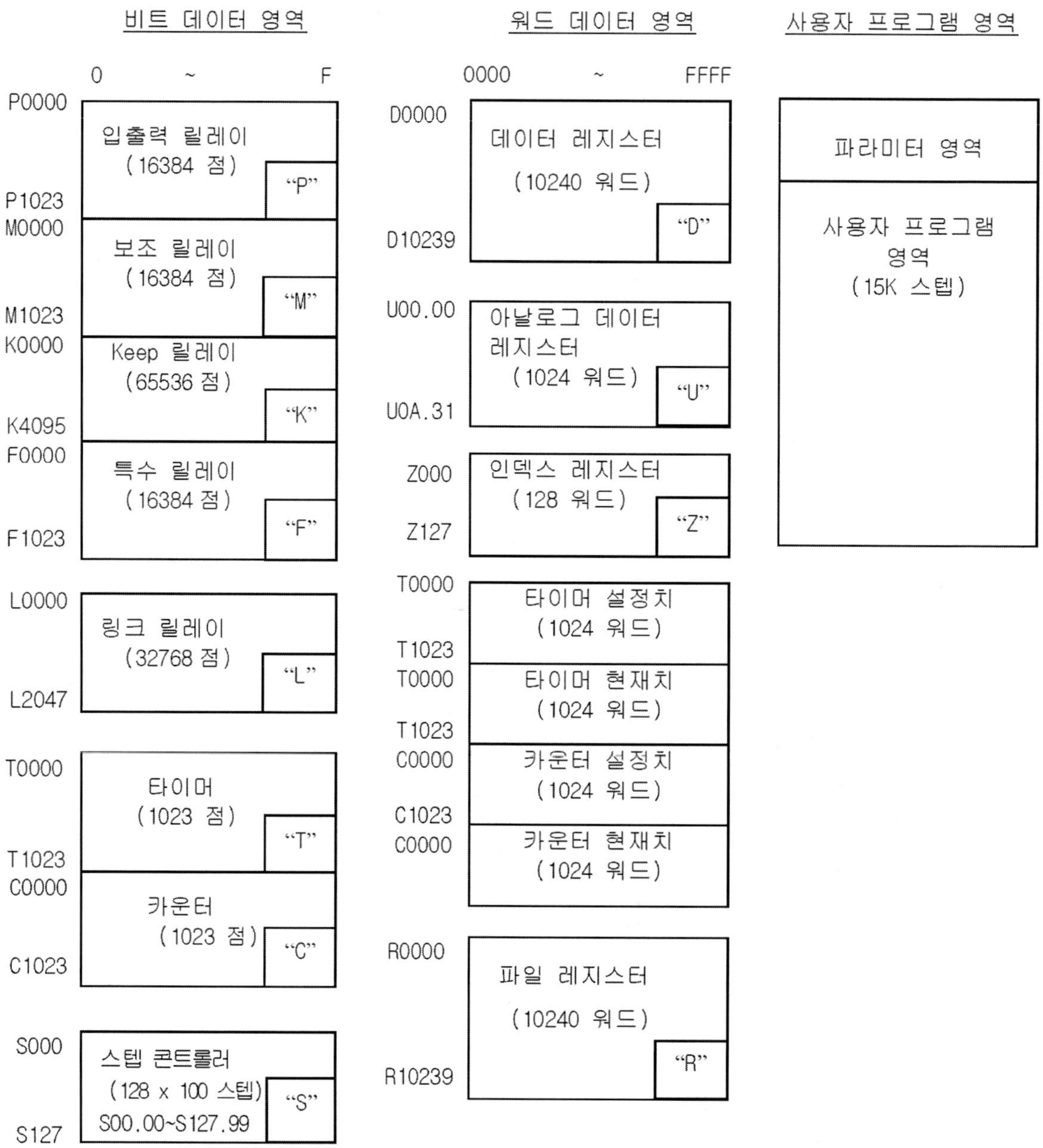

그림 9.5 XBC ' SU " 타입 데이터 메모리의 비트 데이터 영역과 워드 데이터 영역 크기와 주소

XBC-XGB PLC의 특수 모듈인 입출력 모듈 종류가 그림 9.6에 나타나 있다.

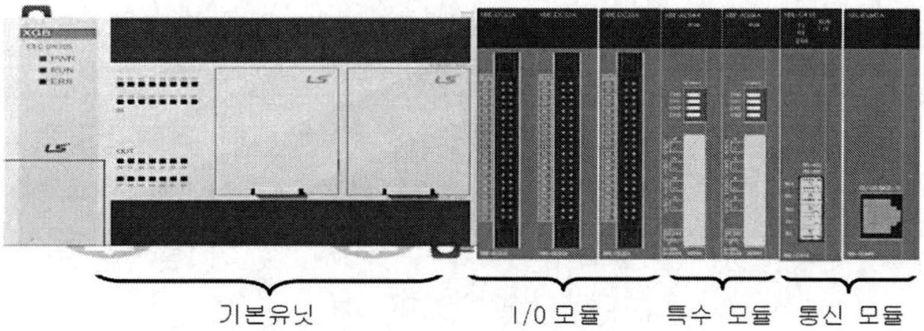

특수 모듈	• XBF-AD04A	• XBF-DV04A	• XBF-DC04A	• XBF-AH04A
	• XBF-RD04A	• XBF-TC04S	• XBF-AD08A	• XBF-PD02A
	• XBF-HO02A	• XBF-HD02A	• XBF-AD04C	• XBF-DV04C
	• XBF-DC04C			

그림 9.6 XBC-XGB PLC 아날로그 입출력 모듈의 종류

XBC-DR20SU/XGB PLC는 입출력 포인트가 소규모이므로 이를 감안하여 입출력을 설계하여야 하고, 아날로그 입출력 혼합형 모듈 XGF-AH6A의 규격과 내부 입출력 메모리 등은 표 9.18~표 9.20과 같다. 그림 9.7에는 XBF-AH04A 혼합 모듈의 단자대 명칭이 있다.

표 9.18 XBF-AH04A 혼합 모듈의 입력 성능 규격

<table>
<tr><th colspan="3">항목</th><th colspan="2">XBF-AH04A</th></tr>
<tr><td colspan="3">입력 채널수</td><td colspan="2">2채널</td></tr>
<tr><td rowspan="3">아날로그
입력범위</td><td colspan="2">종류</td><td>전압</td><td>전류</td></tr>
<tr><td colspan="2" rowspan="2">범위</td><td>DC 1 ~ 5V
DC 0 ~ 5V
DC 0 ~ 10V
(입력 저항: 1 MΩ이상)</td><td>DC 4 ~ 20mA
DC 0 ~ 20mA
(입력 저항 250 Ω)</td></tr>
<tr><td colspan="2">입력 범위는 각 채널별로 사용자 프로그램 또는
I/O파라미터에서 설정 후 외부 전압/전류 선택 스위치로 설정</td></tr>
<tr><td rowspan="5">디지털
출력</td><td colspan="2">형태</td><td colspan="2">12비트 바이너리 데이터</td></tr>
<tr><td rowspan="4">범위</td><td>부호없는 값</td><td colspan="2">0 ~ 4000</td></tr>
<tr><td>부호있는 값</td><td colspan="2">-2000 ~ 2000</td></tr>
<tr><td>정규값</td><td>100 ~ 500 (DC 1 ~ 5V)
0 ~ 500 (DC 0 ~ 5V)
0 ~ 1000 (DC 0 ~ 10V)</td><td>400 ~ 2000 (DC 4 ~ 20mA)
0 ~ 2000 (DC 0 ~ 20mA)</td></tr>
<tr><td>백분위값</td><td colspan="2">0 ~ 1000</td></tr>
<tr><td colspan="3" rowspan="2">최대 분해능</td><td colspan="2">1/4000</td></tr>
<tr><td>1.25mV (DC 1~5V, 0~5V)
2.5mV (DC 0~10V)</td><td>5μA (DC4~20mA, 0~20mA)</td></tr>
<tr><td colspan="3">정밀도</td><td colspan="2">±0.5% 이하</td></tr>
<tr><td colspan="3">최대 변환 속도</td><td colspan="2">1ms/채널</td></tr>
<tr><td colspan="3">절대 최대 입력</td><td>DC ±15V</td><td>DC ±25mA</td></tr>
<tr><td rowspan="5">부가 기능</td><td colspan="2">필터 기능</td><td colspan="2">디지털 필터(4 ~ 64,000ms)</td></tr>
<tr><td colspan="2" rowspan="3">평균 기능</td><td colspan="2">시간평균(4~16,000ms)</td></tr>
<tr><td colspan="2">횟수평균(2~64,000회)</td></tr>
<tr><td colspan="2">이동평균(2~100개)</td></tr>
<tr><td colspan="2">알람 기능</td><td colspan="2">단선 검출(DC 1~5V, DC4~20mA)</td></tr>
</table>

표 9.19 XBF-AH04A 혼합 모듈의 출력 성능 규격

<table>
<tr><th colspan="3">항목</th><th colspan="2">XBF-AH04A</th></tr>
<tr><td colspan="3">출력 채널수</td><td colspan="2">2채널</td></tr>
<tr><td rowspan="3">아날로그
출력범위</td><td colspan="2">종류</td><td>전압</td><td>전류</td></tr>
<tr><td colspan="2" rowspan="2">범위</td><td>DC 1 ~ 5V
DC 0 ~ 5V
DC 0 ~ 10V
(부하 저항: 2kΩ 이상)</td><td>DC 4 ~ 20mA
DC 0 ~ 20mA
(부하 저항 510 Ω 이하)</td></tr>
<tr><td colspan="2">출력 범위는 각 채널별로 사용자 프로그램 또는
I/O파라미터에서 설정 후 외부 전압/전류 선택 스위치로 설정</td></tr>
<tr><td rowspan="6">디지털
입력</td><td colspan="2">형태</td><td colspan="2">12비트 바이너리 데이터</td></tr>
<tr><td rowspan="5">범위</td><td>부호없는 값</td><td colspan="2">0 ~ 4,000</td></tr>
<tr><td>부호있는 값</td><td colspan="2">-2,000 ~ 2,000</td></tr>
<tr><td>정규값</td><td>100 ~ 500 (DC 1 ~ 5V)
0 ~ 500 (DC 0 ~ 5V)
0 ~ 1,000 (DC 0 ~ 10V)</td><td>400 ~ 2,000 (DC 4 ~ 20mA)
0 ~ 2,000 (DC 0 ~ 20mA)</td></tr>
<tr><td>백분위값</td><td colspan="2">0 ~ 1,000</td></tr>
<tr><td colspan="2" style="display:none"></td></tr>
<tr><td colspan="3" rowspan="2">최대 분해능</td><td colspan="2">1/4,000</td></tr>
<tr><td>1.25mV (DC 1~5V, 0~5V)
2.5mV (DC 0~10V)</td><td>5μA (DC4~20mA, 0~20mA)</td></tr>
<tr><td colspan="3">정밀도</td><td colspan="2">±0.5% 이하</td></tr>
<tr><td colspan="3">최대 변환 속도</td><td colspan="2">1ms/채널</td></tr>
<tr><td colspan="3">절대 최대 출력</td><td>DC ±15V</td><td>DC 25mA</td></tr>
<tr><td colspan="3">부가 기능</td><td colspan="2">채널 출력 상태 설정 기능
(이전, 최소, 중간, 최대값 선택 출력)</td></tr>
</table>

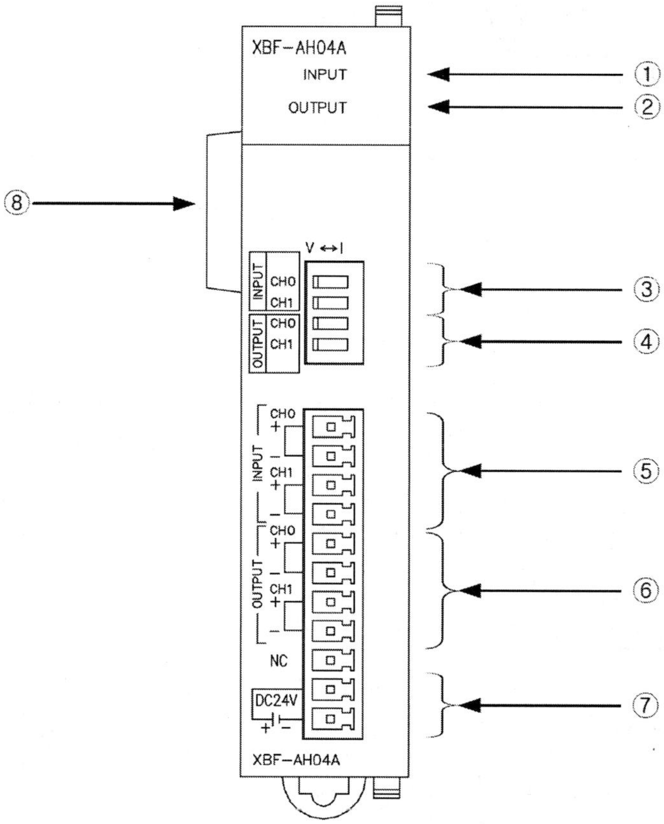

번호	명칭	내용
①	INPUT LED	▶ 입력부의 동작상태를 표시 점등: 정상 동작 중 점멸: 에러 발생 (1초 점멸) 소등: 전원Off 또는 모듈 이상
②	OUTPUT LED	▶ 출력부의 동작상태를 표시 점등: 정상 동작 중 점멸: 에러 발생 (1초 점멸) 소등: 전원Off 또는 모듈 이상
③	입력부 전압/전류 선택 스위치	▶ 아날로그 입력 채널0, 채널1의 전압/전류 입력 선택을 위한 스위치
④	출력부 전압/전류 선택 스위치	▶ 아날로그 출력 채널0, 채널1의 전압/전류 출력 선택을 위한 스위치
⑤	입력 단자대	▶ 외부 기기와 연결하는 아날로그 입력 배선용 단자대
⑥	출력 단자대	▶ 외부 기기와 연결하는 아날로그 출력 배선용 단자대
⑦	외부 전원 공급 단자	▶ DC24V 외부 공급을 위한 단자
⑧	증설용 커넥터	▶ 증설모듈 연결을 위한 접속 커넥터

그림 9.7 XBF-AH04A 혼합 모듈의 단자대 명칭

표 9.20 XBF-AH04A 혼합 모듈의 내부 입출력 메모리 영역

변수명	타입	디바이스 할당		설명문	읽기/쓰기	신호 방향
		XBC 타입	IEC 타입			
_0y_ERR	BIT	U0y.00.0	%UX0.y.0	모듈 에러	읽기	AH04A → CPU
_0y_RDY	BIT	U0y.00.F	%UX0.y.15	모듈 Ready		
_0y_AD0_ACT	BIT	U0y.01.0	%UX0.y.16	입력 채널0 운전중	읽기	AH04A → CPU
_0y_AD1_ACT	BIT	U0y.01.1	%UX0.y.17	입력 채널1 운전중		
_0y_DA0_ACT	BIT	U0y.01.2	%UX0.y.18	출력 채널0 운전중		
_0y_DA1_ACT	BIT	U0y.01.3	%UX0.y.19	출력 채널1 운전중		
_0y_AD0_IDD	BIT	U0y.01.4	%UX0.y.20	입력 채널0 단선검출	읽기	AH04A → CPU
_0y_AD1_IDD	BIT	U0y.01.5	%UX0.y.21	입력 채널1 단선검출		
_0y_AD0_ERR	BIT	U0y.01.8	%UX0.y.24	입력 채널0 에러	읽기	AH04A → CPU
_0y_AD1_ERR	BIT	U0y.01.9	%UX0.y.25	입력 채널1 에러		
_0y_DA0_ERR	BIT	U0y.01.A	%UX0.y.26	출력 채널0 에러		
_0y_DA1_ERR	BIT	U0y.01.B	%UX0.y.27	출력 채널1 에러		
_0y_AD0_DATA	WORD	U0y.04	%UW0.y.4	입력 채널0 변환값	읽기	AH04A → CPU
_0y_AD1_DATA	WORD	U0y.05	%UW0.y.5	입력 채널1 변환값	읽기	AH04A → CPU
_0y_DA0_OUTEN	BIT	U0y.06.0	%UX0.y.96	채널0 출력상태설정	쓰기	AH04A ↔ CPU
_0y_DA1_OUTEN	BIT	U0y.06.1	%UX0.y.97	채널1 출력상태설정		
_0y_DA0_DATA	WORD	U0y.07	%UW0.y.7	출력 채널0 입력값	쓰기	AH04A ↔ CPU
_0y_DA1_DATA	WORD	U0y.08	%UW0.y.8	출력 채널1 입력값	쓰기	AH04A ↔ CPU

9.8.2 CIMON HMI 및 XGB PLC를 이용한 TMTC 수문제어-프로젝트 작품

(1) 동작기능 및 소요 재료 리스트

간이형 TMTC 수문제어용 개도계 측정 및 직류전동기 정역회로 프로젝트 작품의 설비 구성도는 XGK PLC를 사용한 그림 9.2를 참고하여 XBC 기종으로 수정하면 그림 9.8과 같다.

기본적으로 필요한 소요 재료 리스트는 표 9.21과 같으며, 재료를 구매시 여유 있게 구매할 필요가 있다. 작품 제작시 PLC 입출력 장치와 수문 구동용 전동기 및 기어장치, 개도율 측정용 센서, 리미트 스위치 등의 설계 도면을 정확히 작성하고 이해를 하여야 하며, 안전관리를 최우선으로 하여 작품을 제작하여야 한다.

XBC-DR20SU/XGB PLC 및 CIMON HMI를 이용한 TMTC 수문제어의 화면 설계는 다음과 같다.

[화면 1] 메인화면 - 화면 선택 및 이동, 종료 버튼
[화면 2] 수문 개도율 측정 및 제어 - 메인화면 이동 및 종료 버튼
[화면 3] 경보 발생 및 수문 개도율 그래프 표시 실습 - 메인화면 이동 및 종료 버튼

화면 2에서 ADC CH0 및 CIMON 숫자 입력용 태그를 이용한 디지털 개도계의 개도율 측정과 제어 실습을 위한 설계 조건과 구동 조건은 "9.7.3 CIMON HMI 및 XGK PLC를 이용한 TMTC 수문제어" 편에서 설명한 내용과 같다.

(TMTC 수문제어의 개념도)

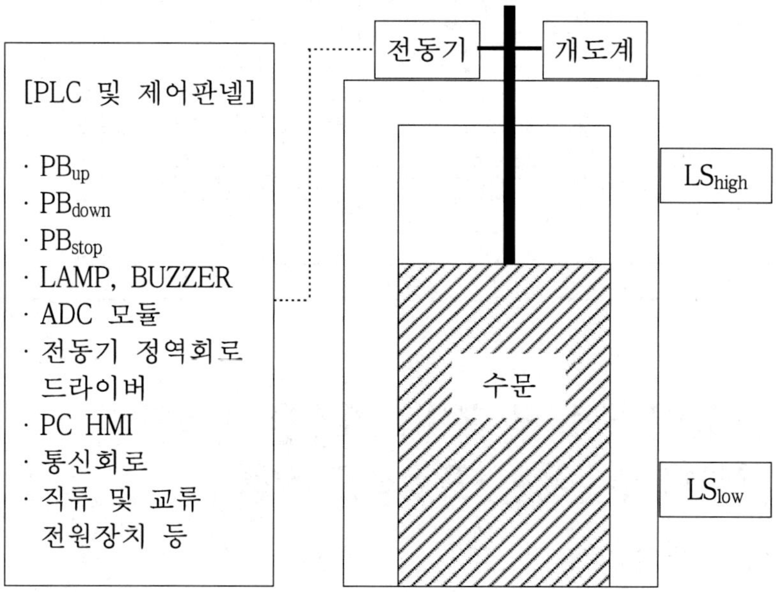

(PLC 입출력, 직류 전동기 정역회로 및 리미트 스위치 결선도)

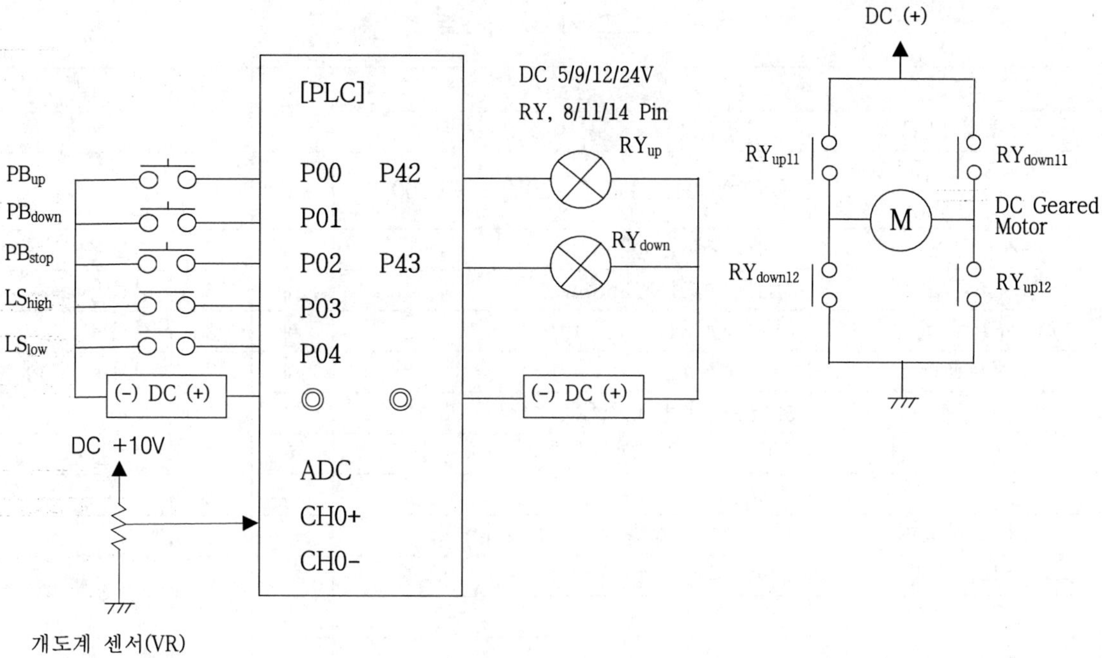

※ 경보 1/2 검출용 접점은 P05/P06 및 경보 1/2 검출 표시용 램프는 P44/P45에 연결함.

그림 9.8 XBC-DR20SU/XGB PLC를 이용한 간이형 TMTC 수문제어용 개도계 측정 및 직류전동기 정역회로-프로젝트 작품(예)

표 9.21 CIMON HMI 및 XGB PLC를 이용한 TMTC 수문제어 프로젝트 작품의 소요 재료 리스트

재료명	규격	단위	수량	비고
소형 PLC	XBC-DR20SU/XGB 이상의 기종	대	1	
아날로그 입출력 혼합모듈	XBF-AH04A, DC 0~10V, 0~4,000			
푸시버튼 스위치	1A1B, 적색, Φ25mm	개	2	경보용 포함
푸시버튼 스위치	1A1B, 녹색, Φ25mm	개	3	경보용 포함
파일럿 램프	LED, DC24V, Φ25mm	개	2	경보용
콘트롤박스	4구, Φ25mm	개	2	경보용 포함
전선	제어용 연선, 0.75SQ, 황색, 200m	타	1	
압착터미널 단자	JOT 1.5-32 Y형 PG단자, 1000개	봉	1	
리미트 스위치	소형	개	2	
DC 전동기	12V, 기어 감속비 1/60, 4mm 축	개	1	
DC 릴레이 및 소켓	12V, 14핀	개	2	
DC 전원장치	12V, 5V SMPS	개	1	
퓨즈 및 홀더	유리관형 1A, 2P	개	1	
케이블타이	100mm, 1000개	봉	1	
절연테이프	흑색	개	1	
Wiring PVC 덕트	20×35mm, Body 및 Cover, 2M	개	2	
단자대	4P, 20P 등	식	1	
코드선	1상 AC 220V용	개	1	
개도계 센서	고정밀 다중 회전 가변저항 (Multi Turn VR)	개	1	ADC CH0 입력, 0~10V 가변 출력
수문 및 지지대	수문, 랙크 및 피니언기어, 전동기 지지대, 개도계 센서 및 리미트 스위치 지지대 등	식	1	3D Printing 제작
합판	600×400×18T	장	1	
나사못	12mm, 16mm, 25mm 등	식	1	
스티로폼	900×900×100T	식	1	
스티로폼 커터	열선절단기, 전압조절기 내장형	개	1	
접착제	스티로폼 접착용	개	1	
장식용 재료	나무 모형, 인조잔디 등	식	1	
공구류	드라이버, 니퍼, 롱노우즈, 와이어 스트립퍼, 터미널 압착기 등	식	1	
기타	잡자재류	식	1	

(2) 입출력 주소

구분	변수명	I/O 주소		비고
		PLC	TP/HMI	
입력	PB0(PB_{up})	P00	M00000	수문 상승 스위치, M접점 병렬연결
	PB1(PB_{down})	P01	M00001	수문 하강 스위치, M접점 병렬연결
	PB2(PB_{stop})	P02	M00002	수문 정지 및 비상 스위치, M접점 직렬연결
	PB3(LS_{high})	P03		수문 상승 상한 리미트 스위치
	PB4(LS_{low})	P04		수문 하강 하한 리미트 스위치
	PB5	P05		경보 1 검출용 접점
	PB6	P06		경보 2 검출용 접점
제어		M00100~		보조 릴레이 접점
		T0000, T0001		100mS × 10 → 1초 타이머
		D00000		CIMON 수문 제어의 목표 개폐율(%) 입력
		D00001		CIMON 현재의 수문 개폐율(%) 표시
		D00100~		보조 데이터 메모리
출력	LAMP0(RY_{up})	P42		수문 상승용 전동기 구동 릴레이, COM2
	LAMP1(RY_{down})	P43		수문 하강용 전동기 구동 릴레이, COM2
	LAMP2(ALM_1)	P44		경보 1 검출 표시용 램프, COM3
	LAMP3(ALM_2)	P45		경보 2 검출 표시용 램프, COM3

(3) PLC LD 작성

① XG5000 프로그램의 실행

② 프로젝트/새프로젝트

프로젝트 이름 : XGB_TMTC_11

파일 위치 : 작업 폴더 생성 및 선택

③ CPU 시리즈 및 CPU 종류의 선택

CPU 시리즈 : XGB

CPU 종류 : XGB-XBCS for XBC DR20SU 기종

XGB-XBCE for XBC DR20E 기종

※ XBC DR20SU : RS232, USB Loader Port 내장, 아날로그 입·출력 혼합모듈 증설

※ XBC DR20E : RS232 Loader Port 내장, 아날로그 입·출력 혼합 옵션 보드 장착

④ 프로그램 형식 및 이름을 입력

프로그램 형식 : XGK 프로그래밍

프로그램 이름 : New Program

프로젝트 설명문 : XGK PLC LD 프로그램의 작성 실습

⑤ 확인 버튼 클릭

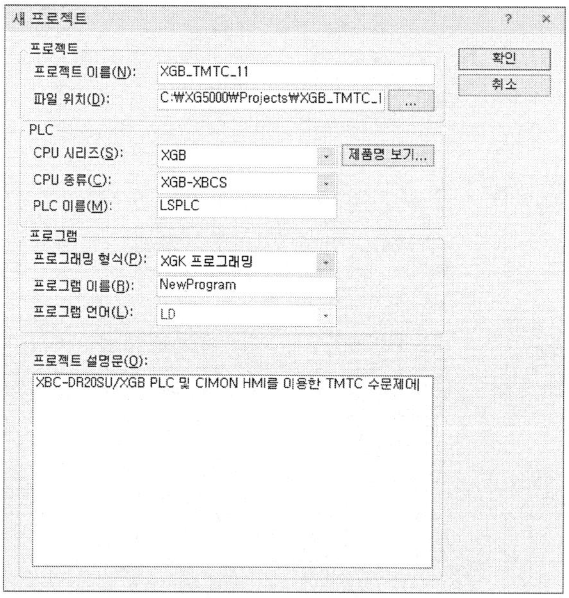

⑥ XBC-DR20SU/XGB PLC의 슬롯별 입출력 모듈 선택

프로젝트창/LSPLC/파라미터/I/O 파라미터 항목을 더블 클릭

Slot 00/모듈/디지털 모듈 리스트/입출력모듈/XBC-DR20SU

(DC24V 입력 12점, 릴레이 출력 8점)

입력정보 : P00000~P0000B, 출력정보 : P00040~P00047

Slot 01/모듈/특수모듈리스트/아날로그 입출력모듈/XBF-AH04A(AD 2CH, DA 2CH)

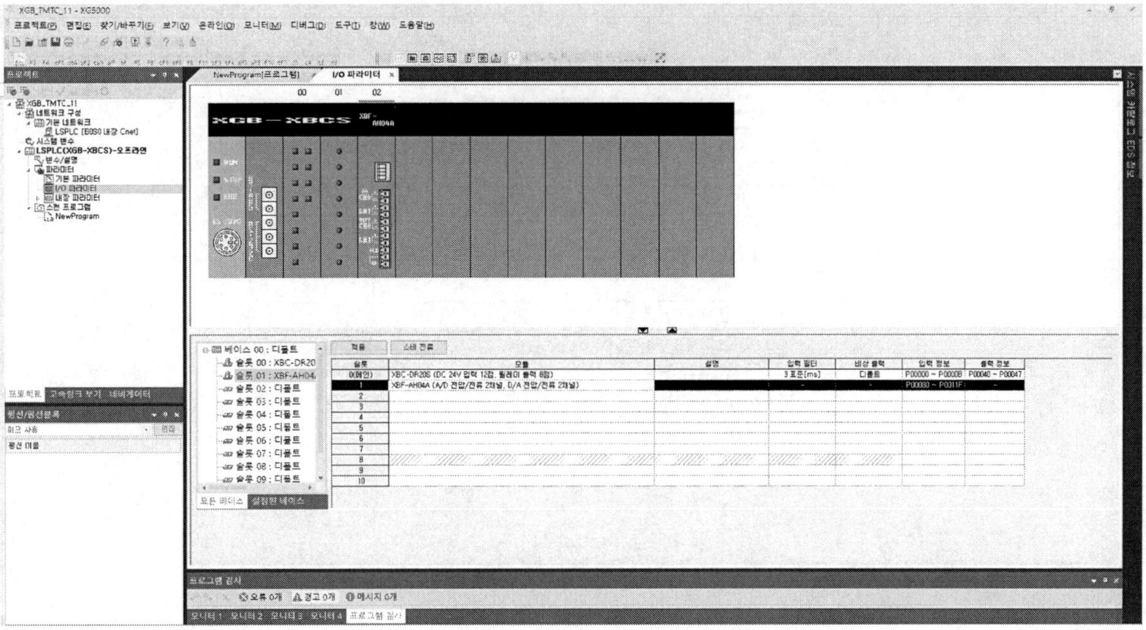

※ AD 및 DA 변수 자동 등록 : 아날로그 입출력모듈을 선택한 후 적용 버튼 클릭 또는 메뉴/편집/모듈 변수 자동 등록

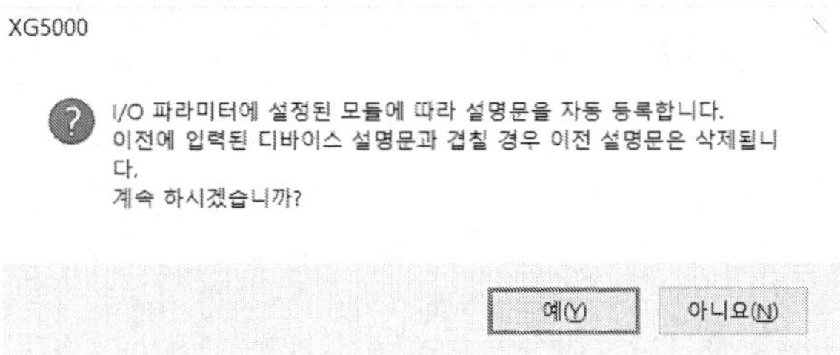

아날로그 입출력 모듈이 설치된 베이스 슬롯 클릭/XBF-AH04A 혼합 모듈 선택

채널별 입력 및 출력 파라미터 설정 : ADC CH0, CH1 횟수평균 100회

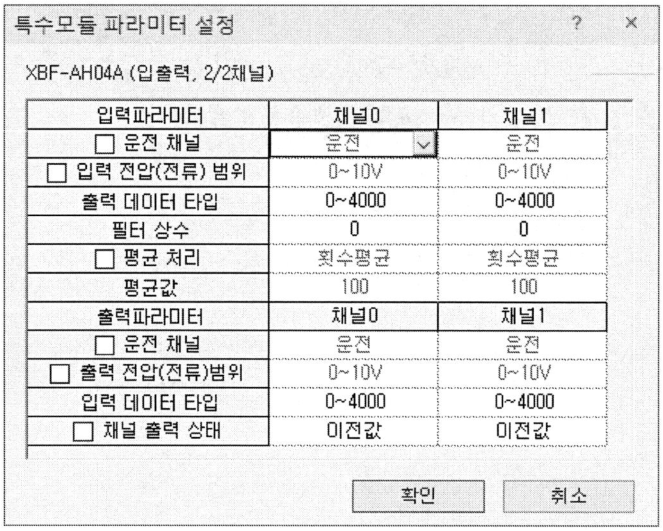

⑦ LD 프로그램의 작성

표 9.22 수문 개폐에 따른 XBF-AH04A 혼합 모듈의 아날로그 입력 및 디지털 변환의 예

수문 개폐 상태	개폐율 (%)	개도계 센서 출력-아날로그 입력 측정값 (V)	디지털 변환 값	PLC LD에서 개폐율(%) 환산을 위한 변환 식
최고점 Close	100	10	4,000	Y(%) = aX+b X:디지털 변환 값, Y(%):개폐율 환산 값 100=4000a+b, 0=0a+b a=1/40, b=0 Y = (1/40) * X
1/2	50	5	2,000	
최저점 Open	0	0	0	

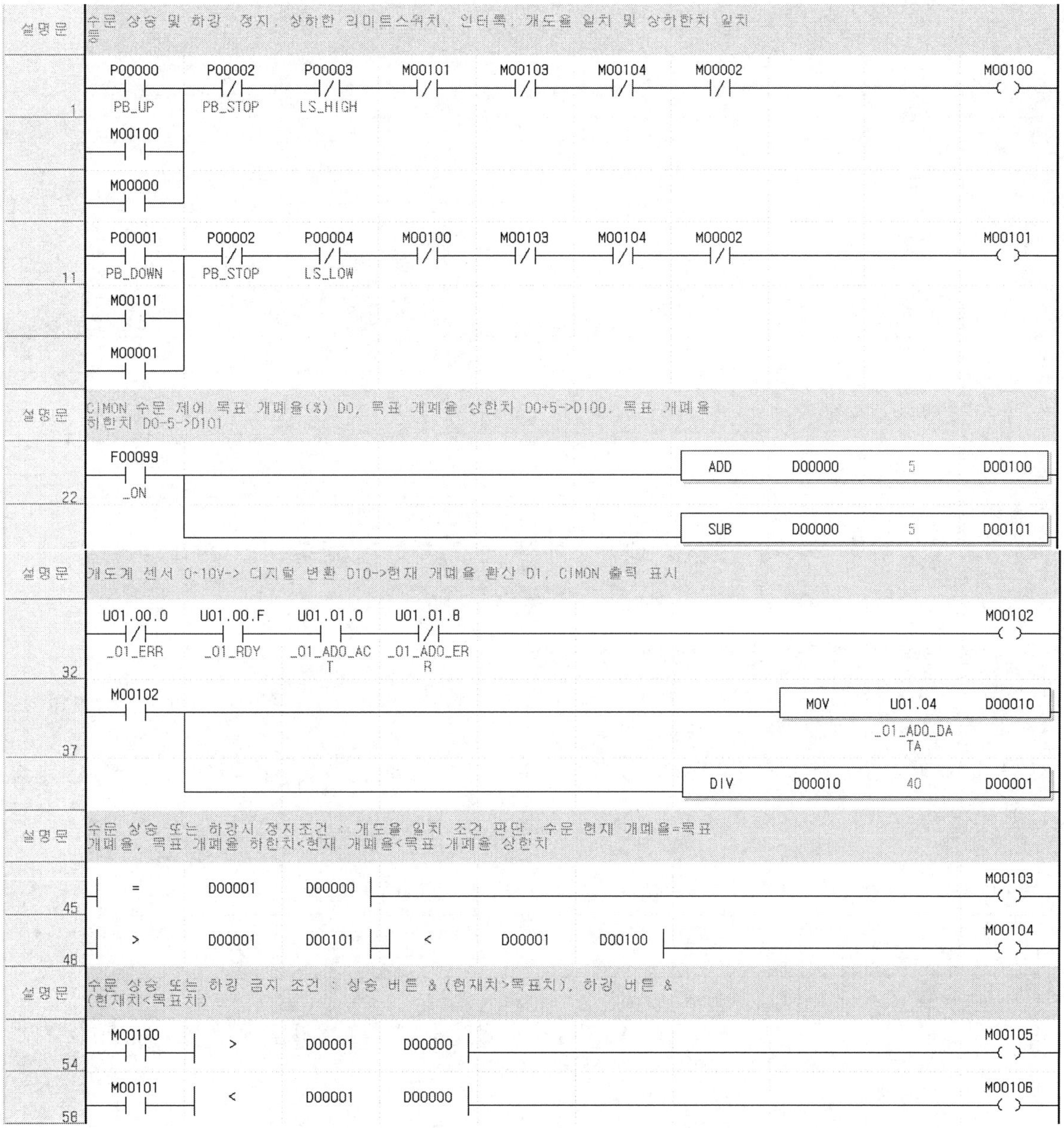
설명문
수문 상승 및 하강, 정지, 상하한 리미트스위치, 인터록, 개도율 일치 및 상하한치 일치 등
1
P00000 PB_UP
P00002 PB_STOP
P00003 LS_HIGH
M00101
M00103
M00104
M00002
M00100
M00100
M00000
11
P00001 PB_DOWN
P00002 PB_STOP
P00004 LS_LOW
M00100
M00103
M00104
M00002
M00101
M00101
M00001
설명문
CIMON 수문 제어 목표 개폐율(%) D0, 목표 개폐율 상한치 D0+5->D100, 목표 개폐율 하한치 D0-5->D101
22
F00099 _ON
ADD D00000 5 D00100
SUB D00000 5 D00101
설명문
개도계 센서 0~10V-> 디지털 변환 D10->현재 개폐율 환산 D1, CIMON 출력 표시
32
U01.00.0 _01_ERR
U01.00.F _01_RDY
U01.01.0 _01_ADO_ACT
U01.01.8 _01_ADO_ERR
M00102
37
M00102
MOV U01.04 D00010
_01_ADO_DATA
DIV D00010 40 D00001
설명문
수문 상승 또는 하강시 정지조건 : 개도율 일치 조건 판단, 수문 현재 개폐율=목표 개폐율, 목표 개폐율 하한치<현재 개폐율<목표 개폐율 상한치
45
= D00001 D00000
M00103
48
> D00001 D00101
< D00001 D00100
M00104
설명문
수문 상승 또는 하강 금지 조건 : 상승 버튼 & (현재치>목표치), 하강 버튼 & (현재치<목표치)
54
M00100
> D00001 D00000
M00105
58
M00101
< D00001 D00000
M00106

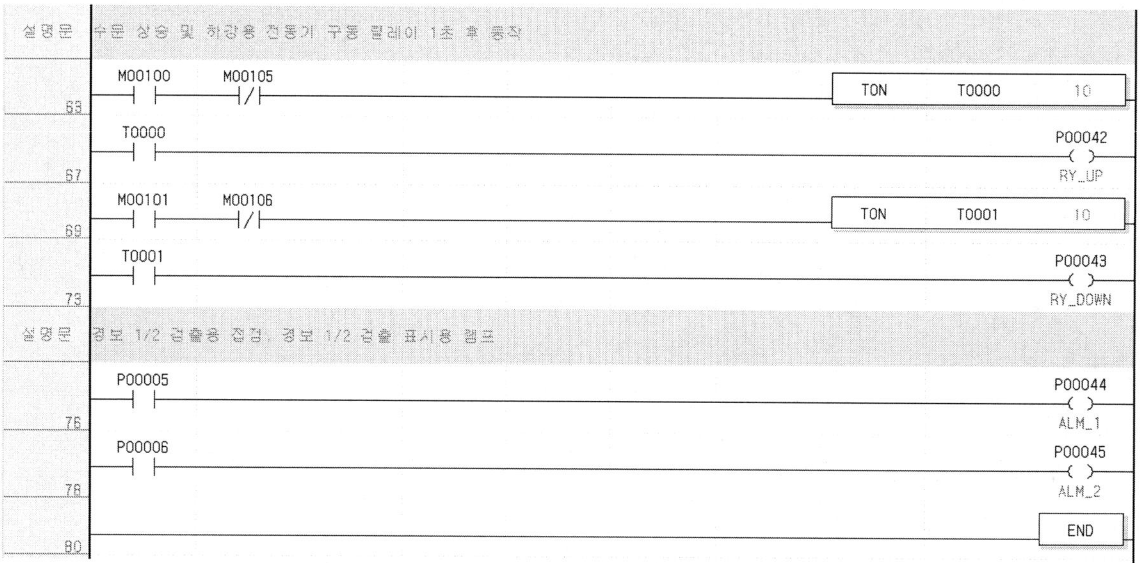

※ 경보 1/2 검출 표시용 램프는 CIMON에서 경보 태그로 동작하고, 현재의 수문 개폐율(%)은 CIMON에서 HiHi, LoLo 경보 태그로 동작함.

※ 수문 동작시 개도율 일치 감도 조절 방법

(방법 1) PLC LD에서 α 값 조절
″ 목표 개폐율(%) 하한치 D101(D0-α)″ <″ 수문 제어 목표 개폐율(%) D0″ <″ 목표 개폐율(%) 상한치 D100(D0+α)″

(방법 2) XGF-AH6A 입력 파라미터/평균처리 방법, 평균값 변경

기능 항목	내 용
평균 처리 설정	(1) 샘플링 처리 A/D 변환 방식을 지정하지 않았을 때 평균처리를 하지 않고 샘플링마다 출력 데이터를 생성함. (2) 평균 처리 (a) 시간 평균 A/D 변환 값을 설정한 시간 동안 평균하여 출력함. (b) 횟수 평균 A/D 변환 값을 설정한 횟수 동안 평균하여 출력함. (c) 가중 평균 입력된 A/D 변환 값의 급격한 변동을 지연시킴.

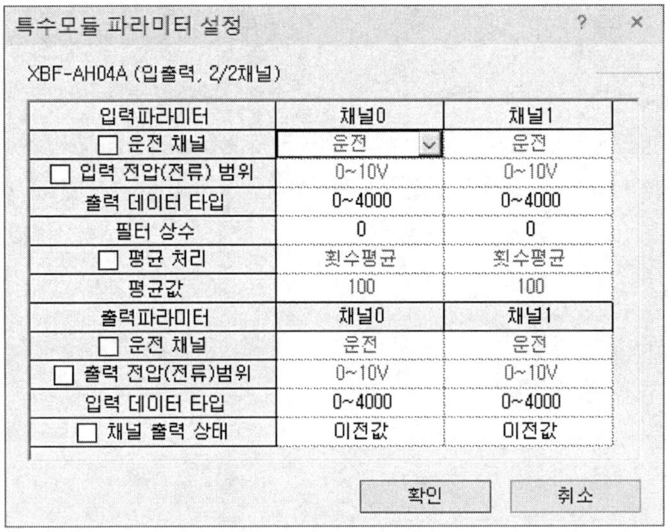

특수모듈 파라미터 설정

XBF-AH04A (입출력, 2/2채널)

입력파라미터	채널0	채널1
□ 운전 채널	운전	운전
□ 입력 전압(전류) 범위	0~10V	0~10V
출력 데이터 타입	0~4000	0~4000
필터 상수	0	0
□ 평균 처리	횟수평균	횟수평균
평균값	100	100
출력파라미터	채널0	채널1
□ 운전 채널	운전	운전
□ 출력 전압(전류)범위	0~10V	0~10V
입력 데이터 타입	0~4000	0~4000
□ 채널 출력 상태	이전값	이전값

확인 취소

※ 횟수평균 : 100→10으로 변경하면 ADC 변환 속도가 증가함. 전동기의 회전 속도 및 수문의 상하 이동 행정 속도를 고려하여 적절히 설정함.

⑧ LD 프로그램 다운로드 및 실행

XG5000을 이용하여 작성한 LD 프로그램을 PLC에 다운로드하고 실행을 한다. 컴퓨터와 PLC간의 다운로딩용 통신은 일반적으로 RS232 로더 포트, USB 로더 포트, 로컬 및 리모트 Ethernet 포트를 이용할 수 있다. Ethernet 통신을 위해서는 컴퓨터와 PLC에는 동일한 네트워크 그룹 서브넷 마스크의 IP가 부여 되어야 한다.

본 교재의 실습에서는 RS232 통신을 이용하는 것으로 설명을 한다.

㉮ 메뉴/온라인/접속 설정

설정방법 선택/직접설정

접속 옵션 설정/RS-232C, 로컬

설정/포트 자동탐색, COM 포트 선택(제어판 장치관리자/통신포트), 115200(XGT)

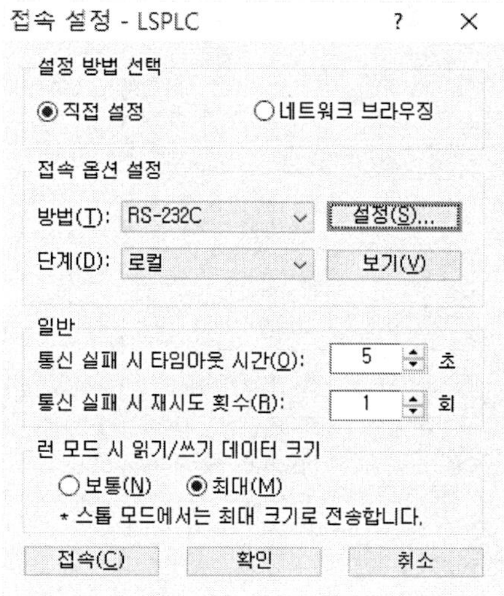

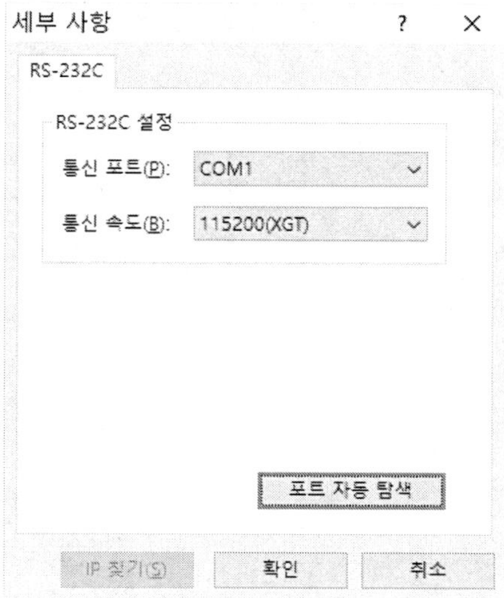

㉯ 메뉴/온라인/접속

온라인/쓰기

온라인/모드전환/런(Run)

㉰ 메뉴/모니터/모니터 시작

㉱ LD 실행

㉲ 메뉴/모니터/모니터 끝

(4) CIMON HMI 화면 작화 및 실행

(스텝 1) CIMOND 실행 및 프로젝트 파일 생성

① CIMOND 실행

② 메뉴/파일/새프로젝트

프로젝트 이름 : CIMON_11

작업경로 : 작업 폴더 지정

생성

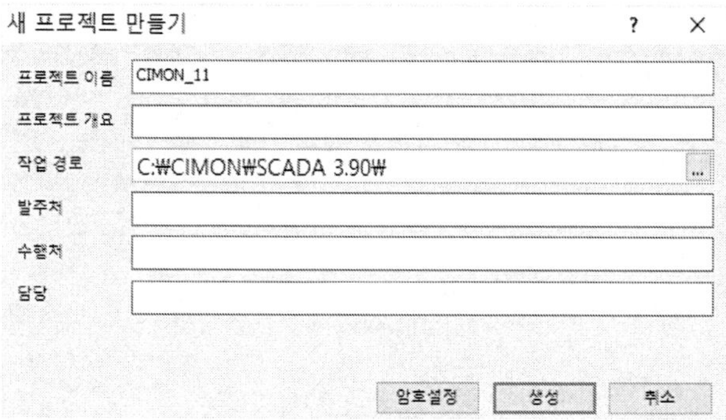

(스텝 2) I/O 디바이스 설정 : CIMON과 PLC간 통신 환경의 설정 및 PLC 기종 선택

① 프로젝트 창/I/O 디바이스/CIMON_11/새디바이스 버튼 클릭

디바이스 이름 : LS_PLC

컴퓨터의 CIMON과 연결할 PLC 기종 및 통신 방식 선택

LS산전 XGK/XGB PLC Loader Port : CPU Loader Port RS232 사용시

LS산전 XGK/XGB PLC Ethernet : PLC Ethernet 모듈 사용시

LS산전 XGK/XGB PLC Serial : PLC RS232/422/485 통신 모듈 사용시

확인

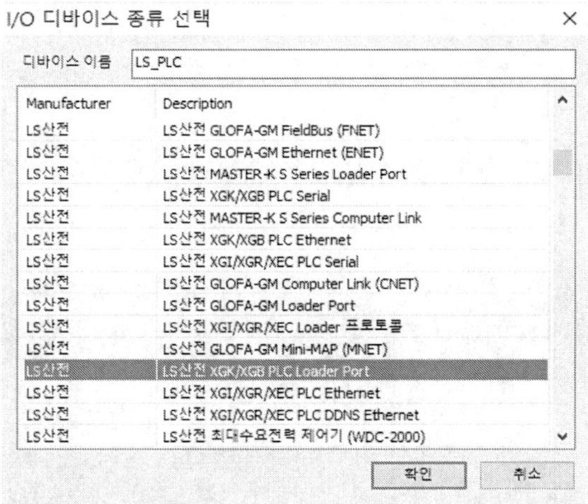

② 스테이션 탭 클릭 및 스테이션, 통신블록 추가

스테이션 추가 : 스테이션은 본 교재의 실습 장비 XGK-CPUS로 설정

※ 표 3.1 XGK-XGT PLC CPU 모듈의 종류 및 성능규격(1), 표 5.4 LS Electrics사 XGK PLC 및 XBC PLC의 CPU 종류 참조

스테이션 이름 : XBC_DR20SU

PLC CPU 종류 : CPUS

등록

통신블록 추가

어드레스 : M0000(시작번지) 워드 수 : 10 통신주기 : 1초

등록

통신블록 추가

어드레스 : D0000(시작번지) 워드 수 : 10 통신주기 : 1초

등록

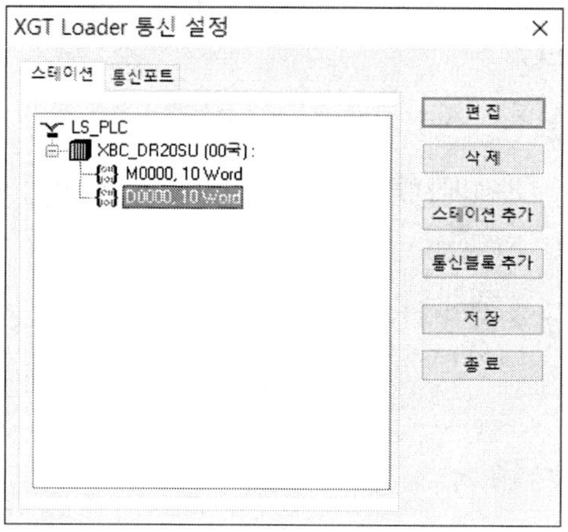

③ 통신포트 탭 클릭

통신포트 : 컴퓨터의 직렬포트 지정/COM*,115200

저장

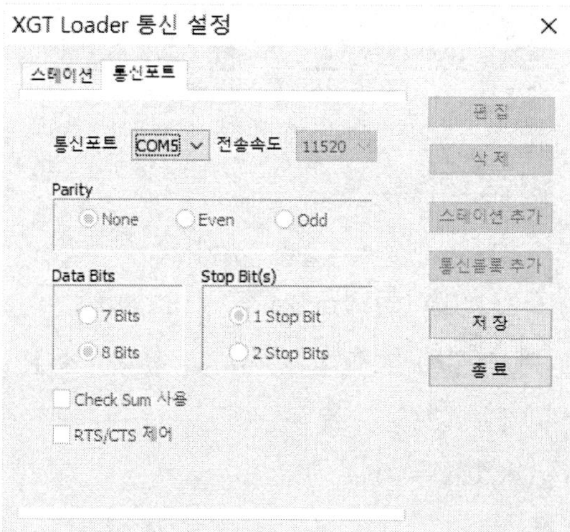

※ 컴퓨터/제어판/하드웨어 및 소리/장치 및 프린터/장치관리자/포트(COM & LPT)/COM* 또는 USB Serial Port(COM*)/마우스 우측/속성/포트설정/115200BPS, N/8/1

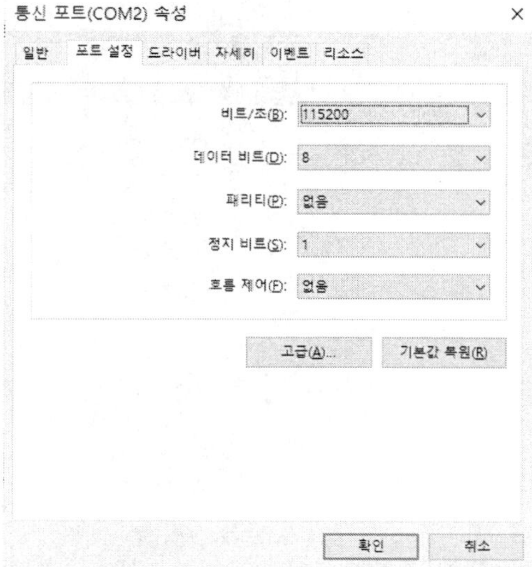

저장, 종료, 닫기

(스텝 3) 데이터베이스 설계 : PLC 메모리와의 연계를 위한 CIMON 태그의 주소 지정
프로젝트 창/데이터베이스/CIMON_11/(+) 새태그 아이콘 클릭/태그편집

이름	종류	일반설정			비고
		실태그/ 가상태그	I/O 디바이스	I/O 어드레스	
GATE_TARGET_ RATE	아날로그	실태그	LS_PLC.XBC_DR20SU	D0	
GATE_CURRENT_ RATE	아날로그	실태그	LS_PLC.XBC_DR20SU	D1	고급설정/내부데이터 최고값:0 최대값:100 경보태그
PB_UP	디지털	실태그	LS_PLC.XBC_DR20SU	M0	
PB_DOWN	디지털	실태그	LS_PLC.XBC_DR20SU	M1	
PB_STOP	디지털	실태그	LS_PLC.XBC_DR20SU	M2	
ALM_1	디지털	실태그	LS_PLC.XBC_DR20SU	P44	경보태그
ALM_2	디지털	실태그	LS_PLC.XBC_DR20SU	P45	경보태그

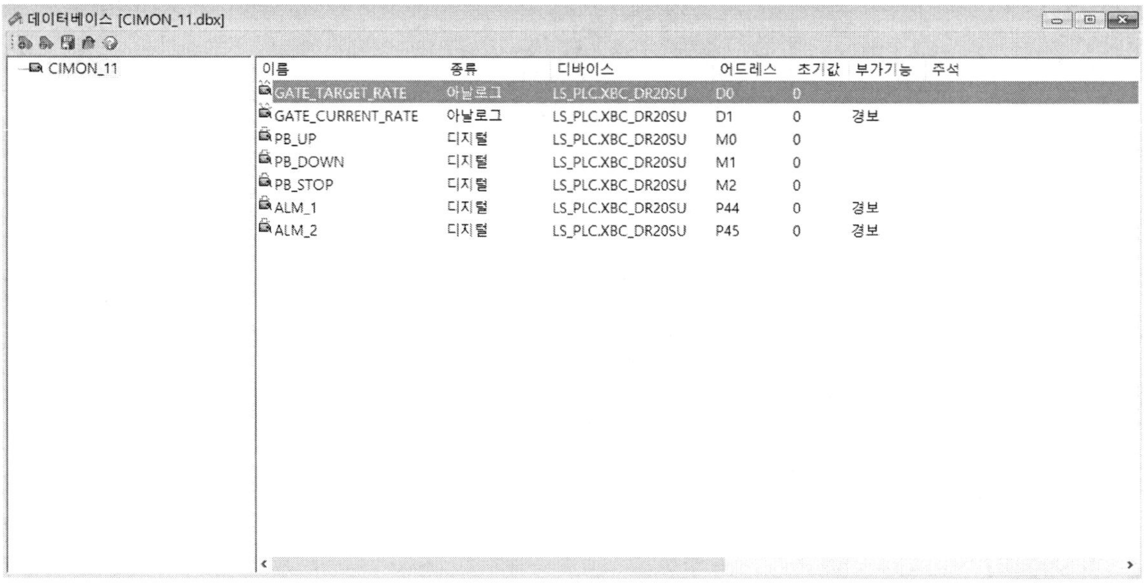

① ALM_1/ALM_2 경보 태그로 지정

일반설정 탭/실태그

I/O 디바이스 및 어드레스 : LS_PLC.XBC_DR20SU P44/P45

√경보태그로 지정

경보 탭/

경보종류: OFF->ON

경보발생/발생표시 : 경보용 접점 1/2 동작

경보해제/해제표시 : 경보용 접점 1/2 해제

② 현재 수문 개폐율(%) GATE_CURRENT_RATE의 경보태그로 지정

일반설정 탭/실태그

I/O 디바이스 및 어드레스 : LS_PLC.XBC_DR20SU D1

√경보태그로 지정

경보 탭/

경보종류: 경계값

HiHi/HiHi 값 : 80 발생표시 : 80[%] 초과

LoLo/LoLo 값 : 20 발생표시 : 20[%] 이하

경보해제/해제표시 : 해제완료

※ 경보용 경계 값의 종류 : Max.~HiHi~Hi~Lo~LoLo~Min.

(스텝 4) CIMON 도구상자 및 객체를 이용한 화면작화

① CIMON 페이지 설계 및 실행 화면의 크기 설정

본 실습에서 CIMON HMI를 이용한 TMTC 수문제어의 화면 설계는 다음과 같다.

[화면 1] 메인화면(MAIN_11.PGX) - 화면 선택 및 이동, 종료 버튼 [화면 2] 수문 개도율 측정 및 제어(GATE_11.PGX) - 메인화면 이동 및 종료 버튼 [화면 3] 경보 발생 및 수문 개도율 그래프 표시 실습(ALARM_GRAPH_11.PGX) - 메인 화면 이동 및 종료 버튼

메뉴/파일/새페이지 3개 생성/Page No., ...

메뉴/파일/다른 이름으로 저장/MAIN_11.PGX, GATE_11.PGX, ALARM_GRAPH_11.PGX

페이지 바탕화면 더블 클릭/페이지 환경설정/

기본구성/제목 : Main Screen/Gate Screen/Alarm and Graph Screen

위치설정/화면에 보일 페이지의 크기 및 위치 값 지정

위치 : 가로 100, 세로 50

크기 : 너비 1280, 높이 800(사용자의 모니터를 고려하여 화면 사이즈 설정함.)

적용, 확인

② 도구상자를 이용한 화면 작화

㉮ 메인화면(MAIN_11.PGX)의 작화 - 화면 선택 및 이동, 종료 버튼

· 도구상자/기본/문자/ "CIMON HMI를 이용한 TMTC 수문제어 실습"

· 도구상자/기본/문자/ "O 수문 개도율 측정 및 제어"

도구상자/고급/버튼/제목/GATE

동작정의/동작/페이지열기/페이지이름/GATE_11

· 도구상자/기본/문자/ "O 경보 발생 및 수문 개도율 그래프 표시"

도구상자/고급/버튼/제목/ALARM_GRAPH

동작정의/동작/페이지열기/페이지이름/ALARM_GRAPH_11

· 도구상자/고급/버튼/제목/종료(EXIT)

동작정의/동작/명령식/명령식 Down/exit()

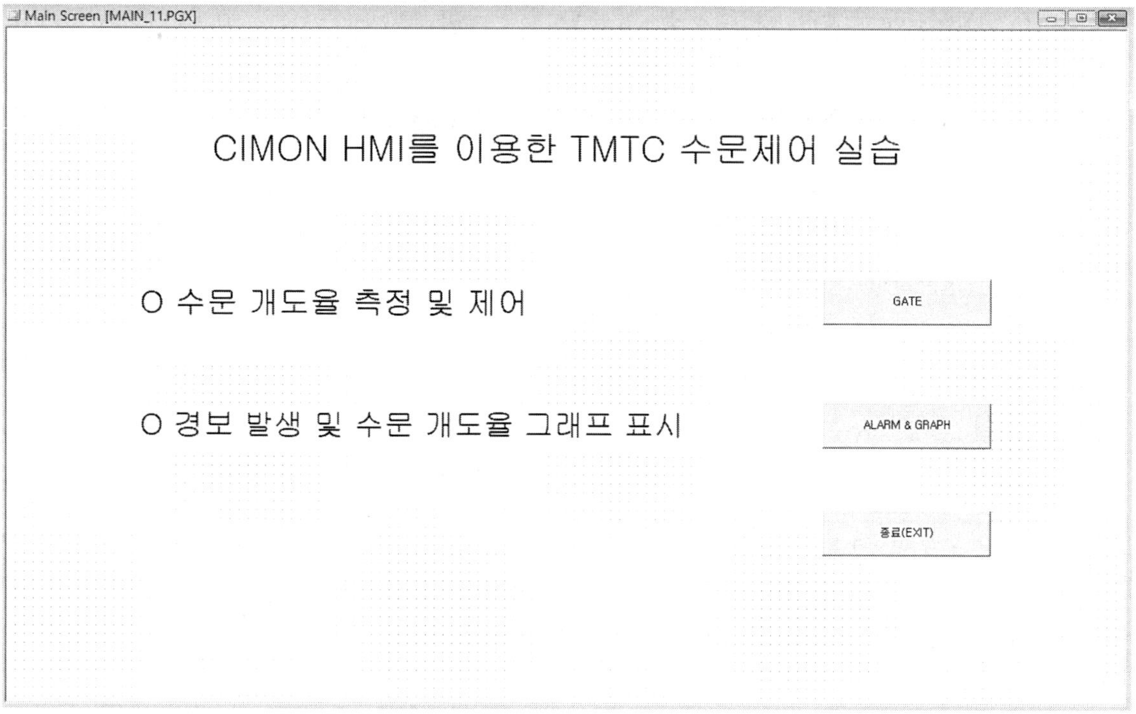

㉯ 수문 개도율 측정 및 제어(GATE_11.PGX)의 작화 - 메인화면 이동 및 종료 버튼

- 도구상자/기본/문자/ "수문 개도율 측정 및 제어"
- 도구상자/기본/문자/ "O 수문 상승"
  도구상자/고급/버튼/제목/PB_UP
  동작정의/동작/순간값쓰기/태그이름/PB_UP
  쓰기값/Down → 1 Up → 0
- 도구상자/기본/문자/ "O 수문 하강"
  도구상자/고급/버튼/제목/PB_DOWN
  동작정의/동작/순간값쓰기/태그이름/PB_DOWN
  쓰기값/Down → 1 Up → 0
- 도구상자/기본/문자/ "O 수문 정지"
  도구상자/고급/버튼/제목/PB_STOP
  동작정의/동작/순간값쓰기/태그이름/PB_STOP
  쓰기값/Down → 1 Up → 0
- 도구상자/기본/문자/ "O 수문제어 목표 개폐율(%)"
  도구상자/고급/태그값/태그이름/GATE_TARGET_RATE
  화면표시방법/####

태그 더블 클릭/그림설정/데이터 입력 버튼 클릭/동작정의/동작/수치형태
수치 데이터입력/태그이름 : GATE_TARGET_RATE, 입력최소값 : 0, 입력최대값 : 100

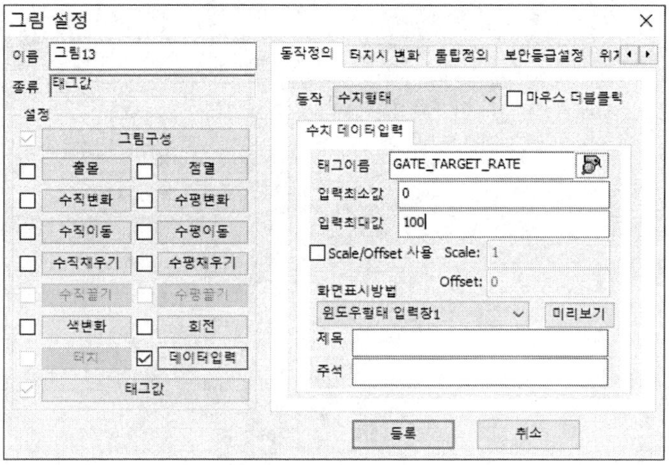

- 도구상자/기본/문자/ "O 수문제어 현재 개폐율(%)"
  도구상자/고급/태그값/태그이름/GATE_CURRENT_RATE
  화면표시방법/####
- 도구상자/고급/버튼/제목/MAIN
  동작정의/동작/페이지열기/페이지이름/MAIN_11
- 도구상자/고급/버튼/제목/종료(EXIT)
  동작정의/동작/명령식/명령식 Down/exit()

(참고사항) 그래픽 이미지 라이브러리, 또는 도형 등과 실태그를 이용한 수문의 동적 표현
· 도구상자/기본/사각형 선택 및 그리기/더블클릭/그림설정/그림구성/선채우기/배경색 선택
수직변화/태그이름/GATE_CURRENT_RATE/수직변화:최소값0 최대값100, 변화기준설정:아래

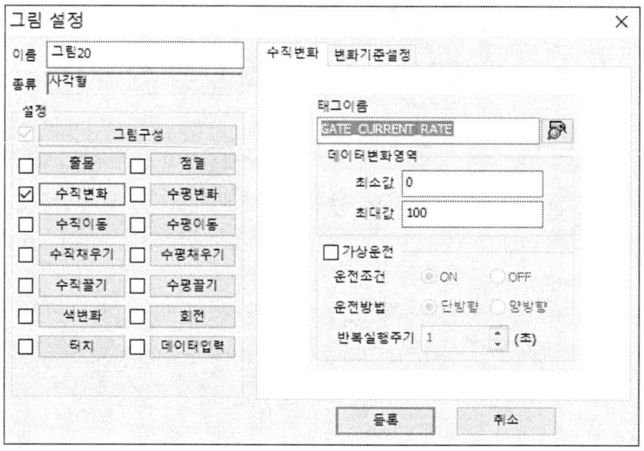

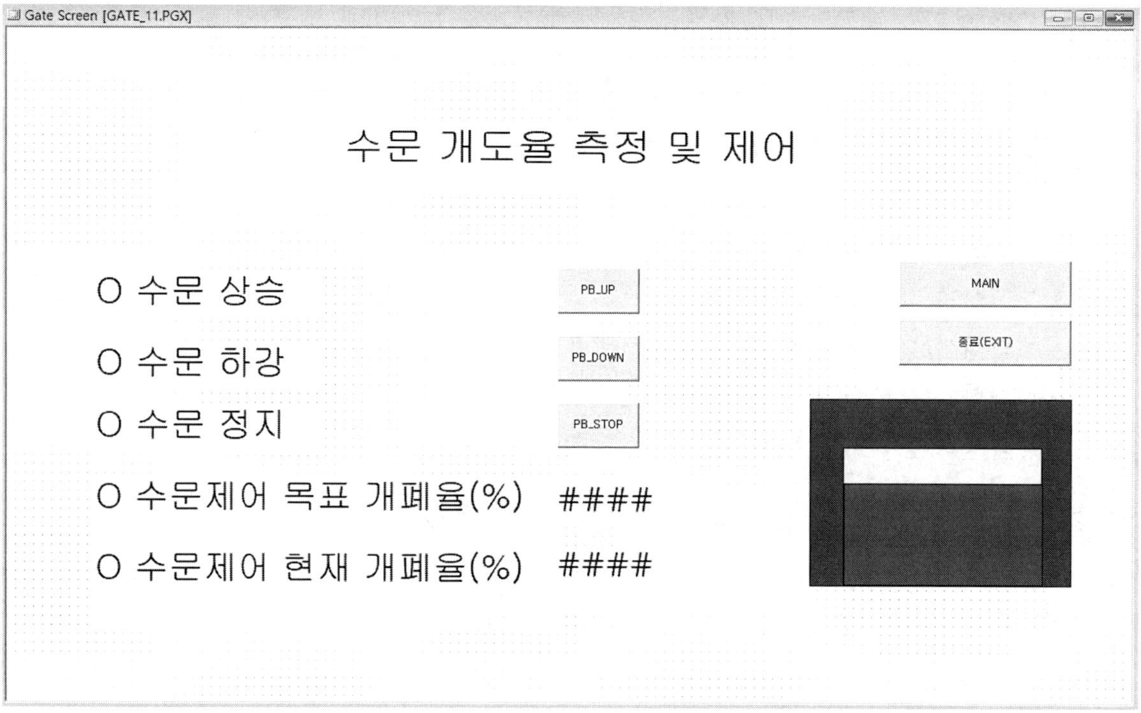

㉰ 경보 발생 및 수문 개도율 그래프 표시 실습(ALARM_GRAPH_11.PGX)의 작화 - 메인 화면 이동 및 종료 버튼

· 도구상자/기본/문자/ "경보 발생 및 수문 개도율 그래프 표시"

· 도구상자/기본/문자/ "경보 1 검출 표시용 램프"

도구상자/고급/스위치_램프/램프설정 탭/

√램프기능사용, 램프종류 : 비트램프, 태그 1 : ALM_1

모양선택/상태0/열기/라이브러리/리스트 박스 클릭 및 스크롤/원형램프/Sky Color(No.2) 램프 선택

모양선택/상태1/열기/라이브러리/리스트 박스 클릭 및 스크롤/원형램프/Red Color (No.26) 램프 선택

· 도구상자/기본/문자/ “경보 2 검출 표시용 램프”

도구상자/고급/스위치_램프/램프설정 탭/

√램프기능사용, 램프종류 : 비트램프, 태그 1 : ALM_2

모양선택/상태0/열기/라이브러리/리스트 박스 클릭 및 스크롤/원형램프/Sky Color(No.2) 램프 선택

모양선택/상태1/열기/라이브러리/리스트 박스 클릭 및 스크롤/원형램프/Red Color (No.26) 램프 선택

· 도구상자/기본/문자/ “경보 발생 표시용 수문제어 현재 개폐율(%)- ADC CH0”

도구상자/고급/태그값 아이콘 클릭 및 화면 위치 지정

태그 이름 : GATE_CURRENT_RATE

화면표시방법 : ####

· 도구상자/고급/경보요약 아이콘 클릭 및 등록

클릭 및 드래그하여서 화면 표시 크기 및 위치 조정

경보요약 화면 더블클릭/표시형태 탭/출력되는 항목: “시각, 태그이름, 태그값, 경보상태” , 경보주석 추가 >>/등록

· 도구상자/고급/트렌드 아이콘 클릭

Trend 설정/

이름: Gate Current Rate Trend Display

최대 감시 시간 : 2분, 데이터 수집 주기 : 1초

Trend 종류 : YT

펜설정/태그이름 : GATE_CURRENT_RATE 펜색 : 갈색

Y축데이터표시 : √왼쪽값표시

X축데이터표시 : √아래시간표시

※ 데이터베이스/GATE_CURRENT_RATE/고급설정/내부데이터/최고값:0, 최대값:100

· 도구상자/고급/버튼/제목/MAIN

동작정의/동작/페이지열기/페이지이름/MAIN_11

· 도구상자/고급/버튼/제목/종료(EXIT)
동작정의/동작/명령식/명령식 Down/exit()

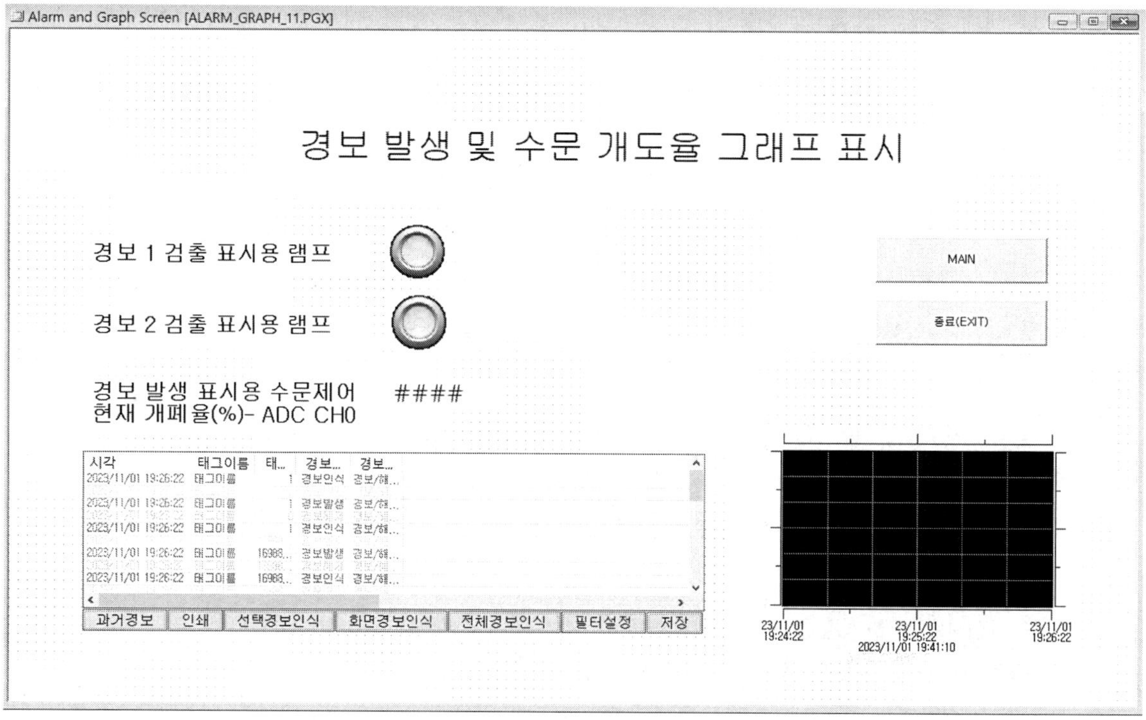

(스텝 5) CIMON HMI 프로그램의 실행
메뉴/도구/CimonX 환경설정/윈도우 형태/초기화면 : 화면 번호 선택(PAGE 1.PGX)
메뉴/도구/CimonX 실행 또는 CimonX 아이콘 클릭

(스텝 6) XG5000 PLC LD 프로그램의 다운로딩 및 실행

(스텝 7) 결과 분석 및 보고서 작성

(평가문제) "9.8.2 CIMON HMI 및 XGB PLC를 이용한 TMTC 수문제어 실습-프로젝트 작품" 편에서 수문 개폐에 따른 아날로그 입력 및 디지털 변환의 예를 아래와 같이 가정하여 PLC LD 및 CIMON HMI 프로그램을 작성한다. 그리고 저수지의 수위를 측정하기 위하여 0~10V 전압을 출력하는 초음파 거리센서 및 ADC CH1을 이용하여 수위를 측정하고, CIMON HMI 숫자표시기 태그에 출력을 한다.

수문 개폐에 따른 아날로그 입력 및 디지털 변환의 예와 저수지 수위에 따른 아날로그 입력과 디지털 변환의 예는 다음과 같다.

수문 개폐 상태	개폐율 (%)	개도계 센서 출력-아날로그 입력 측정값 (V)	디지털 변환 값	PLC LD에서 개폐율(%) 환산을 위한 변환 식
최고점 Close	100	8	3,200	Y(%) = aX+b X : 디지털 변환 값, Y(%) : 개폐율 환산 값 100=3200a+b, 0=800a+b a=1/24, b=-100/3 Y = (1/24) * X-(100/3)
1/2	50	5	2,000	
최저점 Open	0	2	800	

※ PLC LD에서 DIV, SUB 산술함수를 이용하여 개폐율(%)을 구함.

수위 (m)	초음파 거리센서 출력-아날로그 입력 측정값 (V)	디지털 변환 값	PLC LD에서 수위(m) 환산을 위한 변환 식
0	2	800	Y(m) = aX+b X : 디지털 변환 값, Y : 수위 환산 값(m) 20=3200a+b, 0=800a+b a=1/120, b=-20/3 Y = (1/120) * X-(20/3)
10	5	2,000	
20	8	3,200	

※ PLC LD에서 DIV, SUB 산술함수를 이용하여 수위(m)를 구함.

본 실습장비의 ADC CH0에 연결된 0~10V 가변 저항 VR1을 개도계 센서인 포텐셔미터로 보고 현재의 수문 개폐율(%)을 측정하고, ADC CH1에 연결된 0~10V 가변 저항 VR2를 초음파 수위센서로 가정하여 수위(m)를 측정한다.

본 실습에서 CIMON HMI를 이용한 TMTC 수문제어의 화면 설계를 다음과 같이 한다.

[화면 1] 메인화면(MAIN_11.PGX) - 화면 선택 및 이동, 종료 버튼
[화면 2] 수문 개도율 측정 및 제어(GATE_11.PGX) - 메인화면 이동 및 종료 버튼
[화면 3] 저수지 수위 측정(LEVEL_11.PGX) - 메인화면 이동 및 종료 버튼
[화면 4] 경보 발생 및 수문 개도율 그래프 표시 실습(ALARM_GRAPH_11.PGX) - 메인 화면 이동 및 종료 버튼

동작 결과를 분석하고, 실습보고서를 작성하시오.

[참고자료]

1. ATmega128A 제어 및 C# HMI 프로그래밍, 2017년, 동일출판사, 김재영 외 1
2. ATmega128 및 ATmega1281/2561의 이해와 응용, 2011년, 동일출판사, 김재영
3. 8051 C언어 및 시스템 제어, 2005년, 양서각, 김재영
4. 8051 응용 및 컴퓨터 인터페이스, 2003년, 양서각, 김재영
5. 기전설비 이론 및 실습, 2017년도, 한국폴리텍대학 전북캠퍼스 수자원관리과, 김재영
6. LS Electric사 기술자료 및 매뉴얼 PDF
 · XGK CPU 모듈 설명서(XGK-CPUS)
 · 아날로그 입출력 혼합모듈 사용설명서(XGF-AH6A)
 · XBC 표준형/경제형 기본 유닛 편 사용설명서(XBC-DR20SU)
 · XGB 아날로그 편 사용설명서(XBF-AH04A)
 · XG5000 소프트웨어 사용설명서(XGK, XGB용)
 · XGK/XGB 명령어집 사용설명서
 · AC 가변속 드라이브 SV-iG5A 인버터 사용설명서
 · LSLV G100 인버터 사용설명서
7. CIMON-SCADA 사용설명서(Ver. 210), CIMON사
8. CIMON-SCADA 자습서(Ver. 2.0), CIMON사
9. HMI · SCADA 시스템, 2015년, 한국폴리텍대학, 이성수 외 2
10. 오토닉스 근접센서 및 포토센서 가이드

센서계측 및 제어시스템 구축을 위한
XGK PLC 및 CIMON HMI를 이용한 자동제어 기술

2024. 1. 17 인쇄
2024. 1. 22 발행

저 자 : 김재영 · 최장군 · 이용미 공저
발행자 : 이진권
발행처 : 도서출판 **태영문화사**

주 소 : 서울특별시 강서구 초원로 38
전 화 : 2661-8751
F A X : 2661-8798
등 록 : 1998년 11월 12일 제 2-2682호

정가 25,000원

ISBN 978-89-6354-363-5